高等院校软件工程专业规划教材

U0191335

离散数学及算法

第2版

曹晓东　史哲文　编著

Discrete Mathematics and Algorithms

Second Edition

机械工业出版社

China Machine Press

图书在版编目（CIP）数据

离散数学及算法／曹晓东，史哲文编著 . —2 版 . —北京：机械工业出版社，2013.7（2021.8 重印）
（高等院校软件工程专业规划教材）

ISBN 978-7-111-42771-1

Ⅰ．离…　Ⅱ.①曹…　②史…　Ⅲ. 离散数学－高等学校－教材　Ⅳ. O158

中国版本图书馆 CIP 数据核字（2013）第 120788 号

本书主要介绍离散数学的基本理论及算法实现，分为两篇。第一篇介绍计算机科学中广泛应用的离散结构基本概念和基本原理，包括以下内容：数理逻辑、集合论、二元关系、函数、代数系统和图论。第二篇给出了与第一篇各章内容密切相关的算法和程序，使理论在计算机上得到具体实现。附录部分给出了近年来考研试题的分析和离散数学名词中英文对照表。

本书叙述通俗易懂，可以作为高等院校计算机及相关专业离散数学课程的本科生教材和教学参考书，也可供计算机科学工作者和科技人员阅读与参考。

机械工业出版社（北京市西城区百万庄大街 22 号　　邮政编码　100037）
责任编辑：迟振春
北京捷迅佳彩印刷有限公司印刷
2021 年 8 月第 2 版第 2 次印刷
185mm×260mm·18.25 印张
标准书号：ISBN 978-7-111-42771-1
定　　价：35.00 元

凡购本书，如有缺页、倒页、脱页，由本社发行部调换
客服热线：(010) 88378991　88361066　　　　　投稿热线：(010) 88379604
购书热线：(010) 68326294　88379649　68995259　　　读者信箱：hzjsj@hzbook.com

第 2 版前言

　　本书自 2007 年出版以来已经过去 6 年的时间了，在这期间我们将其作为示范性软件学院本科生离散数学课程的教材，取得了丰富的教学经验，发现并挖掘出了很多和软件工程理论密切相关的实例。全书配有完整的课件，典型课件不仅具有动漫效果而且具有智能性，此外节后习题配上了解答，书中主要算法配有程序代码。这些对学习者都会有很大启发和帮助，对教材使用者也会提供很大方便。第 2 版对和密码学相关的群论部分进行了较详细的论述，并对第 1 版的印刷错误进行了订正。

　　我们希望给学习离散数学课程的学生提供一本比较全面的教材，而且也为从事离散数学课程教学的教师提供一本好的参考书。当然，由于我们的经验和理论水平有限，书中还会存在不少不足之处，恳请读者在阅读本书时给我们提出宝贵的建议和意见，以便在今后再版时加以改进。

编　者

2013 年 5 月于大连

第 1 版前言

计算机科学发展迅速,应用广泛,已成为科学之林的佼佼者。计算机科学之所以能取得这样辉煌的成就,与其具有雄厚的理论基础——离散数学是分不开的。离散数学不仅是计算机科学基础理论的核心课程,也是人工智能的数学基础之一。

本书介绍离散数学的结构体系,包括:

- 数理逻辑
- 集合论
- 关系
- 函数
- 代数系统
- 图论

其中,数理逻辑是用数学方法研究判定和推理的一门学科,它使用特指的表意符号构成一套形式化语言。使用这套形式化语言可以准确地描述集合的并集、交集、笛卡儿乘积等概念。关系是笛卡儿乘积的子集,函数又是关系的子集。利用函数可以定义运算,利用集合和运算可以定义代数系统,半群与群、环和域、格与布尔代数则是代数系统的特例。图也是一个特殊的代数系统,而且是计算机科学应用领域中最活跃的一个分支。

从离散数学的结构体系不难看出,离散数学内容丰富,涉及的知识面广泛,各部分的内容既是独立的又是相关的。离散数学与计算机科学中的数据结构、数据库原理、操作系统、编译原理和软件工程等密切相关。

本书分为两大篇,第一篇介绍离散数学的基本理论,共七章,分别是命题逻辑、谓词逻辑、集合论、二元关系、函数、代数系统和图论。第二篇给出离散数学中涉及的主要算法的程序实现,使学习者在学习基本理论、建立抽象思维能力和逻辑思维能力的同时,有一个与实践结合的平台,使理论落到实处,同时对提高学习者的程序设计能力也有一定帮助。

附录中给出了近年来考研的例题解析,这对考研的学生会有很大帮助。

曹晓东主编了全书,原旭担任副主编并且实现了所有算法的程序设计,刘文杰和栾青对计算机辅助教学部分作出了极大的贡献。侯蕾对公式和图表的编辑做了大量工作。

本书不仅可以作为高等院校计算机科学与技术及相关专业的教材,也可作为考研及计算机工作者的参考书。

由于编者水平有限,书中错误和疏漏之处在所难免,恳请读者不吝指正。

最后,再一次感谢为本书出版作出积极贡献的同志们。

编　者
2007 年 6 月

教学建议

　　离散数学在本科计算机专业的授课内容分为四大部分:数理逻辑、集合论、代数系统、图论。表面上这四个部分相互独立,实际上紧密连接。数理逻辑描述了一个符号化体系,进而进行判定与推理,这个符号化体系可以描述集合论中的所有概念。集合论中又有三个小模块:集合、关系、函数。关系是集合中笛卡儿乘积的子集,函数是关系的子集。利用函数可以定义运算,利用集合和运算又可以定义代数系统。图论是一类特殊的代数系统。本书的基本理论部分的章节结构与这四个部分的对应关系如下图所示:

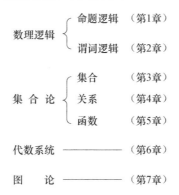

　　除了基本理论部分,本书还包括了算法部分,对离散数学中涉及的主要算法用程序进行了实现,使学习者在学习基本理论、建立抽象思维能力和逻辑思维能力的同时,有一个和实践结合的平台。

　　本书适合作为计算机科学与技术、软件工程等专业的学生学习操作系统、编译原理、数据库技术、软件工程等课程的先修课教材,建议在大学一年级下学期或大学二年级开设。根据一般经验,完成全部内容需要大约 64～96 学时。使用本书的教师可以以基本理论部分(第一篇)为主进行讲解,第二篇作为学习参考留给学生自己练习。强调计算机技术、计算机应用的专业可以略去本书第 6 章和第 7 章中的部分内容(例如环与域,格与布尔代数,特殊图,网络)。如果学时允许,建议讲解本书的全部章节。

目录

第一篇　计算机科学中的离散结构

第1章

■ 命 题 逻 辑

1.1 引言

命题逻辑与谓词逻辑统称为**数理逻辑**(又名**符号逻辑**),是用数学方法研究推理的一门科学。旧逻辑学的创始人是公元前4世纪的希腊思想家亚里士多德(Aristotle);新逻辑学的创始人是17世纪的德国哲学家莱布尼茨(Leibniz)和19世纪中叶的英国数学家乔治·布尔(George Boole)。

逻辑学的主要目的是要探索出一套完整的规则,按照这些规则可以确定任何特定的论证是否有效。这种规则称为推理规则。要想把这种推理规则应用到各个学科领域中去,就必须使用一种概括性较强,并且又是独立于任何特定的论证或者所涉及的学科的语言。这种语言是一种符号化的形式语言,它没有二义性。使用这种形式化语言可以将推理过程公式化,并且依据推理规则可以机械地确定论证的有效性。

本章将介绍这套符号化形式体系的制定,以及它在命题逻辑中的应用。

1.2 命题及命题逻辑联结词

1.2.1 命题

一个具有真假意义的陈述句称为一个**命题**。也就是说,一个命题的真值只能是真或是假,不能兼而有之,也不能是疑问句或是祈使句等其他类型的句子。如果一个命题的真值是真,则用1或T(True)来表示;如果一个命题的真值是假,则用0或F(False)来表示。

命题用大写的英文字母,如$P,Q,R,\cdots$来表示。

例 1.2.1 下面所举均是命题:

(1)2008奥运会在美国举行。

(2)$2 \times 2 = 5$。

(3)闪电比雷声传播得快。

(4)$1 + 101 = 110$。

(5)程序的始祖是拜伦的独生女儿爱达。

以上命题(1)和(2)的真值是F;(3)的真值是T;(4)的真值则取决于采用哪种数制,若采用二进制,则取值为T,其他进制则取值为F;(5)的真值则取决于考证的结果。

例 1.2.2 下面所举均不是命题:

(1)我们的祖国多辽阔呀!

(2)明天开会吗?

(3)真好啊!

(4)$x + 1 > 3$。

(5)我正在说谎。

因为(1)、(2)和(3)不是陈述句,所以它们不是命题。(4)中某些 x 能够使得 $x+1>3$ 为真,某些 x 使 $x+1>3$ 为假,x 的值不确定,因而无法确定 $x+1>3$ 的真假,所以不是命题。与例 1.2.1 中(4)的区别在于 $1+101=110$ 可以由外因也就是上下文确定其真假,而此处是内因 x 变量决定的。(5)是悖论。因为如果他确实是说谎,那么"我在说谎"便是真,于是就会得出,如果他是说谎,那么他是讲真话;另一方面,如果他确实说的是真话,那么"我正在说谎"便是假,于是会得出,如果他是讲真话,那么他是说谎。从以上分析我们只能得出这样的结论——他必须既不说谎又不讲真话,这显然是矛盾的。也就是说,对于陈述句"我正在说谎"已无法指定它的真值。这样的陈述句称为**悖论**,不是命题。

若一个命题不能再分解为更简单的命题,则这个命题称为原子命题。

例 1.2.1 中的命题均是原子命题。原子命题用大写的英文字母 $P,Q,R,\cdots$ 表示。

1.2.2 逻辑联结词

除了原子命题,可分解的命题称为**复合命题**或**分子命题**。例如"如果明天是晴天,那么我就去海边",就是由联结词"如果…,那么…"把两个原子命题"明天是晴天"和"我去海边"联结起来组成的复合命题。现实生活中有很多这种联结词,例如"不"、"并且"、"或者"、"当且仅当"等。在数理逻辑中,也引入联结词,它们是从现实生活中抽象出来的,但与现实生活不同,这些联结词有着严格的定义,没有二义性。例如,

$$P:今天下午有篮球比赛$$
$$Q:北京是中国的首都$$

利用逻辑联结词——否定、合取、析取、单条件和双条件等,可以分别构成新的命题如下。

$$\neg P:今天下午没有篮球比赛$$
$$P\wedge Q:今天下午有篮球比赛,并且北京是中国的首都$$
$$P\rightarrow Q:如果今天下午有篮球比赛,那么北京是中国的首都$$
$$P\leftrightarrow Q:今天下午有篮球比赛,当且仅当北京是中国的首都$$

在代数式 $x+y$ 中,x 和 y 称为运算对象,$+$ 称作运算符,$x+y$ 则表示运算结果。在命题演算中,也有同样的术语,联结词就是命题演算中的运算符,称为**逻辑运算符**或**逻辑联结词**。逻辑联结词和复合命题密切相关。下面给出 6 个常用的逻辑联结词的定义和符号表示。

1. 逻辑联结词否定——"¬"

设 P 是一个命题,则 P 的否定是一个新的命题,记作"$\neg P$",读作"非 P"。其真值是这样定义的,若 P 的真值是 T,那么 $\neg P$ 的真值是 F;若 P 的真值是 F,则 $\neg P$ 的真值是 T。命题 P 与其否定 $\neg P$ 的关系如表 1-1 所示,它指明如何用运算对象的真值来决定一个应用运算符(即逻辑联结词)的命题的真值。这样的表称为**真值表**。利用真值表可以求出任一复合命题的真值,并判断两个复合命题是否等价,以及一个命题是否是某些命题的逻辑结果等,这种方法称为**真值表技术**。

表 1-1　逻辑联结词"¬"的定义

P	$\neg P$		P	$\neg P$
F	T	或	0	1
T	F		1	0

真值表的左边列出运算对象真值所有可能的组合,结果命题的真值在最右边的一列给出。

例 1.2.3

(1)令 P:所有的素数都是奇数。于是 $\neg P$:并非所有的素数都是奇数。

注意　翻译成"所有的素数都不是奇数"是错误的。这是因为否定是对整个命题进行的。

(2)令 Q:大连是座海滨城市。于是 $\neg P$:大连不是座海滨城市。

逻辑联结词否定是一元运算符。

2. 逻辑联结词合取——"∧"

设 P 是一个命题，Q 是一个命题，那么"P 合取 Q"是一个命题，记作"$P \wedge Q$"，读作"P 与 Q"或"P 并且 Q"。它的真值是这样定义的:当且仅当 P 和 Q 的真值都为 T 时，$P \wedge Q$ 的真值才为 T，否则，$P \wedge Q$ 的真值为 F。逻辑联结词"∧"的定义如表 1-2 所示。

表 1-2　逻辑联结词"∧"的定义

P	Q	$P \wedge Q$		P	Q	$P \wedge Q$
F	F	F		0	0	0
F	T	F	或	0	1	0
T	F	F		1	0	0
T	T	T		1	1	1

例 1.2.4　令 P:今天有雨。

令 Q:王平是三好学生。

于是 $P \wedge Q$:今天有雨并且王平是三好学生。

在自然语言中，上述命题是没有意义的，因为 P 和 Q 毫不相关。但是，在数理逻辑中，P 和 Q 的合取 $P \wedge Q$ 仍可成为一个新的命题。只要 P 和 Q 的真值给定，$P \wedge Q$ 的真值即可确定。由此可以得出，数理逻辑研究的是抽象的推理，而不涉及各个命题的具体内容以及有无内在联系。

除此之外，使用逻辑联结词 ∧ 时应注意，虽然 ∧ 的使用很灵活，自然语言中的"既…又…"、"一边…一边…"、"不但…而且…"、"虽然…但是…"都可以符号化为 ∧，但是，并不是所有的"…与…"、"…和…"都可以符号化为 ∧。例如"李强与王红是同学"，"李强和王红是好朋友"，这里的"与"和"和"不代表两件事情同时存在或发生，仅仅代表了主语是两个人构成的，而整个句子依然是简单命题。

3. 逻辑联结词析取——"∨"

设 P 是一个命题，Q 是一个命题，于是"P 析取 Q"是一个新的命题，记作"$P \vee Q$"，读作"P 或 Q"或"P 析取 Q"。其真值是这样的定义的:当且仅当 P 和 Q 的真值均为 F 时，$P \vee Q$ 的真值为 F，其余情况均为 T。逻辑联结词"∧"是二元运算符，它的真值表如表 1-3 所示。

表 1-3　逻辑联结词"∨"的定义

P	Q	$P \vee Q$		P	Q	$P \vee Q$
F	F	F		0	0	0
F	T	T	或	0	1	1
T	F	T		1	0	1
T	T	T		1	1	1

从上述定义可以看出，逻辑联结词 ∨ 与自然语言中的"或"不完全相同。自然语言中的"或"具有二义性，例如，"从单位到家步行需要七或八分钟"，这里的"或"表示约数、近似数，整个句子依然是简单命题。此外，自然语言中的"或"还可以表示"可兼或"(即 ∨ 联结的两个命题可同时为真)，也可以表示"排斥或"(即 ∨ 联结的两个命题不可同时为真)。而逻辑联结词 ∨ 指的仅仅是"可兼或"，并不表示其他意义的"或"。

例 1.2.5 令 P:大连电视台第三套节目今晚七点播放电视剧。

令 Q:大连电视台第三套节目今晚七点播放女排比赛。

于是命题"大连电视台第三套节目今晚七点播放电视剧或播放女排比赛"不能用 $P \lor Q$ 来表示。因为这里自然语言陈述的或是排斥或,这种意义的或我们用另一个逻辑联结词"异或"("$\underline{\lor}$")来表示,后面我们将给出它的定义。

例 1.2.6 令 P:张亮是跳高运动员。

令 Q:张亮是跳远运动员。

于是命题"张亮可能是跳高或跳远运动员"就可以用 $P \lor Q$ 来表示,因为这里的或是可兼或。

4. 逻辑联结词单条件——"→"

设 P 是一个命题,Q 是一个命题,那么"如果 P 则 Q"是一个新的命题,记作"$P \to Q$",读作"如果 P 则 Q"或"如果 P 那么 Q"。其中 P 称为**前件**,Q 称为**后件**。$P \to Q$ 的真值是这样定义的:当且仅当 $P \to Q$ 的前件 P 的真值为 T,后件 Q 的真值为 F 时,$P \to Q$ 的真值为 F,否则,$P \to Q$ 的真值为 T。单条件逻辑联结词"→"的真值表如表 1-4 所示。

表 1-4 逻辑联结词"→"的定义

P	Q	$P \to Q$		P	Q	$P \to Q$
F	F	T		0	0	1
F	T	T	或	0	1	1
T	F	F		1	0	0
T	T	T		1	1	1

例 1.2.7

(1)令 P:天不下雨。

令 Q:草木枯黄。

于是 $P \to Q$:如果天不下雨,则草木枯黄。

(2)令 R:他学习用功。

令 S:他成绩优秀。

于是 $R \to S$:如果他学习用功,那么他成绩优秀。

(3)令 U:大海的颜色是蓝色的。

令 V:李老师是大学教授。

于是 $U \to V$:如果大海的颜色是蓝色的,那么李老师是大学教授。

此例中(1)和(2)是有因果关系的,而(3)在自然语言中是毫无道理的,是风马牛不相及的事情。但在命题演算中,一个单条件逻辑联结词的前件并不需要联系到它的后件,它给出的是一种实质性的因果关系,而不单单是形式上的因果关系。也就是说,只要前件 P 和后件 Q 的真值确定下来,命题 $P \to Q$ 的真值就可以确定。

在使用逻辑联结词→时,需要特别注意其真值表。当前件 P 为假时,无论后件 Q 如何,$P \to Q$ 的真值都为真。虽然难以理解,但在自然语言中,我们也经常采用这种思维。例如政治家在竞选时,可能会说"如果我当选,那么我会减税",只有在他确实当选,但是没有减税时才被认为说了假话;若没有当选,无论是否减税,都不会被质疑说谎。

在自然语言中,"如果 P 那么 Q"为真,则说明 Q 是 P 的必要条件。在自然语言中,Q 是 P 的必要条件的叙述方式不止一种,除了"如果 P 那么 Q",还可以描述为"只要 P 就 Q","因为 P 所

以 Q","只有 Q 才 P","除非 Q 才 P"等。这些叙述方式在符号化时,都应该符号化为 $P\rightarrow Q$。

5. 逻辑联结词双条件——"↔"

设 P 是一个命题,Q 是一个命题,于是,"P 等值于 Q"是一个新的命题,记作"$P\leftrightarrow Q$",读作"P 当且仅当 Q"或"P 等值于 Q"。$P\leftrightarrow Q$ 的真值是这样定义的:当且仅当 P 和 Q 有相同的真值时,$P\leftrightarrow Q$ 的真值为 T,否则,$P\leftrightarrow Q$ 的真值为 F。$P\leftrightarrow Q$ 的真值表如表 1-5 所示。

表 1-5　逻辑联结词"↔"的定义

P	Q	$P\leftrightarrow Q$		P	Q	$P\leftrightarrow Q$
F	F	T		0	0	1
F	T	F	或	0	1	0
T	F	F		1	0	0
T	T	T		1	1	1

例 1.2.8

(1)程序是错的,当且仅当苹果是红的。

(2)电灯不亮,当且仅当灯泡发生故障或开关发生故障。

(3)王宏是三好学生,当且仅当他德、智、体全优。

　　令 P:程序是错的。

　　　Q:苹果是红的。

　　于是(1)可表示为:$P\leftrightarrow Q$。

　　令 R:电灯不亮。

　　　S:灯泡发生故障。

　　　T:开关发生故障。

　　于是(2)可表示成:$R\leftrightarrow (S\vee T)$。

　　令 A:王宏是三好学生。

　　　B:王宏德育是优。

　　　C:王宏体育是优。

　　　D:王宏智商是优。

　　于是(3)可表示为:$A\leftrightarrow (B\wedge D\wedge C)$。

从上面的例子可以看出,等值式也和前面的逻辑联结词 $\wedge$、$\vee$、$\rightarrow$ 一样可以毫无因果关系,而其真值仅仅从等值的定义而确定。

6. 逻辑联结词异或——"▽"

设 P 是一个命题,Q 是一个命题,于是"P 异或 Q"是一个新的命题,记作"$P\triangledown Q$",读作"P 异或 Q"。其真值是这样定义的:当且仅当 P 和 Q 有不同的真值时,$P\triangledown Q$ 的真值为 T,否则,$P\triangledown Q$ 的真值为 F。$P\triangledown Q$ 的真值表如表 1-6 所示。

表 1-6　逻辑联结词"▽"的定义

P	Q	$P\triangledown Q$		P	Q	$P\triangledown Q$
F	F	F		0	0	0
F	T	T	或	0	1	1
T	F	T		1	0	1
T	T	F		1	1	0

例 1.2.9

令 P:大连电视台三套节目今晚八点播放电视剧。

令 Q:大连电视台三套节目今晚八点播放女排比赛。

于是 $P \triangledown Q$:大连电视台三套节目今晚八时播放电视剧或播放女排比赛。

从逻辑联结词"$\triangledown$"的定义和逻辑联结词"$\leftrightarrow$"的定义不难看出,$P \triangledown Q$ 与 $\neg(P \leftrightarrow Q)$ 的真值表相同,即它们恒等(等价)。也就是说,逻辑联结词异或可以用双条件逻辑联结词及逻辑联结词否定来代替。

以上我们介绍了五个基本的逻辑联结词:$\neg$,$\wedge$,$\vee$,$\rightarrow$,$\leftrightarrow$。它们运算的优先级为:$\neg$ 优先级最高,其次是 $\wedge$,$\vee$,$\rightarrow$,$\leftrightarrow$。如果有括号,则括号优先,在括号里从左往右依然遵守这个顺序。

习题

1. 给出下列命题的否定命题:

   (1)大连的每条街道都临海。

   (2)每一个素数都是奇数。

2. 对下述命题用中文写出语句:

   (1) $(\neg P \wedge R) \rightarrow Q$

   (2) $Q \wedge R$

3. 将下列命题符号化,并指出其真值:

   (1)5 不是素数当且仅当 4 不是基数。

   (2)4 或 5 是偶数。

   (3)4 不是偶数或者 5 不是偶数。

   (4)4 和 5 中只有一个是偶数。

4. 给定命题 $P \rightarrow Q$,我们把 $Q \rightarrow P$、$\neg P \rightarrow \neg Q$、$\neg Q \rightarrow \neg P$ 分别称为命题 $P \rightarrow Q$ 的逆命题、反命题、逆反命题。

   给出下列命题的逆命题、反命题和逆反命题。

   (1)如果天不下雨,我将去公园。

   (2)仅当你去我才逗留。

   (3)如果 n 是大于 2 的正整数,那么方程 $x^n + y^n = z^n$ 无整数解。

   (4)要想身体好,天天锻炼是很有必要的。

   (5)只有支付了费用,你才能按期收到货物。

5. 设 P:离散数学是操作系统的一门先修课;Q:辣椒的原产地在中国。将下列命题用自然语言表述,并指出其真值。

   (1)$P \rightarrow Q$

   (2)$Q \rightarrow P$

   (3)$\neg Q \rightarrow P$

   (4)$Q \leftrightarrow P$

   (5)$\neg P \triangledown Q$

6. 符号化下列命题。

   (1)火车恰好在我乘坐的日子晚点。

   (2)要选修数据库原理课,你必须已经选修了离散数学以及操作系统。

   (3)这本书要被出版或销毁。

   (4)每当吃海鲜王宏就会过敏。

7. 给 P 和 Q 指派真值 T,给 R 和 S 指派真值 F,求出下列命题的真值。

(1) $(\neg(P \wedge Q \vee \neg R) \vee ((Q \leftrightarrow \neg P) \rightarrow (R \vee \neg S)))$

(2) $Q \wedge (P \rightarrow Q) \rightarrow P$

(3) $(P \vee (Q \rightarrow (R \wedge \neg P))) \leftrightarrow (Q \vee \neg S)$

(4) $(P \rightarrow R) \wedge (\neg Q \rightarrow S)$

8. 构成下列公式的真值表:

(1) $Q \wedge (P \rightarrow Q) \rightarrow P$

(2) $\neg(P \vee Q \wedge R) \leftrightarrow (P \vee Q) \wedge (P \vee R)$

(3) $(P \vee Q \rightarrow Q \wedge P) \rightarrow P \wedge \neg R$

(4) $\neg(P \rightarrow P \wedge \neg Q \rightarrow R) \wedge Q \vee \neg R$

9. 使用真值表证明:如果 $P \leftrightarrow Q$ 为 T,那么 $P \rightarrow Q$ 和 $Q \rightarrow P$ 都为 T,反之亦然。

10. 使用真值表证明:对于 P 和 Q 的所有值,$P \rightarrow Q$ 与 $\neg P \vee Q$ 有同样的真值。

11. 一个有两个运算对象的逻辑运算符,如果颠倒其运算对象的次序,产生一逻辑等价命题,则称此逻辑运算符是**可交换的**。

(1)确定所给出的逻辑运算符哪些是可交换的: $\wedge$, $\vee$, $\rightarrow$, $\leftrightarrow$ 。

(2)用真值表证明你的判断。

12. 设 $*$ 是具有两个运算对象的逻辑运算符,如果 $(x * y) * z$ 和 $x * (y * z)$ 逻辑等价,那么运算符 $*$ 是可结合的。

(1)确定逻辑运算符 $\wedge$, $\vee$, $\rightarrow$, $\leftrightarrow$ 哪些是可结合的?

(2)用真值表证明你的判断。

13. 令 P 表示命题"苹果是甜的", Q 表示命题"苹果是红的", R 表示命题"我买苹果"。试将下列命题符号化:

(1)如果苹果甜而红,那么我买苹果。

(2)苹果不是甜的。

(3)我没买苹果,因为苹果不红也不甜。

14. 一个探险者被几个吃人者抓住了。吃人者有两种,一种是总说谎的,一种是总说真话的。除非探险者能够判断出一位指定的吃人者是总说谎的还是总说真话的,否则要被吃掉。探险者只能问吃人者一个问题。如何问?

1.3　命题变元和合式的公式

在上一节中我们曾指出,不可再分的命题称为原子命题。换句话说,不包含任何逻辑联结词的命题称为原子命题。应该指出的是,这里所说的原子命题,是指其中的原子是有了确定的真值的;否则,原子没有确定的真值指派,而其原子的取值是在 {T,F} 这个域上的,则称此原子为**命题变元**。由命题变元、逻辑联结词及圆括号可以构成合式公式。下面给出命题演算中合式公式的递归定义。

(1)单个命题变元是合式公式。

(2)如果 A 是合式公式,那么 $\neg A$ 是合式公式。

(3)如果 A 和 B 均是合式公式,那么 $(A \wedge B)$、$(A \vee B)$、$(A \rightarrow B)$ 和 $(A \leftrightarrow B)$ 都是合式公式。

(4)当且仅当有限次地应用(1)、(2)和(3),由逻辑联结词、圆括号所组成的有意义的符号串是合式公式。

以上定义方法称为**递归定义法**。其中(1)称为**递归定义的基础**,(2)和(3)称为**递归定义的归纳**,(4)称为**递归定义的界限**。

今后我们还会经常使用这种递归定义的方法。

按照上面的定义,下面的字符串都是合式公式:

(1)$\neg(P \wedge Q)$

(2)$\neg(P \rightarrow Q)$

(3)$(P \rightarrow (P \wedge \neg Q))$

(4)$((P \rightarrow Q) \wedge (Q \rightarrow R)) \leftrightarrow (S \leftrightarrow T)$

下面的字符串则不是合式公式:

(1)$(P \rightarrow Q) \rightarrow (\wedge Q)$

(2)$(P \rightarrow Q$

(3)$(P \wedge Q) \rightarrow Q)$

今后,我们把合式公式简称为命题公式。一般一个命题公式的真值是不确定的,只有当用确定的命题去取代命题公式中的命题变元,或对其中的命题变元进行真值指派时,命题公式才成为具有确定真值的命题。

给定两个命题公式,若对其中变元的所有可能的真值指派两个命题公式具有相同的真值,则称它们是相互等价的。可以利用真值表技术来判定两个命题公式的等价性。

例 1.3.1

(1)给出命题公式$\neg((P \vee Q) \wedge P)$的真值表。

(2)使用真值表技术证明:命题公式$P \leftrightarrow Q$与$P \wedge Q \vee \neg P \wedge \neg Q$是相互等价的。

解 构造(1)的真值表如表 1-7 所示。

表 1-7

P	Q	$P \vee Q$	$(P \vee Q) \wedge P$	$\neg((P \vee Q) \wedge P)$
0	0	0	0	1
0	1	1	0	1
1	0	1	1	0
1	1	1	1	0

对于(2)构造真值表,如表 1-8 所示。

表 1-8

P	Q	$P \leftrightarrow Q$	$P \wedge Q \vee \neg P \wedge \neg Q$
0	0	1	1
0	1	0	0
1	0	0	0
1	1	1	1

从真值表可以清楚地看出,命题公式$P \leftrightarrow Q$与$P \wedge Q \vee \neg P \wedge \neg Q$对于变元$P$和$Q$的各种真值指派,它们的真值表完全一致。所以它们是相互等价的。

1.4　重言式(或永真式)和永真蕴涵式

1.4.1　有关重言式的讨论

通过前面对命题公式真值表的讨论,可以清楚地看出,对于命题公式 $A(P_1, P_2, \cdots, P_n)$ $(n \geqslant 1)$,命题变元的真值有 2^n 种不同的组合。每一种组合称为一种真值指派,也就是说,命题公式含有 n 个变元时有 2^n 种真值指派。而对应于每一组真值指派,命题公式将有一个确定的值,从而使命题公式成为具有确定真值的命题。

例 1.4.1　给出命题公式 $P \vee \neg P, P \wedge \neg P$ 与 $P \rightarrow Q$ 的真值表。

解　三个命题公式的真值表如表 1-9 所示。

表　1-9

P	$P \vee \neg P$	$P \wedge \neg P$	P	Q	$P \rightarrow Q$
0	1	0	0	0	1
1	1	0	0	1	1
			1	0	0
			1	1	1

在例 1.4.1 中,命题公式 $P \vee \neg P$ 和 $P \wedge \neg P$,虽然都仅含一个命题变元,都有两组真值指派,但是对应于每一组真值指派,命题公式 $P \vee \neg P$ 均取值为 1(即 T),而命题公式 $P \wedge \neg P$ 却取值为 0(即 F)。之所以有这样的结果是因为这些命题公式的真值与其变元的真值指派无关,而根本问题在于它们的自身结构。命题公式 $P \rightarrow Q$ 含有两个命题变元,有 4 组真值指派。对于第 1、2 和 4 这三组真值指派,公式取值为 1(即 T);而对于第 3 组真值指派,公式却取值为 0(即 F)。

通过上面对有关公式真值表的讨论,我们总结出如下的定义,即 1.4.2 节中给出的诸概念。

1.4.2　重言式与恒等式

不依赖于命题变元的真值指派,而总是取值为 T(即 1)的命题公式,称为**重言式**或**永真式**。

不依赖于命题变元的真值指派,而总是取值为 F(即 0)的命题公式,称为**永假式**或**矛盾式**。

至少存在一组真值指派使命题公式取值为 T 的命题公式,称为**可满足的**。

在有限步内判定一个命题公式是永真式、永假式或是可满足的问题称为命题公式的判定问题。我们主要研究重言式,因为它最有用。重言式有以下特点:

(1)重言式的否定是一个矛盾式,一个矛盾式的否定是重言式,所以只研究其中之一即可。

(2)重言式的析取、合取、单条件和双条件都是重言式。于是可由简单的重言式推出复杂的重言式。

(3)由重言式可以产生许多有用的恒等式。

设 $A: A(P_1, P_2, \cdots, P_n)$ 和 $B: B(P_1, P_2, \cdots, P_n)$ 是两个命题公式,这里 $P_i (i = 1, 2, \cdots, n)$ 不一定在两个公式中同时出现。

如果 $A \leftrightarrow B$ 是重言式,即 A 与 B 对命题变元的任何真值指派都有相同的真值,则称 A 和 B 是**逻辑恒等式**(或称为等价式),记作"$A \Leftrightarrow B$",读作"A 恒等于 B",或"A 等价于 B"。

注意　符号"$\leftrightarrow$"与符号"$\Leftrightarrow$"的意义是有区别的。符号"$\leftrightarrow$"是逻辑联结词,是运算符;而符号"$\Leftrightarrow$"是关系符,$A \Leftrightarrow B$ 表示 A 和 B 有逻辑等价关系。

常用的逻辑恒等式如表 1-10 所示。

表 1-10 常用逻辑恒等式

E_1	$P \lor Q \Leftrightarrow Q \lor P$	
E_2	$P \land Q \Leftrightarrow Q \land P$	交换律
E_3	$P \leftrightarrow Q \Leftrightarrow Q \leftrightarrow P$	
E_4	$(P \lor Q) \lor R \Leftrightarrow P \lor (Q \lor R)$	
E_5	$(P \land Q) \land R \Leftrightarrow P \land (Q \land R)$	结合律
E_6	$(P \leftrightarrow Q) \leftrightarrow R \Leftrightarrow P \leftrightarrow (Q \leftrightarrow R)$	
E_7	$P \land (Q \lor R) \Leftrightarrow (P \land Q) \lor (P \land R)$	
E_8	$P \lor (Q \land R) \Leftrightarrow (P \lor Q) \land (P \lor R)$	分配律
E_9	$P \to (Q \to R) \Leftrightarrow (P \to Q) \to (P \to R)$	
E_{10}	$\neg \neg P \Leftrightarrow P$	双重否定律
E_{11}	$\neg (P \land Q) \Leftrightarrow \neg P \lor \neg Q$	
E_{12}	$\neg (P \lor Q) \Leftrightarrow \neg P \land \neg Q$	德·摩根律
E_{13}	$\neg (P \leftrightarrow Q) \Leftrightarrow P \triangledown Q$	
E_{14}	$P \to Q \Leftrightarrow \neg Q \to \neg P$	逆反律
E_{15}	$\neg P \leftrightarrow \neg Q \Leftrightarrow P \leftrightarrow Q$	
E_{16}	$P \land P \Leftrightarrow P$	
E_{17}	$P \lor P \Leftrightarrow P$	等幂律
E_{18}	$P \land \neg P \Leftrightarrow F$	
E_{19}	$P \lor \neg P \Leftrightarrow T$	
E_{20}	$P \land T \Leftrightarrow P$	
E_{21}	$P \land F \Leftrightarrow F$	
E_{22}	$P \lor T \Leftrightarrow T$	
E_{23}	$P \lor F \Leftrightarrow P$	
E_{24}	$P \leftrightarrow T \Leftrightarrow P$	
E_{25}	$P \leftrightarrow F \Leftrightarrow \neg P$	
E_{26}	$P \leftrightarrow Q \Leftrightarrow (P \to Q) \land (Q \to P) \Leftrightarrow (P \land Q) \lor (\neg P \land \neg Q)$	
E_{27}	$P \to Q \Leftrightarrow \neg P \lor Q$	
E_{28}	$P \land Q \to R \Leftrightarrow (P \to (Q \to R))$	输出律
E_{29}	$P \land (P \lor Q) \Leftrightarrow P$	
E_{30}	$P \lor (P \land Q) \Leftrightarrow P$	吸收律

表中符号 P、Q、R 代表任意命题,符号 T 代表真命题,符号 F 代表假命题。

表中的公式是进行等价变换和逻辑推理的重要依据。表中的公式均可使用真值表技术得到证明,读者可作为练习。

1.4.3 永真蕴涵式的定义和常用永真蕴涵式

如果单条件联结式 $A \to B$ 是一个永真式,则称为**永真蕴涵式**,记为“$A \Rightarrow B$”,读作“A 永真蕴涵 B”。其中 A 称为 B 的**有效前提**,B 称为 A 的**逻辑结果**,可以说由 A 推出 B,也可以说 B 是由 A 推出的。从 $A \Rightarrow B$ 的定义不难看出,要证明 A 永真蕴涵 B,只要证明 $A \to B$ 是一个永真式即可。而从 $A \to B$ 的定义不难知道,要说明 $A \to B$ 是永真式,只要说明下面两点之一即可:

（1）假定前件 A 是真，若能推出后件 B 必为真，则 $A \rightarrow B$ 永真，于是 $A \Rightarrow B$。

（2）假定后件 B 是假，若能推出前件 A 必为假，则 $A \rightarrow B$ 永真，于是 $A \Rightarrow B$。

也可以用真值表法来证明永真蕴涵式，即证明对于命题公式中命题变元的所有真值指派，如果其中使逻辑前提取值为真的那些真值指派，也必然使逻辑结果取值为真，则说 $A \Rightarrow B$。

例 1.4.2 证明 $\neg Q \wedge (P \rightarrow Q) \Rightarrow \neg P$。

证明

方法一：

设 $\neg Q \wedge (P \rightarrow Q)$ 为真，于是 $\neg Q$ 与 $P \rightarrow Q$ 为真，从而得出 Q 为假，因而 $\neg P$ 为真。所以
$$\neg Q \wedge (P \rightarrow Q) \Rightarrow \neg P$$

方法二：

设 $\neg P$ 是假，于是 P 为真，这时不论 Q 是真是假，都有 $\neg Q \wedge (P \rightarrow Q)$ 为假，于是
$$\neg Q \wedge (P \rightarrow Q) \Rightarrow \neg P$$

方法三：

使用真值表技术，构造前提和结论的真值表如下：

P	Q	$\neg Q \wedge (P \rightarrow Q)$	$\neg P$
0	0	1	1
0	1	0	1
1	0	0	0
1	1	0	0

从真值表可以看出，使 $\neg Q \wedge (P \rightarrow Q)$ 取 T 值的那些变元的真值指派，也使 $\neg P$ 取 T 值；而使 $\neg P$ 取 F 值的那些变元的真值指派，也使 $\neg Q \wedge (P \rightarrow Q)$ 取 F 值，因此，$\neg Q \wedge (P \rightarrow Q) \Rightarrow \neg P$。

常用的永真蕴涵式如表 1-11 所示。

表 1-11 常用永真蕴涵式

I_1	$P \wedge Q \Rightarrow P$	化简式
I_2	$P \wedge Q \Rightarrow Q$	
I_3	$P \Rightarrow P \vee Q$	附加式
I_4	$Q \Rightarrow P \vee Q$	
I_5	$\neg P \Rightarrow P \rightarrow Q$	
I_6	$Q \Rightarrow P \rightarrow Q$	
I_7	$\neg (P \rightarrow Q) \Rightarrow P$	
I_8	$\neg (P \rightarrow Q) \Rightarrow \neg Q$	
I_9	$\neg P, P \vee Q \Rightarrow Q$	析取三段论
I_{10}	$P, P \rightarrow Q \Rightarrow Q$	假言推论
I_{11}	$\neg Q, P \rightarrow Q \Rightarrow \neg P$	拒取式
I_{12}	$P \rightarrow Q, Q \rightarrow R \Rightarrow P \rightarrow R$	假言三段论
I_{13}	$P \vee R, P \rightarrow R, Q \rightarrow R \Rightarrow R$	二难推论
I_{14}	$P \rightarrow Q \Rightarrow R \vee P \rightarrow R \vee Q$	
I_{15}	$P \rightarrow Q \Rightarrow R \wedge P \rightarrow R \wedge Q$	
I_{16}	$P, Q \Rightarrow P \wedge Q$	

1.4.4 代入规则和替换规则

1. 代入规则

在一个重言式中,某个命题变元出现的每一处均代以同一个公式后,所得到的新的公式仍是重言式,这条规则称为**代入规则**。

这条规则之所以正确,是因为重言式的值不依赖于命题变元的真值指派。例如:

$$P \land \neg P \leftrightarrow F$$

现以 $R \land Q$ 代 P 得

$$(R \land Q) \land \neg(R \land Q) \leftrightarrow F$$

仍是重言式。

2. 替换规则

设有恒等式 $A \Leftrightarrow B$,若在公式 C 中出现 A 的地方替换以 B(不一定是每一处都进行)而得到公式 D,则 $C \Leftrightarrow D$,这条规则称为**替换规则**。

如果 A 是公式 C 中完整的部分,且 A 是合式公式,则称 A 是 C 的**子公式**。规则中"公式 C 中出现 A"意即"A 是 C 的子公式"。

这条规则之所以正确,是因为在公式 C 和 D 中除替换部分以外均相同,所以 C 和 D 的真值也相同,故 $C \Leftrightarrow D$。

应用代入规则和替换规则及已有的重言式可以证明新的重言式。

例如,对公式 $E_{11}: \neg(P \land Q) \Leftrightarrow \neg P \lor \neg Q$,我们以 $A \land B$ 代替 E_{11} 中的 P,而以 $\neg A \land \neg B$ 代替 E_{11} 中的 Q,就得出公式

$$\neg((A \land B) \land (\neg A \land \neg B)) \Leftrightarrow \neg(A \land B) \lor \neg(\neg A \land \neg B)$$

对公式 $E_{20}: P \land T \Leftrightarrow P$,我们利用公式 $P \lor \neg P \Leftrightarrow T$,对其中的 T 作替换(对命题常元不能作替换),得出公式

$$P \land (P \lor \neg P) \Leftrightarrow P$$

……

因此,我们可以说表 1-10 和表 1-11 中的字符 P、Q 和 R 不仅代表命题变元,而且可以代表命题公式;T 和 F 不仅代表真命题和假命题,而且可以代表重言式和永假式。用这样的观点看待表中的公式,应用就显得更方便了。

例 1.4.3

(1)试证 $P \land \neg Q \lor Q \Leftrightarrow P \lor Q$。

证明

$$P \land \neg Q \lor Q$$
$$\Leftrightarrow Q \lor P \land \neg Q \qquad\qquad E_1$$
$$\Leftrightarrow (Q \lor P) \land (Q \lor \neg Q) \qquad\qquad E_8$$
$$\Leftrightarrow (Q \lor P) \land T \qquad\qquad E_{19} \text{和替换规则}$$
$$\Leftrightarrow P \lor Q \qquad\qquad E_{20}$$

(2)试证 $(P \to Q) \to (Q \lor R) \Leftrightarrow P \lor Q \lor R$。

证明

$$(P{\rightarrow}Q){\rightarrow}(Q \vee R)$$

$\Leftrightarrow(\neg P \vee Q){\rightarrow}(Q \vee R)$　　　　　　E_{27}和替换规则

$\Leftrightarrow\neg(\neg P \vee Q) \vee (Q \vee R)$　　　　　　E_{27}

$\Leftrightarrow(P \wedge \neg Q) \vee (Q \vee R)$　　　　　　E_{12}和替换规则

$\Leftrightarrow((P \wedge \neg Q) \vee Q) \vee R$　　　　　　E_4

$\Leftrightarrow(P \vee Q) \wedge (Q \vee \neg Q)) \vee R$

$\Leftrightarrow P \vee Q \vee R$　　　　　　例1.4.3(1)和替换规则

(3)试将语句"情况并非如此,如果他不来,那么我也不去"化简。

解　设P:他来。Q:我去。于是上述语句可符号化为:

$$\neg(\neg P{\rightarrow}\neg Q)$$

对此式化简得

$$\neg(\neg P{\rightarrow}\neg Q)$$

$\Leftrightarrow\neg(\neg P \vee \neg Q)$　　　　E_{27}和替换规则

$\Leftrightarrow\neg P \wedge Q$

化简后的语句是:我去了,而他没来。

1.5　对偶原理

定义1.5.1　设有公式A,其中仅含逻辑联结词$\neg$,$\wedge$,$\vee$和逻辑常值T和F。在A中将$\wedge$,$\vee$,T,F分别换以$\vee$,$\wedge$,F,T得公式A^*,则称A^*为A的对偶式。同理,A也可称为A^*的对偶式,即对偶式是相互的。

例1.5.1

(1)$\neg P \vee (Q \vee R)$和$\neg P \wedge (Q \wedge R)$互为对偶式。

(2)$P \vee$F和$P \wedge$T互为对偶式。

定理1.5.1　设A和A^*互为对偶式,$P_1,P_2,\cdots,P_n$是出现于A和A^*中的所有命题变元,于是

$$\neg A(P_1,P_2,\cdots,P_n) \Leftrightarrow A^*(\neg P_1,\neg P_2,\cdots,\neg P_n) \tag{1-1}$$

$$A(\neg P_1,\neg P_2,\cdots,\neg P_n) \Leftrightarrow \neg A^*(P_1,P_2,\cdots,P_n) \tag{1-2}$$

证明　由德·摩根律

$$P \wedge Q \Leftrightarrow \neg(\neg P \vee \neg Q)$$

$$P \vee Q \Leftrightarrow \neg(\neg P \wedge \neg Q)$$

故

$$\neg A(P_1,P_2,\cdots,P_n) \Leftrightarrow A^*(\neg P_1,\neg P_2,\cdots,\neg P_n)$$

同理

$$\neg A^*(P_1,P_2,\cdots,P_n) \Leftrightarrow A(\neg P_1,\neg P_2,\cdots,\neg P_n)$$

例如,在例1.5.1(1)中

$$A(P,Q,R) \Leftrightarrow \neg P \vee (Q \vee R)$$

$$\neg A(P,Q,R) \Leftrightarrow \neg(\neg P \vee (Q \vee R))$$

$$\Leftrightarrow \neg(\neg P) \wedge \neg(Q \vee R)$$

$$\Leftrightarrow \neg(\neg P) \wedge (\neg Q \wedge \neg R)$$

$$A^*(P,Q,R) \Leftrightarrow \neg P \wedge (Q \wedge R)$$

$$A^*(\neg P, \neg Q, \neg R) \Leftrightarrow \neg(\neg P) \wedge (\neg Q \wedge \neg R)$$

所以

$$\neg A(P,Q,R) \Leftrightarrow A^*(\neg P, \neg Q, \neg R)$$

由于

$$A(\neg P, \neg Q, \neg R) \Leftrightarrow \neg(\neg P) \wedge (\neg Q \wedge \neg R)$$

$$\neg A^*(P,Q,R) \Leftrightarrow \neg(\neg P) \vee \neg(Q \vee R)$$

$$\Leftrightarrow \neg(\neg P) \wedge (\neg Q \wedge \neg R)$$

所以

$$A(\neg P, \neg Q, \neg R) \Leftrightarrow \neg A^*(P,Q,R)$$

定理 1.5.2 若 $A \Leftrightarrow B$，且 A 与 B 为命题变元 $P_1, P_2, \cdots, P_n$ 及联结词 $\wedge, \vee, \neg$ 构成的公式，则 $A^* \Leftrightarrow B^*$。

证明 $A \Leftrightarrow B$ 意味着 $A(P_1, P_2, \cdots, P_n) \leftrightarrow B(P_1, P_2, \cdots, P_n)$ 为永真式，于是 $\neg A(P_1, P_2, \cdots, P_n) \leftrightarrow \neg B(P_1, P_2, \cdots, P_n)$ 为永真式，由定理 1.5.1 得 $A^*(\neg P_1, \neg P_2, \cdots, \neg P_n) \leftrightarrow B^*(\neg P_1, \neg P_2, \cdots, \neg P_n)$ 为永真式，因为上式是永真式，使用代入规则所得仍为永真式，今以 $\neg P_i$ 代 $P_i(i=1,2,\cdots, n)$，得 $A^*(P_1, P_2, \cdots, P_n) \leftrightarrow B^*(P_1, P_2, \cdots, P_n)$ 为永真式，所以

$$A^* \Leftrightarrow B^* \qquad ■$$

本定理称为对偶原理。

例 1.5.2 若 $(P \wedge Q) \vee (\neg P \vee (\neg P \vee Q)) \Leftrightarrow \neg P \vee Q$，试证明 $(P \vee Q) \wedge (\neg P \wedge (\neg P \wedge Q)) \Leftrightarrow \neg P \wedge Q$。

证明 由对偶原理得

$$((P \wedge Q) \vee (\neg P \vee (\neg P \vee Q)))^* \Leftrightarrow (\neg P \vee Q)^*$$

即

$$(P \vee Q) \wedge (\neg P \wedge (\neg P \wedge Q)) \Leftrightarrow \neg P \wedge Q$$

定理 1.5.3 如果 $A \Rightarrow B$ 且 A 与 B 为命题变元 $P_1, P_2, \cdots, P_n$ 及联结词 $\wedge, \vee, \neg$ 构成的公式，则 $B^* \Rightarrow A^*$。

证明 $A \Rightarrow B$ 意味着 $A(P_1, P_2, \cdots, P_n) \rightarrow B(P_1, P_2, \cdots, P_n)$ 为永真式，由逆反律得 $\neg B(P_1, P_2, \cdots, P_n) \rightarrow \neg A(P_1, P_2, \cdots, P_n)$ 为永真式，由定理 1.5.1 得 $B^*(\neg P_1, \neg P_2, \cdots, \neg P_n) \rightarrow A^*(\neg P_1, \neg P_2, \cdots, \neg P_n)$ 为永真式，因为上式是永真式，使用代入规则所得仍为永真式，今以 $\neg P_i$ 代 $P_i(i=1,2,\cdots,n)$，得 $B^*(P_1, P_2, \cdots, P_n) \rightarrow A^*(P_1, P_2, \cdots, P_n)$ 为永真式，于是有

$$B^* \Rightarrow A^* \qquad ■$$

习题

1. 指出下列命题公式哪些是重言式、永假式或可满足的。

　(1) $P \vee \neg P$

(2) $P \land \neg P$

(3) $P \to \neg(\neg P)$

(4) $\neg(P \land Q) \leftrightarrow (\neg P \lor \neg Q)$

(5) $\neg(P \lor Q) \leftrightarrow (\neg P \land \neg Q)$

(6) $(P \to Q) \leftrightarrow (\neg Q \to \neg P)$

(7) $((P \to Q) \land (Q \to P)) \leftrightarrow (P \leftrightarrow Q)$

(8) $P \land (Q \lor R) \to (P \land Q \lor P \land R)$

(9) $P \land \neg P \to Q$

(10) $P \lor \neg Q \to Q$

(11) $P \to P \lor Q$

(12) $P \land Q \to P$

(13) $(P \land Q \leftrightarrow P) \leftrightarrow (P \leftrightarrow Q)$

(14) $((P \to Q) \lor (R \to S)) \to ((P \lor R) \to (Q \lor S))$

2. 写出与下面给出的公式等价并且仅含联结词 $\land$ 及 $\neg$ 的最简公式。

(1) $\neg(P \leftrightarrow (Q \to (R \lor P)))$

(2) $((P \lor Q) \to R) \to (P \lor R)$

(3) $P \lor Q \lor \neg R$

(4) $P \lor (\neg Q \land R \to P)$

(5) $P \to (Q \to P)$

3. 写出与下面的公式等价并且仅含联结词 $\lor$ 及 $\neg$ 的最简公式。

(1) $(P \land Q) \land \neg P$

(2) $(P \to (Q \lor \neg Q)) \land \neg P \land Q$

(3) $\neg P \land \neg Q \land (\neg R \to P)$

4. 使用常用恒等式证明下列各式,并给出下列各式的对偶式。

(1) $\neg(\neg P \lor Q) \lor \neg(\neg P \lor Q) \Leftrightarrow P$

(2) $(P \lor \neg Q) \land (P \lor Q) \land (\neg P \lor \neg Q) \Leftrightarrow \neg(\neg P \lor Q)$

(3) $Q \lor \neg((\neg P \lor Q) \land P) \Leftrightarrow T$

5. 试证明下列合式公式是永真式。

(1) $((P \land Q) \to P) \leftrightarrow T$

(2) $\neg(\neg(P \lor Q) \to \neg P) \leftrightarrow F$

(3) $(Q \to P) \land (\neg P \to Q) \leftrightarrow P$

(4) $(P \to \neg P) \land (\neg P \to P) \leftrightarrow F$

6. 证明下列蕴涵式。

(1) $P \land Q \Rightarrow P \to Q$

(2) $P \to (Q \to R) \Rightarrow (P \to Q) \to (P \to R)$

(3) $P \to Q \Rightarrow P \to P \land Q$

(4) $(P \to Q) \to Q \Rightarrow P \lor Q$

(5) $(P \lor \neg P \to Q) \to (P \lor \neg P \to R) \Rightarrow Q \to R$

(6) $(Q \to P \land \neg P) \to (R \to P \land \neg P) \Rightarrow R \to Q$

7. 对一个重言式使用代入规则后仍为一重言式,对一个可满足式和一个矛盾式,使用代入规则后,结果如何? 对重言式、可满足式和矛盾式,使用替换规则后,结果如何?

8. 求出下列各式的代入实例。

(1) $(((P \to Q) \to P) \to P)$; 用 $P \to Q$ 代 P, 用 $((P \to Q) \to P)$ 代 Q。

(2) $((P{\rightarrow}Q){\rightarrow}(Q{\rightarrow}P))$;用 Q 代 P,用$\neg P$ 代 Q。

9. 证明下列等价式:

(1) $((Q{\wedge}A){\rightarrow}C){\wedge}(A{\rightarrow}(P{\vee}C)){\Leftrightarrow}(A{\wedge}(P{\rightarrow}Q)){\rightarrow}C$

(2) $(P{\vee}Q){\rightarrow}R{\Leftrightarrow}(P{\rightarrow}R){\wedge}(Q{\rightarrow}R)$

10. 已知$(\neg(P{\rightarrow}Q){\wedge}Q){\vee}(\neg(\neg Q{\vee}P){\wedge}P)$是矛盾式,试判断公式$\neg(P{\rightarrow}Q){\wedge}Q$ 以及$\neg(\neg Q{\vee}P){\wedge}P$的类型。

11. 已知$P{\rightarrow}(P{\vee}Q)$是重言式,$\neg(P{\rightarrow}Q){\wedge}Q$是矛盾式,试判断公式$(P{\rightarrow}(P{\vee}Q)){\wedge}(\neg(P{\rightarrow}Q){\wedge}Q)$以及公式$(P{\rightarrow}(P{\vee}Q)){\vee}(\neg(P{\rightarrow}Q){\wedge}Q)$的类型。

1.6 范式和判定问题

前面我们曾提及,在有限步内确定一个合式公式是永真的、永假的或是可满足的,这类问题称为命题公式的判定问题。

在前面的介绍中,我们已看到,由于合式公式的形式不唯一,给判定工作带来一定难度,虽然使用真值表技术可以解决命题公式的判定问题,但是,当命题变元数目多时,使用真值表技术也不是很方便。所以必须通过其他途径来解决判定问题——这就是把合式公式化为标准型(范式)。

1.6.1 析取范式和合取范式

为叙述方便,我们把合取称为积,把析取称为和。

定义 1.6.1 命题公式中的一些变元和一些变元的否定之积,称为**基本积**;一些变元和变元的否定之和,称为**基本和**。

例如,给定命题变元 P 和 Q,则 $P,Q,\neg P,\neg Q,\neg P{\wedge}Q,P{\wedge}Q,\neg P{\wedge}P,\neg Q{\wedge}P{\wedge}Q$ 都是基本积。而 $P,\neg P,Q,\neg Q,P{\vee}\neg Q,P{\vee}Q,P{\vee}\neg P,P{\vee}Q{\vee}\neg P$ 等都是基本和。

基本积(和)中的子公式称为基本积(和)的因子。

定理 1.6.1 一个基本积是永假式,当且仅当它含有 P 和$\neg P$ 形式的两个因子。

证明(充分性) $P{\wedge}\neg P$ 是永假式,而 $Q{\wedge}F{\Leftrightarrow}F$,所以含有 P 和$\neg P$ 形式的两个因子时基本积是永假式。

(必要性) 用反证法。设基本积永假但不含 P 和$\neg P$ 形式的因子,于是给这个基本积中的命题变元指派真值 T,给带有否定的命题变元指派真值 F,得基本积的真值是 T,与假设矛盾。∎

定理 1.6.2 一个基本和是永真式,当且仅当它含有 P 和$\neg P$ 形式的两个因子。

证明留给读者作为练习。

定义 1.6.2 一个由基本积的和组成的公式,如果与给定的公式 A 等价,则称它是 A 的**析取范式**,记为

$$A = A_1{\vee}A_2{\vee}\cdots{\vee}A_n,\quad n{\geqslant}1$$

其中 $A_i(i=1,2,\cdots,n)$ 是基本积。

对于任何命题公式,都可求得与其等价的析取范式,这是因为命题公式中出现的→和↔可用∧、∨和¬表达,括号可通过德·摩根律和∧对∨的分配律消去。

但是一个命题公式的析取范式不是唯一的。例如 $P{\vee}(Q{\wedge}R){\Leftrightarrow}(P{\wedge}Q){\vee}(P{\wedge}\neg Q){\vee}(Q{\wedge}R)$,而 $P{\vee}(Q{\wedge}R)$ 与 $(P{\wedge}Q){\vee}(P{\wedge}\neg Q){\vee}(Q{\wedge}R)$ 都是析取范式。

如果析取范式中每个基本积都是永假式,则该式必定是永假式。

例 1.6.1

（1）求 $P \wedge (P \rightarrow Q)$ 的析取范式。

解

$$P \wedge (P \rightarrow Q) \Leftrightarrow P \wedge (\neg P \vee Q)$$
$$\Leftrightarrow (P \wedge \neg P) \vee (P \wedge Q)$$
$$\Leftrightarrow F \vee (P \wedge Q)$$
$$\Leftrightarrow P \wedge Q$$

（2）求 $\neg (P \vee Q) \leftrightarrow (P \wedge Q)$ 的析取范式。

解

$$\neg (P \vee Q) \leftrightarrow (P \wedge Q)$$
$$\Leftrightarrow \neg (P \vee Q) \wedge (P \wedge Q) \vee \neg (\neg (P \vee Q)) \wedge \neg (P \wedge Q)$$
$$\Leftrightarrow (\neg P \wedge \neg Q \wedge P \wedge Q) \vee ((P \vee Q) \wedge (\neg P \vee \neg Q))$$
$$\Leftrightarrow F \vee (P \vee Q) \wedge (\neg P \vee \neg Q)$$
$$\Leftrightarrow (P \vee Q) \wedge (\neg P \vee \neg Q)$$
$$\Leftrightarrow ((P \vee Q) \wedge \neg P) \vee ((P \vee Q) \wedge \neg Q)$$
$$\Leftrightarrow P \wedge \neg P \vee \neg P \wedge Q \vee P \wedge \neg Q \vee Q \wedge \neg Q$$
$$\Leftrightarrow F \vee \neg P \wedge Q \vee P \wedge \neg Q \vee F$$
$$\Leftrightarrow (\neg P \wedge Q) \vee (P \wedge \neg Q)$$

定义 1.6.3 一个由基本和的积组成的公式，如果与给定的命题公式 A 等价，则称它是 A 的**合取范式**，记为

$$A = A_1 \wedge A_2 \wedge \cdots \wedge A_n, \quad n \geqslant 1$$

其中 $A_1, A_2, \cdots, A_n$ 是基本和。

对任何命题公式都可求得与其等价的合取范式，道理同析取范式。同样，一个命题公式的合取范式也不唯一。

如果一个命题公式的合取范式的每个基本和都是永真式，则该式也必定是永真式。

例 1.6.2

（1）试证 $Q \vee P \wedge \neg Q \vee \neg P \wedge \neg Q$ 是永真式。

解

$$Q \vee P \wedge \neg Q \vee \neg P \wedge \neg Q \Leftrightarrow Q \vee (P \vee \neg P) \wedge \neg Q$$
$$\Leftrightarrow Q \vee T \wedge \neg Q$$
$$\Leftrightarrow Q \vee \neg Q$$
$$\Leftrightarrow T$$

（2）求 $\neg (P \vee Q) \leftrightarrow (P \wedge Q)$ 的合取范式。

解 令 $A \Leftrightarrow \neg (P \vee Q) \leftrightarrow (P \wedge Q)$，则

$$\neg A \Leftrightarrow \neg (\neg (P \vee Q) \leftrightarrow (P \wedge Q))$$
$$\Leftrightarrow \neg (\neg (P \vee Q) \wedge (P \wedge Q) \vee (\neg (\neg (P \vee Q)) \wedge \neg (P \wedge Q)))$$
$$\Leftrightarrow \neg (((\neg P \wedge \neg Q \wedge P \wedge Q) \vee ((P \vee Q) \wedge (\neg P \vee \neg Q)))$$
$$\Leftrightarrow \neg P \wedge \neg Q \vee P \wedge Q$$

由于

$$A \Leftrightarrow \neg A = \neg(\neg P \land \neg Q \lor P \land Q)$$

所以

$$A \Leftrightarrow (P \lor Q) \land (\neg P \lor \neg Q)$$

1.6.2 主析取范式和主合取范式

定义 1.6.4 在含 n 个变元的基本积中,若每个变元与其否定不同时存在,而二者之一必出现且仅出现一次,则称这种基本积为**极小项**。

n 个变元可构成 2^n 个不同的极小项。例如,三个变元 P, Q, R 可构成 8 个极小项。我们把命题变元看成 1,命题变元的否定看成 0,于是每个极小项对应一个二进制数,也对应于一个十进制数。对应情况如下:

$$\neg P \land \neg Q \land \neg R \ ——000——0$$
$$\neg P \land \neg Q \land R \ ——001——1$$
$$\neg P \land Q \land \neg R \ ——010——2$$
$$\neg P \land Q \land R \ ——011——3$$
$$P \land \neg Q \land \neg R \ ——100——4$$
$$P \land \neg Q \land R \ ——101——5$$
$$P \land Q \land \neg R \ ——110——6$$
$$P \land Q \land R \ ——111——7$$

把极小项对应的十进制数当作下标,并用 $m_i (i = 0, 1, 2, \cdots, 2^n - 1)$ 表示这一项,即

$$\neg P \land \neg Q \land \neg R \Leftrightarrow m_0$$
$$\neg P \land \neg Q \land R \Leftrightarrow m_1$$
$$\neg P \land Q \land \neg R \Leftrightarrow m_2$$
$$\neg P \land Q \land R \Leftrightarrow m_3$$
$$P \land \neg Q \land \neg R \Leftrightarrow m_4$$
$$P \land \neg Q \land R \Leftrightarrow m_5$$
$$P \land Q \land \neg R \Leftrightarrow m_6$$
$$P \land Q \land R \Leftrightarrow m_7$$

一般情况下,n 个变元的极小项是

$$\neg P_1 \land \neg P_2 \land \cdots \land \neg P_n \Leftrightarrow m_0$$
$$\neg P_1 \land \neg P_2 \land \cdots \land \neg P_{n-1} \land P_n \Leftrightarrow m_1$$
$$\neg P_1 \land \neg P_2 \land \cdots \land P_{n-1} \land \neg P_n \Leftrightarrow m_2$$
$$\cdots$$
$$P_1 \land P_2 \land \cdots \land P_n \Leftrightarrow m_{2^n - 1}$$

定义 1.6.5 一个由极小项的和组成的公式,如果与命题公式 A 等价,则称它是公式 A 的**主析取范式**。

对任何命题公式(永假式除外)都可求得与其等价的主析取范式,而且是主析取范式的形式唯一。这给范式判定问题带来很大益处。例如:

$$A \Leftrightarrow P \land Q \lor R$$
$$\Leftrightarrow (P \land Q) \land (R \lor \neg R) \lor (P \lor \neg P) \land R$$

$$\Leftrightarrow P \wedge Q \wedge R \vee P \wedge Q \wedge \neg R \vee P \wedge R \vee \neg P \wedge R$$

$$\Leftrightarrow P \wedge Q \wedge R \vee P \wedge Q \wedge \neg R \vee P \wedge R \wedge (Q \vee \neg Q) \vee (\neg P \wedge R) \wedge (Q \vee \neg Q)$$

$$\Leftrightarrow P \wedge Q \wedge R \vee P \wedge Q \wedge \neg R \vee P \wedge Q \wedge R \vee P \wedge \neg Q \wedge R \vee \neg P \wedge Q \wedge R \vee \neg P \wedge \neg Q \wedge R$$

$$\Leftrightarrow P \wedge Q \wedge R \vee P \wedge Q \wedge \neg R \vee P \wedge \neg Q \wedge R \vee \neg P \wedge Q \wedge R \vee \neg P \wedge \neg Q \wedge R$$

$$\Leftrightarrow m_7 \vee m_6 \vee m_5 \vee m_3 \vee m_1$$

$$\Leftrightarrow \sum(1,3,5,6,7)$$

其中,符号"$\sum$"是借用数学中求和的符号,这里代表析取。

命题公式 A 不是永真式也不是永假式,而是可满足的。关于这一点将通过考察一个命题公式的主析取范式和它的真值表的关系而得出。

下面我们来研究命题公式 $A \Leftrightarrow P \wedge Q \vee R$ 的真值表,如表 1-12 所示。

表 1-12　$A \Leftrightarrow P \wedge Q \vee R$ 的真值表及对应的极小项

P	Q	R	极小项	$P \wedge Q \vee R$
0	0	0	$\neg P \wedge \neg Q \wedge \neg R$	0
0	0	1	$\neg P \wedge \neg Q \wedge R$	1
0	1	0	$\neg P \wedge Q \wedge \neg R$	0
0	1	1	$\neg P \wedge Q \wedge R$	1
1	0	0	$P \wedge \neg Q \wedge \neg R$	0
1	0	1	$P \wedge \neg Q \wedge R$	1
1	1	0	$P \wedge Q \wedge \neg R$	1
1	1	1	$P \wedge Q \wedge R$	1

从公式 $P \wedge Q \vee R$ 的真值表中不难看出,使命题公式取值为 T 的每一组变元的真值指派也使同行上的极小项取值为 T。如果我们把这些极小项析取起来,显然,它应该和命题公式 $P \wedge Q \vee R$ 是等价的。当然使命题公式取值为 F 的那些组命题变元所对应的极小项对公式是不起作用的。

如果命题公式是永真式,则对应于命题变元的所有极小项应在其主析取范式中全部出现。

如果所给命题公式是永假式,则它不存在主析取范式。

定义 1.6.6　在含 n 个变元的基本和中,若每个变元与其否定不同时存在,而二者之一必出现且仅出现一次,则称这种基本和为**极大项**。

n 个变元可以构成 2^n 个不同的极大项。例如,三个变元 P,Q,R 可构成 8 个极大项。在极大项中,我们把命题变元看成 0,而把命题变元的否定看成 1,于是每一个极大项对应于一个二进制数,也对应一个十进制数。对应情况如下:

$$
\begin{array}{lll}
P \vee Q \vee R & ——000—— & 0 \\
P \vee Q \vee \neg R & ——001—— & 1 \\
P \vee \neg Q \vee R & ——010—— & 2 \\
P \vee \neg Q \vee \neg R & ——011—— & 3 \\
\neg P \vee Q \vee R & ——100—— & 4 \\
\neg P \vee Q \vee \neg R & ——101—— & 5 \\
\neg P \vee \neg Q \vee R & ——110—— & 6 \\
\neg P \vee \neg Q \vee \neg R & ——111—— & 7 \\
\end{array}
$$

把极大项对应的十进制数当作下标,并用 $m_i (i = 0,1,2,\cdots,2^n - 1)$ 表示这一项,即

$$P \lor Q \lor R \Leftrightarrow m_0$$
$$P \lor Q \lor \neg R \Leftrightarrow m_1$$
$$P \lor \neg Q \lor R \Leftrightarrow m_2$$
$$P \lor \neg Q \lor \neg R \Leftrightarrow m_3$$
$$\neg P \lor Q \lor R \Leftrightarrow m_4$$
$$\neg P \lor Q \lor \neg R \Leftrightarrow m_5$$
$$\neg P \lor \neg Q \lor R \Leftrightarrow m_6$$
$$\neg P \lor \neg Q \lor \neg R \Leftrightarrow m_7$$

一般地, n 个变元的极大项是:

$$P_1 \lor P_2 \lor \cdots \lor P_n \Leftrightarrow m_0$$
$$P_1 \lor P_2 \lor \cdots \lor P_{n-1} \lor \neg P_n \Leftrightarrow m_1$$
$$P_1 \lor P_2 \lor \cdots \lor \neg P_{n-1} \lor P_n \Leftrightarrow m_2$$
$$\cdots$$
$$\neg P_1 \lor \neg P_2 \lor \cdots \lor \neg P_n \quad \Leftrightarrow m_{2^n - 1}$$

定义 1.6.7 一个由极大项的积组成的公式,如果与命题公式 A 等价,则称它是 A 的**主合取范式**。

对任何命题公式(永真式除外)都可求得与其等价的主合取范式,且主合取范式的形式唯一。

例如:

$$A \Leftrightarrow P \land Q \lor R$$
$$\Leftrightarrow (P \lor R) \land (Q \lor R)$$
$$\Leftrightarrow (P \lor R) \lor (Q \land \neg Q) \land (Q \lor R) \lor (P \land \neg P)$$
$$\Leftrightarrow (P \lor Q \lor R) \land (P \lor \neg Q \lor R) \land (P \lor Q \lor R) \land (\neg P \lor Q \lor R)$$
$$\Leftrightarrow (P \lor Q \lor R) \land (P \lor \neg Q \lor R) \land (\neg P \lor Q \lor R)$$
$$\Leftrightarrow m_0 \land m_2 \land m_4$$
$$\Leftrightarrow \prod(0, 2, 4)$$

其中符号"$\prod$"是借用数学中求积的符号,这里代表合取。

从 A 的主合取范式,立刻可以判断出 A 是可满足的。下面通过考察 $A \Leftrightarrow P \land Q \lor R$ 及其真值表(如表 1-13 所示)来说明极大项和主合取范式的关系及极大项和极小项的关系。

表 1-13 $A \Leftrightarrow P \land Q \lor R$ 的真值表及对应的极大项

P	Q	R	极大项	$P \land Q \lor R$
0	0	0	$P \lor Q \lor R$	0
0	0	1	$P \lor Q \lor \neg R$	1
0	1	0	$P \lor \neg Q \lor R$	0
0	1	1	$P \lor \neg Q \lor \neg R$	0
1	0	0	$\neg P \lor Q \lor R$	0
1	0	1	$\neg P \lor Q \lor \neg R$	1
1	1	0	$\neg P \lor \neg Q \lor R$	1
1	1	1	$\neg P \lor \neg Q \lor \neg R$	1

从表 1-13 中可以清楚地看出,使公式 A 取 F(即 0)的那些真值指派也必然使同行上对应的极大项取 F 值,把所有这些极大项合取起来,当然应和命题公式 A 等价,省略使命题公式 A 取 T(即 1)值的极大项,是因为合取上 T 还等价于原来的命题。

对照表 1-12 和表 1-13 我们会发现极小项 m_i 和极大项 M_i 有下列的关系式:

$$M_i \Leftrightarrow \neg m_i, m_i \Leftrightarrow \neg M_i$$

利用求一个命题公式的主析取范式和主合取范式的方法,可以很快地判断一个命题公式是永真的、永假的或是可满足的。一个命题公式是永真式,它的命题变元的所有极小项均出现在其主析取范式中,不存在与其等价的主合取范式;一个命题公式是永假式,它的命题变元的所有极大项均出现在其主合取范式中,不存在与其等价的主析取范式;一个命题公式是可满足的,它既有与其等价的主析取范式,也有与其等价的主合取范式. 通过对公式 $A \Leftrightarrow P \wedge Q \vee R$ 的讨论,不难看出通过公式直接求主析取、主合取范式的方法。从真值表中也可以看出,如果一个命题公式含有 n 个变元,则可以写出 2^n 个极小项和 2^n 个极大项,并且如果这个命题公式的主析取范式含有 $i(i < n)$ 个极小项,则它的主合取范式应含有 $2^n - i$ 个极大项,每个极大项可由将相应 $2^n - i$ 个极小项取否定而得到,即如果已求出一个命题公式的主析取(或主合取)范式,则可通过上面所说的关系直接写出公式的主合取(或主析取)范式。

习题

1. 求下列各式的主合取范式:

   (1) $(P \wedge Q \wedge R) \vee (\neg P \wedge Q \wedge R) \vee (\neg P \wedge \neg Q \wedge \neg Q)$

   (2) $(P \wedge Q) \vee (\neg P \wedge Q) \vee (P \wedge \neg Q)$

   (3) $(P \wedge Q) \vee (\neg P \wedge Q \wedge R)$

2. 求下列公式的主析取范式和主合取范式:

   (1) $(\neg P \vee \neg Q) \rightarrow (P \leftrightarrow \neg Q)$

   (2) $P \vee (\neg P \rightarrow (Q \vee (\neg Q \rightarrow R)))$

   (3) $(P \rightarrow (Q \wedge R)) \wedge (\neg P \rightarrow (\neg Q \wedge \neg R))$

   (4) $(P \wedge \neg Q \wedge S) \vee (\neg P \wedge Q \wedge R)$

3. 用主范式法证明下列公式是否等价:

   (1) $(P \rightarrow Q) \wedge (P \rightarrow R)$ 与 $P \rightarrow (Q \wedge R)$

   (2) $(P \wedge \neg Q) \vee (\neg P \wedge Q)$ 与 $(P \vee Q) \wedge (\neg P \vee \neg Q)$

   (3) $(P \rightarrow Q) \rightarrow R$ 与 $Q \rightarrow (P \rightarrow R)$

   (4) $(P \rightarrow Q) \rightarrow R$ 与 $P \rightarrow (Q \rightarrow R)$

   (5) $P \rightarrow (Q \rightarrow R)$ 与 $P \rightarrow (Q \rightarrow R) \Leftrightarrow \neg (P \wedge Q) \vee R$

4. 某电路中有 1 只灯泡和 3 个开关 A, B, C。已知当且仅当在下述 4 种情况之一灯亮。

   (1) C 的扳键向上,A 和 B 的扳键向下。

   (2) A 的扳键向上,B 和 C 的扳键向下。

   (3) B 和 C 的扳键都向上,A 的扳键向下。

   (4) A 和 B 的扳键都向上,C 的扳键向下。

   用 P, Q, R 分别表示 A, B, C 的扳键向上,求灯亮的逻辑表达式以及主范式。

5. 某电路中有 1 只灯泡和 3 个开关 A, B, C。当且仅当两个或两个以上的开关扳键向上时灯亮,用 P, Q, R 分别表示 A, B, C 的扳键向上,求灯亮的逻辑表达式以及主范式。

6. 在一次研讨会上,3 名与会者根据王教授的口音分别进行下述判断:甲说"王教授不是苏州人,是上海人";乙说"王教授不是上海人,是苏州人";丙说"王教授不是杭州人,也不是上海人"。王教授听后笑道:"你们

3 人中有 1 人全说对了,有 1 人全说错了,有 1 人对错各半。"请问王教授是哪里人?

7. 当张、王、赵、李四位同学考试成绩出来以后,有人问这 4 个人谁的成绩最好。张说"不是我",王说"是李",赵说"是王",李说"不是我"。4 个人的回答只有 1 个人符合实际,问哪一位同学的成绩最好? 如果有两个人成绩并列最好,是哪两位?

8. 某公司要从赵、钱、孙、李、周五名员工中派一些人出差,必须满足以下条件:

   (1)如果赵去,钱也去。

   (2)李、周两人中必有一人去。

   (3)钱、孙两人中去且仅去一人。

   (4)孙、李两人同去或者同不去。

   (5)若周去,则赵、钱也同去。

   该公司将如何派人出差?

1.7　命题演算的推理理论

逻辑学的主要任务是提供一套推理规则,按照公认的推理规则,从前提集合中推导出一个结论来,这样的推导过程称为演绎或形式证明。

在任何论证中,倘若认定前提是真的,从前提推导出结论的论证遵守逻辑推理规则,则认为此结论是真的,并且认为这个论证过程是**合法的**。也就是说,对于任何论证来说,人们所注意的是论证的**合法性**。数理逻辑则把注意力集中于推理规则的研究,依据这些推理规则推导出的任何结论,称为**有效结论**,而这种论证则称为**有效论证**。数理逻辑所关心的是论证的有效性而不是合法性,也就是说,数理逻辑所注重的是推理过程中推理规则使用的有效性,而并不关心前提的实际真值。

推理理论对计算机科学中的程序验证、定理的机械证明和人工智能都十分重要。

定义 1.7.1　设 $H_1, H_2, \cdots, H_m, C$ 是一些命题公式。当且仅当

$$H_1 \wedge H_2 \wedge \cdots \wedge H_m \Rightarrow C$$

称 C 是前提集合 $\{H_1, H_2, \cdots, H_m\}$ 的有效结论。

显然,给定一个前提集合和一个结论,用构成真值表的方法,在有限步内能够确定该结论是否是该前提集合的有效结论。这种方法称为真值表技术。下面举例说明这种技术。

例 1.7.1　考察结论 C 是否是下列前提 H_1、H_2 和 H_3 的有效结论:

(1) $H_1 : \neg P \vee Q$

　　$H_2 : \neg(Q \wedge \neg R)$

　　$H_3 : \neg R$

　　$C : \neg P$

(2) $H_1 : P \rightarrow (Q \rightarrow P)$

　　$H_2 : P \wedge Q$

　　$C : R$

(3) $H_1 : \neg P$

　　$H_2 : P \vee Q$

　　$C : P \wedge Q$

解　首先构造(1)、(2)和(3)的真值表,分别如表 1-14、表 1-15 和表 1-16 所示。

表   1-14

P Q R	¬P∨Q	¬(Q∧¬R)	¬R	¬P
0 0 0	1	1	1	1
0 0 1	1	1	0	1
0 1 0	1	0	1	1
0 1 1	1	1	0	1
1 0 0	0	1	1	0
1 0 1	0	1	0	0
1 1 0	1	0	1	0
1 1 1	1	1	0	0

在表 1-14 中仅第一行各前提的真值都为 1,结论的真值也为 1,因此,(1)的结论是有效的。

表   1-15

P Q R	P→(Q→P)	P∧Q	R
0 0 0	1	0	0
0 0 1	1	0	1
0 1 0	1	0	0
0 1 1	1	0	1
1 0 0	1	0	0
1 0 1	1	0	1
1 1 0	0	1	0
1 1 1	1	1	1

在表 1-15 中仅第八行上各前提的真值都为 1,结论的真值也为 1,因此,(2)的结论也是有效的。

表   1-16

P Q	¬P	P∨Q	P∧Q
0 0	1	0	0
0 1	1	1	0
1 0	0	1	0
1 1	0	1	1

在表 1-16 中,前提取值均为 1 的是第二行,但结论却取值为 0,因此,(3)的结论无效。

使用真值表技术可以证明某一个结论是否是某一组前提的有效结论,如上面所举的例子。但是,当变元多或前提规模大时,这种方法就显得不是很方便了。为此,我们介绍一套推理理论的推理规则,如果推理规则使用的有效,则说由这套推理规则所推出的结论也是有效的。

规则 P:引入一个前提称为使用一次 P 规则。

规则 T:在推导中,如果前面有一个或多个公式永真蕴涵公式 S,则可以把公式 S 引进推导过程中。换句话说,引进前面推导过程中的推理结果称为使用 T 规则。

下面举例说明如何使用 P 规则和 T 规则进行有效推理。

例 1.7.2 试证明¬P 是¬$(P∧¬Q)$、¬$Q∨R$ 和¬R 的有效结论。

解

{1}	(1)	$\neg(P \wedge \neg Q)$	P 规则
{1}	(2)	$\neg P \vee Q$	T 规则，(1)，E_{11}
{1}	(3)	$P \rightarrow Q$	T 规则，(2)，E_{27}
{4}	(4)	$\neg Q \vee R$	P 规则
{4}	(5)	$Q \rightarrow R$	T 规则，(4)，E_{27}
{1,4}	(6)	$P \rightarrow R$	T 规则，(3)，(5)，I_{12}
{7}	(7)	$\neg R$	P 规则
{1,4,7}	(8)	$\neg P$	T 规则，(6)，(7)，I_{11}

其中，第一列上花括号中的数字集合指明了本行上的公式所依赖的前提。第二列中的编号既代表了该公式又代表了该公式所处的行。最右边给出的是推理规则和注释，注释包括该行是哪行的结论及所依据的恒等式和永真蕴涵式。

规则 CP：如果能从 R 和前提集合中推导出 S，则能够从前提集合中推导出 $R \rightarrow S$。实际上，恒等式 E_{28} 就可以推出规则 CP：

$$(P \wedge Q \rightarrow R) \Leftrightarrow \neg(P \wedge Q) \vee R$$
$$\Leftrightarrow \neg P \vee \neg Q \vee R$$
$$\Leftrightarrow \neg P \vee (\neg Q \vee R)$$
$$\Leftrightarrow P \rightarrow (Q \rightarrow R)$$

设 P 表示前提的合取，Q 是任意公式，则上述恒等式可表述成：

在前提集合中，若包含附加前提 Q，并且从 $P \wedge Q$ 中可以推导出 R，则可从前提 P 中推导出 $Q \rightarrow R$。

例 1.7.3 证明 $R \rightarrow S$ 是前提 $P \rightarrow (Q \rightarrow S)$、$Q$ 和 $\neg R \vee P$ 的有效结论。

解 把 R 作为附加前提，首先推导出 S，再由此推导出 $R \rightarrow S$。

{1}	(1)	R	P 规则（附加前提）
{2}	(2)	$\neg R \vee P$	P 规则
{1,2}	(3)	P	T 规则，(1)，(2)，I_9
{4}	(4)	$P \rightarrow (Q \rightarrow S)$	P 规则
{1,2,4}	(5)	$Q \rightarrow S$	T 规则，(3)，(4)，I_{10}
{6}	(6)	Q	P 规则
{1,2,4,6}	(7)	S	T 规则，(5)，(6)，I_{10}
{1,2,4,6}	(8)	$R \rightarrow S$	CP 规则，(1)，(7)

前面我们曾讨论过范式判定问题。显然，如果在有限步内能断定论证是否有效，也就解决了论证的判定问题。然而，前面讨论过的推导方法，实际上仅是部分地解决了判定问题的求解。也就是说，如果一个论证是有效的，则使用这种方法可以证明论证是有效的；反之，如果论证不是有效的，则经过有限步之后，还难于断定这个论证不是有效的。

下面介绍第四个推理规则——规则 F，也称间接证明法（或反证法）。为了说明规则 F，我们给出下面的定义和定理。

定义 1.7.2 设公式 $H_1, H_2, \cdots, H_m$ 中的原子变元是 $P_1, P_2, \cdots, P_n$。如果给各原子变元 $P_1, P_2, \cdots, P_n$ 指派某一个真值集合，能使 $H_1 \wedge H_2 \wedge \cdots \wedge H_m$ 具有真值 T，则命题公式集合

$\{H_1, H_2, \cdots, H_m\}$ 称为**一致的**(或**相容的**);对于各原子变元的每一个真值指派,如果命题公式 $H_1, H_2, \cdots, H_m$ 中至少有一个是假,从而使得 $H_1 \wedge H_2 \wedge \cdots \wedge H_m$ 是假,则称命题公式集合 $\{H_1, H_2, \cdots, H_m\}$ 是**不一致的**(或**不相容的**)。

设 $\{H_1, H_2, \cdots, H_m\}$ 是一个命题公式集合,如果它们的合取蕴涵着一个永假式,即

$$H_1 \wedge H_2 \wedge \cdots \wedge H_m \Rightarrow R \wedge \neg R$$

这里 R 是任何一个公式,则公式集合 $\{H_1, H_2, \cdots, H_m\}$ 必然是非一致的。因为 $R \wedge \neg R$ 是一个永假式,所以它充分而又必要地决定了 $H_1 \wedge H_2 \wedge \cdots \wedge H_m$ 是一个永假式。

在间接证明法中,就是应用了非一致的概念。

定理 1.7.1 设命题公式集合 $\{H_1, H_2, \cdots, H_m, \neg C\}$ 是非一致的,即它蕴涵着一个永假式,则可以从前提集合 $\{H_1, H_2, \cdots, H_m\}$ 中推导出命题公式 C。

证明 因为 $\{H_1, H_2, \cdots, H_m, \neg C\}$ 是非一致的,所以 $H_1 \wedge H_2 \wedge \cdots \wedge \neg C$ 必定是永假式。因为前提集合 $\{H_1, H_2, \cdots, H_m\}$ 是一致的,所以能使 $H_1 \wedge H_2 \wedge \cdots \wedge H_m$ 的真值为 T 的真值指派,必然会使 $\neg C$ 的真值为 F,从而使 C 的真值为 T,故有

$$H_1, H_2, \cdots, H_m \Rightarrow C$$

这样就可以从前提集合 $\{H_1, H_2, \cdots, H_m\}$ 中推导出命题公式 C。 ■

例 1.7.4 证明 $\neg(P \wedge Q)$ 是 $\neg P \wedge \neg Q$ 的有效结论。

解 把 $\neg\neg(P \wedge Q)$ 作为假设前提,并证明该假设前提导致一个永假式。

{1}	(1)	$\neg\neg(P \wedge Q)$	P 规则(假设前提)
{2}	(2)	$P \wedge Q$	T 规则,(1),E_{10}
{1}	(3)	P	T 规则,(2),I_1
{4}	(4)	$\neg P \wedge \neg Q$	P 规则
{4}	(5)	$\neg P$	T 规则,(4),I_1
{1,4}	(6)	$P \wedge \neg P$	T 规则,(3),(5),I_{16}
{1,4}	(7)	$\neg(P \wedge Q)$	F 规则,(1),(6)

为了简化做题步骤,在推理的时候,往往可以省略第一列,也就是本行上的公式所依赖的前提,以及省略最后一列注释中标注的所依据的恒等式和永真蕴涵式。

对于同一个问题,推理方法并不唯一。

例 1.7.5 在某次比赛中,有甲、乙、丙、丁四队参赛,已知情况如下:若甲队获冠军,则乙队或丙队获亚军;若丙队获亚军,则甲队不能获冠军;若丁队获亚军,则乙队不能获亚军;甲队获冠军。请通过推理得到结论:丁队未获亚军。

解 首先将命题符号化。

令 P:甲队获冠军;Q:乙队获亚军;R:丙队获亚军;S:丁队获亚军,于是命题符号化为:

$$P \to Q \veebar R, R \to \neg P, S \to \neg Q, P \Rightarrow \neg S$$

推理过程如下:

(1)	P	P 规则
(2)	$R \to \neg P$	P 规则
(3)	$\neg R$	T 规则,(1),(2)
(4)	$P \to Q \veebar R$	P 规则
(5)	$Q \veebar R$	T 规则,(1),(4)

(6)	Q	T 规则,(3),(5)
(7)	$S \to \neg Q$	P 规则
(8)	$\neg S$	T 规则,(6),(7)

除了直接证明法,还可以通过反证法推理,如下:

(1)	$\neg S$	P 规则(假设前提)
(2)	S	T 规则,(1)
(3)	$S \to \neg Q$	P 规则
(4)	$\neg Q$	T 规则,(2),(3)
(5)	P	P 规则
(6)	$P \to Q \lor R$	P 规则
(7)	$Q \lor R$	T 规则,(5),(6)
(8)	R	T 规则,(4),(7)
(9)	$R \to \neg P$	P 规则
(10)	$\neg P$	T 规则,(8),(9)
(11)	$P \land \neg P$	T 规则,(5),(10)
(12)	$\neg S$	F 规则,(1),(11)

由以上几个例子,我们可以总结出这样的经验:推理方法不止一种,当要证明的结论是条件式时,可考虑使用 CP 规则;当要证明的结论比较简单,而仅仅使用前提推导不明显时,可考虑使用间接证明法,即 F 规则,以使推导过程变得简捷。

习题

1. 试用真值表法证明:$A \land E$ 不是 $A \leftrightarrow B, B \leftrightarrow (C \land D), C \leftrightarrow (A \lor E)$ 和 $A \lor E$ 的有效结论。

2. H_1, H_2 和 H_3 是前提。在下列情况下,试确定结论 C 是否有效(可以使用真值表法证明)。

   (1) $H_1: P \to Q$

   　　 $C: P \to (P \land Q)$

   (2) $H_1: \neg P \lor Q$

   　　 $H_2: \neg(Q \land \neg R)$

   　　 $H_3: \neg R$

   　　 $C: \neg P$

   (3) $H_1: P \to (Q \to P)$

   　　 $H_2: P \land Q$

   　　 $C: R$

   (4) $H_1: P \to Q$

   　　 $H_2: Q \to R$

   　　 $C: P \to R$

3. 不构成真值表证明:$A \lor C$ 不是 $A \leftrightarrow (B \to C)$、$B \leftrightarrow (\neg A \lor \neg C)$、$C \leftrightarrow (A \lor \neg B)$ 和 B 的有效结论。

4. 使用推理的方法证明:$L \lor M$ 是 $P \land Q \land R$ 和 $(Q \leftrightarrow R) \to (L \lor M)$ 的有效结论。

5. 不构成真值表证明下列命题公式不能同时全为真。

   (1) $P \leftrightarrow Q, Q \to R, \neg R \lor S, \neg P \to S, \neg S$

   (2) $R \lor M, \neg P \lor S, \neg M, \neg S$

6. H_1, H_2 和 H_3 是前提,根据推理规则断定,在下列情况下 C 是否是有效结论。

(1) $H_1 : P \lor Q$

   $H_2 : P \to R$

   $H_3 : Q \to R$

   $C : R$

(2) $H_1 : P \to (Q \to R)$

   $H_2 : R$

   $C : P$

7. 证明下列论证的有效性。

  (1) $\neg(P \land \neg Q), \neg Q \lor R, \neg R \Rightarrow \neg P$

  (2) $(P \land Q) \to R, \neg R \lor \neg S, S \Rightarrow \neg P \lor \neg Q$

  (3) $(P \to Q) \to R, P \land S, Q \land T \Rightarrow R$

8. 导出下列结论(如果需要,就使用规则 CP)。

  (1) $\neg P \lor Q, \neg Q \lor R, R \to S \Rightarrow P \to S$

  (2) $P \to Q \Rightarrow P \to (P \land Q)$

  (3) $(P \lor Q) \to R \Rightarrow (P \land Q) \to R$

9. 证明下列各式的有效性(如果需要,就使用间接证明法)。

  (1) $(R \to \neg Q), R \lor S, S \to \neg Q, P \to Q \Rightarrow \neg P$

  (2) $S \to \neg Q, R \lor S, \neg R, P \leftrightarrow Q \Rightarrow \neg P$

  (3) $\neg(P \to Q) \to \neg(R \lor S), ((Q \to P) \lor \neg R), R \Rightarrow P \leftrightarrow Q$

10. 对下面的每个前提给出一个有效结论:

  (1) 只有不下雨,运动会才照常进行。运动会照常进行,所以……

  (2) 只要不下雨,运动会就照常进行。运动会没有照常进行,所以……

  (3) 除非不下雨并且天气不热,运动会才会照常进行。下雨了或者天气热,所以……

11. 符号化下列命题并且推理证明:

  (1) 明天是晴天,或者是下雨;如果是晴天,我就去看电影;如果我去看电影,我就不看书。结论:如果我在看书,则天在下雨。

  (2) 如果今天我没课,则我就去机房上机或去图书馆查资料;若机房没有空机器,那么我没法上机;今天我没课,机房也没空机器。所以今天我去图书馆查资料。

12. 符号化下列命题,并用推理方法说明谁是作案者:

  (1) A 或 B 盗窃了金项链。

  (2) 若 A 作案,则作案时间不在营业时间。

  (3) 若 B 提供的证据正确,则货柜不上锁。

  (4) 若 B 提供的证据不正确,则作案时间在营业时间。

  (5) 货柜上锁。

小结

    本章介绍了命题及命题联结词的定义,由命题变元、逻辑联结词和圆括号可以组成合式公式。命题合式有永真式、永假式和可满足的。此外,本章介绍了常用的恒等式和永真蕴涵式,它们是进行推理的依据。为了解决判定问题,本章给出了命题合式的标准形式——主析取范式和主合取范式。本章最后介绍了命题演算的推理规则,使用推理规则进行有效推理是命题演算的核心课题。

第 2 章

■ 谓 词 逻 辑

在命题逻辑中,命题是命题演算的基本单位,不再对原子命题进行分解,因此,无法研究命题语句的结构、成分和内在的逻辑特征。若要表达两个原子命题所具有的共同特征,显然是不可能的事。在命题逻辑中,甚至无法处理一些简单而又常见的推论过程。例如,著名的"苏格拉底(Socrates ,古希腊哲学家,公元前 470—399)论证"就是如此:

所有的人总是要死的。

因为苏格拉底是人,

所以,苏格拉底是要死的。

凭直觉就可知道这个结论显然是真的,但却不能由命题演算的推论理论推导出来。产生这种欠缺的原因在于,不能把命题"所有的人都是要死的"分解,说明关于"人"的任何事情;反之,若把"都是要死的",同"所有的人"这部分分离,就可能论述任何特定的"人"。

为了研究这类本质性的问题,在原子命题中将引进谓词的概念。命题中基于谓词分析的逻辑,称为谓词逻辑。

2.1 谓词演算

谓词演算是一种形式语言,其本质是把数学中的逻辑论证符号化,它推动了数学各分支的迅速发展。

2.1.1 谓词和个体

在命题逻辑中,已经讨论了命题之间的联结,现在来研究命题内部的逻辑结构。在谓词演算中,原子命题被分解为谓词和个体两部分。所谓个体,是指可以独立存在的事物。它可以是抽象的概念,也可以是一个具体的实体。如玫瑰、狮子、计算机、自然数、复数、智能、情操和定理等。谓词是用来刻画个体的性质和个体之间的关系的。例如,有以下两个命题:

李洪是大学生。

张宾是大学生。

其中"……是大学生"是谓词,"李洪"和"张宾"是个体。谓词在这里是用来刻画个体的性质的。

又如命题:

李洪比张宾小两岁。

其中"……比……小两岁"是谓词,是用来刻画两个个体之间的关系的。

一般用大写的英文字母表示谓词,而用小写的英文字母表示个体。如用 $S(x)$ 表示"x 是大学生",$L(x,y)$ 表示"x 比 y 小两岁",a 表示李洪,b 表示张宾,则上述三个命题可以表示成 $S(a)$,$S(b)$,$L(a,b)$。以后简称 $S(x)$ 和 $L(x,y)$ 等谓词和个体的联合体为谓词。

在谓词中包含的个体数目称为谓词的**元数**。与一个个体变元相联系的谓词称为**一元谓**

词,与多个个体变元相联系的谓词称为**多元谓词**。例如,$S(x)$ 是一元谓词,$L(x,y)$ 是二元谓词,而命题"西安在宝鸡和潼关之间"要用三元谓词来刻画。一般来说,在多元谓词中,个体间的次序是很重要的,不可随意交换。

除了元数的概念,谓词逻辑又分为不同的阶,发展得比较成熟而又获得普遍应用的是一阶谓词逻辑(在谓词 $P(x_1,x_2,\cdots,x_n)$ 中,若个体变元是一些简单的事物,则称 P 为**一阶谓词**;若个体变元中有一些是一阶谓词,则称 P 为**二阶谓词**,更高阶的谓词可以依此类推)。我们仅讨论一阶谓词逻辑中的基本知识。

任何个体的变化都有一个范围,这个变化范围称为**个体域**(或**论域**)。个体域可以是有限的,也可以是无限的。所有个体域的总和称为**全总个体域**。以某个个体域为变化范围的变元称为**个体变元**。

一个 n 元谓词常可以表示成 $P(x_1,x_2,\cdots,x_n)$,它是一个以变元的个体域为定义域,以 $\{T,F\}$ 为值域的 n 元泛函。通常称 $P(x_1,x_2,\cdots,x_n)$ 为 n 元谓词变元命名式。它还不是一个命题,仅告诉我们该谓词变元是 n 元的以及个体变元之间的顺序如何。只有给其中的谓词赋予确定的含义,将每个个体变元都代之以确定的个体后,该谓词才变成一个确定的命题,有确定的真值。

例如,有一个谓词变元命名式 $S(x,y,z)$,它还不是一个命题,当然也就无真值可言。如果令 $S(x,y,z)$ 表示"x 在 y 和 z 之间",则它是谓词常量命名式,但仍然不是命题,无真值可言。若进一步代入确定的个体表示 x,y,z,如"西安在宝鸡和潼关之间",则是一个真命题;而"宝鸡在西安和潼关之间"则是一个假命题。以上两个具体的命题都是 $S(x,y,z)$ 的代换实例。

同自然语言不同,在一阶谓词逻辑中,个体域的确定可以和谓词在语义上没有任何联系。如有谓词 $S(x)$:x 是大学生。X 的个体域可以是{李洪,张宾,桌子,月亮,理想}。但是,个体域却影响了谓词公式的真假。在上述例子中,若 X 的个体域是某大学某个班级的同学,$S(x)$ 永真;若 X 的个体域是某个幼儿园的小朋友,$S(x)$ 永假;若 X 的个体域是北京市的全体市民,$S(x)$ 是可满足式。因此,在进行命题的符号化时必须指明各个个体域。

有了谓词的概念和符号表示,就可以更深刻地刻画周围的事物。命题逻辑中的联结词都可以直接在谓词逻辑中使用。

2.1.2　量词

试考察两个谓词

$$P(x):x^2-1=(x+1)(x-1)$$
$$Q(x):x+3=1$$

它们都以有理数为个体域。显然,对于个体域中的所有个体,$P(x)$ 均为 T,然而只有当 $x=-2$ 时,$Q(x)$ 才为 T。

怎样来刻画谓词与个体之间的这种关系呢?为此,我们引入一个新的概念——量词。量词有两种:全称量词和存在量词。

符号"$(\forall x)P(x)$"表示命题:"对于个体域中所有个体 x,谓词 $P(x)$ 均为 T"。其中"$(\forall x)$"称为**全称量词**,读作"对于所有的 x"。谓词 $P(x)$ 称为全称量词($\forall x$)的**辖域**或作用范围。

例如对命题"所有的人都是要死的"进行符号化,令 $D(x)$: x 是要死的,取个体域为全体人的集合,命题可以表示成 $(\forall x)D(x)$,是真命题。

符号"$(\exists x)Q(x)$"表示命题:"在个体域中存在某些个体使谓词 $Q(x)$ 为 T"。其中"$(\exists x)$"称为**存在量词**,读作"存在 x"。谓词 $P(x)$ 称为存在量词 $(\exists x)$ 的**辖域**或**存在范围**。

例如对命题"存在一个正整数是素数"进行符号化,令 $S(x)$: x 是素数,取个体域为全体正整数的集合,命题可以表示成 $(\exists x)S(x)$,是真命题。还可以用 $(\forall x)S(x)$ 表示全部的正整数都是素数,是假命题。

当一个一元谓词常量命名式的个体域确定之后,经某个量词的作用(称为量化),将转化为一个命题,可以确定其真值。例如,对于上述谓词 $P(x)$ 和 $Q(x)$ 来说,命题 $(\forall x)P(x)$ 、$(\exists x)P(x)$ 和 $(\exists x)Q(x)$ 的真值都为 T,而命题 $(\forall x)Q(x)$ 的真值为 F。

这就是说,将谓词转化为命题的方法有两种:①将谓词中的个体变元全部换成确定的个体;②使谓词量化。

注意

(1)量词本身不是一个独立的逻辑概念,可以用 $\wedge$, $\vee$ 联结词代替。设个体域是 S : $S = \{a_1, a_2, \cdots, a_n\}$,由量词的定义不难看出,对任意谓词 $A(x)$,有

$$(\forall x)A(x) \Leftrightarrow A(a_1) \wedge A(a_2) \wedge \cdots \wedge A(a_n)$$

$$(\exists x)A(x) \Leftrightarrow A(a_1) \vee A(a_2) \vee \cdots \vee A(a_n)$$

上述关系可以推广至 $n \to \infty$ 的情形。

(2)由量词所确定的命题的真值与个体域有关。例如,上述命题 $(\exists x)Q(x)$ 的真值,当个体域是有理数或整数时为 T;当个体域是自然数时为 F。

有时为了方便起见,个体域一律用全总个体域,每个个体变元的真正变化范围则用一个特性谓词来刻画。但需注意:对于全称量词应使用单条件逻辑联结词;对于存在量词应使用逻辑联结词合取。例如在上面的例子中,如果用 $R(x)$ 表示 x 是人,则"所有人都是要死的"可表示成 $(\forall x)(R(x) \to D(x))$ 。之所以只能用单条件逻辑联结词,是因为也可翻译为"对于所有的个体,如果是人,那么是要死的"。但是,$(\forall x)(R(x) \wedge D(x))$ 表示对于所有的个体,都是人并且是要死的,显然为假。例如,"存在一个不死的人"可以表示成 $(\exists x)(R(x) \wedge \neg D(x))$,是假命题。若把逻辑联结词 $\wedge$ 改成 $\to$,则 $(\exists x)(R(x) \to \neg D(x))$ 表示"存在一个个体,如果是人,那么是不死的",取个体变元 x 为非洲草原上的一头狮子,$R(x)$ 为假,逻辑联结词 $\to$ 的前件为假时,$R(x) \to \neg D(x)$ 为真,因此 $(\exists x)(R(x) \to \neg D(x))$ 是真命题,不能表达"存在一个不死的人"。

对于二元谓词 $P(x,y)$,可能有以下几种量化的可能:

$$(\forall x)(\forall y)P(x,y), (\forall x)(\exists y)P(x,y)$$

$$(\exists x)(\forall y)P(x,y), (\exists y)(\exists x)P(x,y)$$

$$(\forall y)(\forall x)P(x,y), (\exists y)(\forall x)P(x,y)$$

$$(\forall y)(\exists x)P(x,y), (\exists y)(\exists x)P(x,y)$$

其中,$(\exists x)(\forall y)P(x,y)$ 代表 $(\exists x)((\forall y)P(x,y))$ 。

一般来讲,量词的先后次序不可随意交换。

例如:x 和 y 的个体域都是所有鞋子的集合,$P(x,y)$ 表示一只鞋子 x 可与另一只鞋子 y 配对,则

$$(\exists x)(\forall y)P(x,y)$$

表示"存在一只鞋 x,它可以与任何一只鞋 y 配对",这显然是不可能的,是个假命题。而

$$(\forall y)(\exists x)P(x,y)$$

表示"对任何一只鞋 y,总存在一只鞋 x 可与它配对",这是真命题。

可见

$$(\exists x)(\forall y)P(x,y) \neq (\forall y)(\exists x)P(x,y)$$

2.1.3　合式公式

若 P 为不能再分解的 n 元谓词变元,$x_1,x_2,\cdots,x_n$ 是个体变元,则称 $P(x_1,x_2,\cdots,x_n)$ 为**原子公式**或**原子谓词公式**。当 $n=0$ 时,P 表示命题变元,即原子命题公式。所以,命题逻辑实际上是谓词逻辑的特例。

由原子谓词公式出发,通过命题联结词,可以组合成复合谓词公式,称为**分子谓词公式**。下面给出谓词逻辑的**合式公式**(简称公式)的递归定义:

定义 2.1.1

(1)原子谓词公式是合式公式;

(2)若 A 是合式公式,则 $\neg A$ 也是合式公式;

(3)若 A 和 B 都是合式公式,则 $A \wedge B$、$A \vee B$、$A \rightarrow B$ 和 $A \leftrightarrow B$ 也都是合式公式;

(4)如果 A 是合式公式,x 是任意变元,且 A 中无 $(\forall x)$ 或 $(\exists x)$ 出现,则 $(\forall x)A(x)$ 和 $(\exists x)A(x)$ 都是合式公式;

(5)当且仅当有限次使用规则(1)~(4),由逻辑联结词、圆括号构成的有意义的字符串是合式公式。

以下字符串均是谓词逻辑中合式公式的例子:

$A(x)$;$B(x)$;$(\forall x)A(x)$;$(\exists x)B(x)$;$\neg A(x)$;$(\forall x)A(x) \wedge (\exists x)B(x) \rightarrow (\exists x)B(x)$

下面的字符串不是谓词逻辑中合法的合式公式:

$(A(x) \wedge (\exists x)B(x)$ 　　（括号不配对）

$(\forall x)A(x) \rightarrow (\exists x)B(x) \wedge \neg$ 　　（其中逻辑联结词 $\neg$ 缺少运算）

2.1.4　自由变元和约束变元

在谓词公式中,如果有形如 $(\forall x)A(x)$ 或 $(\exists x)A(x)$ 的部分(其中 $A(x)$ 是任意谓词公式),则称它们为 x 的**约束部分**。

定义 2.1.2　一个变元若出现在包含这个变元的量词(全称量词或存在量词)的辖域之内,则该变元称为**约束变元**,其出现称为**约束出现**。

定义 2.1.3　变元的非约束出现称为**自由出现**,该变元称为**自由变元**。

例如:$(\forall x)P(x,y)$ 中 x 是约束变元,它的出现是约束出现;而 y 是自由变元,它的出现是自由出现。$(\forall x)(P(x) \rightarrow (\exists y)Q(x,y))$ 中,x 和 y 都是约束变元,它们的出现均是约束出现,x 有两次约束出现,而 y 只有一次约束出现。在 $(\exists x)Q(x) \wedge R(x)$ 中,x 既是约束变元又是自由变元。

谓词 $P(x)$ 的量化,就是从变元 x 的整个个体域着眼,对性质 $P(x)$ 所作的一个全称判断或特称判断。其结果是将谓词变成一个命题。所以,$(\forall x)$ 和 $(\exists x)$ 可以看成是一个**消元运算**。对于多元谓词来说,仅使其中一个变元量化仍不能将谓词变成命题。若 n 元谓词 $P(x_1,$

$x_2,\cdots,x_n)$经量化后仍有 k 个自由变元,则降为一个 k 元谓词 $Q(y_1,y_2,\cdots,y_k)(k<n)$。只有经过 n 次量化使其中的所有变元都成为约束变元时,n 元谓词才成为一个命题。

所以,一般情况下,给定一个谓词公式 $A(x)$,仅表明在该公式中只有一个自由变元 x,但并不限制在该公式中还存在若干约束变元。例如,以下各公式都可以写成 $A(x)$:

(1) $(\forall y)(P(y) \wedge Q(x,y))$

(2) $(\forall x)R(x) \vee S(x)$

(3) $(\exists y)S(y) \rightarrow S(x)$

(4) $(\forall y)P(x,y) \vee Q(x)$

在上述公式中,作为公式 $A(x)$ 来说,它们对于 y 的关系是不一样的,如在(1)式中以 y 代换 x,会出现新的约束变元;而在(3)式中以 y 代换 x,则不会出现新的约束变元。

如果用 y 代替公式 $A(x)$ 中的 x,不会产生变元的新的约束出现,则称 $A(x)$ 对于 y 是自由的。

上面的(3)式对 y 是自由的,(2)式对 y 也是自由的,(1)式和(4)式对 y 是不自由的。

在谓词逻辑中正确区分约束变元和自由变元是很重要的。

2.1.5 谓词公式的解释

在命题逻辑中我们讨论过一个公式的解释,一个命题变元只有两种可能的指派,即 F 或 T,若公式含有 n 个变元,则有 2^n 种解释。如果对这 2^n 种解释公式 A 都取值为 T,则称 A 是永真式;若都取值为 F,则称公式 A 为永假式;若至少有一组解释使公式 A 为真,则称 A 是可满足的。

在谓词逻辑中,因为涉及命题变元、谓词变元还有个体变元和函数符号,一个公式的解释就变得比较复杂,判定一个谓词公式的属性也就远比命题公式复杂得多。为此引入如下的定义。

定义 2.1.4 设 A 的个体域是 D,如果用一组谓词常量、命题常量和 D 中的个体及函数符号(将它们简记为 I)代换公式 A 中相应的变元,则该公式 A 转化成一个命题,可以确定其真值(记作 P)。称 I 为公式 A 在 D 中的**解释**(或**指派**),称 P 为公式 A 关于解释 I 的**真值**。

给定一个谓词公式 A,它的个体域是 D,若在 D 中无论怎样构成 A 的解释,其真值都为 T,则称公式 A 在 D 中是永真的;如果公式 A 对任何个体域都是永真的,则称公式 A 是永真的;如果公式 A 对于任何个体域中的任何解释都为 F,则称公式 A 为永假的(或不可满足的);若公式 A 不是永假的,则公式 A 是可满足的。

给定两个谓词公式 A 和 B,D 是它们共同的个体域,若 $A \rightarrow B$ 在 D 中是永真式,则称遍及 D 有 $A \Rightarrow B$;若 D 是全总个体域,则称 $A \Rightarrow B$。若 $A \Rightarrow B$ 且 $B \Rightarrow A$,则称 $A \Leftrightarrow B$。

上面我们已经把命题逻辑中的永真式、等价式和永真蕴涵的概念推广到谓词逻辑。显然,命题逻辑中的那些常用恒等式(即等价式)和永真蕴涵式可以全部推广到谓词逻辑中。一般来说,只要把原式中的命题公式用谓词公式代替,并且把这种代替贯穿于整个表达式,命题逻辑中的永真式就转化成谓词逻辑中的永真式了。例如:

$$I'_1: P(x) \wedge Q(x,y) \Rightarrow P(x)$$

$$E'_{10}: \neg P(x_1,x_2,\cdots,x_n) \Leftrightarrow P(x_1,x_2,\cdots,x_n)$$

2.1.6 含有量词的等价式和永真蕴涵式

下面介绍谓词逻辑中一些特有的等价式和永真蕴涵式,它们是由于量词的引入而产生的。无论对有限个体域还是无限个体域,它们都是正确的。

1. 量词转化律

设 x 的个体域为 $S = \{a_1, a_2, \cdots, a_n\}$。

令 $\neg(\forall x)A(x)$ 表示对整个被量化的命题 $(\forall x)A(x)$ 的否定,而不是对 $(\forall x)$ 的否定,于是有

$$\neg(\forall x)A(x) \Leftrightarrow \neg(A(a_1) \wedge A(a_2) \wedge \cdots \wedge A(a_n))$$
$$\Leftrightarrow \neg A(a_1) \vee \neg A(a_2) \vee \cdots \vee \neg A(a_n)$$
$$\Leftrightarrow (\exists x)\neg A(x)$$

同样可有

$$\neg(\exists x)A(x) \Leftrightarrow (\forall x)\neg A(x)$$

上述等价关系推广到无限个体域后仍然是成立的。

2. 量词辖域扩张及收缩律

设 P 中不出现约束变元 x,则有

$$(\forall x)A(x) \vee P \Leftrightarrow (A(a_1) \wedge A(a_2) \wedge \cdots \wedge A(a_n)) \vee P$$
$$\Leftrightarrow (A(a_1) \vee P) \wedge (A(a_2) \vee P) \wedge \cdots \wedge (A(a_n) \vee P)$$
$$\Leftrightarrow (\forall x)(A(x) \vee P)$$

用同样的方法可以证明以下三个等价式也成立:

$$(\forall x)A(x) \wedge P \Leftrightarrow (\forall x)(A(x) \wedge P)$$
$$(\exists x)A(x) \vee P \Leftrightarrow (\exists x)(A(x) \vee P)$$
$$(\exists x)A(x) \wedge P \Leftrightarrow (\exists x)(A(x) \wedge P)$$

3. 量词分配律

对任意谓词公式 $A(x)$ 和 $B(x)$,有

$$(\forall x)(A(x) \wedge B(x))$$
$$\Leftrightarrow (A(a_1) \wedge B(a_1)) \wedge (A(a_2) \wedge B(a_2)) \wedge \cdots \wedge (A(a_n) \wedge B(a_n))$$
$$\Leftrightarrow (A(a_1) \wedge A(a_2) \wedge \cdots \wedge A(a_n)) \wedge (B(a_1) \wedge B(a_2) \wedge \cdots \wedge B(a_n))$$
$$\Leftrightarrow (\forall x)A(x) \wedge (\forall x)B(x)$$

即全称量词对"$\wedge$"满足分配律。同样

$$(\exists x)(A(x) \vee B(x)) \Leftrightarrow (\exists x)A(x) \vee (\exists x)B(x)$$

即存在量词对"$\vee$"满足分配律。

但是,全称量词对"$\vee$",存在量词对"$\wedge$"不满足分配律,仅满足

$$(\exists x)(A(x) \wedge B(x)) \Rightarrow (\exists x)A(x) \wedge (\exists x)B(x)$$
$$(\forall x)A(x) \vee (\forall x)B(x) \Rightarrow (\forall x)(A(x) \vee B(x))$$

在命题逻辑中使用的证明永真蕴涵的方法也可以平移到谓词逻辑中来。例如以上述的第一个式子为例进行证明。假设 $(\exists x)(A(x) \wedge B(x))$ 为真,则说明对于个体域中的某一个个体 a,能够使得 $A(a) \wedge B(a)$ 为真,即 $A(a)$ 为真并且 $B(a)$ 也为真。因此,$(\exists x)A(x)$ 为真,$(\exists x)B(x)$ 也为真,即 $(\exists x)A(x) \wedge (\exists x)B(x)$ 为真。

总结以上讨论,并用类似的方法,可得出谓词逻辑中特有的一些重要的等价式和永真蕴涵式如下:

E_{31} $(\exists x)(A(x) \vee B(x)) \Leftrightarrow (\exists x)A(x) \vee (\exists x)B(x)$

E_{32} $(\forall x)(A(x) \wedge B(x)) \Leftrightarrow (\forall x)A(x) \wedge (\forall x)B(x)$

E_{33} $\neg(\exists x)A(x) \Leftrightarrow (\forall x)\neg A(x)$

E_{34} $\neg(\forall x)A(x) \Leftrightarrow (\exists x)\neg A(x)$

E_{35} $(\forall x)A(x) \vee P \Leftrightarrow (\forall x)(A(x) \vee P)$

E_{36} $(\forall x)A(x) \wedge P \Leftrightarrow (\forall x)(A(x) \wedge P)$

E_{37} $(\exists x)A(x) \vee P \Leftrightarrow (\exists x)(A(x) \vee P)$

E_{38} $(\exists x)A(x) \wedge P \Leftrightarrow (\exists x)(A(x) \wedge P)$

E_{39} $(\forall x)A(x) \rightarrow B \Leftrightarrow (\exists x)(A(x) \rightarrow B)$

E_{40} $(\exists x)A(x) \rightarrow B \Leftrightarrow (\forall x)(A(x) \rightarrow B)$

E_{41} $A \rightarrow (\forall x)B(x) \Leftrightarrow (\forall x)(A \rightarrow B(x))$

E_{42} $A \rightarrow (\exists x)B(x) \Leftrightarrow (\exists x)(A \rightarrow B(x))$

E_{43} $(\exists x)(A(x) \rightarrow B(x)) \Leftrightarrow (\forall x)A(x) \rightarrow (\exists x)B(x)$

永真蕴涵式:

I_{17} $(\forall x)A(x) \vee (\forall x)B(x) \Rightarrow (\forall x)(A(x) \vee B(x))$

I_{18} $(\exists x)(A(x) \wedge B(x)) \Rightarrow (\exists x)A(x) \wedge (\exists x)B(x)$

I_{19} $(\exists x)A(x) \rightarrow (\forall x)B(x) \Rightarrow (\forall x)(A(x) \rightarrow B(x))$

I_{20} $(\forall x)(A(x) \rightarrow B(x)) \Rightarrow (\forall x)A(x) \rightarrow (\forall x)B(x)$

从量词意义出发,还可以给出一组量词交换式:

B_1 $(\forall x)(\forall y)P(x,y) \Leftrightarrow (\forall y)(\forall x)P(x,y)$

B_2 $(\forall x)(\forall y)P(x,y) \Rightarrow (\exists y)(\forall x)P(x,y)$

B_3 $(\forall y)(\forall x)P(x,y) \Rightarrow (\exists x)(\forall y)P(x,y)$

B_4 $(\exists y)(\forall x)P(x,y) \Rightarrow (\forall x)(\exists y)P(x,y)$

B_5 $(\exists x)(\forall y)P(x,y) \Rightarrow (\forall y)(\exists x)P(x,y)$

B_6 $(\forall x)(\exists y)P(x,y) \Rightarrow (\exists y)(\exists x)P(x,y)$

B_7 $(\forall y)(\exists x)P(x,y) \Rightarrow (\exists x)(\exists y)P(x,y)$

B_8 $(\exists x)(\exists y)P(x,y) \Leftrightarrow (\exists y)(\exists x)P(x,y)$

为了便于读者记忆,我们给出了 $B_1 \leftrightarrow B_8$ 的图解表示(如图 2-1 所示)。使用前面给出的等价式和永真蕴涵式就可以证明上述的永真式。

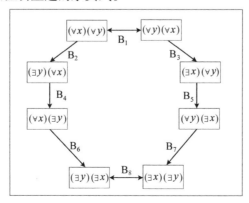

图 2-1 $B_1 \leftrightarrow B_8$ 的图解表示

2.2   谓词逻辑中的推理理论

谓词逻辑是一种比命题逻辑范围更加广泛的形式语言系统。命题逻辑中的推理规则都可以无条件地推广到谓词逻辑中。除此之外,谓词逻辑中还有一些自己独有的推理规则。在使用这套符号化形式体系求解问题时,首先要解决的是如何将用自然语言描述的问题符号化成谓词公式。

2.2.1   谓词公式的翻译

如何将用自然语言描述的问题符号化成谓词公式,这在谓词逻辑中是非常重要的,它是进行推理的基础。下面通过例子来说明符号化的过程及符号化过程中应注意的问题。

例 2.2.1   试将"任何整数都是实数"符号化。

解   根据实际问题的需要,首先定义谓词如下:

$I(x)$:x 是整数。

$R(x)$:x 是实数。

于是问题可符号化为:

$$(\forall x)(I(x) \rightarrow R(x))$$

例 2.2.2   试将"并非每一个出国留学的人都是成功者"符号化。

解   根据实际问题的需要,首先定义谓词如下:

$Out(x)$:x 是出国留学的人。

$CG(x)$:x 是成功的。

于是问题可符号化为:

$$\neg(\forall x)(Out(x) \rightarrow CG(x)) \text{ 或}$$
$$(\exists x)(Out(x) \wedge \neg CG(x))$$

例 2.2.3   试将"有一个大于 10 的偶数"符号化。

解   根据实际问题的需要,首先定义谓词如下:

$E(x)$:x 是偶数。

$G(x,y)$:x 大于 y。

于是问题可符号化为:

$$(\exists x)(E(x) \wedge G(x,10))$$

例 2.2.4   试将"不管黑猫、白猫抓住老鼠就是好猫"符号化。

解   这个问题可以转译成"只要能抓老鼠的猫就是好猫"。

根据实际问题的需要,首先定义谓词如下:

$B(x)$:x 是黑猫。

$W(x)$:x 是白猫。

$H(x)$:x 是抓老鼠的猫。

$G(x)$:x 是好猫。

于是问题可符号化为:

$$(\forall x)(H(x) \wedge (B(x) \vee W(x)) \rightarrow G(x))$$

或

$$(\forall x)((B(x) \lor W(x)) \to (H(x) \to G(x)))$$

例 2.2.5 试将"某些汽车比所有的火车都慢"符号化。

解 首先定义如下谓词：

$C(x):x$ 是汽车。

$H(x):x$ 是火车。

$S(x,y):x$ 比 y 慢。

于是问题可符号化为：

$$(\exists x)(C(x) \land \forall y(H(y) \to S(x,y)))$$

习题

1. 将下列命题符号化：

(1)在大连高校读书的学生，未必都是大连人。

(2)粉笔不全是白色的。

(3)有的人从来没吃过任何药。

(4)有些在大连开出租车的是外地人。

(5)对于每一个实数 x，总存在一个比它更大的实数 y。

2. 在个体域分别是有理数集合和实数集合的情况下，将下列命题符号化：

(1)凡是有理数都能被 2 整除。

(2)有的有理数能被 2 整除。

3. 将下列命题符号化：

(1)某些汽车比所有的火车都慢。

(2)说凡是汽车就比火车慢是不对的。

(3)有的火车比有的汽车慢。

4. 将下列命题符号化，并指出各个命题的真值：

(1)对于所有的实数 x，都存在一个实数 y，使得 $x \times y = 0$。

(2)存在一个实数 x，对于所有的实数 y，都满足 $x \times y = 0$。

(3)对于所有的实数 x 和 y，都满足 $x + y = y + x$。

(4)存在一个实数 z，使得对于所有的实数 x 和 y，都满足 $z = x + y$。

5. 判断下列公式的类型：

(1) $\forall x(P(x) \lor Q(x)) \to (\forall xP(x) \lor \exists xQ(x))$。

(2) $\exists x(P(x) \to Q(y)) \to (\exists xP(x) \to Q(y))$。

(3) $\forall x \forall y(P(x,y) \to P(y,x))$。

(4) $\exists x \forall yP(x,y) \to \forall y \exists xP(x,y)$。

6. 指出下列两个公式等价的判断是否正确，并说明原因。

$$\forall x(P(x) \to Q(x,y)) \Leftrightarrow \exists xP(x) \to Q(x,y)$$

7. 判断下列公式是否等价：

(1) $\neg \forall x \forall y(F(x) \land G(y) \to H(x,y))$ 与 $\exists x \exists y(F(x) \land G(y) \land \neg H(x,y))$

(2) $\exists x(A(x) \to B(x))$ 与 $\forall xA(x) \to \exists xB(x)$

8. 证明下列永真蕴涵式：

(1) $\exists xP(x) \land \forall xQ(x) \Rightarrow \exists x(P(x) \land Q(x))$

(2) $\neg \exists x(P(x) \land Q(a)) \Rightarrow \exists xP(x) \to \neg Q(a)$

2.2.2　推理规则

1. 约束变元的改名规则

谓词公式中约束变元的名称是无关紧要的，$(\forall x)P(x)$ 和 $(\forall y)P(y)$ 具有相同的意义。因此，需要时可以改变约束变元的名称。但必须遵守以下的改名规则：

(1)欲改名的变元应是某量词作用范围内的变元，且应同时更改该变元在此量词辖域内的所有约束出现，而公式的其余部分不变。

(2)新的变元符号应是此量词辖域内原先没有使用过的。

例 2.2.6　对公式 $\forall x(P(x,y) \rightarrow \exists y Q(x,y,z)) \wedge S(x,z)$ 进行改名，使得各变元只呈一种形式出现。

解　该公式中变元 x,y 既是约束变元又是自由变元，既有约束出现又有自由出现，利用约束变元的改名规则改名如下：

$$\forall u(P(u,y) \rightarrow \exists v Q(u,v,z)) \wedge S(x,z)$$

若改为 $\forall u(P(u,v) \rightarrow \exists v Q(u,v,z)) \wedge S(x,z)$，则又出现了新的变元 v，在整个公式中既有约束出现又有自由出现，参照规则(1)，不可，仍然没有使得一个变元在一个公式中只呈一种形式出现。若改为 $\forall u(P(u,y) \rightarrow \exists z Q(u,z,z)) \wedge S(x,z)$，则将原题中 z 的第一处自由出现变成了约束出现，改变了原来的谓词公式，参照规则(2)，也不可。

2. 自由变元的代入规则

自由变元也可以改名，但必须遵守以下代入规则：

(1)欲改变自由变元 x 的名，必改 x 在公式中的每一处自由出现。

(2)新变元不应在原公式中以任何约束形式出现。

在例 2.2.6 中，如果对自由变元利用代入规则改名，将 x,y 的每一处自由出现分别用 w,t 取代，则可以改为 $\forall x(P(x,t) \rightarrow \exists y Q(x,y,z)) \wedge S(w,z)$。

3. 命题变元的代换规则

用任一谓词公式 A_i 代换永真式 B 中某一命题变元 P_i 的所有出现，所得到的新公式 B' 仍然是永真式(但在 A_i 的个体变元中不应有 B 中的约束变元出现)，并有 $B \Rightarrow B'$。

4. 取代规则

设 $A'(x_1, x_2, \cdots, x_n) \Leftrightarrow B'(x_1, x_2, \cdots, x_n)$ 都是含 n 个自由变元的谓词公式，且 A' 是 A 的子公式。若在 A 中用 B' 取代 A' 的一处或多处出现后所得的新公式是 B，则有 $A \Leftrightarrow B$。如果 A 为永真式，则 B 也是永真式。

以下四条是关于量词的增加和删除规则。

5. 全称特指规则 US

从 $(\forall x)A(x)$ 可得出结论 $A(y)$，其中 y 是个体域中任一个体。即 $(\forall x)A(x) \Rightarrow A(y)$。

使用 US 规则的条件是对于 y，公式 $A(x)$ 必须是自由的。根据 US 规则，在推理的过程中可以去掉全称量词。

6. 存在特指规则 ES

从 $(\exists x)A(x)$ 可得出结论 $A(a)$，其中 a 是 $(\exists x)A(x)$ 和在此之前不曾出现过的个体常量。即

$$(\exists x)A(x) \Rightarrow A(a)$$

根据 ES 规则,在推理的过程中可删掉存在量词。

7. 存在推广规则 EG

从 $A(x)$ 可得出结论 $(\exists y)A(y)$,其中 x 是个体域中某一个个体。即

$$A(x) \Rightarrow (\exists y)A(y)$$

使用 EG 规则的条件是对于 y,公式 $A(x)$ 必须是自由的。根据 EG 规则,在推理的过程中可以添加上存在量词。

8. 全称推广规则 UG

从 $A(x)$ 可得出结论 $(\forall y)A(y)$,其中 x 应是个体域中任意个体。即

$$A(x) \Rightarrow (\forall y)A(y)$$

使用 UG 规则的条件是,①x 不是给定前提中任意公式的自由变元;②x 不是前面推导步骤中使用 ES 规则引入的变元;③若在前面推导过程中使用 ES 规则引入新变元 u 时,x 是自由变元,那么在 $A(x)$ 中,u 应约束出现。

根据 UG 规则,在推论的过程中可以加上全称量词。从上述的条件①和条件②可知,UG 规则只能对 US 规则引入的变元进行推广。条件③指当 $A(x)$ 既受全称量词又受存在量词的限制,若先去掉全称量词后去掉存在量词时,在添加的时候,应该先添加存在量词,再添加全称量词。例如利用 US 规则,$\forall x \exists y P(x,y) \Rightarrow \exists y P(x,y)$,再利用 ES 规则,$\exists y P(x,y) \Rightarrow P(x,u)$,此时,若想使用 UG 规则添加全称量词,必须先利用 EG 规则,$P(x,u) \Rightarrow \exists y P(x,y)$,再进行全称量词的推广。

例 2.2.7 试证明:$(\exists x)M(x)$ 是前提 $(\forall x)(H(x) \to M(x))$ 和 $(\exists x)H(x)$ 的逻辑结果。

解 即证 $(\forall x)(H(x) \to M(x))$,$(\exists x)H(x) \Rightarrow (\exists x)M(x)$。

(1)	$(\exists x)H(x)$	P
(2)	$H(y)$	ES,(1)
(3)	$(\forall x)(H(x) \to M(x))$	P
(4)	$H(y) \to M(y)$	US,(3)
(5)	$M(y)$	T,(2),(4),I_{10}
(6)	$(\exists x)M(x)$	EG,(5)

在上面的例子中,若调整(3)(4)和(1)(2)的顺序,即先使用 US 规则再使用 ES 规则,推理过程为错误。原因在于 ES 规则在使用的时候,必须引入在此之前不曾出现过的个体常量,而不是 US 规则所引入的变元。上面的例子告诉我们,在证明的过程中,若有带存在量词的前提要首先引入,即 ES 规则尽量提前使用,以保证 ES 规则使用的有效性。

例 2.2.8 试证明:$(\forall x)(P(x) \to Q(x))$,$(\forall x)(Q(x) \to R(x)) \Rightarrow (\forall x)(P(x) \to R(x))$。

解

(1)	$(\forall x)(P(x) \to Q(x))$	P
(2)	$P(x) \to Q(x)$	US,(1)
(3)	$(\forall x)(Q(x) \to R(x))$	P
(4)	$Q(x) \to R(x)$	US,(3)
(5)	$P(x) \to R(x)$	T,(2),(4),I_{12}

(6)　　　$(\forall x)(P(x) \rightarrow R(x))$　　　　　　　　　UG,(5)

例 2.2.9　给定下列前提：

$$(\exists x)(R(x) \wedge (\forall y)(D(y) \rightarrow L(x,y)))$$
$$(\forall x)(R(x) \rightarrow (\forall y)(S(y) \rightarrow \neg L(x,y)))$$

试推导出下列结论：

$$(\forall x)(D(x) \rightarrow \neg S(x))$$

证明

(1)　　　$(\exists x)(R(x) \wedge (\forall y)(D(y) \rightarrow L(x,y)))$　　P

(2)　　　$(R(a) \wedge (\forall y)(D(y) \rightarrow L(a,y)))$　　ES,(1)

(3)　　　$R(a)$　　　　　　　　　　　　　　　T,(2)

(4)　　　$(\forall y)(D(y) \rightarrow L(a,y))$　　　　　T,(2)

(5)　　　$D(u) \rightarrow L(a,u)$　　　　　　　　　US,(4)

(6)　　　$(\forall x)(R(x) \rightarrow (\forall y)(S(y) \rightarrow \neg L(x,y)))$　　P

(7)　　　$R(a) \rightarrow (\forall y)(S(y) \rightarrow \neg L(a,y))$　　　US,(6)

(8)　　　$(\forall y)(S(y) \rightarrow \neg L(a,y))$　　　　T,(3),(7)

(9)　　　$S(u) \rightarrow \neg L(a,u)$　　　　　　　　US,(8)

(10)　　$L(a,u) \rightarrow \neg S(u)$　　　　　　　T,(9)

(11)　　$D(u) \rightarrow \neg S(u)$　　　　　　　　T,(5),(10)

(12)　　$(\forall x)(D(x) \rightarrow \neg S(x))$　　　　UG,(11)

例 2.2.10　给定下列前提：

$$(\forall x)(A(x) \vee B(x)), (\forall x)(B(x) \rightarrow \neg C(x)), (\forall x)C(x)$$

试推导出下列结论：

$$(\forall x)A(x)$$

证明

(1)　　　$\neg(\forall x)A(x)$　　　　　　　　　　　P(假设前提)

(2)　　　$(\exists x)\neg A(x)$　　　　　　　　　　T,(1)

(3)　　　$\neg A(a)$　　　　　　　　　　　　　ES,(2)

(4)　　　$(\forall x)(A(x) \vee B(x))$　　　　　　　P

(5)　　　$A(a) \vee B(a)$　　　　　　　　　　US,(4)

(6)　　　$B(a)$　　　　　　　　　　　　　　T,(3),(5)

(7)　　　$(\forall x)(B(x) \rightarrow \neg C(x)), (\forall x)C(x)$　　P

(8)　　　$B(a) \rightarrow \neg C(a)$　　　　　　　　US,(7)

(9)　　　$\neg C(a)$　　　　　　　　　　　　　T,(6),(8)

(10)　　$(\forall x)C(x)$　　　　　　　　　　　P

(11)　　$C(a)$　　　　　　　　　　　　　　US,(10)

(12)　　$C(a) \wedge \neg C(a)$　　　　　　　　　T,(9),(11)

(13)　　$(\forall x)A(x)$　　　　　　　　　　　F,(1),(12)

注意　使用反证法时，

(1)首先要引入结论的否定作为一个前提，但要说明是假设前提；

（2）在演绎的第 $n-1$ 步，一定要推出一个 $P \wedge \neg P$ 形式的矛盾式；

（3）在第 n 步则可直接引入结论，并说明这是 F 规则、由第 1 步使用假设前提和第 $n-1$ 步推出矛盾式造成的。

例 2.2.11　给定下列前提，使用 CP 规则证明：
$$(\forall x)(\forall y)(\neg P(x) \vee Q(y)) \Rightarrow (\forall x)\neg P(x) \vee (\forall y)Q(y)$$

证明　因为
$$(\forall x)(\forall y)(\neg P(x) \vee Q(y)) \Rightarrow (\forall x)\neg P(x) \vee (\forall y)Q(y)$$
$$\Leftrightarrow \neg(\exists x)P(x) \vee (\forall y)Q(y)$$
$$\Leftrightarrow (\exists x)P(x) \rightarrow (\forall y)Q(y)$$

于是问题转化成证明：
$$(\forall x)(\forall y)(\neg P(x) \vee Q(y)) \Rightarrow (\exists x)P(x) \rightarrow (\forall y)Q(y)$$

(1)	$(\exists x)P(x)$	P(附加前提)
(2)	$P(a)$	ES,(1)
(3)	$(\forall x)(\forall y)(\neg P(x) \vee Q(y))$	P
(4)	$(\forall y)(\neg P(a) \vee Q(y))$	US,(3)
(5)	$\neg P(a) \vee Q(b)$	US,(4)
(6)	$Q(b)$	T,(2),(5)
(7)	$(\forall y)(Qy)$	UG,(6)
(8)	$(\exists x)P(x) \rightarrow (\forall y)Q(y)$	CP,(1),(7)

注意　只有当结论是 $P \rightarrow Q$ 的形式时，才可以考虑使用 CP 规则。

（1）把结论的前件作为一个前提引入，但要说明是附加前提；

（2）和前提一起在演绎的第 $n-1$ 步推出结论的后件；

（3）在第 n 步引入结论。

例 2.2.12　符号化下列命题并推证其结论：

所有的人总是要死的。因为苏格拉底是人，所以，苏格拉底是要死的。

解　首先定义如下谓词和个体：

$P(x)$: x 是人

$D(x)$: x 是要死的

c: 苏格拉底

于是问题符号化为：
$$\forall x(P(x) \rightarrow D(x)), P(c) \Rightarrow D(c)$$

推理如下：

(1)	$\forall x(P(x) \rightarrow D(x))$	P
(2)	$P(c) \rightarrow D(c)$	US,(1)
(3)	$P(c)$	P
(4)	$D(c)$	T,(2),(3)

从上述例子可以看出，利用命题逻辑无法解决的苏格拉底三段论，可通过谓词逻辑推出。

例 2.2.13　符号化下列命题并推证其结论：

所有的自然数都是整数,任何整数不是奇数就是偶数,并非每个自然数都是偶数。

所以,某些自然数是奇数。

解 首先定义如下谓词:

$N(x)$:x 是自然数。

$I(x)$:x 是整数。

$Q(x)$:x 是奇数。

$O(x)$:x 是偶数。

于是问题可符号化为:

$$(\forall x)(N(x)\rightarrow I(x))$$
$$(\forall x)(I(x)\rightarrow(Q(x)\bigtriangledown O(x)))$$
$$\neg(\forall x)(N(x)\rightarrow O(x))$$
$$\Rightarrow(\exists x)(N(x)\wedge Q(x))$$

推理如下:

(1)	$\neg(\forall x)(N(x)\rightarrow O(x))$	P
(2)	$(\exists x)\neg(\neg N(x)\vee O(x))$	T,(1)
(3)	$N(a)\wedge\neg O(a)$	ES,(2)
(4)	$N(a)$	T,(3)
(5)	$\neg O(a)$	T,(3)
(6)	$(\forall x)(N(x)\rightarrow I(x))$	P
(7)	$N(a)\rightarrow I(a)$	US,(6)
(8)	$I(a)$	T,(4),(7)
(9)	$(\forall x)(I(x)\rightarrow(Q(x)\bigtriangledown O(x)))$	P
(10)	$I(a)\rightarrow(Q(a)\bigtriangledown O(a))$	US,(9)
(11)	$Q(a)\bigtriangledown O(a)$	T,(7),(10)
(12)	$Q(a)$	T,(4),(11)
(13)	$N(a)\wedge O(a)$	T,(4),(12)
(14)	$(\exists x)(N(x)\wedge Q(x))$	EG,(13)

例 2.2.14 符号化下列命题并推证其结论:

每个报考研究生的大学毕业生要么参加研究生入学考试,要么推荐为免考生;每个报考研究生的大学毕业生,当且仅当学习成绩优秀才被推荐为免试生;有些报考研究生的大学毕业生学习成绩优秀,但并非所有报考研究生的大学毕业生学习成绩都优秀。因此,有些报考研究生的大学毕业生要参加研究生入学考试。

解 根据问题的需要首先定义如下谓词:

$YJS(x)$:x 是要报考研究生的大学毕业生。

$MKS(x)$:x 是免考生。

$CJYX(x)$:x 是成绩优秀的。

$CJKS(x)$:x 是参加考试的。

于是问题可符号化为:

$$(\forall x)(YJS(x)\rightarrow(CJKS(x)\triangledown MKS(x)))$$
$$(\forall x)(YJS(x)\rightarrow(MKS(x)\leftrightarrow CJYX(x)))$$
$$\neg(\forall x)(YJS(x)\rightarrow CJYX(x))$$
$$(\exists x)(YJS(x)\wedge CJYX(x))$$
$$\Rightarrow(\exists x)(YJS(x)\wedge CJKS(x))$$

推理过程如下:

(1)	$\neg(\forall x)(YJS(x)\rightarrow CJYX(x))$	P
(2)	$(\exists x)\neg(\neg YJS(x)\vee CJYX(x))$	T,(1)
(3)	$YJS(a)\wedge\neg CJYX(a)$	ES,(2)
(4)	$YJS(a)$	T,(3)
(5)	$\neg CJYX(a)$	T,(3)
(6)	$(\forall x)(YJS(x)\rightarrow(CJKS(x)\triangledown MKS(x)))$	P
(7)	$YJS(a)\rightarrow(CJKS(a)\triangledown MKS(a))$	US,(6)
(8)	$CJKS(a)\triangledown MKS(a)$	T,(4),(7)
(9)	$(\forall x)((YJS(x)\rightarrow(MKS(x)\leftrightarrow CJYX(x))))$	P
(10)	$YJS(a)\rightarrow(MKS(a))\leftrightarrow CJYX(a)$	US,(9)
(11)	$MKS(a)\leftrightarrow CJYX(a)$	T,(4),(10)
(12)	$\neg MKS(a)$	T,(5),(11)
(13)	$CJYX(a)$	T,(8),(12)
(14)	$YJS(a)\wedge CJKS(a)$	T,(4),(13)
(15)	$(\exists x)(YJS(x)\wedge CJKS(x))$	EG,(14)

通过上面的练习可以发现,使用谓词逻辑求解实际问题的步骤如下:

(1)根据问题的需要定义一组谓词;

(2)将实际问题符号化;

(3)使用8条规则有效推理。

符号化的原则是,全称量词对应逻辑联结词"$\rightarrow$",存在量词对应逻辑联结词"$\wedge$"。

推理时首先引入带存在量词的前提,以保证"ES"规则的有效性。

习题

1. 令 $P(x)$:x 是成功者;$Q(x)$:x 是无知的人;$R(x)$:x 是爱慕虚荣的人。试符号化下列语句并完成题目:

(1)没有无知的成功者。

(2)所有无知者都爱慕虚荣。

(3)没有爱慕虚荣的成功者。

(4)能从(1)和(2)推出(3)吗? 如果不能,能否推出一个正确的结论?

2. 证明下列各式。

(1)$(\forall x)(\neg A(x)\rightarrow B(x)),(\forall x)\neg B(x)\Rightarrow(\exists x)A(x)$

(2)$(\exists x)A(x)\rightarrow(\forall x)B(x)\Rightarrow(\forall x)(A(x)\rightarrow B(x))$

(3)$(\forall x)(A(x)\rightarrow B(x)),(\forall x)(C(x)\rightarrow\neg B(x))\Rightarrow(\forall x)(C(x)\rightarrow\neg A(x))$

(4)$(\forall x)(A(x)\vee B(x)),(\forall x)(B(x)\rightarrow\neg C(x)),(\forall x)C(x)\Rightarrow(\forall x)A(x)$

3. 用CP规则证明下列各式 。

(1) $(\forall x)(P(x)\to Q(x))\Rightarrow(\forall x)P(x)\to(\forall x)Q(x)$

(2) $(\forall x)(P(x)\vee Q(x))\Rightarrow(\forall x)P(x)\vee(\exists x)Q(x)$

4. 将下列命题符号化并推证其结论。

(1) 所有的有理数是实数,某些有理数是整数,因此,某些实数是整数。

(2) 任何人如果他喜欢步行,他就不喜欢乘汽车,每一个人或者喜欢乘汽车或者喜欢骑自行车,有的人不爱骑自行车,因而有的人不爱步行。

(3) 每个科学工作者都是刻苦钻研的,每个刻苦钻研而且聪明的科学工作者在他的事业中都将获得成功。华为是科学工作者并且他是聪明的,所以,华为在他的事业中将获得成功。

(4) 每位资深名士或是中科院院士或是国务院参事,所有的资深名士都是政协委员。张伟是资深名士,但他不是中科院院士。因此,有的政协委员是国务院参事。

(5) 每一个自然数不是奇数就是偶数,自然数是偶数当且仅当它能被2整除。并不是所有的自然数都能被2所整除。因此,有的自然数是奇数。

(6) 如果一个人怕困难,那么他就不会获得成功。每个人或者获得成功或者失败过。有些人未曾失败过,所以,有些人不怕困难。

(7) 桌上的每本书都是杰作,写出杰作的都是天才,某个不出名的人写了桌上的某本书。那么,某个不出名的人是天才。

5. 下列推导步骤中哪个是错误的?

(1)　1) $\quad(\forall x)P(x)\to Q(x)$ 　　　P

　　 2) $\quad P(x)\to Q(x)$ 　　　　　US,1)

(2)　1) $\quad(\forall x)(P(x)\vee Q(x))$ 　　P

　　 2) $\quad P(a)\vee Q(b)$ 　　　　　EG,1)

(3)　1) $\quad P(x)\to Q(x)$ 　　　　　P

　　 2) $\quad(\exists x)P(x)\to Q(x)$ 　　EG,1)

(4)　1) $\quad P(a)\to Q(b)$ 　　　　　P

　　 2) $\quad(\exists x)(P(x)\to Q(x))$ 　EG,1)

6. 试找出下列推导过程中的错误,并问结论是否有效? 如果有效,写出正确的推导过程。

{1}	(1)	$(\forall x)(P(x)\to Q(x))$	P
{1}	(2)	$P(y)\to Q(y)$	US,(1)
{3}	(3)	$(\exists x)P(x)$	P
{3}	(4)	$P(y)$	ES,(3)
{1,3}	(5)	$Q(y)$	T,(2),(4),I_{10}
{1,3}	(6)	$(\exists x)Q(x)$	EG,(5)

7. 用构成推导过程的方法证明下列蕴涵式。

(1) $(\exists x)P(x)\to(\forall x)((P(x)\vee Q(x))\to R(x)),(\exists x)P(x),(\exists x)Q(x)\Rightarrow(\exists x)(\exists y)(R(x)\wedge R(y))$

(2) $(\exists x)P(x)\to(\forall x)Q(x)\Rightarrow(\forall x)(P(x)\to Q(x))$

2.3　谓词公式的范式

命题逻辑中的两种范式都可以直接推广到谓词逻辑中来,只要把原子命题公式换成原子谓词公式即可,此外,根据量词在公式中出现的情况不同,又可分为前束范式和斯柯林范式。

2.3.1　前束范式

对任一谓词公式 F,如果其中所有量词均非否定地出现在公式的最前面,且它们的辖域为

整个公式,则称公式 F 为**前束范式**。例如:
$$(\forall x)(\forall y)(\exists z)(P(x,y) \vee Q(x,y) \wedge R(x,y,z))$$
是前束范式。

任一公式都可以化成与之等价的前束范式,其步骤如下:

(1)利用
$$A \leftrightarrow B \Leftrightarrow (A \wedge B) \vee (\neg A \wedge \neg B) \text{ 及 } A \rightarrow B \Leftrightarrow \neg A \vee B$$
消去公式中的联结词 $\leftrightarrow$ 和 $\rightarrow$;

(2)将公式内的否定符号转到谓词变元前,并化简到谓词变元前只有一个否定号;

(3)利用改名、代入规则使所有的约束变元均不同名,且使自由变元与约束变元也不同名;

(4)扩充量词的辖域至整个公式。

例 2.3.1 试将公式 $((\forall x)P(x) \vee (\exists y)R(y)) \rightarrow (\forall x)F(x)$ 化为前束范式。

解
$$((\forall x)P(x) \vee (\exists y)R(y)) \rightarrow (\forall x)F(x)$$
$$\Leftrightarrow \neg((\forall x)P(x) \vee (\exists y)R(y)) \vee (\forall x)F(x)$$
$$\Leftrightarrow (\exists x)\neg P(x) \wedge (\forall y)\neg R(y) \vee (\forall x)F(x)$$
$$\Leftrightarrow (\exists x)\neg P(x) \wedge (\forall y)\neg R(y) \vee (\forall z)F(z)$$
$$\Leftrightarrow (\exists x)(\forall y)(\forall z)(\neg P(x) \wedge \neg R(y) \vee F(z))$$

虽然每个谓词公式都有与之对应的前束范式,但前束范式的形式不唯一。例如上述变换中,
$$(\exists x)\neg P(x) \wedge (\forall y)\neg R(y) \vee (\forall z)F(z)$$
$$\Leftrightarrow (\forall y)\neg R(y) \wedge (\exists x)\neg P(x) \vee (\forall z)F(z)$$
$$\Leftrightarrow (\forall y)(\exists x)(\forall z)(\neg R(y) \wedge \neg P(x) \vee F(z))$$

因此,$(\forall y)(\exists x)(\forall z)(\neg R(y) \wedge \neg P(x) \vee F(z))$ 也是例 2.3.1 中公式的前束范式。

再例如:
$$\forall x P(x) \wedge \neg \exists x Q(x)$$
$$\Leftrightarrow \forall x P(x) \wedge \forall x \neg Q(x)$$
$$\Leftrightarrow \forall x P(x) \wedge \forall y \neg Q(y)$$
$$\Leftrightarrow \forall x \forall y (P(x) \wedge \neg Q(y))$$
$$\forall x P(x) \wedge \forall x \neg Q(x)$$
$$\Leftrightarrow \forall x (P(x) \wedge \neg Q(x))$$

因此,$\forall x \forall y (P(x) \wedge \neg Q(y))$ 和 $\forall x (P(x) \wedge \neg Q(x))$ 都是 $\forall x P(x) \wedge \neg \exists x Q(x)$ 的前束范式。

2.3.2 斯柯林范式

如果前束范式中所有的存在量词均在全称量词之前,则称这种形式为**斯柯林范式**。例如:
$$(\exists x)(\exists z)(\forall y)(P(x,y) \vee Q(y,z) \vee R(y))$$
是斯柯林范式。

任何一个公式都可以化为与之等价的斯柯林范式,其步骤如下:

(1)先将给定公式化为前束范式。

(2)将前束范式中的所有自由变元用全称量词约束(UG)。

(3)若经上述变换后的公式 A 中,第一个量词不是存在量词,则可以将 A 等价变换成如下形式:

$$(\exists u)(A \wedge (G(u) \vee \neg G(u)))$$

其中 u 是 A 中没有的变元。

(4)如果前束范式由 n 个存在量词开始,然后有 m 个全称量词,后面还跟有存在量词,则可以利用下述等价式将这些全称量词逐一移到存在量词之后:

$$(\exists x_1)\cdots(\exists x_n)(\forall y)P(x_1,x_2,\cdots,x_n,y)$$

$$\Leftrightarrow (\exists x_1)\cdots(\exists x_n)(\exists y)((P(x_1,x_2,\cdots,x_n,y) \wedge \neg H(x_1,x_2,\cdots,x_n,y)) \vee (\forall z)H(x_1,x_2,\cdots,x_n,z))$$

其中 $P(x_1,x_2,\cdots,x_n,y)$ 是一个前束范式,它仅含有 $x_1,x_2,\cdots,x_n$ 和 y 等 $n+1$ 个自由变元。H 是不出现于 P 内的 $n+1$ 元谓词。把等价式的右边整理成前束范式,它的前束将是一个以 $(\exists x_1)\cdots(\exists x_n)(\exists y)$ 开头,后面跟以 P 中的全称量词和存在量词,最后是 $(\forall z)$。如此作用 m 次,就可将存在量词前的 m 个全称量词全部移到存在量词之后。

斯柯林范式比前束范式更优越,它将任意公式分为三部分:存在量词序列、全程量词序列和不含量词的谓词公式。这无疑会大大方便对谓词公式的研究。

例 2.3.2 将公式 $(\forall x)(P(x) \rightarrow (\exists y)Q(y)) \wedge R(z)$ 化成斯柯林范式。

解

$(\forall x)(P(x) \rightarrow (\exists y)Q(y)) \wedge R(z)$

$\Leftrightarrow (\forall x)(\neg P(x) \vee (\exists y)Q(y)) \wedge R(z)$

$\Leftrightarrow (\forall x)(\exists y)(\neg P(x) \vee Q(y)) \wedge R(z)$

$\Leftrightarrow (\forall x)(\exists y)(\neg P(x) \vee Q(y)) \wedge (\forall z)R(z)$

$\Leftrightarrow (\forall x)(\exists y)(\forall z)((\neg P(x) \vee Q(y)) \wedge R(z))$

$\Leftrightarrow (\exists u)((\forall x)(\exists y)(\forall z)((\neg P(x) \vee Q(y)) \wedge R(z)) \wedge (G(u) \vee \neg G(u)))$

$\Leftrightarrow (\exists u)(\exists x)((\exists y)(\forall z)((((\neg P(x) \vee Q(y)) \wedge R(z)) \wedge (G(u) \vee \neg G(u))) \wedge \neg H(u,x)) \vee (\forall s)H(u,s))$

$\Leftrightarrow (\exists u)(\exists x)(\exists y)(\forall z)(\forall s)(((((\neg P(x) \vee Q(y)) \wedge R(z)) \wedge (G(u) \vee \neg G(u))) \wedge \neg H(u,x)) \vee H(u,s))$

习题

1. 将下列公式化为前束范式。

(1) $(\forall x)(P(x) \rightarrow (\exists y)Q(y))$

(2) $(\forall x)(\forall y)((\exists z)(P(x,y) \wedge P(y,z)) \rightarrow (\exists u)Q(x,y,u))$

(3) $\neg(\forall x)(\exists y)A(x,y) \rightarrow (\exists x)(\forall y)(B(x,y) \wedge (\forall y)(A(y,x) \rightarrow B(x,y)))$

2. 求等价于下面公式的前束主析取范式与前束主合取范式。

(1) $(\exists x)P(x) \vee (\exists x)Q(x) \rightarrow (\exists x)(P(x) \vee Q(x))$

(2) $(\forall x)(P(x) \rightarrow (\forall y)((\forall z)Q(x,z) \rightarrow \neg(\forall z)R(x,z)))$

(3) $(\forall x)P(x) \rightarrow (\exists x)((\forall z)Q(x,z) \vee (\forall z)R(x,y,z))$

(4) $(\forall x)(P(x) \rightarrow Q(x,y)) \rightarrow ((\exists y)P(y) \wedge (\exists z)Q(y,z))$

3. 将下列公式化为斯柯林范式。

(1) $(\forall x)(P(x) \rightarrow (\exists y)Q(x,y))$

(2) $(\forall x)(\forall y)((\exists z)(P(x,z) \wedge P(y,z)) \rightarrow (\exists u)Q(x,y,u))$

4. 符号化下列命题,使得符号化后的公式为前束范式。

   (1)某些汽车比所有的火车都慢。

   (2)说凡是汽车就比火车慢是不对的。

   (3)有的火车比有的汽车慢。

5. 下列公式的存在约束变元同名,有前束范式吗? 若有,请写出其前束范式。

$$\forall x(P(x)\rightarrow Q(x))\rightarrow\exists xR(x,y)$$

小结

    谓词演算和命题演算的根本区别在于:命题演算的基本单位是命题(或者说是句子),并不涉及句子的内部结构,而谓词演算则要剖析句子的内部结构,研究句子的成分,即本章中介绍的谓词、量词及个体变元等概念。量词又分为全称量词和存在量词,个体变元又分为约束变元和自由变元。同时本章介绍了谓词演算中一些特有的等价式和永真蕴涵式,这些都是进行谓词演算中逻辑推理的依据。本章还介绍了谓词演算中的 4 条推理规则,加上命题逻辑中介绍的 4 条推理规则共 8 条规则,进行有效推理是数理逻辑的核心任务。本章最后介绍了谓词逻辑中的两种范式——前束范式和斯柯林范式。

第 3 章

■ 集 合 论

集合论是现代数学的重要基础,并且已经渗透到各种科学技术领域中。例如,在开关理论、有限状态机、形式语言等领域中,集合论都得到了卓有成效的应用。本章将用谓词逻辑表达集合论中的基本概念,从而看到集合运算和命题演算之间的联系,由命题代数得出集合代数。在讨论集合代数以后,将讨论笛卡儿乘积和多重序元的概念,以便为讨论后续理论打下基础。

3.1 集合的概念及其表示

集合是一个不能精确定义的基本概念。一般来说,把具有共同性质的一些东西汇集成一个整体,就形成一个**集合**。例如,全体中国人是一个集合,全体自然数是一个集合,图书馆的藏书是一个集合,全国的高校也形成一个集合。

集合一般用大写的英文字母表示,集合中的事物,即元素用小写的英文字母表示。若元素 a 属于集合 A,则记作 $a \in A$,读作“a 属于 A”;反之,记作 $a \notin A$,读作“a 不属于 A”。

若一个集合的元素个数是有限的,则称为**有限集**,否则,称为**无限集**。

表示集合的方法有两种:

(1)**枚举法**:把集合中的元素写在一个花括号内,元素间用逗号隔开。例如:

$$A = \{a, b, c, d\}, B = \{1, 2, 3, \cdots\}, C = \{2, 4, 6, \cdots, 2n\}, D = \{a, a^2, a^3, \cdots\}, \cdots$$

(2)**构造法**:构造法又叫谓词法。如果 $P(x)$ 是表示元素 x 具有某种性质 P 的谓词,则所有具有性质 P 的元素构成一个集合,记作 $A = \{x | P(x)\}$。显然,$x \in A = P(x)$。例如:

$$A = \{x | x \text{ 是正奇数}\}$$
$$B = \{x | x \text{ 是中国的一个省}\}$$

集合可以用来描述思维中的一个概念:符合某个概念 R 的那些客体的集合 A,称为概念 R 的**外延**;集合 A 中诸客体共有的本质属性 $P(x)$,称为概念 R 的**内涵**,内涵决定了概念的外延,外延反过来又限定了概念的内涵。

例如,“人”是一个概念,所有人的集合构成了“人”这个概念的外延,人所共有的本质属性则是“人”这个概念的内涵。

一个概念的外延越大,则内涵越小;外延越小,则内涵越大。例如,“黄种人”是“人”的一部分,它的外延比“人”小,但内涵比“人”大。“黄种男人”则具有更大的内涵,同时又具有更小的外延。

外延性原理 两个集合是相等的,当且仅当它们有相同的元素。

两个集合 A 和 B 相等,记作 $A = B$;两个集合不相等,则记作 $A \neq B$。

集合中的元素还可以是集合。例如:

$$S = \{a, \{1, 2\}, P, \{q\}\}$$

应该说明的是 $q \in \{q\}$,但 $q \notin S$,同理,$1 \in \{1, 2\}$,但 $1 \notin S$。

例如:设 A 是小于 10 的素数集合,即 $A = \{2,3,5,7\}$,又设代数方程 $x^4 - 17x^3 + 101x^2 - 247x + 210 = 0$ 的所有根组成的集合为 B,则 B 正好也是 $\{2,3,5,7\}$,因此,集合 A 和 B 是相等的。又如:

$$\{1,2,4\} = \{1,2,2,4\}$$
$$\{1,2,4\} = \{1,4,2\}$$

但 $\{\{1,2\},4\} \neq \{1,4,2\}$。

定义 3.1.1 设 A,B 是任意两个集合,如果 A 的每一个成员是 B 的元素,则称 A 为 B 的**子集**,或称 B 包含 A,A 包含于 B 内,记作 $A \subseteq B$,或 $B \supseteq A$。显然有:

$$A \subseteq B \Leftrightarrow (\forall x)(x \in A \to x \in B)$$

例如:设 $A = \{1,2,3\}$,$B = \{1,2\}$,$C = \{1,3\}$,$D = \{3\}$,则 $B \subseteq A$,$C \subseteq A$,$D \subseteq A$,$D \subseteq C$。

根据子集的定义立即可以得出:

$$A \subseteq A \qquad\qquad\qquad （自反性）$$
$$(A \subseteq B \wedge B \subseteq C) \Rightarrow A \subseteq C \qquad （可传递性）$$

定理 3.1.1 集合 A 和集合 B 相等的充分必要条件是这两个集合互为子集。

证明 设任意两个集合相等,根据定义,它们有相同的元素。故 $(\forall x)(x \in A \to x \in B)$ 为真,且 $(\forall x)(x \in B \to x \in A)$ 也为真,即

$$A \subseteq B \text{ 且 } B \subseteq A$$

反之,若 $A \subseteq B$ 且 $B \subseteq A$,假设 $A \neq B$,则 A 与 B 的元素不完全相同。设有某一元素 $x \in A$,但 $x \notin B$,这与 $A \subseteq B$ 矛盾;或设某一元素 $x \in B$,但 $x \notin A$,这又与 $B \subseteq A$ 矛盾。故 A,B 的元素必须相同,即 $A = B$。 ∎

集合相等的符号化表示为:

$$A = B \Leftrightarrow A \subseteq B \wedge B \subseteq A$$

今后证明两个集合相等,主要利用这个互为子集的判定条件,证必要性时所使用的反证法也是经常使用的方法。

定义 3.1.2 如果集合 A 的每一个元素都属于 B,但集合 B 中至少有一个元素不属于 A,则称 A 为 B 的**真子集**,记作 $A \subset B$。

$$A \subset B \Leftrightarrow (\forall x)(x \in A \to x \in B) \wedge (\exists y)(y \in B \wedge y \notin A)$$
$$A \subset B \Leftrightarrow A \subseteq B \wedge A \neq B$$

例如:自然数集合是实数集合的真子集。

定义 3.1.3 不包含任何元素的集合称为**空集**,记作 $\varnothing$。即

$$\varnothing = \{x \mid P(x) \wedge \neg P(x)\}$$

其中 $P(x)$ 是任意谓词。

注意 $\varnothing \neq \{\varnothing\}$,但 $\varnothing \in \{\varnothing\}$。

定理 3.1.2 对于任意集合 A,有 $\varnothing \subseteq A$。

证明 假设 $\varnothing \subseteq A$ 为假,则至少有一个元素 x,使得 $x \in \varnothing$ 且 $x \notin A$,然而空集 $\varnothing$ 不包含任何元素,所以以上假设不成立,即 $\varnothing \subseteq A$ 为真。

根据空集和子集的定义,可以看到,对于每一个非空集合 A,至少有两个不同的子集 A 和 $\varnothing$,即 $A \subseteq A$ 和 $\varnothing \subseteq A$,并且称它们是 A 的平凡子集。一般地,A 的每一个元素都能确定 A 的一个子集,即若 $a \in A$,则 $\{a\} \subseteq A$。

定义 3.1.4 在一定范围内,如果所有集合均为某一集合的子集,则称该集合为**全集**,记作 E。对于任一 $x \in A$,因为 $A \subseteq E$,所以 $x \in E$,即 $(\forall x)(x \in E)$ 恒真。所以

$$E = \{x \mid P(x) \lor \neg P(x)\}$$

其中 $P(x)$ 为任意谓词。

全集的概念相当于论域,例如,在初等数论中,全体整数组成了全集。

设全集 $E = \{a, b, c\}$,它的所有可能的子集有:

$$S_0 = \varnothing, S_1 = \{a\}, S_2 = \{b\}, S_3 = \{c\}, S_4 = \{a, b\}, S_5 = \{a, c\}, S_6 = \{b, c\}, S_7 = \{a, b, c\}$$

这些子集都包含在 E 中,即 $S_i \subseteq E (i = 0, 1, 2, \cdots, 7)$,但 $S_i \notin E$。如果把 S_i 作为元素,可以组成另一种集合。

定义 3.1.5 给定集合 A,以集合 A 的所有子集为元素组成的集合称为集合 A 的**幂集**,记作 $\rho(A)$。

例如: 设 $A = \{a, b, c\}$,则

$$\rho(A) = \{\varnothing, \{a\}, \{b\}, \{c\}, \{a, b\}, \{a, c\}, \{b, c\}, \{a, b, c\}\}$$

定理 3.1.3 如果有限集合 A 有 n 个元素,则它的幂集 $\rho(A)$ 有 2^n 个元素。

证明 A 的所有 k 个元素组成的子集数为从 n 个元素中取 k 个的组合数,即

$$C_n^k = \frac{n(n-1)(n-2)\cdots(n-k+1)}{k!}$$

另外,因为 $\varnothing \subseteq A$,所以 $\rho(A)$ 的总数 N 可表示为

$$N = 1 + C_n^1 + C_n^2 + \cdots + C_n^k + \cdots + C_n^n = \sum_{k=0}^{n} C_n^k$$

又因为 $(x + y)^n = \sum_{k=0}^{n} C_n^k \cdot x^k \cdot y^{n-k}$,令 $x = y = 1$,得 $2^n = \sum_{k=0}^{n} C_n^k$,故 $\rho(A)$ 的元素个数是 2^n。∎

下面引进一种编码,用来唯一表示有限集的幂集的元素,现以 $S = \{a, b, c\}$ 为例来说明这种编码方法。

设 $\rho(S) = \{S_i \mid i \in J\}$,其中 $J = \{i \mid i$ 是二进制数且 $000 \leqslant i \leqslant 111\}$。例如,$S_3 = S_{011} = \{b, c\}$,$S_6 = S_{110} = \{a, b\}$ 等。一般地,

$$\rho(S) = \{S_0, S_1, \cdots, S_{2^n-1}\}$$

即 $\rho(S) = \{S_i \mid i \in J\}$,其中 $J = \{i \mid i$ 是二进制数并且 $\underbrace{000\cdots0}_{n\text{个}} \leqslant i \leqslant \underbrace{111\cdots1}_{n\text{个}}\}$。

习题

1. 写出下列集合的表示式。

   (1) 所有一元一次方程的解组成的集合。

   (2) $x^6 - 1$ 在实数域中的因式集。

   (3) 直角坐标系中,单位圆内(不包括单位圆周)的点集。

   (4) 极坐标系中单位圆外(不包括单位圆周)的点集。

   (5) 能被 5 整除的整数集。

2. 设某电视台,拟制作一个半小时的节目,其中包含戏剧、音乐与广告。每部分都定位 5 分钟的倍数,试求

   (1) 各种时间分配情况的集合。

   (2) 戏剧分配的时间较音乐多的集合。

(3)广告分配的时间与音乐或戏剧所分配的时间相等的集合。

(4)音乐所分配的时间恰为 5 分钟的集合。

3. 给出集合 A,B 和 C 的例子,使得 $A \in B, B \in C$ 而 $A \notin C$。

4. 对任意集合 A,B,C 确定下列命题是否为真,并证明。

(1)如果 $A \in B$ 且 $B \subseteq C$,则 $A \subset C$。

(2)如果 $A \in B$ 且 $B \in C$,则 $A \subseteq C$。

(3)如果 $A \subseteq B$ 且 $B \subseteq C$,则 $A \subseteq C$。

(4)如果 $A \subseteq B$ 且 $B \in C$,则 $A \subseteq C$。

(5)如果 $A \in B$ 且 $B \subseteq C$,则 $A \notin C$。

5. $A \subseteq B, A \in B$ 可能吗? 给出证明。

6. 确定下列命题是否为真:

(1)$\varnothing \subseteq \varnothing$

(2)$\varnothing \in \varnothing$

(3)$\varnothing \in \{\varnothing\}$

(4)$\varnothing \subseteq \{\varnothing\}$

(5)$\{1,2\} \subseteq \{1,2,3,\{1,2,3\}\}$

(6)$\{1,2\} \in \{1,2,3,\{1,2,3\}\}$

7. 给出集合 $\{A,B,C\}$ 的例子,使得:

(1)$A \in B, B \in C$,但 $A \notin C$

(2)$A \in B, B \in C$,且 $A \in C$

8. 确定下列集合的幂集。

(1)$\{a,\{a\}\}$

(2)$\{\{1,\{2,3\}\}\}$

(3)$\{\varnothing,a,\{b\}\}$

(4)$\rho(\varnothing)$

(5)$\rho(\rho(\varnothing))$

9. 设 $A = \{\varnothing\}, B = \rho(\rho(A))$。

(1)是否 $\varnothing \in B$? 是否 $\varnothing \subseteq B$?

(2)是否 $\{\varnothing\} \in B$? 是否 $\{\varnothing\} \subseteq B$?

(3)是否 $\{\{\varnothing\}\} \in B$? 是否 $\{\{\varnothing\}\} \subseteq B$?

10. 证明:若 a,b,c 和 d 是任意客体,则 $\{\{a\},\{a,b\}\} = \{\{c\},\{c,d\}\}$,当且仅当 $a = c$ 和 $b = d$。

11. 设某集合有 101 个元素,试问

(1)可构成多少个子集?

(2)其中有多少个子集的元素为奇数?

(3)是否会有 102 个元素的子集?

12. 设 $S = \{a_1,a_2,\cdots,a_8\}$, B_i 是 S 的子集,由 B_{17} 和 B_{31} 所表达的子集是什么? 应该如何确定子集 $\{a_2,a_6,a_7\}$ 和 $\{a_1,a_8\}$?

13. 对于任意集合 A,B,是否一定有 $\rho(A \cup B) = \rho(A) \cup \rho(B)$? 说明原因。

3.2 集合的运算

集合的运算,就是以给定集合为对象,按确定的规则得到另外一些集合。集合的基本运算有以下四种:

1. 相交运算

集合 A 和 B 进行相交运算产生一个新的集合

$$A \cap B = \{x \mid x \in A \wedge x \in B\}$$

称为 A 和 B 的**交集**。

交集的定义如图 3-1 所示。

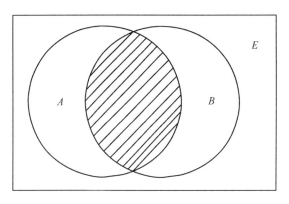

图 3-1 集合的交集

例3.2.1 设 $A = \{0,2,4,6,8,10,12\}, B = \{1,2,3,4,5,6\}$,则 $A \cap B = \{2,4,6\}$。

例3.2.2 设 A 是所有矩形的集合,B 是平面上所有菱形的集合,则 $A \cap B$ 是所有正方形的集合。

例3.2.3 设 A 是所有被 k 整除的整数的集合,B 是所有被 L 整除的整数的集合,则 $A \cap B$ 是被 k 与 L 的最小公倍数整除的整数的集合。

例3.2.4 设 $A \subseteq B$,求证 $A \cap C \subseteq B \cap C$。

证明 若 $x \in A$,则 $x \in B$,对任一 $x \in A \cap C$,则 $x \in A$ 且 $x \in C$,即 $x \in B$ 且 $x \in C$,故 $x \in B \cap C$,因此,$A \cap C \subseteq B \cap C$。

集合的交运算具有以下性质:

(1) $A \cap A = A$

(2) $A \cap \varnothing = \varnothing$

(3) $A \cap E = A$

(4) $A \cap B = B \cap A$

(5) $(A \cap B) \cap C = A \cap (B \cap C)$

这里仅对(5)作出证明,其余留作练习。

证明

$$\begin{aligned}
(A \cap B) \cap C &= \{x \mid x \in A \cap B \wedge x \in C\} \\
&= \{x \mid x \in A \wedge x \in B \wedge x \in C\} \\
&= \{x \mid x \in A \wedge (x \in B \wedge x \in C)\} \\
&= \{x \mid x \in A \wedge (x \in B \cap C)\} \\
&= \{x \mid x \in A \wedge x \in B \cap C\}
\end{aligned}$$

即 $(A \cap B) \cap C = A \cap (B \cap C)$。

此外,从交的定义还可以看出 $A \cap B \subseteq A, A \cap B \subseteq B$。

若集合 A 和 B 没有共同的元素,则可以写为 $A \cap B = \varnothing$。也称为 A 与 B 不相交。

因为集合的交运算满足结合律,故 n 个集合 $A_1, A_2, \cdots, A_n$ 的交集可记为

$$P = A_1 \cap A_2 \cap \cdots \cap A_n$$
$$= \bigcap_{i=1}^{n} A_i$$

例 3.2.5 设 $A_1 = \{1,2,8\}, A_2 = \{2,8\}, A_3 = \{4,8\}$,则

$$\bigcap_{i=1}^{3} A_i = \{8\}$$

2. 联合运算

集合 A 和 B 进行联合运算产生一个新的集合

$$A \cup B = \{x \mid x \in A \vee x \in B\}$$

称为 A 和 B 的**并集**。

并集的定义如图 3-2 所示。

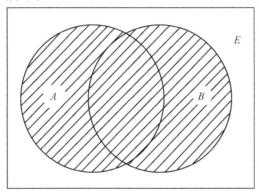

图 3-2　集合的并集

例 3.2.6 设 $A = \{1,2,3,4\}, B = \{2,4,5\}$,则

$$A \cup B = \{1,2,3,4,5\}$$

集合的联合运算具有以下性质:

(1) $A \cup A = A$

(2) $A \cup E = E$

(3) $A \cup \varnothing = A$

(4) $A \cup B = B \cup A$

(5) $(A \cup B) \cup C = A \cup (B \cup C)$

从并的定义还可以得出 $A \subseteq A \cup B, B \subseteq A \cup B$。

例 3.2.7 设 $A \subseteq B, C \subseteq D$,证明

$$A \cup C \subseteq B \cup D$$

证明 对任意 $x \in A \cup C$,则有 $x \in A \vee x \in C$,若 $x \in A$,则由 $A \subseteq B$ 得 $x \in B$,故 $x \in B \cup D$;若 $x \in C$,则由 $C \subseteq D$ 得 $x \in D$,故 $x \in B \cup D$。因此,$A \cup C \subseteq B \cup D$。

同理可证 $A \subseteq B \Rightarrow A \cup C \subseteq B \cup C$。

因为集合的运算满足结合律,故 n 个集合 $A_1, A_2, \cdots, A_n$ 的并可记作

$$W = A_1 \cup A_2 \cup \cdots \cup A_n$$
$$= \bigcup_{i=1}^{n} A_i$$

例 3.2.8 设 $A_1 = \{1,2,3\}, A_2 = \{2,6\}, A_3 = \{3,8\}$,则

$$\bigcup_{i=1}^{3} A_i = \{1,2,3,6,8\}$$

相交运算对联合运算以及联合运算对相交运算均满足分配律,于是有如下的定理。

定理 3.2.1 设 A, B, C 为三个集合,则下列分配律成立:

(1) $A \cap (B \cup C) = (A \cap B) \cup (A \cap C)$

(2) $A \cup (B \cap C) = (A \cup B) \cap (A \cup C)$

证明 (1)

$$A \cap (B \cup C) = \{x \mid x \in A \cap (B \cup C)\}$$
$$= \{x \mid x \in A \wedge x \in B \cup C\}$$
$$= \{x \mid x \in A \wedge (x \in B \vee x \in C)\}$$
$$= \{x \mid (x \in A \wedge x \in B) \vee (x \in A \wedge x \in C)\}$$
$$= \{x \mid x \in A \cap B \vee x \in A \cap C\}$$
$$= \{x \mid x \in (A \cap B) \cup (A \cap C)\}$$
$$= (A \cap B) \cup (A \cap C)$$

同理可证(2)。

由定理 3.2.1 还可得到下面两个定理。

定理 3.2.2 设 A, B 为任意两个集合,则下列关系式成立:

(1) $A \cup (A \cap B) = A$

(2) $A \cap (A \cup B) = A$

证明 (1)

$$A \cup (A \cap B) = (A \cap E) \cup (A \cap B)$$
$$= A \cap (E \cup B)$$
$$= A \cap E$$
$$= A$$

(2)

$$A \cap (A \cup B) = (A \cup A) \cap (A \cup B)$$
$$= A \cup (A \cap B)$$
$$= A$$

定理 3.2.3 $A \subseteq B$,当且仅当 $A \cup B = B$ 或 $A \cap B = A$。

证明 若 $A \subseteq B$,对任意 $x \in A$,必有 $x \in B$;对任意 $x \in A \cup B$,则 $x \in A$ 或 $x \in B$,即 $x \in B$,所以 $A \cup B \subseteq B$。又 $B \subseteq A \cup B$,故得到 $A \cup B = B$。

反之,若 $A \cup B = B$,则因为 $A \subseteq A \cup B$,故 $A \subseteq B$。

同理可证 $A \subseteq B$,当且仅当 $A \cap B = A$。

3. 差分运算

集合 A 和 B 进行差分运算,产生一个新的集合

$$A - B = \{x \mid x \in A x \notin B\}$$

称为 A 和 B 的**差集**(或 B 对 A 的**相对补集**),B 对 E 的相对补集则称为**绝对补集**,简称补集,记作 $\sim B$。即

$$\sim B = E - B = \{x \mid x \in E \wedge x \notin B\}$$

$A - B$ 的定义如图 3-3 所示,$\sim B$ 的定义如图 3-4 所示。

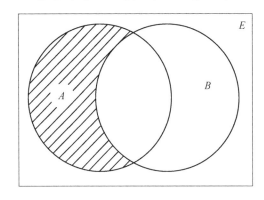 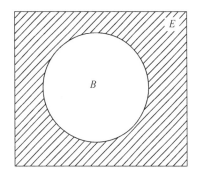

图 3-3　$A - B$ 的定义　　　　　　　　　图 3-4　$\sim B$ 的定义

例 3.2.9　设 $A = \{2,5,6\},B = \{1,2,4,7,9\}$,求 $A - B$。

解

$$A - B = \{5,6\}$$

例 3.2.10　设 A 是小于 10 的素数集合,B 是奇数集合,求 $A - B$。

解

$$A - B = \{2\}$$

由补集的定义我们还可以得到下面的一些恒等式:

(1) $\sim (\sim A) = A$

(2) $\sim E = \varnothing$

(3) $A \cup \sim A = E$

(4) $A \cap \sim A = \varnothing$

定理 3.2.4　设 A,B 为任意两个集合,则下列关系式成立:

(1) $\sim (A \cup B) = \sim A \cap \sim B$

(2) $\sim (A \cap B) = \sim A \cup \sim B$

证明　(1)

$$
\begin{aligned}
\sim (A \cup B) &= \{x \mid x \in \sim (A \cup B)\} \\
&= \{x \mid x \notin A \cup B\} \\
&= \{x \mid \neg x \in A \cup B\} \\
&= \{x \mid \neg (x \in A \vee x \in B)\} \\
&= \{x \mid \neg x \in A \wedge \neg x \in B\} \\
&= \{x \mid x \in \sim A \wedge x \in \sim B\} \\
&= \{x \mid x \in \sim A \cap \sim B\} \\
&= \sim A \cap \sim B
\end{aligned}
$$

同理可证(2)式成立。 ■

定理 3.2.5 设 A,B 为任意两个集合,则下列关系式成立:

(1) $A-B=A\cap \sim B$

(2) $A-B=A-(A\cap B)$

证明 (2)设 $x\in A-B$,即 $x\in A$ 且 $x\notin B$。因为 $x\notin B$,所以 $x\notin A\cap B$,故 $x\in A-(A\cap B)$,即

$$A-B\subseteq A-(A\cap B)$$

又设 $x\in A-(A\cap B)$,则 $x\in A$ 且 $x\notin(A\cap B)$,即 $x\in A$ 且 $x\in \sim A$ 或 $x\in \sim B$,显然,$x\in A$ 且 $x\in \sim A$ 是不可能的,故只能是 $x\in A$ 且 $x\in \sim B$ 成立,于是 $x\in A-B$,从而

$$A-(A\cap B)\subseteq A-B$$

综上有 $A-B=A-(A\cap B)$。 ■

定理 3.2.6 设 A,B,C 为任意三个集合,则

$$A\cap(B-C)=(A\cap B)-(A\cap C)$$

证明

$$A\cap(B-C)=A\cap(B\cap \sim C)$$
$$=A\cap B\cap \sim C$$

又

$$(A\cap B)-(A\cap C)=(A\cap B)\cap \sim(A\cap C)$$
$$=(A\cap B)\cap(\sim A\cup \sim C)$$
$$=(A\cap B\cap \sim A)\cup(A\cap B\cap \sim C)$$
$$=A\cap B\cap \sim C$$

因此,$A\cap(B-C)=(A\cap B)-(A\cap C)$。 ■

定理 3.2.7 设 A,B 为任意两个集合,若 $A\subseteq B$,则

(1) $\sim B\subseteq \sim A$

(2) $(B-A)\cup A=B$

证明 (1)若 $x\in A$,则 $x\in B$,因此,若 $x\notin B$,则必有 $x\notin A$,即若 $x\in \sim B$,则有 $x\in \sim A$,即 $\sim B\subseteq \sim A$,(1)式得证。

(2)

$$(B-A)\cup A=(B\cap \sim A)\cup A$$
$$=(B\cup A)\cap(\sim A\cup A)$$
$$=(B\cup A)\cap E$$
$$=B\cup A$$

因为 $A\subseteq B$,所以 $B\cup A=B$,(2)式得证。 ■

4. 对称差分运算

集合 A 和集合 B 进行对称差分运算,产生一个新的集合

$$A\oplus B=(A-B)\cup(B-A)$$
$$=(A\cap \sim B)\cup(B\cap \sim A)$$
$$=(A\cup B)-(A\cap B)$$

称为 A 和 B 的**对称差集**。

对称差集的定义如图3-5所示。

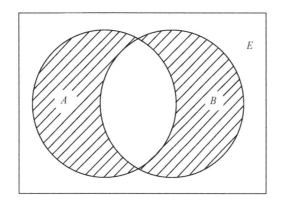

图 3-5 A 和 B 的对称差集

由对称差集的定义,很容易推得下面的性质:

(1) $A \oplus B = B \oplus A$

(2) $A \oplus \varnothing = A$

(3) $A \oplus A = \varnothing$

(4) $A \oplus B = (A \cap \sim B) \cup (B \cap \sim A)$

(5) $(A \oplus B) \oplus C = A \oplus (B \oplus C)$

证明 (5)

$$
\begin{aligned}
(A \oplus B) \oplus C &= ((A \oplus B) \cap \sim C) \cup (\sim (A \oplus B) \cap C) \\
&= (((A \cap \sim B) \cup (\sim A \cap B)) \cap \sim C) \cup (\sim ((A \cap \sim B) \cup (\sim A \cap B)) \cap C) \\
&= A \cap \sim B \cap \sim C \cup \sim A \cap B \cap \sim C \cup (\sim A \cup B) \cap (A \cup \sim B) \cap C
\end{aligned}
$$

由于

$$
\begin{aligned}
(\sim A \cup B) \cap (A \cup \sim B) \cap C &= ((\sim A \cup B) \cap A) \cup ((\sim A \cup B) \cap \sim B) \cap C \\
&= ((\sim A \cap A) \cup (A \cap B) \cup (\sim A \cap \sim B) \cup (B \cap \sim B)) \cap C \\
&= (\varnothing \cup (A \cap B) \cup (\sim A \cap \sim B) \cup \varnothing) \cap C \\
&= (A \cap B \cap C) \cup (\sim A \cap \sim B \cap C)
\end{aligned}
$$

所以

$$
(A \oplus B) \oplus C = (A \cap \sim B \cap \sim C) \cup (\sim A \cap B \cap \sim C) \cup (A \cap B \cap C) \cup (\sim A \cap \sim B \cap C)
$$

又因为

$$
\begin{aligned}
&A \oplus (B \oplus C) \\
={} &(A \cap \sim (B \oplus C)) \cup (\sim A \cap (B \oplus C)) \\
={} &(A \cap \sim ((B \cap \sim C) \cup (\sim B \cap C))) \cup (\sim A \cap ((B \cap \sim C) \cup (\sim B \cap C))) \\
={} &(A \cap (\sim B \cup C) \cap (B \cup \sim C)) \cup (\sim A \cap B \cap \sim C \cup \sim A \cap \sim B \cap C) \\
={} &A \cap \sim B \cap B \cup A \cap \sim B \cap \sim C \cup A \cap B \cap C \cup A \cap C \cap \sim C \cup \sim A \cap B \cap \sim C \cup \sim A \cap \sim B \cap C \\
={} &A \cap \sim B \cap \sim C \cup A \cap B \cap C \cup \sim A \cap B \cap \sim C \cup \sim A \cap \sim B \cap C
\end{aligned}
$$

综上有 $(A \oplus B) \oplus C = A \oplus (B \oplus C)$。

对称差分的可结合性可以通过图 3-6 来说明。

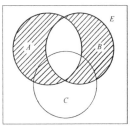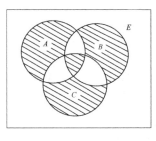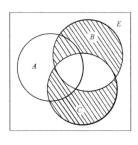

a) $A \oplus B$ b) $(A \oplus B) \oplus C = A \oplus (B \oplus C)$ c) $B \oplus C$

图 3-6 对称差分的可结合性

3.3 集合定律

根据前面的一些定义,可以得到集合论中的基本定律:

S_1 $A \cap B \subseteq A$

S_2 $A \cap B \subseteq B$

S_3 $A \subseteq A \cup B$

S_4 $B \subseteq A \cup B$

S_5 $A - B \subseteq A$

S_6 $A \oplus B \subseteq A \cup B$

S_7 $A \cup B = B \cup A$ ⎫

S_8 $A \cap B = B \cap A$ ⎬ 交换律

S_9 $A \oplus B = B \oplus A$ ⎭

S_{10} $A \cup (B \cup C) = (A \cup B) \cup C$ ⎫

S_{11} $(A \cap B) \cap C = A \cap (B \cap C)$ ⎬ 结合律

S_{12} $(A \oplus B) \oplus C = A \oplus (B \oplus C)$ ⎭

S_{13} $A \cap (B \cup C) = (A \cap B) \cup (A \cap C)$ ⎫

S_{14} $A \cup (B \cap C) = (A \cup B) \cap (A \cup C)$ ⎬ 分配律

S_{15} $\sim \sim A = A$ 双重否定律

S_{16} $\sim (A \cap B) = \sim A \cup \sim B$ ⎫

S_{17} $\sim (A \cup B) = \sim A \cap \sim B$ ⎬ 德·摩根律

S_{18} $A \cap A = A$ ⎫

S_{19} $A \cup A = A$ ⎬ 等幂律

S_{20} $A \cap \sim A = \varnothing$ ⎫

S_{21} $A \cup \sim A = E$ ⎬ 补余律

S_{22} $A \cap E = A$ ⎫

S_{23} $A \cup \varnothing = A$ ⎪

S_{24} $A - \varnothing = A$ ⎬ 同一律

S_{25} $A \oplus \varnothing = A$ ⎭

S_{26} $A \cap \varnothing = \varnothing$ ⎫ 零律
S_{27} $A \cup E = E$ ⎭

S_{28} $A \cup (A \cap B) = A$ ⎫ 吸收律
S_{29} $A \cap (A \cup B) = A$ ⎭

S_{30} $\sim \varnothing = E$

S_{31} $\sim E = \varnothing$

S_{32} $A \oplus A = \varnothing$

S_{33} $A \cap (B - A) = \varnothing$

S_{34} $A \cup (B - A) = A \cup B$

S_{35} $A - (B \cup C) = (A - B) \cap (A - C)$

S_{36} $A - (B \cap C) = (A - B) \cup (A - C)$

S_{37} $A - B = A \cap \sim B$

S_{38} $A \oplus B = (A \cap \sim B) \cup (\sim A \cap B)$

S_{39} $(A \cup B \neq \varnothing) \Rightarrow (A \neq \varnothing) \vee (B \neq \varnothing)$

S_{40} $(A \cap B \neq \varnothing) \Rightarrow (A \neq \varnothing) \wedge (B \neq \varnothing)$

现在来证明 S_{39}。

假设 $(A \neq \varnothing) \vee (B \neq \varnothing)$ 为假,证明 $A \cup B \neq \varnothing$ 为假,从而使得 S_{39} 得证。由 $(A \neq \varnothing) \vee (B \neq \varnothing)$ 为假知,$A \neq \varnothing$ 和 $B \neq \varnothing$ 均为假,即 $A = \varnothing$ 和 $B = \varnothing$ 均为真,于是为真,从而使得 $A \cup B \neq \varnothing$ 为假。

习题

1. 设 $A = \{x \mid x < 5 \wedge x \in N\}$,$B = \{x \mid x < 7 \wedge x$ 是正偶数$\}$,求 $A \cup B, A \cap B$。

2. 设 $A = \{x \mid x$ 是 book 中的字母$\}$,$B = \{x \mid x$ 是 black 中的字母$\}$,求 $A \cup B, A \cap B$。

3. 设 $E = \{1,2,3,4,5,6,7\}$,$A = \{1,2,3\}$,$B = \{1,2,5,6\}$,$C = \{3,4,7\}$,求下列集合:

  (1) $A \cap \sim C$

  (2) $(A \cap B) \cup \sim C$

  (3) $(A \oplus B) \oplus \sim C$

  (4) $\rho(A) - \rho(B)$

  (5) $\rho(A) \cap \rho(B)$

  (6) $\rho(A \cap B)$

4. 给定自然数集合的下列子集:

  $A = \{1,2,7,8\}$,$B = \{i \mid i^2 < 50\}$

  $C = \{i \mid i$ 被 3 整除 $\wedge 0 \leqslant i \leqslant 30\}$

  $D = \{i \mid 2^k \wedge k \in Z_+ \wedge 0 \leqslant k \leqslant 6\}$

  求下列集合:

  (1) $A \cup (B \cup (C \cup D))$

  (2) $A \cap (B \cap (C \cap D))$

  (3) $B - (A \cup C)$

  (4) $(\sim A \cap B) \cup D$

5. 证明:对所有集合 A, B, C,$(A \cap B) \cup C = A \cap (B \cup C)$,当且仅当 $C \subseteq A$。

6. 证明:对所有集合 A, B, C,有

  (1) $(A - B) - C = A - (B \cup C)$

(2) $(A-B)-C=(A-C)-B$

(3) $(A-B)-C=(A-C)-(B-C)$

7. 确定以下各式的运算结果：

$\varnothing \cap \{\varnothing\}, \{\varnothing\} \cap \{\varnothing\}, \{\varnothing, \{\varnothing\}\} - \varnothing, \{\varnothing, \{\varnothing\}\} - \{\varnothing\}$。

8. 假设 A 和 B 是 E 的子集，证明以下各式中每个关系式彼此等价。

(1) $A \subseteq B, \sim B \subseteq \sim A, A \cup B = B, A \cap B = A$

(2) $A \cap B = \varnothing, A \subseteq \sim B, B \subseteq \sim A$

(3) $A \cup B = E, \sim A \subseteq B, \sim B \subseteq A$

(4) $A = B, A \oplus B = \varnothing$

9. (1) 已知 $A \cup B = A \cup C$，是否一定有 $B = C$？

(2) 已知 $A \cap B = A \cap C$，是否一定有 $B = C$？

(3) 已知 $A \oplus B = A \oplus C$，是否一定有 $B = C$？

10. 设 A, B, C 是任意集合，在什么条件下，下列命题是真的？

(1) $(A-B) \cap (A-C) = A$

(2) $(A-B) \cup (A-C) = \varnothing$

(3) $(A-B) \cap (A-C) = \varnothing$

(4) $(A-B) \oplus (A-C) = \varnothing$

11. 借助于文氏图，考察以下命题的正确性：

(1) 若 A, B 和 C 是 E 的子集，使得 $A \cap B \subseteq \sim C$ 和 $A \cup C \subseteq B$，则 $A \cap C = \varnothing$。

(2) 若 A, B 和 C 是 E 的子集，使得 $A \subseteq \sim(B \cup C)$ 和 $B \subseteq \sim(A \cup C)$，则 $B = \varnothing$。

12. 证明：$A \cap (B \oplus C) = (A \cap B) \oplus (A \cap C)$。

13. 化简下列集合表达式：

(1) $(A \cup B) \cap B - A \cap B$

(2) $((A-B) \cap C) \cup (A \cap B \cap C)$

(3) $(A \cup B) \cup A) - A$

3.4　包含排斥原理

集合的运算可用于有限个元素的技术问题。设 A_1 和 A_2 为有限集合，其元素个数分别为 $|A_1|$ 和 $|A_2|$，根据集合运算的定义，显然，以下各式成立：

$$|A_1 \cup A_2| \leqslant |A_1| + |A_2|$$

$$|A_1 \cap A_2| \leqslant \min(|A_1|, |A_2|)$$

$$|A_1 - A_2| \geqslant |A_1| - |A_2|$$

$$|A_1 \oplus A_2| = |A_1| + |A_2| - 2|A_1 \cap A_2|$$

其中，等（不等）式左边的"$\oplus$"是对称差分运算，"$-$"是差分运算，等（不等）式右边的"$+$"和"$-$"是普通意义下的加法和减法运算。

定理 3.4.1　设 A_1 和 A_2 为有限集合，其元素个数分别为 $|A_1|$ 和 $|A_2|$，则

$$|A_1 \cup A_2| = |A_1| + |A_2| - |A_1 \cap A_2|$$

证明　(1) 当 A_1 和 A_2 不相交，即 $A_1 \cap A_2 = \varnothing$，则

$$|A_1 \cup A_2| = |A_1| + |A_2|$$

(2) 若 $A_1 \cap A_2 \neq \varnothing$，则

$$|A_1| = |A_1 \cap \sim A_2| + |A_1 \cap A_2|$$

$$|A_2| = | \sim A_1 \cap A_2| + |A_1 \cap A_2|$$

所以

$$|A_1| + |A_2| = |A_1 \cap \sim A_2| + | \sim A_1 \cap A_2| + 2|A_1 \cap A_2|$$

但

$$|A_1 \cap \sim A_2| + | \sim A_1 \cap A_2| + |A_1 \cap A_2| = |A_1 \cup A_2|$$

故

$$|A_1 \cup A_2| = |A_1| + |A_2| - |A_1 \cap A_2| \qquad ■$$

此定理称为包含排斥原理。

例 3.4.1 假设 10 名青年中有 5 名是工人,7 名是学生,其中兼具有工人与学生双重身份的青年有 3 名,问既不是工人又不是学生的青年有几名?

解 设工人的集合为 W,学生的集合为 S,则根据题设有

$$|W| = 5, |S| = 7, |W \cap S| = 3$$

又因为 $| \sim W \cap \sim S| + |W \cup S| = 10$,则

$$| \sim W \cap \sim S| = 10 - |W \cup S|$$
$$= 10 - (|W| + |S| - |W \cap S|)$$
$$= 10 - (5 + 7 - 3) = 1$$

也就是说,既不是工人也不是学生的青年有 1 名。

对于任意三个集合 A_1, A_2 和 A_3,我们可以推广定理 3.4.1:

$$|A_1 \cup A_2 \cup A_3| = |A_1| + |A_2| + |A_3| - (|A_1 \cap A_2| + |A_1 \cap A_3| + |A_2 \cap A_3|) + |A_1 \cap A_2 \cap A_3|$$

上述公式可通过图 3-7 得到验证。

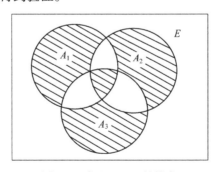

图 3-7 定理 3.4.1 的推广

例 3.4.2 某工厂装配 30 辆汽车,可供选择的设备是收音机、空气调节器和对讲机。已知其中 15 辆汽车有收音机,8 辆有空气调节器,6 辆有对讲机,而且其中有 3 辆这三种设备都有。问有几辆汽车没有提供任何设备?

解 设 A_1, A_2 和 A_3 分别表示配有收音机、空气调节器和对讲机的汽车集合,因此

$$|A_1| = 15, |A_2| = 8, |A_3| = 6$$

并且

$$|A_1 \cap A_2 \cap A_3| = 3$$

故

$$|A_1 \cup A_2 \cup A_3| = 15 + 8 + 6 - |A_1 \cap A_2| - |A_1 \cap A_3| - |A_2 \cap A_3| + 3$$

因为

$$|A_1 \cap A_2| \geqslant |A_1 \cap A_2 \cap A_3| = 3$$
$$|A_1 \cap A_3| \geqslant |A_1 \cap A_2 \cap A_3| = 3$$
$$|A_2 \cap A_3| \geqslant |A_1 \cap A_2 \cap A_3| = 3$$

于是

$$|A_1 \cup A_2 \cup A_3| \leqslant 32 - 3 - 3 - 3 = 23$$

即至多有 23 辆汽车有一个或几个可供选择的设备,因此,至少有 7 辆汽车不提供任何可选择的设备。

下面将包含排斥原理推广到 n 个集合。

定理 3.4.2　设 $A_1, A_2, \cdots, A_n$ 为有限集合,其元素个数分别为 $|A_1|, |A_2|, \cdots, |A_n|$,则

$$|A_1 \cup A_2 \cup \cdots \cup A_n| = \sum_{i=1}^{n} |A_i| - \sum_{1 \leqslant i < j \leqslant n} |A_i \cap A_j| + \sum_{1 \leqslant i < j < k \leqslant n} |A_i \cap A_j \cap A_k|$$
$$+ \cdots + (-1)^{n-1} |A_1 \cap A_2 \cap \cdots \cap A_n|$$

例 3.4.3　求 1 到 250 之间能被 2,3,5 和 7 中任何一个整除的整数个数。

解　设 A_1 表示 1 到 250 之间能被 2 整除的整数集合,A_2 表示能被 3 整除的整数集合,A_3 表示能被 5 整除的整数集合,A_4 表示能被 7 整除的整数集合。并用 $|x|$ 表示小于或等于 x 的最大整数,于是有

$$|A_1| = \left| \frac{250}{2} \right| = 125 \qquad\qquad |A_3| = \left| \frac{250}{5} \right| = 50$$

$$|A_2| = \left| \frac{250}{3} \right| = 83 \qquad\qquad |A_4| = \left| \frac{250}{7} \right| = 35$$

$$|A_1 \cap A_2| = \left| \frac{250}{2 \times 3} \right| = 41 \qquad\qquad |A_1 \cap A_3| = \left| \frac{250}{2 \times 5} \right| = 25$$

$$|A_1 \cap A_4| = \left| \frac{250}{2 \times 7} \right| = 17 \qquad\qquad |A_2 \cap A_3| = \left| \frac{250}{3 \times 5} \right| = 16$$

$$|A_2 \cap A_4| = \left| \frac{250}{3 \times 7} \right| = 11 \qquad\qquad |A_3 \cap A_4| = \left| \frac{250}{5 \times 7} \right| = 7$$

$$|A_1 \cap A_2 \cap A_3| = \left| \frac{250}{2 \times 3 \times 5} \right| = 8$$

$$|A_1 \cap A_3 \cap A_4| = \left| \frac{250}{2 \times 5 \times 7} \right| = 3$$

$$|A_2 \cap A_3 \cap A_4| = \left| \frac{250}{3 \times 5 \times 7} \right| = 2$$

$$|A_1 \cap A_2 \cap A_3 \cap A_4| = \left| \frac{250}{2 \times 3 \times 5 \times 7} \right| = 1$$

于是得到

$$|A_1 \cup A_2 \cup A_3 \cup A_4| = 125 + 83 + 50 + 35 - 41 - 25 - 17 - 16 - 11 - 7 + 8 + 5 + 3 + 2 - 1 = 193$$

即 1 到 250 之间能被 2,3,5,7 中任何一个整除的整数个数为 193 个。

习题

1. 某足球队有球衣 38 件,篮球队有球衣 15 件,棒球队有球衣 20 件,三个队队员总数 58 人,且其中只有 3 人

同时参加三个队,试求同时参加两个队的队员共有几人?

2. 据调查,学生阅读杂志的情况如下:60%读甲种杂志,50%读乙种杂志,50%读丙种杂志,30%读甲种与乙种,30%读乙种与丙种,30%读甲种与丙种,10%读三种杂志,问:

   (1)确实读两种杂志的学生的百分比?

   (2)不读任何杂志的学生的百分比?

3. 75 名儿童到公园游乐场,他们在那里可以骑木马、坐滑行轨道和乘宇宙飞船,已知其中 20 人这三种都乘过,其中 55 人至少乘坐过其中的两种。若每样乘坐一次的费用是 0.50 元,公园游乐场总收入 70 元。试确定有多少儿童没有乘坐过其中的任何一种。

4. 在一个班级的 50 个学生中,

   (1)有 26 人在第一次考试中得 A,21 人在第二次考试中得 A,假如 17 人两次考试都没得 A,问有多少学生两次考试都得 A?

   (2)第一次考试得 A 的人数和第二次考试得 A 的人数相同,如果在第一次考试中得 A 的人数是 40,并且有 4 个学生两次考试都没有得到 A,问有多少学生仅在第一次考试中得 A? 问有多少学生仅在第二次考试中得 A? 问有多少学生两次考试均得 A?

5. 对 200 名大学一年级的学生进行调查的结果是:其中 67 人学数学,47 人学物理,95 人学生物,26 人既学数学又学生物,28 人既学数学又学物理,27 人既学物理又学生物,50 人这三门课都不学。

   (1)求出对三门功课都学的学生人数。

   (2)在图 3-8 中,以正确的学生人数填入其中 8 个区域。

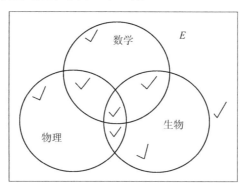

图 3-8

6. 求 1 到 250 之间满足下列条件的整数个数。

   (1)能同时被 2,5,7 整除。

   (2)既不能被 2,也不能被 5 和 7 整除。

   (3)可以被 2 整除,但不能被 5 和 7 整除。

   (4)可以被 2 和 5 整除,但不能被 7 整除。

   (5)可以被 2,5,7 中的任何一个整除。

   (6)只能被 2,5,7 中的一个整除。

7. 在 1 到 10000 之间,既不是某个整数的平方,也不是某个整数的立方的整数有多少个?

8. 设某班有 20 人,其中英语为优的有 10 人,数学为优的有 10 人,两者都为优的有 5 人,两门都不为优的有多少人?

3.5 多重序元与笛卡儿乘积

笛卡儿乘积是集合论的基本概念之一。在后面的章节中,将经常使用这个概念。在阐述笛卡儿乘积之前,首先讨论序偶和多重序元。

3.5.1 序偶和多重序元

首先引入序偶的概念。

由两个具有固定次序的客体组成的序列称为**序偶**,记作$\langle x,y \rangle$。例如,笛卡儿坐标系中二维平面上一个点的坐标(x,y)就是一个序偶。序偶$\langle 1,2 \rangle$及$\langle 2,1 \rangle$表示平面上不同的点。也就是说,序偶的次序是很重要的,不能随便调换,它和包含两个元素的集合不同。例如,集合$\{1,2\}$和$\{2,1\}$就是同一个集合。下面定义两个序偶相等。

定义 3.5.1 $\langle x,y \rangle = \langle a,b \rangle \Leftrightarrow ((x=a) \wedge (y=b))$。

应该指出的是,序偶$\langle a,b \rangle$两个元素不一定来自同一个集合,它们可以代表不同类型的事务。例如,a代表操作码,b代表地址码,则序偶$\langle a,b \rangle$就代表一条单址指令。在序偶$\langle a,b \rangle$中,a称为第一元素,b称为第二元素。

把序偶的概念加以推广,可以定义n重序元。三重序元是一个序偶,它的第一元素是一个序偶,一般记作$\langle \langle x,y \rangle,z \rangle$,为方便起见,把它简记为$\langle x,y,z \rangle$。

依此类推,**n重序元**是一个序偶,它的第一元素是$(n-1)$重序元,记作$\langle \langle x_1,x_2,\cdots,x_{n-1} \rangle,x_n \rangle$。给定两个$n$重序元$\langle \langle x_1,x_2,\cdots,x_{n-1} \rangle,x_n \rangle$和$\langle \langle a_1,a_2,\cdots,a_{n-1} \rangle,a_n \rangle$,于是有

$\langle \langle x_1,x_2\cdots,x_{n-1} \rangle,x_n \rangle = \langle \langle a_1,a_2,\cdots,a_{n-1} \rangle,a_n \rangle \Leftrightarrow ((x_1=a_1) \wedge (x_2=a_2) \wedge \cdots \wedge (x_n=a_n))$

因此,可把n重序元改写成$\langle x_1,x_2,\cdots,x_n \rangle$,其中第$i$个元素通常称作$n$重序元的第$i$个坐标。

3.5.2 笛卡儿乘积

定义 3.5.2 设A和B是任意两个集合。若序偶的第一个元素是A的一个元素,第二个元素是B的一个元素,则所有这样的序偶集合称为A和B的笛卡儿乘积,记作$A \times B$,即

$$A \times B = \{\langle x,y \rangle \mid x \in A \wedge y \in B\}$$

例 3.5.1 设$A=\{\alpha,\beta\}$,$B=\{1,2\}$,试求$A \times B$,$B \times A$,$A \times A$,$(A \times B) \cap (B \times A)$。

解

$$A \times B = \{\langle \alpha,1 \rangle,\langle \alpha,2 \rangle,\langle \beta,1 \rangle,\langle \beta,2 \rangle\}$$
$$B \times A = \{\langle 1,\alpha \rangle,\langle 2,\alpha \rangle,\langle 1,\beta \rangle,\langle 2,\beta \rangle\}$$
$$A \times A = \{\langle \alpha,\alpha \rangle,\langle \beta,\beta \rangle,\langle \alpha,\beta \rangle,\langle \beta,\alpha \rangle\}$$
$$(A \times B) \cap (B \times A) = \varnothing$$

从上面的例子可以看出,笛卡儿乘积不满足交换律。另外笛卡儿乘积也不满足结合律,即

$$(A \times B) \times C \neq A \times (B \times C)$$

这是因为$(A \times B) \times C$的第一个元素是序偶,第二个元素是C中的元素,而$A \times (B \times C)$的第一个元素是A中的元素,第二个元素是序偶,由于$\langle \langle a,b \rangle,c \rangle = \langle a,b,c \rangle$,而$\langle a,\langle b,c \rangle \rangle \neq \langle a,b,c \rangle$,所以$\langle \langle a,b \rangle,c \rangle \neq \langle a,\langle b,c \rangle \rangle$。因此,$(A \times B) \times C \neq A \times (B \times C)$。

例 3.5.2 设$A=\{\alpha,\beta\}$,$B=\{1,2\}$和$C=\{c\}$,试求$(A \times B) \times C$和$A \times (B \times C)$。

解

$$(A \times B) \times C = \{\langle \alpha,1 \rangle,\langle \alpha,2 \rangle,\langle \beta,1 \rangle,\langle \beta,2 \rangle\} \times \{c\}$$
$$= \{\langle \langle \alpha,1 \rangle,c \rangle,\langle \langle \alpha,2 \rangle,c \rangle,\langle \langle \beta,1 \rangle,c \rangle,\langle \langle \beta,2 \rangle,c \rangle\}$$
$$A \times (B \times C) = \{\alpha,\beta\} \times \{\langle 1,c \rangle,\langle 2,c \rangle\}$$
$$= \{\langle \alpha,\langle 1,c \rangle \rangle,\langle \alpha,\langle 2,c \rangle \rangle,\langle \beta,\langle 1,c \rangle \rangle,\langle \beta,\langle 2,c \rangle \rangle\}$$

定理 3.5.1 如果 A, B 和 C 是三个集合,则有

(1) $A \times (B \cup C) = (A \times B) \cup (A \times C)$

(2) $A \times (B \cap C) = (A \times B) \cap (A \times C)$

(3) $(A \cup B) \times C = (A \times C) \cup (B \times C)$

(4) $(A \cap B) \times C = (A \times C) \cap (B \times C)$

证明 (1) 设 $\langle x, y \rangle$ 是 $A \times (B \cup C)$ 的任意元素,并依据 $\wedge$ 对 $\vee$ 的分配律有

$$\langle x, y \rangle \in A \times (B \cup C)$$
$$\Leftrightarrow x \in A \wedge y \in B \cup C$$
$$\Leftrightarrow x \in A \wedge (y \in B \vee y \in C)$$
$$\Leftrightarrow (x \in A \wedge y \in B) \vee (x \in A \wedge y \in C)$$
$$\Leftrightarrow \langle x, y \rangle \in A \times B \vee \langle x, y \rangle \in A \times C$$
$$\Leftrightarrow \langle x, y \rangle \in (A \times B) \cup (A \times C)$$

其余证明留作练习。∎

下面给出 n 个集合的笛卡儿乘积的定义。设 $A = \{A_i\}_{i \in I_n}$ 是加标集合,与 A 对应的指标集合是 $I_n = \{1, 2, \cdots, n\}$,集合 $A_1, A_2, \cdots, A_n$ 的笛卡儿乘积可以表示成

$$\mathop{\text{X}}_{i \in I_n} A_i = A_1 \times A_2 \times \cdots \times A_n$$

n 个集合的笛卡儿乘积的归纳定义如下:

$$\mathop{\text{X}}_{i \in I_1} A_i = A_1$$
$$\mathop{\text{X}}_{i \in I_m} A_i = A_1 \times A_2 \times \cdots \times A_m$$
$$= (\mathop{\text{X}}_{i \in I_{m-1}} A_i) \times A_m$$

例如:

$$A_1 \times A_2 \times A_3 = \mathop{\text{X}}_{i \in I_3} A_i = (\mathop{\text{X}}_{i \in I_2} A_i) \times A_3$$
$$= ((\mathop{\text{X}}_{i \in I_1} A_i) \times A_2) \times A_3$$
$$= (A_1 \times A_2) \times A_3$$
$$= \{\langle \langle x_1, x_2 \rangle, x_3 \rangle \mid \langle x_1, x_2 \rangle \in A_1 \times A_2 \wedge x_3 \in A_3\}$$
$$= \{\langle x_1, x_2, x_3 \rangle \mid x_1 \in A_1 \wedge x_2 \in A_2 \wedge x_3 \in A_3\}$$

对于 n 个集合的笛卡儿乘积,同理有

$$A_1 \times A_2 \times \cdots \times A_n$$
$$= ((A_1 \times A_2) \times A_3) \times \cdots \times A_n$$
$$= \{\langle x_1, x_2, \cdots, x_n \rangle \mid x_1 \in A_1 \wedge x_2 \in A_2 \wedge \cdots \wedge x_n \in A_n\}$$

由此可以看出,n 个集合的笛卡儿乘积是用 n 重序元来定义的。

集合 A 的笛卡儿乘积 $A \times A$ 记作 A^2;与此类似,

$$A \times A \times A = A^3$$
$$A_1 \times A_2 \times \cdots \times A_n = A^n, \text{其中} A_i = A_{i+1} = A(i = 1, 2, \cdots, n-1)$$

如果所有的 A_i 都是有限集合,则 n 个集合的笛卡儿乘积的基数为

$$|A_1 \times A_2 \times \cdots \times A_n| = |A_1||A_2|\cdots|A_n|$$

习题

1. 如果 $A = \{0,1\}$ 和 $B = \{1,2\}$，试求下列集合：

   (1) $A \times \{1\} \times B$

   (2) $A^2 \times B$

   (3) $(B \times A)^2$

2. 在具有 x 和 y 轴的笛卡儿坐标系中，若有

$$X = \{x \mid x \in R \wedge \ -3 \leqslant x \leqslant 2\}$$
$$Y = \{y \mid y \in R \wedge \ -2 \leqslant y \leqslant 0\}$$

   则给出笛卡儿乘积的解释。

3. 设 A, B 和 C 是任意三个集合，试证明下列等式：

   (1) $(A \cap B) \times (C \cap D) = (A \times C) \cap (B \times D)$

   (2) 当且仅当 $C \subseteq A$，才有 $(A \cap B) \cup C = A \cap (B \cup C)$

4. 设 $A = \{\varnothing, \{\varnothing\}\}$，求 $\rho(A) \times A$。

5. 试证明：$A \times B = B \times A \Leftrightarrow (A = \varnothing) \vee (B = \varnothing) \vee (A = B)$。

6. 下列各式中哪些成立，哪些不成立？为什么？

   (1) $(A \cup B) \times (C \cup D) = (A \times C) \cup (B \times D)$

   (2) $(A - B) \times (C - D) = (A \times C) - (B \times D)$

   (3) $(A \oplus B) \times (C \oplus D) = (A \times C) \oplus (B \times D)$

   (4) $(A - B) \times C = (A \times C) - (B \times C)$

   (5) $(A \oplus B) \times C = (A \times C) \oplus (B \times C)$

7. 库拉图斯基(K. Kuratowski)给出的二重序偶的定义为：

$$\langle x, y \rangle = \{\{x\}, \{x,y\}\}$$

   设 $x \in C, y \in C$，证明 $\langle x, y \rangle \in \rho(\rho(C))$。

小结

    本章介绍了集合的概念及其表示，同时介绍了集合的运算和集合定律，为了解决有限集的元素的个数计数问题，本章介绍了集合的包含排斥原理，最后还介绍了 n 重序元和笛卡儿乘积的概念，它和下一章的二元关系有着密切的联系，同时通过本章的研究也使读者看到了一个具体的代数系统——集合代数。

第 4 章

■ 二 元 关 系

在日常生活中,我们都十分熟悉关系这个词的含义,例如,夫妻关系、同事关系、上下级关系、位置关系等。在数学中,关系可表达集合中元素间的联系。在计算机科学中,关系的概念也具有重要意义。例如,数字计算机的逻辑设计和时序设计中,都应用了等价关系和相容关系的概念。在编译程序设计、讯息检索和数据结构等领域中,关系的概念都是不可缺少的,常常使用复合数据结构,如阵列、表格或者树表达数据集合。而这些数据集合的元素间,往往存在着某种关系。在算法分析和程序结构中,关系的概念也起着重要作用。与关系相联系的是对客体进行比较,这些被比较的客体当然是有关系的。根据比较结果的不同,计算机将去执行不同的任务。

本章中,首先讨论关系的基本表达形式,然后给出关系的运算,最后讨论几种常用的关系。

4.1 关系的基本概念

定义 4.1.1 设 $n \in Z_+$ 且 $A_1, A_2, \cdots, A_n$ 为 n 个任意集合,$R \subseteq \overset{n}{\underset{i=1}{\mathrm{X}}} A_i$。

(1) 称 R 为 $A_1, A_2, \cdots, A_n$ 间的 **n 元关系**;

(2) 若 $n = 2$,则称 R 为 A_1 到 A_2 的**二元关系**;

(3) 若 $R = \varnothing$,则称 R 为**空关系**;若 $R = \overset{n}{\underset{i=1}{\mathrm{X}}} A_i$,则称 R 为**全关系**;

(4) 若 $A_1 = A_2 = \cdots = A_n = A$,则称 R 为 A 上的 **n 元关系**。

例 4.1.1 设集合 $A = \{2, 3, 5, 9\}$,试给出集合 A 上的小于或等于关系,大于或等于关系。

解 令集合 A 上的小于或等于关系为 R_1,大于或等于关系为 R_2,根据定义 4.1.1 有

$R_1 = \{\langle 2,2 \rangle, \langle 3,3 \rangle, \langle 5,5 \rangle, \langle 9,9 \rangle, \langle 2,3 \rangle, \langle 2,5 \rangle, \langle 2,9 \rangle, \langle 3,5 \rangle, \langle 3,9 \rangle, \langle 5,9 \rangle\}$

$R_2 = \{\langle 2,2 \rangle, \langle 3,3 \rangle, \langle 5,5 \rangle, \langle 9,9 \rangle, \langle 3,2 \rangle, \langle 5,2 \rangle, \langle 9,2 \rangle, \langle 5,3 \rangle, \langle 9,3 \rangle, \langle 9,5 \rangle\}$

例 4.1.2 令

$$R_1 = \{\langle 2n \rangle \mid n \in N\}$$

$$R_2 = \{\langle n, 2n \rangle \mid n \in N\}$$

$$R_3 = \{\langle n, m, k \rangle \mid n, m, k \in N \wedge n^2 + m^2 = k^2\}$$

根据上面的定义可知,R_1 是 N 上的一元关系,R_2 是 N 上的二元关系,R_3 是 N 上的三元关系。

若序偶 $\langle x, y \rangle$ 属于 R,则记作 $\langle x, y \rangle \in R$ 或 xRy,否则,记作 $\langle x, y \rangle \notin R$ 或 $x\cancel{R}y$。

下面给出两个关系相等的概念。

定义 4.1.2 设 R_1 为 $A_1, A_2, \cdots, A_n$ 间的 n 元关系,R_2 为 $B_1, B_2, \cdots, B_m$ 间的 m 元关系,如果

(1) $n = m$,

(2)若 $1 \leqslant i \leqslant N$,则 $A_i = B_i$,

(3)把 R_1 和 R_2 作为集合看,$R_1 = R_2$,则称 n 元关系 R_1 和 m 元关系 R_2 相等,记作 $R_1 = R_2$。

例 4.1.3　设 R_1 为从 N 到 Z_+ 的二元关系,R_2 和 R_3 都是 Z 上的二元关系,并且

$$R_1 = \{\langle n,m \rangle \mid n \in N \wedge m \in Z \wedge m = n+1\}$$

$$R_2 = \{\langle n,n+1 \rangle \mid n \in Z \wedge n \geqslant 0\}$$

$$R_3 = \{\langle |n|,|n|+1 \rangle \mid n \in Z\}$$

虽然从集合的观点看,有 $R_1 = R_2 = R_3$,但作为二元关系,却是 $R_1 \neq R_2$ 而 $R_2 = R_3$。

如果 R_1 和 R_2 都是从集合 A 到集合 B 的二元关系,则集合 $R_1 \cap R_2$、$R_1 \cup R_2$、$R_1 - R_2$ 和 $R_1 \oplus R_2$ 仍然是从 A 到 B 的二元关系,我们分别称它们为二元关系 R_1 与 R_2 的交、并、差分和对称差分。

关系 R 的**定义域**(简称为**域**)定义为

$$D(R) = \{x \mid (\exists y)(\langle x,y \rangle \in R)\}$$

关系 R 的**值域**定义为

$$R(R) = \{y \mid (\exists x)(\langle x,y \rangle \in R)\}$$

例 4.1.4　对例 4.1.1 中的二元关系 R_1,显然有 $D(R_1) = \{2,3,5,9\} = R(R_1)$。

我们可以把二元关系 R 看作坐标平面上的一个点集。此时 R 在横坐标轴上的投影为 $D(R)$,在纵坐标轴上的投影为 $R(R)$。

4.2　关系的性质

定义 4.2.1　设 R 为集合 A 上的二元关系。

(1)若对每个 $x \in A$,皆有 $\langle x,x \rangle \in R$,则称 R 为**自反的**。用式子来表述,即

$$R \text{ 是自反的} \Leftrightarrow (\forall x)(x \in A \rightarrow \langle x,x \rangle \in R)$$

(2)若对每一个 $x \in A$,皆有 $\langle x,x \rangle \notin R$,则称 R 是**反自反的**。用式子来表示,即

$$R \text{ 是反自反的} \Leftrightarrow (\forall x)(x \in A \rightarrow \langle x,x \rangle \notin R)$$

(3)对任意的 $x,y \in A$,若 $\langle x,y \rangle \in R$,则 $\langle y,x \rangle \in R$,就称 R 为**对称的**。用式子表示,即

$$R \text{ 是对称的} \Leftrightarrow (\forall x)(\forall y)(x,y \in A \wedge \langle x,y \rangle \in R \rightarrow \langle y,x \rangle \in R)$$

(4)对任意的 $x,y \in A$,若 $\langle x,y \rangle \in R$ 且 $\langle y,x \rangle \in R$,则 $x = y$,就称 R 为**反对称的**,用式子表示,即

$$R \text{ 是反对称的} \Leftrightarrow (\forall x)(\forall y)(x,y \in A \wedge \langle x,y \rangle \in R \wedge \langle y,x \rangle \in R \rightarrow x = y)$$

(5)对任意的 $x,y,z \in A$,若 $\langle x,y \rangle \in R$ 且 $\langle y,z \rangle \in R$,则 $\langle x,z \rangle \in R$,就称 R 为**可传递的**,用式子表示,即

$$R \text{ 是可传递的} \Leftrightarrow (\forall x)(\forall y)(\forall z)(x,y,z \in A \wedge \langle x,y \rangle \in R \wedge \langle y,z \rangle \in R \rightarrow \langle x,z \rangle \in R)$$

(6)存在 $x,y,z \in A$ 并且 $\langle x,y \rangle \in R \wedge \langle y,z \rangle \in R$ 而 $\langle x,z \rangle \notin R$,则称 R 是**不可传递的**。用式子表示,即

$$R \text{ 是不可传递的} \Leftrightarrow (\exists x)(\exists y)(\exists z)(\langle x,y \rangle \in R \wedge \langle y,z \rangle \in R \wedge \langle x,z \rangle \notin R)$$

例 4.2.1　考虑自然数集合 N 上的普通相等关系" = "、大于关系" > "和大于等于关系" $\geqslant$ ",则显然有

(1)" = "关系是自反的、对称的、反对称的和可传递的;

(2)" > "关系是反自反的、反对称的和可传递的;

(3)"≥"关系是自反的、反对称的和可传递的。

例 4.2.2 空集 ∅ 上的二元空关系显然是自反的、对称的、反对称的、反自反的和可传递的。

在关系六种性质的定义中，只有不可传递关系是用存在量词定义的。而利用全称量词定义的关系性质中，由于符号化以后的主逻辑联结词为单条件，因此，当单条件的前件永假时，整个命题为真，即性质成立。因此，空集上的二元关系满足所有用全称量词定义的性质。与非空集合上的空关系不同，非空集合上的空关系只满足反自反的、对称的、反对称的、可传递的。

定义 4.2.2 设 R 为集合 A 上的二元关系且 $S \subseteq A$，我们称 S 上的二元关系 $R \cap (S \times S)$ 为 R 在 S 上的**压缩**，记为 $R | S$，并称 R 为 $R | S$ 在 A 上的**开拓**。

定理 4.2.1 设 R 为 A 的二元关系且 $S \subseteq A$。

(1)若 R 是自反的，则 $R | S$ 也是自反的；

(2)若 R 是反自反的，则 $R | S$ 也是反自反的；

(3)若 R 是对称的，则 $R | S$ 也是对称的；

(4)若 R 是反对称的，则 $R | S$ 也是反对称的；

(5)若 R 是可传递的，则 $R | S$ 也是可传递的。

证明留作练习。

以后我们仅讨论二元关系，并且把二元关系简称为关系。

习题

1. 给出下列关系 R 的所有序偶。

    (1)$A = \{0,1,2\}, B = \{0,2,4\}$

        $R = \{\langle x, y \rangle \mid x, y \in A \cap B\}$

    (2)$A = \{1,2,3,4,5\}, B = \{1,2,3\}$

        $R = \{\langle x, y \rangle \mid x \in A \land y \in B \land x = y^2\}$

2. 设 R_1 和 R_2 都是从 $A = \{1,2,3,4\}$ 到 $B = \{2,3,4\}$ 的二元关系，并且

$$R_1 = \{\langle 1,2 \rangle, \langle 2,4 \rangle, \langle 3,3 \rangle\}$$
$$R_2 = \{\langle 1,3 \rangle, \langle 2,4 \rangle, \langle 4,2 \rangle\}$$

    求 $R_1 \cup R_2$、$R_1 \cap R_2$、$D(R_1)$、$D(R_2)$、$R(R_1)$、$R(R_2)$、$D(R_1 \cup R_2)$ 和 $R(R_1 \cap R_2)$。

3. 用 L 表示"小于或等于"，D 表示"整除"，这里 xDy 表示"x 整除 y"。L 和 D 都定义于集合 $\{1,2,3,6\}$ 上。试把 L 和 D 表示成集合，并求出 $L \cap D$。

4. 列出集合 $\{1\}$ 到 $\{1,2\}$ 的所有二元关系。

5. 列出集合 $A = \{\varnothing, \{\varnothing\}, \{\varnothing, \{\varnothing\}\}, \{\varnothing, \{\varnothing\}, \{\varnothing, \{\varnothing\}\}\}\}$ 上的包含关系。

6. 设集合 $A = \{1,2,3,4,6\}$，列出下列关系 R：

    (1)$R = \{\langle x, y \rangle \mid x, y \in A \land x + y > 2\}$

    (2)$R = \{\langle x, y \rangle \mid x, y \in A \land |x - y| = 1\}$

    (3)$R = \{\langle x, y \rangle \mid x, y \in A \land \dfrac{x}{y} \in A\}$

    (4)$R = \{\langle x, y \rangle \mid x, y \in A \land x + y$ 为偶数$\}$

7. 如果关系 R 和 S 都是自反的。证明：$R \cup S$ 和 $R \cap S$ 也是自反的。

8. 如果关系 R 和 S 是自反的、对称的和可传递的，证明：$R \cap S$ 也是自反的、对称的和可传递的。

9. 给定集合 $S = \{1,2,3,4\}$ 和 S 中的关系 $R = \{\langle 1,2 \rangle, \langle 4,3 \rangle, \langle 2,2 \rangle, \langle 2,1 \rangle, \langle 3,1 \rangle\}$，证明：$R$ 是不可传递的。求出一个关系 $R_1 \supseteq R$，而 R_1 是可传递的，能否再求出另外一个关系 $R_2 \supseteq R$ 且 R_2 是可传递的？

10. 给定集合 $S = \{1,2,\cdots,10\}$ 和 S 中的关系 R，$R = \{\langle x,y \rangle \mid x+y=10\}$ 关系 R 有哪几种性质？

11. 给出满足下列要求的二元关系的实例：
    (1) 既是自反的又是反自反的。
    (2) 既不是自反的又不是反自反的。
    (3) 既是对称的又是反对称的。
    (4) 既不是对称的又不是反对称的。

12. 设集合 $A = \{1,2,\cdots,20\}$，A 上的二元关系 $R = \{\langle x,y \rangle \mid x,y \in A \wedge (x+y=20)\}$，说明关系 R 所满足的性质。

13. 设 R 是复数集合 C 上的二元关系，$R = \{\langle x,y \rangle \mid x,y \in C \wedge x-y=a+bi, a$ 和 b 均为非负整数$\}$，说明关系 R 所满足的性质。

4.3　关系的表示

上一节给出了描述关系的形式化定义，本节将研究描述关系的强有力工具——关系图和关系矩阵。

定义 4.3.1　设 X 和 Y 为任意的非空有限集，R 为任意一个从 X 到 Y 的二元关系。以 $X \cup Y$ 中的每个元素为结点，对每个 $\langle x,y \rangle \in R \wedge x \in X \wedge y \in Y$ 皆画一条从 x 到 y 的有向边，这样得到的图称为关系 R 的**关系图**。

例 4.3.1　设 $A = \{2,3,4,5,6\}$，$B = \{6,7,8,12\}$，从 A 到 B 的二元关系 R 为
$$R = \{\langle x,y \rangle \mid x \in A \wedge y \in B \wedge x \text{ 整除 } y\}$$

于是有
$$R = \{\langle 2,6 \rangle, \langle 2,8 \rangle, \langle 2,12 \rangle, \langle 3,6 \rangle, \langle 3,12 \rangle, \langle 4,8 \rangle, \langle 4,12 \rangle, \langle 6,6 \rangle, \langle 6,12 \rangle\}$$

其关系图如图 4-1 所示。

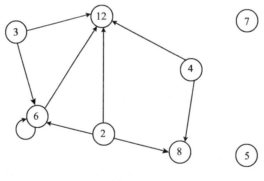

图　4-1

可以从关系图明确地看出关系的某些性质。如果关系 R 是自反的，则每个结点上都有一条从自身出发又指向自身的环边；如果关系 R 是反自反的，则任何结点上都没有带环的边；如果关系 R 既不是自反的，也不是反自反的，则在某些结点上有带环的边，而在某些结点上没有带环的边。如果关系 R 是对称的，则任意两个结点之间要么没有边，要么有方向相反的两条边；如果关系 R 是反对称的，则任意两个结点之间顶多有一条边；如果关系 R 既不是对称的，又不是反对称的，则某些结点之间有方向相反的两条边，某些结点之间只有一条边。

图 4-2 给出了具有各种性质的关系的关系图。当集合中元素的数目较大时，关系的图解表示不是很方便，由于计算机上表达矩阵并不困难，所以我们试图寻求关系的矩阵表示。

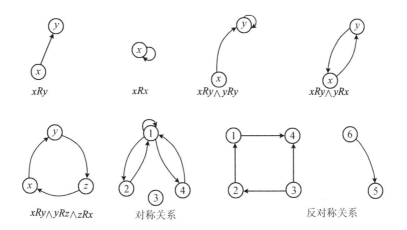

图 4-2 具有各种性质的关系的关系图

定义 4.3.2 给定两个有限集合 $X = \{x_1, x_2, \cdots, x_m\}$ 和 $Y = \{y_1, y_2, \cdots, y_n\}$，$R$ 是从 X 到 Y 的二元关系。如果有

$$r_{ij} = \begin{cases} 1, & \text{如果} \langle x_i, y_j \rangle \in R \\ 0, & \text{如果} \langle x_i, y_j \rangle \notin R \end{cases}$$

则称 $[r_{ij}]_{|X \cup Y| \times |X \cup Y|}$ 是 R 的**关系矩阵**，记作 $\boldsymbol{M}_R$。

例 4.3.2 设 $A = \{1,2,3,4\}$，R 是定义在 A 上的二元关系，并且 $R = \{(x,y) \mid x > y\}$。试求关系 R 的关系矩阵。

解 写出 R 的所有元素

$$R = \{\langle 2,1 \rangle, \langle 3,1 \rangle, \langle 3,2 \rangle, \langle 4,1 \rangle, \langle 4,2 \rangle, \langle 4,3 \rangle\}$$

于是 R 的关系矩阵 $\boldsymbol{M}_R$ 为

$$\boldsymbol{M}_R = [r_{ij}]_{4 \times 4} = \begin{pmatrix} 0 & 0 & 0 & 0 \\ 1 & 0 & 0 & 0 \\ 1 & 1 & 0 & 0 \\ 1 & 1 & 1 & 0 \end{pmatrix}$$

例 4.3.3 设 $A = \{1,2,3\}$，$B = \{a,b,c\}$，R 是 A 到 B 的二元关系，并且 $R = \{\langle 1,a \rangle, \langle 2,b \rangle, \langle 3,c \rangle\}$，试给出 R 的关系图和关系矩阵。

解 R 的关系图如图 4-3 所示。

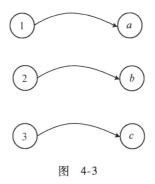

图 4-3

R 的关系矩阵为

$$\boldsymbol{M}_R = \begin{bmatrix} r_{ij} \end{bmatrix}_{6\times6} = \begin{array}{c} \\ 1 \\ 2 \\ 3 \\ a \\ b \\ c \end{array} \begin{array}{cccccc} 1 & 2 & 3 & a & b & c \\ \begin{pmatrix} 0 & 0 & 0 & 1 & 0 & 0 \\ 0 & 0 & 0 & 0 & 1 & 0 \\ 0 & 0 & 0 & 0 & 0 & 1 \\ 0 & 0 & 0 & 0 & 0 & 0 \\ 0 & 0 & 0 & 0 & 0 & 0 \\ 0 & 0 & 0 & 0 & 0 & 0 \end{pmatrix} \end{array}$$

当给定关系 R 之后,就可以写出 R 的关系矩阵;反之,如果给出一个关系矩阵,则可以得出相应的关系。通过关系矩阵很容易讨论关系的性质。如果关系矩阵主对角线上的值全为 1,则 R 是自反的;如果主对角线上的值全为 0,则 R 是反自反的;如果矩阵关于主对角线是对称的,则 R 是对称的;如果矩阵关于主对角线是反对称的(即当 $r_{ij} = 1$ 时,一定有 $r_{ji} = 0$),则 R 是反对称的;如果对于任意的 i,j,k,当 $r_{ij} = 1$ 并且 $r_{jk} = 1$ 时,一定有 $r_{ik} = 1$,则 R 是可传递的;如果存在 i,j,k,使得 $r_{ij} = 1$ 并且 $r_{jk} = 1$ 但 $r_{ik} \neq 1$,则 R 是不可传递的。

本节介绍的关系矩阵表示法对判断关系的性质而言非常方便,但如果目的是进行关系的运算,下面再介绍另一种关系矩阵的表示方法。

设 $X = \{x_1, x_2, \cdots, x_m\}$ 和 $Y = \{y_1, y_2, \cdots, y_n\}$ 为任意的非空有限集,R 为任意一个从 X 到 Y 的二元关系。令

$$r_{ij} = \begin{cases} 1 & \text{如果} <x_i y_j> \in R \\ 0 & \text{如果} <x_i y_j> \notin R \end{cases} \quad (i = 1, 2, \cdots, m; j = 1, 2, \cdots, n)$$

则

$$(r_{ij}) = \begin{pmatrix} r_{11} & r_{12} & \cdots & r_{1n} \\ r_{21} & r_{22} & \cdots & r_{2n} \\ \vdots & \vdots & & \vdots \\ r_{m1} & r_{m2} & \cdots & r_{mn} \end{pmatrix}$$

是 R 的关系矩阵。

与定义 4.3.2 中的关系矩阵 $[r_{ij}]_{|X \cup Y| \times |X \cup Y|}$ 相比,这里的矩阵大小是 $|X| \times |Y|$,存储空间更小。例如例 4.3.3 中,用小关系矩阵描述如下:

$$\boldsymbol{M}_R = \begin{array}{c} \\ 1 \\ 2 \\ 3 \end{array} \begin{array}{ccc} a & b & c \\ \begin{pmatrix} 1 & 0 & 0 \\ 0 & 1 & 0 \\ 0 & 0 & 1 \end{pmatrix} \end{array}$$

这样的矩阵更适合进行关系的运算,而大矩阵表示法则便于直观看出关系不满足自反性。

4.4 关系的运算

因为关系是笛卡儿积的子集,是以序偶为元素的集合,所以集合上的运算,如并运算、相交运算、求补运算、差分运算及对称差分运算等均可在关系上进行。本节我们讨论关系的另一种运算——合成运算。使用这种运算,可以在多个阶段上由一个关系序列生成新的关系。下面

将讨论关系的合成运算、求逆运算和闭包运算。

在网络理论、语法分析、开关电路中的故障检测和诊断理论中,都应用了关系的可传递闭包的概念。

4.4.1　关系的合成

日常生活中有很多合成关系的例子,例如,叔侄关系、婆媳关系和妯娌关系等都是合成关系。

定义 4.4.1　设 R 是从 X 到 Y 的关系,S 是从 Y 到 Z 的关系,于是可用 $R \circ S$ 表示从 X 到 Z 的关系,通常称它是 R 和 S 的**合成关系**,用式子表示,即

$$R \circ S = \{\langle x,z \rangle \mid x \in X \wedge z \in Z \wedge (\exists y)(y \in Y \wedge \langle x,y \rangle \in R \wedge \langle y,z \rangle \in S)\}$$

例 4.4.1　给定集合 $X = \{1,2,3,4\}$,$Y = \{2,3,4\}$ 和 $Z = \{1,2,3\}$。设 R 是从 X 到 Y 的关系,并且 S 是从 Y 到 Z 的关系,并且 R 和 S 分别为

$$R = \{\langle x,y \rangle \mid x + y = 6\} = \{\langle 2,4 \rangle, \langle 3,3 \rangle, \langle 4,2 \rangle\}$$
$$S = \{\langle y,z \rangle \mid y - z = 1\} = \{\langle 2,1 \rangle, \langle 3,2 \rangle, \langle 4,3 \rangle\}$$

试求 R 和 S 的合成关系,并画出合成关系图,给出合成关系的关系矩阵。

解　列举出所有这样的偶对 $\langle x,z \rangle$——对于某一个 y 来说,能有 $x + y = 6$ 和 $y - z = 1$,由上述的偶对就可构成从 X 到 Z 的关系 $R \circ S$,即

$$R \circ S = \{\langle 2,3 \rangle, \langle 3,2 \rangle, \langle 4,1 \rangle\}$$

图 4-4 给出了合成关系 $R \circ S$ 的关系图。

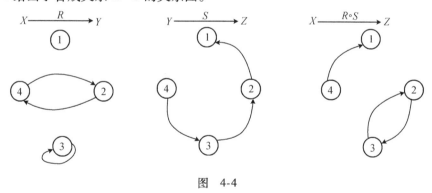

图　4-4

关系矩阵为

$$M_R = \begin{array}{c} \\ 1 \\ 2 \\ 3 \\ 4 \end{array} \begin{pmatrix} 0 & 0 & 0 & 0 \\ 0 & 0 & 0 & 1 \\ 0 & 0 & 1 & 0 \\ 0 & 1 & 0 & 0 \end{pmatrix} \quad M_S = \begin{array}{c} \\ 1 \\ 2 \\ 3 \\ 4 \end{array} \begin{pmatrix} 0 & 0 & 0 & 0 \\ 1 & 0 & 0 & 0 \\ 0 & 1 & 0 & 0 \\ 0 & 0 & 1 & 0 \end{pmatrix} \quad M_{R \circ S} = \begin{array}{c} \\ 1 \\ 2 \\ 3 \\ 4 \end{array} \begin{pmatrix} 0 & 0 & 0 & 0 \\ 0 & 0 & 1 & 0 \\ 0 & 1 & 0 & 0 \\ 1 & 0 & 0 & 0 \end{pmatrix}$$

（各矩阵上方列标为 1　2　3　4）

设 R 是从集合 X 到集合 Y 的关系,S 是从集合 Y 到集合 Z 的关系,于是,如果关系 R 的值域与关系 S 的定义域的交集是空集,则合成关系 $R \circ S$ 是空关系;若至少有一个序偶 $\langle x,y \rangle \in R$,其中第二个成员是 S 中的某一个序偶的第一个成员,则合成关系 $R \circ S$ 是非空关系。对于合成关系 $R \circ S$ 来说,它的定义域是集合 X 的子集,而它的值域则是 Z 的子集,事实上,它的定义

域是关系 R 的定义域的子集,它的值域是关系 S 的值域的子集。

定理 4.4.1 给定集合 X,Y,Z 和 W,设 R_1 是从 X 到 Y 的关系,R_2 和 R_3 是从 Y 到 Z 的关系,R_4 是从 Z 到 W 的关系。于是有

(1) $R_1 \circ (R_2 \cup R_3) = (R_1 \circ R_2) \cup (R_1 \circ R_3)$

(2) $R_1 \circ (R_2 \cap R_3) \subseteq (R_1 \circ R_2) \cap (R_1 \circ R_3)$

(3) $(R_2 \cup R_3) \circ R_4 = (R_2 \circ R_4) \cup (R_3 \circ R_4)$

(4) $(R_2 \cap R_3) \circ R_4 \subseteq (R_2 \circ R_4) \cap (R_3 \circ R_4)$

证明 (1) 当且仅当存在某一个 $y \in Y$,使得 $\langle x,y \rangle \in R_1$ 且 $\langle y,z \rangle \in R_2 \cup R_3$,才有 $\langle x,z \rangle \in R_1 \circ (R_2 \cup R_3)$,而

$$(\exists y)(\langle x,y \rangle \in R_1 \wedge \langle y,z \rangle \in R_2 \cup R_3)$$
$$\Leftrightarrow (\exists y)(\langle x,y \rangle \in R_1 \wedge (\langle y,z \rangle \in R_2 \vee \langle y,z \rangle \in R_3))$$
$$\Leftrightarrow (\exists y)(\langle x,y \rangle \in R_1 \wedge \langle y,z \rangle \in R_2 \vee \langle x,y \rangle \in R_1 \wedge \langle y,z \rangle \in R_3)$$
$$\Leftrightarrow (\exists y)(\langle x,y \rangle \in R_1 \wedge (\langle y,z \rangle \in R_2) \vee (\exists y)(\langle x,y \rangle \in R_1 \wedge \langle y,z \rangle \in R_3)$$
$$\Leftrightarrow \langle x,z \rangle \in R_1 \circ R_2 \vee \langle x,z \rangle \in R_1 \circ R_3$$
$$\Leftrightarrow \langle x,z \rangle \in (R_1 \circ R_2) \cup (R_1 \circ R_3)$$

(2) 当且仅当存在某一个 $y \in Y$,使得 $\langle x,y \rangle \in R_1$ 且 $\langle y,z \rangle \in R_2 \cap R_3$,才有 $\langle x,z \rangle \in R_1 \circ (R_2 \cap R_3)$,而

$$(\exists y)(\langle x,y \rangle \in R_1 \wedge \langle y,z \rangle \in R_2 \cap R_3)$$
$$\Leftrightarrow (\exists y)(\langle x,y \rangle \in R_1 \wedge (\langle y,z \rangle \in R_2 \wedge \langle y,z \rangle \in R_3))$$
$$\Leftrightarrow (\exists y)((\langle x,y \rangle \in R_1 \wedge \langle y,z \rangle \in R_2) \wedge (\langle x,y \rangle \in R_1 \wedge \langle y,z \rangle \in R_3))$$
$$\Rightarrow (\exists y)((\langle x,y \rangle \in R_1 \wedge \langle y,z \rangle \in R_2) \wedge (\exists y)(\langle x,y \rangle \in R_1 \wedge \langle y,z \rangle \in R_3)$$
$$\Rightarrow \langle x,z \rangle \in R_1 \circ R_2 \wedge \langle x,z \rangle \in R_1 \circ R_3$$
$$\Leftrightarrow \langle x,z \rangle \in (R_1 \circ R_2) \cap (R_1 \circ R_3)$$

同理可证 (3) 和 (4)。 ■

合成运算是对关系的二元运算,使用这种运算,可以由两个关系生成一个新的关系,对于这个新的关系又可进行合成运算,从而生成其他关系。于是有如下的定理,它说明了合成运算是可结合的。

定理 4.4.2 设 R_1 是从 X 到 Y 的关系,R_2 是从 Y 到 Z 的关系,R_3 是从 Z 到 W 的关系,于是有

$$(R_1 \circ R_2) \circ R_3 = R_1 \circ (R_2 \circ R_3)$$

证明 首先证明 $(R_1 \circ R_2) \circ R_3 \subseteq R_1 \circ (R_2 \circ R_3)$,设 $\langle x,w \rangle \in (R_1 \circ R_2) \circ R_3$,且 $(R_1 \circ R_2) \circ R_3$ 是非空关系。于是对于某一个 $z \in Z$,有 $\langle x,z \rangle \in R_1 \circ R_2$ 和 $\langle z,w \rangle \in R_3$,而由于 $\langle x,z \rangle \in R_1 \circ R_2$,故有一个 $y \in Y$,使得 $\langle x,y \rangle \in R_1$ 和 $\langle y,z \rangle \in R_2$,由 $\langle y,z \rangle \in R_2$ 和 $\langle z,w \rangle \in R_3$ 可得,$\langle y,w \rangle \in R_2 \circ R_3$,又由 $\langle x,y \rangle \in R_1$ 和 $\langle y,w \rangle \in R_2 \circ R_3$ 可得,$\langle x,w \rangle \in R_1 \circ (R_2 \circ R_3)$。同理可证,$R_1 \circ (R_2 \circ R_3) \subseteq (R_1 \circ R_2) \circ R_3$。

也可使用下面形式化的方法证明该定理:

$$\langle x,w\rangle \in (R_1 \circ R_2) \circ R_3$$
$$\Leftrightarrow (\exists z)(\langle x,z\rangle \in R_1 \circ R_2 \wedge \langle z,w\rangle \in R_3)$$
$$\Leftrightarrow (\exists z)((\exists y\langle x,y\rangle \in R_1 \wedge \langle y,z\rangle \in R_2) \wedge \langle z,w\rangle \in R_3)$$
$$\Leftrightarrow (\exists z)(\exists y)(\langle x,y\rangle \in R_1 \wedge \langle y,z\rangle \in R_2 \wedge \langle z,w\rangle \in R_3)$$
$$\Leftrightarrow (\exists y)(\exists z)(\langle x,y\rangle \in R_1 \wedge \langle y,z\rangle \in R_2 \wedge \langle z,w\rangle \in R_3)$$
$$\Leftrightarrow (\exists y)(\langle x,y\rangle \in R_1 \wedge (\exists z)(\langle y,z\rangle \in R_2 \wedge \langle z,w\rangle \in R_3))$$
$$\Leftrightarrow (\exists y)(\langle x,y\rangle \in R_1 \wedge \langle y,w\rangle \in R_2 \circ R_3)$$
$$\Leftrightarrow \langle x,w\rangle \in R_1 \circ (R_2 \circ R_3)$$

由于关系的合成运算是可结合的,因此,在写出合成关系$(R_1 \circ R_2) \circ R_3$时,通常可以删除圆括号,即

$$(R_1 \circ R_2) \circ R_3 = R_1 \circ R_2 \circ R_3$$

图4-5用图解法说明了合成运算的可结合性。

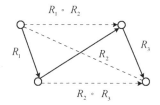

图4-5 合成运算的可结合性

例4.4.2 给定关系R和S,并有
$$R = \{\langle 1,2\rangle, \langle 3,4\rangle, \langle 2,2\rangle\}$$
$$S = \{\langle 4,2\rangle, \langle 2,5\rangle, \langle 3,1\rangle, \langle 1,3\rangle\}$$
试求出$R \circ S, S \circ R, R \circ (S \circ R), (R \circ S) \circ R, R \circ R, S \circ S$和$R \circ R \circ R$。

解

$$R \circ S = \{\langle 1,5\rangle, \langle 3,2\rangle, \langle 2,5\rangle\}$$
$$S \circ R = \{\langle 4,2\rangle, \langle 3,2\rangle, \langle 1,4\rangle\}$$
$$R \circ (S \circ R) = \{\langle 3,2\rangle\}$$
$$(R \circ S) \circ R = \{\langle 3,2\rangle\}$$
$$R \circ R = \{\langle 1,2\rangle, \langle 2,2\rangle\}$$
$$S \circ S = \{\langle 4,5\rangle, \langle 3,3\rangle, \langle 1,1\rangle\}$$
$$R \circ R \circ R = \{\langle 1,2\rangle, \langle 2,2\rangle\}$$

从上面的例子可以看出,合成运算一般是不可交换的,但是可结合的。

关系的合成运算可以推广到一般情况。如果R_1是从X_1到X_2的关系,R_2是从X_2到X_3的关系,$\cdots$,R_n是从X_n到X_{n+1}的关系,则无括号表达式$R_1 \circ R_2 \circ \cdots \circ R_n$表达了从$X_1$到$X_{n+1}$的关系。特别地,当$X_1 = X_2 = \cdots = X_n = X_{n+1} = X$和$R_1 = R_2 = \cdots = R_n = R$时,即当集合$X$中的所有$R_i$都是同样的关系时,$X$中的合成关系$R_1 \circ R_2 \circ \cdots \circ R_n$可表达成$R^n$,称为**关系$R$的幂**。

定义4.4.2 给定集合X,R是X中的二元关系。设$n \in N$,于是R的n次幂R^n可定义成
(1)R^0是集合X中的恒等关系I_X,即

$$R^0 = I_X = \{\langle x, x \rangle \mid x \in X\}$$

（2）$R^{n+1} = R^n \circ R$。

定理 4.4.3   给定集合 X，R 是 X 中的二元关系。设 $m, n \in N$，于是有

（1）$R^m \circ R^n = R^{m+n}$

（2）$(R^m)^n = R^{mn}$

定理的证明留作练习。

例 4.4.3   给定集合 $X = \{a, b, c\}$，R_1, R_2, R_3 和 R_4 是 X 中的不同关系，分别为

$$R_1 = \{\langle a, b \rangle, \langle a, c \rangle, \langle c, b \rangle\}$$
$$R_2 = \{\langle a, b \rangle, \langle b, c \rangle, \langle c, a \rangle\}$$
$$R_3 = \{\langle a, b \rangle, \langle b, c \rangle, \langle c, c \rangle\}$$
$$R_4 = \{\langle a, b \rangle, \langle b, a \rangle, \langle c, c \rangle\}$$

试求出这些关系的各次幂。

解

$$R_1^2 = \{\langle a, b \rangle\}, R_1^3 = \varnothing, R_1^4 = \varnothing, \cdots$$
$$R_2^2 = \{\langle a, c \rangle, \langle b, a \rangle, \langle c, b \rangle\}$$
$$R_2^3 = \{\langle a, a \rangle, \langle b, b \rangle, \langle c, c \rangle\} = R_2^0$$
$$R_2^4 = R_2, R_2^5 = R_2^2$$
$$R_2^6 = R_2^3, \cdots$$
$$R_3^2 = \{\langle a, c \rangle, \langle b, c \rangle, \langle c, c \rangle\} = R_3^3 = R_3^4 = R_3^5 \cdots$$
$$R_4^2 = \{\langle a, a \rangle, \langle b, b \rangle, \langle c, c \rangle\} = R_4^0$$
$$R_4^3 = R_4, R_4^5 = R_4^3 \cdots$$

定理 4.4.4   设 X 是含有 n 个元素的有穷集合，R 是 X 中的二元关系。于是存在 s 和 t，使得 $R^t = R^s$ 且 $0 \leqslant s \leqslant t \leqslant 2^{n^2}$。

证明   集合 X 中的每一个二元关系都是 $X \times X$ 的子集，X 有 n 个元素，$X \times X$ 有 n^2 个元素，$\rho(X \times X)$ 有 2^{n^2} 个元素，每一个元素都是 $X \times X$ 的子集，也是一个二元关系，因而，在 X 中有 2^{n^2} 个不同的二元关系。所以，不同的二元关系 R 的幂不会多于 2^{n^2} 个。但是序列 $R^0, R^1, \cdots, R^{2^{n^2}}$ 中有 $2^{n^2} + 1$ 项，因此，这些 R 的方幂中至少有两个是相等的。   ■

4.4.2   合成关系的矩阵表达和图解

设集合 $X = \{x_1, x_2, \cdots, x_m\}$，$Y = \{y_1, y_2, \cdots, y_n\}$ 和 $Z = \{z_1, z_2, \cdots, z_p\}$；$R$ 是从 X 到 Y 的关系，S 是从 Y 到 Z 的关系，$\boldsymbol{M}_R$ 是 R 的关系矩阵，并且 $\boldsymbol{M}_R$ 是 $m \times n$ 的矩阵；$\boldsymbol{M}_S$ 是 S 的关系矩阵，并且 $\boldsymbol{M}_S$ 是 $n \times p$ 的矩阵。矩阵 $\boldsymbol{M}_R$ 和 $\boldsymbol{M}_S$ 的第 i 行第 j 列上的值分别是 a_{ij} 和 b_{ij}，它们是 1 或 0。由关系矩阵 $\boldsymbol{M}_R$ 和 $\boldsymbol{M}_S$ 可以求出合成关系 $R \circ S$ 的关系矩阵 $\boldsymbol{M}_{R \circ S} = \boldsymbol{M}_R \wedge \boldsymbol{M}_S$，它是 $m \times p$ 的矩阵。$\boldsymbol{M}_{R \circ S}$ 的第 i 行第 j 列处的值是 c_{ij}，它也是 1 或 0。由 $\boldsymbol{M}_R$ 和 $\boldsymbol{M}_S$ 合成的定义，并使用命题代数，可求得两个关系矩阵 $\boldsymbol{M}_R$ 和 $\boldsymbol{M}_S$ 的合成矩阵 $\boldsymbol{M}_{R \circ S}$ 的元素 c_{ij}，于是有

$$c_{ij} = \bigvee_{k=1}^{n} a_{ik} \wedge b_{kj}, i = 1, 2, \cdots, m; \ j = 1, 2, \cdots, p \tag{4-1}$$

其中 $a_{ik} \wedge b_{kj}$ 和 $\bigvee\limits_{k=1}^{n}$ 分别代表着"合取"与"析取"运算；a_{ik}, b_{kj} 和 c_{ij} 的值 1 和 0，可以分别看成是命题真值 T 和 F。

例 4.4.4 给定集合 $X = \{1,2,3,4,5\}$，R 和 S 是 X 中的二元关系，分别为

$$R = \{\langle 1,2 \rangle, \langle 3,4 \rangle, \langle 2,2 \rangle\}$$
$$S = \{\langle 4,2 \rangle, \langle 2,5 \rangle, \langle 3,1 \rangle, \langle 1,3 \rangle\}$$

试求合成关系 $R \circ S$ 的关系矩阵 $\boldsymbol{M}_{R \circ S}$。

解 首先求出关系矩阵 $\boldsymbol{M}_R$ 和 $\boldsymbol{M}_S$，它们都是 5×5 的矩阵，即 $m = n = p = 5$，于是有

$$\boldsymbol{M}_R = \begin{pmatrix} 0 & 1 & 0 & 0 & 0 \\ 0 & 1 & 0 & 0 & 0 \\ 0 & 0 & 0 & 1 & 0 \\ 0 & 0 & 0 & 0 & 0 \\ 0 & 0 & 0 & 0 & 0 \end{pmatrix} \qquad \boldsymbol{M}_S = \begin{pmatrix} 0 & 0 & 1 & 0 & 0 \\ 0 & 0 & 0 & 0 & 1 \\ 1 & 0 & 0 & 0 & 0 \\ 0 & 1 & 0 & 0 & 0 \\ 0 & 0 & 0 & 0 & 0 \end{pmatrix}$$

首先求得 c_{11}，下面给出求得 c_{11} 的过程。

	a_{11}	a_{12}	a_{13}	a_{14}	a_{15}
$a_{11} \wedge b_{11}$	0			0 b_{11}	
$a_{12} \wedge b_{21}$		0		0 b_{21}	
$a_{13} \wedge b_{31}$			0	1 b_{31}	
$a_{14} \wedge b_{41}$				0 b_{41}	
$a_{15} \wedge b_{51}$				0 b_{51}	

这样根据式(4-1)可得

$$c_{11} = \bigvee_{k=1}^{5} a_{1k} \wedge b_{k1} = 0$$

同理可求得其他的 c_{ij}。于是有

$$\boldsymbol{M}_{R \circ S} = \boldsymbol{M}_R \wedge \boldsymbol{M}_S = \begin{pmatrix} 0 & 0 & 0 & 0 & 1 \\ 0 & 0 & 0 & 0 & 1 \\ 0 & 1 & 0 & 0 & 0 \\ 0 & 0 & 0 & 0 & 0 \\ 0 & 0 & 0 & 0 & 0 \end{pmatrix}$$

由定义可知，如果至少有一个 $y_j \in Y$，使得 $\langle x_i, y_j \rangle \in R$ 和 $\langle y_j, z_k \rangle \in S$，则有 $\langle x_i, z_k \rangle \in R \circ S$。可能会有多个 $y_j \in Y$ 具有上述的性质。这样，当扫描 $\boldsymbol{M}_R$ 的第 i 行和 $\boldsymbol{M}_S$ 的第 j 列时，如果发现至少有一个这样的 j，使得第 i 行的第 j 个位置上的值与第 k 列的第 j 个位置上的值一样，都是 1，则在 $\boldsymbol{M}_{R \circ S}$ 的第 i 行第 k 列上的值为 1；否则，值为 0。扫描过 $\boldsymbol{M}_R$ 的一个行和 $\boldsymbol{M}_S$ 的每一列后，就能求 $\boldsymbol{M}_{R \circ S}$ 的一个行。采用同样的方法，就能得到所有其他的行。

根据定理 4.4.2 不难说明：

$$\boldsymbol{M}_{R_1} \circ (\boldsymbol{M}_{R_2} \circ \boldsymbol{M}_{R_3}) = (\boldsymbol{M}_{R_1} \circ \boldsymbol{M}_{R_2}) \circ \boldsymbol{M}_{R_3} = \boldsymbol{M}_{R_1} \circ \boldsymbol{M}_{R_2} \circ \boldsymbol{M}_{R_3}$$

无疑，可用 $\boldsymbol{M}_{R_1} \circ \boldsymbol{M}_{R_2} \circ \cdots \circ \boldsymbol{M}_{R_n}$ 表达 $\boldsymbol{M}_{R_1}, \boldsymbol{M}_{R_2}, \cdots, \boldsymbol{M}_{R_n}$ 的合成矩阵。特别地，当 $\boldsymbol{M}_{R_1} = \boldsymbol{M}_{R_2} = \cdots = \boldsymbol{M}_{R_n} = \boldsymbol{M}_R$ 时，就用 $\boldsymbol{M}_{R^n}$ 表示这些矩阵的合成矩阵。

也可用关系图来表示合成关系。

给定集合 X，R 是 X 中的关系，且 $x_i, x_{c_1}, \cdots, x_{c_{n-1}}, x_j \in X$，按照合成关系的定义，对于 c_1，$c_2, \cdots, c_{n-1}$，如果有 $x_i R x_{c_1}, x_{c_1} R x_{c_2}, \cdots, x_{c_{n-1}} R x_j$，则有 $x_i R^n x_j$。假定 R 的关系图中有结点 $x_{c_1}, x_{c_2}, \cdots$，$x_{c_{n-1}}$，而各条边的走向是从 x_i 到 x_{c_1} 到 $x_{c_2} \cdots\cdots$ 到 $x_{c_{n-1}}$ 到 x_j，则在 R^n 的关系图中应有一条边从 x_i 指向 x_j。为了构成 R^n 的关系图，在 R 的关系图中对每个结点 x_i，首先确定出那些从结点 x_i 出发经过几条边就可以到达的各结点。然后，在 R^n 的关系图中从结点 x_i 出发到上述各结点，都应画上相应的边。

例 4.4.5　设集合 $X = \{0,1,2,3\}$，R 是 X 中的关系，

$$R = \{\langle 0,0 \rangle, \langle 0,3 \rangle, \langle 2,0 \rangle, \langle 2,1 \rangle, \langle 2,3 \rangle, \langle 3,2 \rangle\}$$

给出 R 的关系图，并画出 R^2 和 R^3 的关系图。

解　由关系 R 求得 R^2 和 R^3 的关系如下：

$R^2 = R \circ R = \{\langle 0,3 \rangle, \langle 0,2 \rangle, \langle 2,0 \rangle, \langle 2,3 \rangle, \langle 2,2 \rangle, \langle 3,1 \rangle, \langle 3,3 \rangle, \langle 3,0 \rangle\}$

$R^3 = R^2 \circ R = \{\langle 0,2 \rangle, \langle 0,0 \rangle, \langle 0,3 \rangle, \langle 0,1 \rangle, \langle 2,0 \rangle, \langle 2,3 \rangle, \langle 2,2 \rangle, \langle 2,1 \rangle, \langle 3,2 \rangle, \langle 3,0 \rangle, \langle 3,3 \rangle\}$

R, R^2, R^3 的关系图如图 4-6a、b 和 c 所示。

a) R 的关系图　　　　b) R^2 的关系图　　　　c) R^3 的关系图

图　4-6

习题

1. 给定集合 $X = \{0,1,2,3\}$，R 是 X 中的关系，并可表示成

$$R = \{\langle 0,0 \rangle, \langle 0,3 \rangle, \langle 2,0 \rangle, \langle 2,1 \rangle, \langle 2,3 \rangle, \langle 3,2 \rangle\}$$

试画出 R 的关系图，并写出对应的关系矩阵。

2. 设集合 $X = \{1,2,3\}$，则 X 中有多少个二元关系？

3. 设 X 是具有 n 个元素的有穷集合，证明：X 中有 2^{n^2} 个二元关系。

4. 给定集合 $X = \{1,2,3\}$。图 4-7 给出了 X 中的关系 R 的 12 个关系图。对于每个关系图，写出相应的关系矩阵，并证明被表达的关系是否是自反的或反自反的；是否是对称的或反对称的；是否是可传递的。

5. 给定集合 $X = \{0,1,2,3\}$，R_1 和 R_2 是 X 中的关系，分别为

$$R_1 = \{\langle i,j \rangle \mid j = i + 1 \lor j = i/2\}$$
$$R_2 = \{\langle i,j \rangle \mid i = j + 2\}$$

试用关系图和关系矩阵两种方法求出下列合成关系：

(1) $R_1 \circ R_2$　　　　　　　　(2) $R_2 \circ R_1$

(3) $R_1 \circ R_2 \circ R_1$　　　　　　(4) R_1^3

(5) R_2^3

6. 给定集合 $\{a,b,c,d,e\}$ 上的二元关系 $R_1 = \{\langle a,b \rangle, \langle b,c \rangle, \langle d,e \rangle\}$，$R_1 \circ R_2 = \{\langle b,d \rangle, \langle b,e \rangle, \langle d,d \rangle\}$，求一个基数最小的关系，使其满足 R_2 的条件。一般来说，若给定 R_1 和 $R_1 \circ R_2$，R_2 能被唯一地确定吗？基数最小的 R_2 能被唯一确定吗？

7. R 是集合 A 上的二元关系，且满足自反性和可传递性，试证明 $R \circ R = R$。

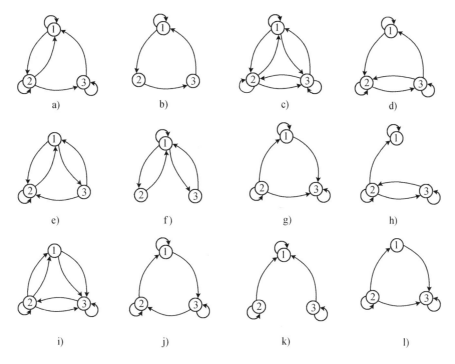

图 4-7 X 中的 12 个关系图

8. 有人说如果 R 是集合 A 上的二元关系,且 R 满足对称性以及可传递性,则 R 是自反的。理由如下:任取 x, $y \in A$,如果 xRy,根据对称性可知 yRx,再由可传递性可知 xRx。这样的推理是否正确? 请说明原因并举例。

9. 设 R_1 和 R_2 是集合 X 中的二元关系。试证或反证下列命题:

(1)如果 R_1 和 R_2 是自反的,则 $R_1 \circ R_2$ 也是自反的。

(2)如果 R_1 和 R_2 是反自反的,则 $R_1 \circ R_2$ 也是反自反的。

(3)如果 R_1 和 R_2 是对称的,则 $R_1 \circ R_2$ 也是对称的。

(4)如果 R_1 和 R_2 是反对称的,则 $R_1 \circ R_2$ 也是反对称的。

(5)如果 R_1 和 R_2 是可传递的,则 $R_1 \circ R_2$ 也是可传递的。

10. 设 R_1, R_2 和 R_3 是集合 X 中的二元关系。试证明:若 $R_1 \subseteq R_2$,则有

(1) $R_1 \circ R_3 \subseteq R_2 \circ R_3$

(2) $R_3 \circ R_1 \subseteq R_3 \circ R_2$

11. 试证明定理 4.4.1 的(2),(3)和(4)。

12. 试证明定理 4.4.3。

4.4.3 关系的求逆运算

若交换关系 R 中的每个序偶的元素,就可以求得逆关系 $\widetilde{R}$ 中的所有序偶。对于 $x \in X$ 和 $y \in Y$,这就意味着

$$xRy \Leftrightarrow y\widetilde{R}x$$

所以,只要交换 R 的关系矩阵 $\boldsymbol{M}_R$ 的行和列,就可求得逆关系 $\widetilde{R}$ 的关系矩阵 $\boldsymbol{M}_{\widetilde{R}}$,矩阵 $\boldsymbol{M}_{\widetilde{R}}$ 是 $\boldsymbol{M}_R$ 的**转置**,即 $\boldsymbol{M}_{\widetilde{R}} = \boldsymbol{M}_R^{\mathrm{T}}$。

在 R 的关系图中,简单地颠倒每个弧线上箭头的方向,就可求得 $\widetilde{R}$ 的关系图。

现在来考察合成关系的逆关系。设 R 是从 X 到 Y 的关系，S 是从 Y 到 Z 的关系，显然，$\tilde{R}$ 是从 Y 到 X 的关系，$\tilde{S}$ 是从 Z 到 Y 的关系。$R \circ S$ 是从 X 到 Y 的关系，而 $R \widetilde{\circ} S$ 是从 Z 到 X 的关系。关系 $\tilde{S} \circ \tilde{R}$ 也是从 Z 到 X 的关系。

定理 4.4.5　设 R 是从集合 X 到 Y 的关系。S 是从集合 Y 到 Z 的关系。于是有

$$R \widetilde{\circ} S = \tilde{S} \circ \tilde{R}$$

证明　对于任何 $x \in X, y \in Y$ 和 $z \in Z$，如果 xRy 和 ySz，则有 $x(R \circ S)z$ 和 $z(R \widetilde{\circ} S)x$，又因为 $z\tilde{S}y$ 和 $y\tilde{R}x$，所以有 $z(\tilde{R} \circ \tilde{S})x$。因此，$R \widetilde{\circ} S = \tilde{S} \circ \tilde{R}$。　■

用关系矩阵也可表达上述定理。事实上，矩阵 $\boldsymbol{M}_{R \circ S}$ 的转置和矩阵 $\boldsymbol{M}_{\tilde{S} \circ \tilde{R}}$ 是一样的。由矩阵 $\boldsymbol{M}_{\tilde{S}}$ 和 $\boldsymbol{M}_{\tilde{R}}$ 可以求得 $\boldsymbol{M}_{\tilde{S} \circ \tilde{R}}$；由矩阵 $\boldsymbol{M}_S$ 和 $\boldsymbol{M}_R$ 又可以求得 $\boldsymbol{M}_{\tilde{S}}$ 和 $\boldsymbol{M}_{\tilde{R}}$。

例 4.4.6　给定关系矩阵 $\boldsymbol{M}_R$ 和 $\boldsymbol{M}_S$，

$$\boldsymbol{M}_R = \begin{pmatrix} 1 & 0 & 1 \\ 1 & 1 & 0 \\ 1 & 1 & 1 \end{pmatrix} \qquad \boldsymbol{M}_S = \begin{pmatrix} 1 & 0 & 0 & 1 & 0 \\ 1 & 0 & 1 & 0 & 1 \\ 0 & 1 & 0 & 1 & 0 \end{pmatrix}$$

试求出矩阵 $\boldsymbol{M}_{R \circ S}, \boldsymbol{M}_{\tilde{R}}, \boldsymbol{M}_{\tilde{S}}$ 和 $\boldsymbol{M}_{R \widetilde{\circ} S}$，并验明 $\boldsymbol{M}_{R \widetilde{\circ} S} = \boldsymbol{M}_{\tilde{S} \circ \tilde{R}}$。

解

$$\boldsymbol{M}_{\tilde{R}} = \boldsymbol{M}_R^{\mathrm{T}} = \begin{pmatrix} 1 & 1 & 1 \\ 0 & 1 & 1 \\ 1 & 0 & 1 \end{pmatrix}$$

$$\boldsymbol{M}_{\tilde{S}} = \boldsymbol{M}_S^{\mathrm{T}} = \begin{pmatrix} 1 & 1 & 0 \\ 0 & 0 & 1 \\ 0 & 1 & 0 \\ 1 & 0 & 1 \\ 0 & 1 & 0 \end{pmatrix}$$

$$\boldsymbol{M}_{R \circ S} = \boldsymbol{M}_R \wedge \boldsymbol{M}_S = \begin{pmatrix} 1 & 1 & 0 & 1 & 0 \\ 1 & 0 & 1 & 1 & 1 \\ 1 & 1 & 1 & 1 & 1 \end{pmatrix}$$

$$\boldsymbol{M}_{\tilde{R} \circ S} = \boldsymbol{M}_{R \circ S}^{\mathrm{T}} = \begin{pmatrix} 1 & 1 & 1 \\ 1 & & 1 \\ & 1 & 1 \\ 1 & 1 & 1 \\ & 1 & 1 \end{pmatrix}$$

$$\boldsymbol{M}_{\tilde{S} \circ \tilde{R}} = \boldsymbol{M}_{\tilde{S}} \wedge \boldsymbol{M}_{\tilde{R}} = \begin{pmatrix} 1 & 1 & 1 \\ 1 & 0 & 1 \\ 0 & 1 & 1 \\ 1 & 1 & 1 \\ 0 & 1 & 1 \end{pmatrix} = \boldsymbol{M}_{R \widetilde{\circ} S}$$

定理 4.4.6 给定集合 X 和 Y,R,R_1 和 R_2 是从 X 到 Y 的关系。于是有

$(1)\widetilde{\widetilde{R}}=R$

$(2)R_1 \widetilde{\cup} R_2 = \widetilde{R_1} \cup \widetilde{R_2}$

$(3)R_1 \widetilde{\cap} R_2 = \widetilde{R_1} \cap \widetilde{R_2}$

$(4)X \widetilde{\times} Y = Y \times X$

$(5)\widetilde{\varnothing} = \varnothing$

$(6)(\sim\widetilde{R}) = \sim(\widetilde{R})$,这里 $\sim R = X \times Y - R$

$(7)R_1 \widetilde{-} R_2 = \widetilde{R_1} - \widetilde{R_2}$,这里 $R_1 \widetilde{-} R_2$ 表示 $R_1 - R_2$ 的逆关系

$(8)R_1 = R_2 \rightarrow \widetilde{R_1} = \widetilde{R_2}$

$(9)R_1 \subseteq R_2 \rightarrow \widetilde{R_1} \subseteq \widetilde{R_2}$

证明 (1)设 $\langle x,y \rangle$ 是 R 的任意元素。于是

$$\langle x,y \rangle \in R \Leftrightarrow \langle y,x \rangle \in \widetilde{R} \Leftrightarrow \langle x,y \rangle \in \widetilde{\widetilde{R}}$$

所以有 $R = \widetilde{\widetilde{R}}$。

(2)

$$\langle x,y \rangle \in R_1 \widetilde{\cup} R_2 \Leftrightarrow \langle y,x \rangle \in R_1 \cup R_2$$
$$\Leftrightarrow \langle y,x \rangle \in R_1 \vee \langle y,x \rangle \in R_2$$
$$\Leftrightarrow \langle x,y \rangle \in \widetilde{R_1} \vee \langle x,y \rangle \in \widetilde{R_2}$$
$$\Leftrightarrow \langle x,y \rangle \in \widetilde{R_1} \cup \widetilde{R_2}$$

所以

$$R_1 \widetilde{\cup} R_2 = \widetilde{R_1} \cup \widetilde{R_2}$$

(6)

$$\langle x,y \rangle \in (\sim\widetilde{R}) \Leftrightarrow \langle y,x \rangle \in \sim R$$
$$\Leftrightarrow \langle y,x \rangle \notin R$$
$$\Leftrightarrow \langle x,y \rangle \notin \widetilde{R}$$
$$\Leftrightarrow \langle x,y \rangle \in \sim(\widetilde{R})$$

所以有 $(\sim\widetilde{R}) = \sim(\widetilde{R})$。

(7)因为 $R_1 - R_2 = R_1 \cap \sim R_2$,于是有

$$R_1 \widetilde{-} R_2 = R_1 \widetilde{\cap} \sim R_2 = \widetilde{R_1} \cap (\sim\widetilde{R_2}) = \widetilde{R_1} - \widetilde{R_2}$$

所以有

$$R_1 \widetilde{-} R_2 = \widetilde{R_1} - \widetilde{R_2}$$

其余关系式的证明留作练习。

定理 4.4.7   设 R 是集合 X 中的关系。于是当且仅当 $R = \widetilde{R}$，R 才是对称的。

证明   若 $R = \widetilde{R}$，则 $\langle x, y \rangle \in R \leftrightarrow \langle x, y \rangle \in \widetilde{R} \Leftrightarrow \langle y, x \rangle \in R$，即 R 是对称的。充分性证完。

设 R 是对称的，我们来证 $R = \widetilde{R}$。对任何 $\langle x, y \rangle \in R \Rightarrow \langle y, x \rangle \in R \Leftrightarrow \langle x, y \rangle \in \widetilde{R}$，即 $R \subseteq \widetilde{R}$；对任何 $\langle x, y \rangle \in \widetilde{R} \Leftrightarrow \langle y, x \rangle \in R \Leftrightarrow \langle x, y \rangle \in R$，即 $\widetilde{R} \subseteq R$，必要性证完。

综上，当且仅当 $R = \widetilde{R}$，R 才是对称的。   ■

4.4.4   关系的闭包运算

前面已经介绍了如何使用关系的合成运算构成新的关系,下面将讨论如何由给定的关系 R 构成一个新的关系 R' 并且 $R' \supseteq R$ 以及 R' 应具有的某些性质。把确保这些性质的那些序偶补充到 R 中,就可构成 R'。给定一个二元关系 R',它规定了局部的性质,希望求得的是具有全面性质的另一个二元关系 R'。例如,由 R 构成一个可传递关系 R'。在日常家族关系中也有类似的情形。如果 R 是父子关系,则 R' 可能是祖先关系;如果 R 是子父关系,则 R' 可能是后代关系。

下面定义二元关系的闭包运算。借助于这些运算可由 R 构成 R'。

定义 4.4.3   给定集合 X，R 是 X 中的二元关系。如果有另一个关系 R'，满足

(1) R' 是自反的(对称的、可传递的)。

(2) $R' \supseteq R$。

(3) 对于任何自反的(对称的、可传递的)关系 R''，如果 $R'' \supseteq R$，则 $R'' \supseteq R'$，则称关系 R' 为 R 的**自反的(对称的、可传递的)闭包**。用 r(R) 表示 R 的自反闭包,用 s(R) 表示 R 的对称闭包,用 t(R) 表示 R 的可传递闭包。

为了构成一个新的自反的(对称的、可传递的)关系,应把所有必需的序偶补充到关系 R 中,从而构成 R 的自反的(对称的、可传递的)闭包。定义 4.4.3 中的(3)项表明,除非必要的话,否则可以不往 R 中合并序偶。这样 R' 是包含 R 的最小关系,且 R' 是自反的(对称的、可传递的)。如果 R 已经是自反的(对称的、可传递的),则包含 R 的且具有这种性质的最小关系,就是 R 本身。

定理 4.4.8   给定集合 X，R 是 X 中的关系。于是有

(1) 当且仅当 r(R) $= R$，R 才是自反的。

(2) 当且仅当 s(R) $= R$，R 才是对称的。

(3) 当且仅当 t(R) $= R$，R 才是传递的。

证明   (1)如果 R 是自反的,则 R 具有定义 4.4.3 给出的 R' 应具备的全部性质。因此,r(R) $= R$。反之,如果 r(R) $= R$，则由定义 4.4.3 的(1)得 R 是自反的。

同理可证(2)和(3)。   ■

定理 4.4.9   设 X 是任意集合，R 是 X 中的二元关系，I_X 是 X 中的恒等关系。于是可有

$$r(R) = R \cup I_X$$

证明   设 $R' = R \cup I_X$。下面证明 R' 满足定义 4.4.3。$R' \supseteq R$ 和 R' 是自反的,这是明显的。假设 R'' 是 X 中的自反关系并且 $R'' \supseteq R$，我们将证明 $R'' \supseteq R'$。为此,考察任意的序偶 $\langle x, y \rangle \in R'$。因为 $R' = R \cup I_X$，所以 $\langle x, y \rangle$ 或者属于 R，或者属于 I_X，即或者 $\langle x, y \rangle \in R$ 或者 $\langle x, y \rangle \in R''$。

由于 R'' 是自反的,如果 $x=y$,则 $\langle x,y\rangle\in R''$,又由于 $R''\supseteq R$,所以如果 $\langle x,y\rangle\in R$,则 $\langle x,y\rangle\in R''$,即 $\langle x,y\rangle\in R'$,则 $\langle x,y\rangle\in R''$。这样就满足了定义 4.4.3 的所有条件,因此有 $R'=\mathrm{r}(R)$。 ∎

不难看出,整数集合 Z 中,小于关系" $<$ "的自反闭包是" $\leqslant$ ";恒等关系 I_X 的自反闭包是 I_X。不等关系" $\neq$ "的自反闭包是全域关系;空白关系的自反闭包是恒等关系 I_X。

定理 4.4.10 给定集合 X,R 是 X 中的二元关系。于是有

$$\mathrm{s}(R)=R\cup\widetilde{R}$$

证明 我们将证明 $R\cup\widetilde{R}$ 是包含 R 的最小对称关系。显然,$R\cup\widetilde{R}\supseteq R$ 且 $R\cup\widetilde{R}$ 是对称的。还需证明满足对称性、包含 R 的任意关系 R' 也必然包含 $R\cup\widetilde{R}$。为此,对任意的序偶 $\langle x,y\rangle\in R\cup\widetilde{R}$,我们要证明 $\langle x,y\rangle\in R'$。由于 $\langle x,y\rangle\in R\cup\widetilde{R}$,于是有 $\langle x,y\rangle$ 或者属于 R,或者属于 $\widetilde{R}$。如果 $\langle x,y\rangle\in R$,由 $R\subseteq R'$,必有 $\langle x,y\rangle\in R'$;如果 $\langle x,y\rangle\in\widetilde{R}$,则 $\langle y,x\rangle\in R$,由于 R' 是满足对称性的,所以有 $\langle x,y\rangle\in R'$。于是可以得出 $R\cup\widetilde{R}\subseteq R'$。 ∎

整数集合 Z 中的小于关系" $<$ "的对称闭包是不等关系" $\neq$ ";小于或等于关系" $\leqslant$ "的对称闭包是全域关系 E_X;恒等关系 I_X 的对称闭包是 I_X;不等关系" $\neq$ "的对称闭包是不等关系" $\neq$ "。

定理 4.4.11 设 X 是集合,R 是 X 中的二元关系,于是有

$$\mathrm{t}(R)=\bigcup_{i=1}^{\infty}R^i=R^1\cup R^2\cup R^3\cup\cdots$$

证明 (1)证明 $\bigcup_{i=1}^{\infty}R^i\subseteq\mathrm{t}(R)$。

首先使用归纳法说明,对于每一个 $n\in Z_+$,都有 $R^n\subseteq\mathrm{t}(R)$。

1)由定义 4.4.3 的(2)项可直接得出 $R\subseteq\mathrm{t}(R)$。

2)假设 $n\geqslant 1$ 和 $R^n\subseteq\mathrm{t}(R)$,并设 $\langle x,y\rangle\in R^{n+1}$。由于 $R^{n+1}=R^n\circ R$,即存在某一个 $z\in X$,使得 $\langle x,z\rangle\in R^n$ 且 $\langle z,y\rangle\in R$。根据归纳假设,$\langle x,y\rangle\in\mathrm{t}(R)$ 并且 $\langle z,y\rangle\in\mathrm{t}(R)$,从而 $\langle x,y\rangle\in\mathrm{t}(R)$,即 $R^{n+1}\subseteq\mathrm{t}(R)$

$$R\subseteq\mathrm{t}(R)$$
$$R^2\subseteq\mathrm{t}(R)$$
$$\vdots$$
$$R^n\subseteq\mathrm{t}(R)$$
$$\vdots$$

两边同时取并集,有

$$R\cup R^2\cup\cdots\subseteq\mathrm{t}(R)\cup\mathrm{t}(R)\cup\cdots$$
$$\bigcup_{i=1}^{\infty}R^i\subseteq\mathrm{t}(R)$$

(2)证明 $\mathrm{t}(R)\subseteq\bigcup_{i=1}^{\infty}R^i$。

首先说明 $\bigcup\limits_{i=1}^{\infty} R^i$ 是可传递的。设 $\langle x,y \rangle$ 和 $\langle y,z \rangle$ 是 $\bigcup\limits_{i=1}^{\infty} R^i$ 的任意元素。于是对于某些整数 $s > 1$ 和 $t > 1$, $\langle x,y \rangle \in R^s$ 且 $\langle y,z \rangle \in R^t$, 从而 $\langle x,z \rangle \in R^s \circ R^t$。根据定理 4.4.3, 有 $R^s \circ R^t = R^{s+t}$, 于是有 $\langle x,z \rangle \in \bigcup\limits_{i=1}^{\infty} R^i$。因此, $\bigcup\limits_{i=1}^{\infty} R^i$ 是可传递。由于每一个包含 R 的满足传递性的关系都必然包含 R 的可传递闭包, 所以 $t(R) \subseteq \bigcup\limits_{i=1}^{\infty} R^i$。 ■

例 4.4.7 给定集合 $X = \{a,b,c\}$, R 和 S 是 X 中的关系,
$$R = \{ \langle a,b \rangle, \langle a,c \rangle, \langle c,b \rangle \}$$
$$S = \{ \langle a,b \rangle, \langle b,c \rangle, \langle c,a \rangle \}$$
试求出 $t(R)$ 和 $t(S)$, 并画出相应的关系图。

解
$$t(R) = R^1 \cup R^2 \cup R^3 \cup \cdots = R$$
$$t(S) = S^1 \cup S^2 \cup S^3 \cup \cdots = S^1 \cup S^2 \cup S^3$$
$$= \{ \langle a,b \rangle, \langle b,c \rangle, \langle c,a \rangle, \langle a,c \rangle, \langle b,a \rangle, \langle c,b \rangle, \langle a,a \rangle, \langle b,b \rangle, \langle c,c \rangle \}$$

关系 R,S 及其传递闭包 $t(R)$, $t(S)$ 的关系图如图 4-8 所示。

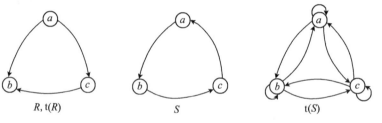

图 4-8 $R,S,t(R),t(S)$ 的关系图

由图 4-8 可以看出, $t(R)$ 和 $t(S)$ 都是可传递的, 且 $R \subseteq t(R)$ 和 $S \subseteq t(S)$。往 S 中增加一些能使 S 是可传递的序偶, 就可以由 S 求得 $t(S)$。R 本身是可传递的, 它的可传递闭包就是它本身。

定理 4.4.12 设 X 是含有 n 个元素的集合, R 是 X 中的二元关系。于是有
$$t(R) \subseteq \bigcup\limits_{i=1}^{n} R^i$$

证明 要证明此定理, 只需证明对于每一个 $k > 0$, 有 $R^k \subseteq \bigcup\limits_{i=1}^{n} R^i$ 即可。假定 $\langle x,y \rangle \in R^k$。这样在 R 的关系图中, 从结点 x 出发经过互相连接的 k 条边, 就可达到结点 y。如果忽略掉由各结点引出的局部封闭曲线, 则互相连接的 n 个结点间, 至多有 n 条边。因此, 对于某一个 $0 < i \leqslant n$, 可有 $\langle x,y \rangle \in R^i$。于是, 对于 $k > 0$, 有 $R^k \subseteq \bigcup\limits_{i=1}^{n} R^i$。 ■

例 4.4.8 设集合 $X = \langle a,b,c,d \rangle$, R 是 X 中的二元关系, R 的关系图如图 4-9 所示, 试画出 R 的可传递闭包 $t(R) = R^1 \cup R^2 \cup R^3 \cup R^4$ 的关系图。

解 R 的可传递闭包 $t(R)$ 的关系图如图 4-10 所示。

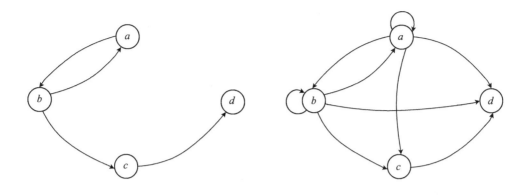

图 4-9　R 的关系图　　　　　　　　图 4-10　t(R) 的关系图

定理 4.4.13　设 X 是集合，R 是 X 中的二元关系。于是有

（1）如果 R 是自反的，则 s(R) 和 t(R) 也是自反的。

（2）如果 R 是对称的，则 r(R) 和 t(R) 也是对称的。

（3）如果 R 是可传递的，则 r(R) 也是可传递的。

证明　（1）因为 R 是自反的，所以对于所有的 $x \in X$，都有 $\langle x,x \rangle \in R \Rightarrow \langle x,x \rangle \in R \cup \widetilde{R} =$

s(R) 和 $\langle x,x \rangle \in R \Rightarrow \langle x,x \rangle \in \bigcup\limits_{i=1}^{\infty} R^i = $ t(R)，即 s(R) 和 t(R) 是自反的。

（2）先证明 r(R) 是对称的。

任取 $x,y \in X$，当 $<x,y> \in$ r(R) 时，由于 r(R) $= R \cup I_X$，因此 $<x,y> \in R$ 或者 $<x,y> \in I_x$。
若 $<x,y> \in R$，由 R 的对称性可知，$<y,x> \in R$，可得 $<y,x> \in$ r(R)；若 $<x,y> \in I_x$，则 $x=y$，于
是有 $<y,x> \in I_x$，即 $<y,x> \in$ r(R)。因此，无论何种情况，都有 $<y,x> \in$ r(R)。由 x,y 取值
的任意性可知，r(R) 是对称的。

再证明 t(R) 是对称的。

任取 $x,y \in X$，当 $<x,y> \in$ t(R) 时，由于 t(R) $= \bigcup\limits_{i=1}^{\infty} R^i$，因此 $<x,y> \in R^i (i \in N)$，也即 $<y,$
$x> \in \widetilde{R^i}(i \in N)$。

下面用数学归纳法证明当 R 满足对称性时 $\widetilde{R^i} = R^i$。

①当 $i=1$ 时，由 R 的对称性可知，$\widetilde{R} = R$。

②假设对于任意正整数 n，有 $\widetilde{R^n} = R^n$。

③当 $i = n+1$ 时，$\widetilde{R^{n+1}} = \widetilde{R^n \circ R} = \widetilde{R} \circ \widetilde{R^n} = R \circ R^n = R^{n+1}$。

由 n 的任意性可知，对于任意的 $i \in N$，均有 $\widetilde{R^i} = R^i$。

于是由 $<y,x> \in \widetilde{R^i}(i \in N)$ 可知，$<y,x> \in R^i(i \in N)$，即 $<y,x> \in$ t(R)。

由 x,y 取值的任意性可知，t(R) 是对称的。

（3）任取 $x,y,z \in X$，当 $<x,y> \in$ r(R)，$<y,z> \in$ r(R) 时，由于 r(R) $= R \cup I_X$，于是可得

$<x,y>\in R$ 或者 $<x,y>\in I_x$ 并且 $<y,z>\in R$ 或者 $<y,z>\in I_x$，组合可以得到四种情况：

① $<x,y>\in R$，$<y,z>\in R$，由 R 的传递性可知 $<x,z>\in R$，于是 $<x,z>\in \mathrm{r}(R)$。

② $<x,y>\in I_x$，$<y,z>\in R$，由 I_x 的性质可知 $x=y$，于是 $<x,z>\in R$，得到 $<x,z>\in \mathrm{r}(R)$。

③ $<x,y>\in R$，$<y,z>\in I_x$，由 I_x 的性质可知 $y=z$，于是 $<x,z>\in R$，得到 $<x,z>\in \mathrm{r}(R)$。

④ $<x,y>\in I_x$，$<y,z>\in I_x$，由 I_x 的性质可知 $x=y=z$，于是 $<x,z>\in I_x$，得到 $<x,z>\in \mathrm{r}(R)$。

由上可知，无论哪种情况，都有 $<x,z>\in \mathrm{r}(R)$。

由 x,y,z 取值的任意性可知，$\mathrm{r}(R)$ 是可传递的。　■

定理 4.4.14　设 X 是集合，R 是集合 X 中的二元关系。于是有

(1) $\mathrm{rs}(R)=\mathrm{sr}(R)$

(2) $\mathrm{rt}(R)=\mathrm{tr}(R)$

(3) $\mathrm{ts}(R)\supseteq \mathrm{st}(R)$

证明　令 I_x 是 X 中的恒等关系。

(1)

$$\begin{aligned}
\mathrm{sr}(R) &= \mathrm{s}(R\cup I_x)\\
&= (R\cup I_x)\cup(R\;\widetilde{\cup}\;I_x)\\
&= R\cup I_x\cup\widetilde{R}\cup\widetilde{I_x}\\
&= R\cup\widetilde{R}\cup I_x\\
&= \mathrm{r}(R\cup\widetilde{R})\\
&= \mathrm{rs}(R)
\end{aligned}$$

(2) 因为 $\mathrm{tr}(R)=\mathrm{t}(R\cup I_x)$，$\mathrm{rt}(R)=\mathrm{t}(R)\cup I_x$，而对于所有的 $n\in N$，有 $I_x^n=I_x$，以及 $I_x\circ R=R\circ I_x=R$。根据这些关系式，有 $(R\cup I_x)^n=I_x\cup\bigcup_{i=1}^{n}R^i$。于是有

$$\begin{aligned}
\mathrm{tr}(R) &= \mathrm{t}(R\cup I_x)=\bigcup_{i=1}^{\infty}(R\cup I_x)^i\\
&= (R\cup I_x)\cup(R\cup I_x)^2\cup(R\cup I_x)^3\cup\cdots\\
&= I_x\cup R\cup R^2\cup R^3\cup\cdots\\
&= I_x\cup\mathrm{t}(R)\\
&= \mathrm{rt}(R)
\end{aligned}$$

(3) 不难理解，如果 $R_1\supseteq R_2$，则 $\mathrm{s}(R_1)\supseteq \mathrm{s}(R_2)$ 和 $\mathrm{t}(R_1)\supseteq \mathrm{t}(R_2)$。根据对称闭包的定义，有 $\mathrm{s}(R)\supseteq R$。首先构成上式两侧的可传递闭包，再依次构成两侧的对称闭包，可以求得 $\mathrm{ts}(R)\supseteq \mathrm{t}(R)$ 和 $\mathrm{sts}(R)\supseteq \mathrm{st}(R)$，而 $\mathrm{ts}(R)$ 是对称的，所以 $\mathrm{sts}(R)=\mathrm{ts}(R)$，从而有 $\mathrm{ts}(R)\supseteq \mathrm{st}(R)$。　■

通常用 R^+ 表示 R 的可传递闭包 $\mathrm{t}(R)$，并读作"R 加"；用 R^* 表示 R 的自反可传递闭包 $\mathrm{tr}(R)$，并读作"R 星"。在研究形式语言和编译程序设计时，经常使用星的和加的闭包运算。

习题

1. 试证明定理 4.4.6 的 (3)、(4)、(5)、(8) 和 (9) 式。

2. 试证明.如果关系 R 是自反的，则 $\widetilde{R}$ 也是自反的，如果 R 是可传递的、非自反的、对称的或反对称的，则 $\widetilde{R}$ 亦然。

3. 如果 R 是反对称的关系,则在 $R \cap \widetilde{R}$ 的关系矩阵中有多少非零值?
4. 设 X 是一个集合,R_1 和 R_2 是 X 中的二元关系,并设 $R_1 \supseteq R_2$,试证明:

   (1) $r(R_1) \supseteq r(R_2)$

   (2) $s(R_1) \supseteq s(R_2)$

   (3) $t(R_1) \supseteq t(R_2)$

5. 在图 4-11 中给出三个关系图。试求出每一个的自反的、对称的和可传递的闭包,并画出闭包的关系图。

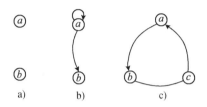

图 4-11　三个关系图

6. 设集合 $A = \{1,2,3,4\}$,R 是 A 上的二元关系,$R = I_X \cup \{<1,3>,<3,1>\}$:

   (1) 求 $R \circ \widetilde{R}$;

   (2) 求 R 的对称闭包;

   (3) 求 R 的可传递闭包。

7. R_1 和 R_2 是集合 X 中的关系。试证明:

   (1) $r(R_1 \cup R_2) = r(R_1) \cup r(R_2)$

   (2) $s(R_1 \cup R_2) = s(R_1) \cup s(R_2)$

   (3) $t(R_1 \cup R_2) \supseteq t(R_1) \cup t(R_2)$

8. 设集合 $X = \{a,b,c,d,e,f,g,h\}$,R 是 X 中的二元关系,图 4-12 给出了 R 的关系图。试画出可传递闭包 $t(R)$ 的关系图,并求出 $tsr(R)$。

9. 设 R 是集合 X 中的任意关系。试证明:

   (1) $(R^+)^+ = R^+$

   (2) $R \circ R^* = R^+ = R^* \circ R$

   (3) $(R^*)^* = R^*$

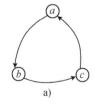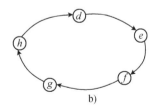

图 4-12　R 的关系图

4.5 特殊关系

前面介绍了二元关系的有关性质,在这一节,我们将看到某些基本性质定义了某些重要类型的关系。

4.5.1 集合的划分和覆盖

等价关系和相容关系是二元关系中两类常见的关系。等价关系可以导致集合的划分,这有助于研究集合的各子集,在解决开关理论中某些极小化问题时,要用到相容关系的概念。

定义 4.5.1   给定非空集合 S,设非空集合 $A = \{A_1, A_2, \cdots, A_n\}$,如果有

(1) $A_i \subseteq S (i = 1, 2, \cdots, n)$

(2) $\bigcup\limits_{i=1}^{n} A_i = S$

则称集合 A 是集合 S 的**覆盖**。

例如,设集合 $S = \{a, b, c\}$,并且给定 S 的各子集的集合 $A = \{\{a, b\}, \{b, c\}\}$ 和 $B = \{\{a\}, \{b, c\}, \{a, c\}\}$;显然,集合 A 和集合 B 都是集合 S 的覆盖。即覆盖不唯一。

定义 4.5.2   给定非空集合 S,设非空集合 $A = \{A = \{A_1, A_2, \cdots, A_n\}\}$,如果有

(1) $A_i \subseteq S \ (i = 1, 2, \cdots, n)$

(2) $A_i \cap A_j = \varnothing \ (i \neq j)$ 或 $A_i \cap A_j \neq \varnothing \ (i = j)$

(3) $\bigcup\limits_{i=1}^{n} A_i = S$

则称集合 A 是集合 S 的一个**划分**。划分中的元素 A_i 称为划分的**类**。

若划分是个有限集合,则划分的秩是划分的类的数目。若划分是个无限集合,则划分的秩是无限的。划分是覆盖的特定情况,即 A 中元素互不相交的特定情况。例如,设 $S = \{1, 2, 3\}$,试考察 S 的各子集的下列集合:

$$A = \{\{1,2\}, \{2,3\}\}; \qquad B = \{\{1\}, \{1,2\}, \{1,3\}\};$$
$$C = \{\{1\}, \{2,3\}\}; \qquad D = \{\{1,2,3\}\};$$
$$E = \{\{1\}, \{2\}, \{3\}\}; \qquad F = \{\{a\}, \{a,c\}\};$$

显然,集合 A 和 B 是 S 的覆盖,当然 C, D, E 也都是 S 的覆盖;同时 C, D, E 还是 S 的划分,并且 C 的秩是 2,D 的秩是 1,E 的秩是 3;而 F 既不是覆盖也不是划分;集合 S 的最大划分是以 S 的单个元素为类的划分,如上面的 E,S 的最小划分是以 S 为类的划分,如上面的 D。

定义 4.5.3   设 A 和 A' 是非空集合 S 的两种划分,并可表示成

$$A = \bigcup_{i=1}^{m} A_i, A' = \bigcup_{j=1}^{n} A'_j$$

如果 A' 的每一个类 A'_j,都是 A 的某一个类 A_i 的子集,则称划分 A' 是划分 A 的**加细**,并说成是 A' 加细了 A。如果 A' 是 A 的加细且 $A' \neq A$,则称 A' 是 A 的**真加细**。

划分全集 E 的过程,可看成是在表达全集 E 的文氏图上划出分界线的过程。设 A, B, C 是全集 E 的三个子集。由 A, B 和 C 生成的 E 的划分的类,称为**极小项**或**完全交集**。对于三个子集 A, B 和 C,共有 2^3 个极小项,分别用 $I_0, I_1, \cdots, I_7$ 来表示。

由图 4-13 可知

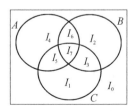

图 4-13   完全交集

$$I_0 = \sim A \cap \sim B \cap \sim C$$
$$I_1 = \sim A \cap \sim B \cap C$$
$$I_2 = \sim A \cap B \cap \sim C$$
$$I_3 = \sim A \cap B \cap C$$
$$I_4 = A \cap \sim B \cap \sim C$$
$$I_5 = A \cap \sim B \cap C$$
$$I_6 = A \cap B \cap \sim C$$
$$I_7 = A \cap B \cap C$$

并且 $I_0, I_1, \cdots, I_7$ 是互不相交的,

$$E = I_0 \cup I_1 \cup I_2 \cup \cdots \cup I_7 = \bigcup_{j=0}^{7} I_j$$

一般情况下,如果 $A_1, A_2, \cdots, A_n$ 是全集 E 的 n 个子集,则由这 n 个子集可以生成 2^n 个极小项,分别用 $I_0, I_1, \cdots, I_{2^n-1}$ 来表示。这些极小项互不相交,并且它们的并集等于全集 E。

定理 4.5.1 由全集 E 的 n 个子集 $A_1, A_2, \cdots, A_n$ 所生成的全部极小项集合,可以构成全集 E 的一个划分。

证明 为了证明这个定理,只需证明全集 E 中的每一个元素,都仅属于一个完全交集。如果 $x \in E$,则 $x \in A_1$,或 $x \in \sim A_1$;$x \in A_2$ 或 $x \in \sim A_2$;$\cdots$;$x \in A_n$ 或 $x \in \sim A_n$。由此可见,必定有

$$x \in \left(\bigcap_{i=1}^{n} \hat{A}_i \right)$$

这里 $\hat{A}_i$ 或是 A_i 或是 $\sim A_i$。试考察两个不同的完全交集 T。因为两个完全交集是不同的,即存在这样一个 i,使得 $T \subseteq A_i$ 和 $T \subseteq \sim A_i$,因此,有 $T \subseteq A_i \cap \sim A_i$,即 $T = \varnothing$;因而任何一个 $x \in E$ 都不能同时属于两个不同的完全交集。∎

不难看出,这里所说的完全交集,与命题演算中的极小项相似。但是和极小项的集合不同,极大项的集合不能构成全集 E 的划分。

4.5.2 等价关系

要研究集合中的元素,就要研究它们的性质,并且根据所具有的性质将其分类。具有相同性质的元素被看作是一类。

定义 4.5.4 设 X 是任意集合,R 是集合 X 中的二元关系。如果 R 是自反的、对称的和可传递的,也就是说,如果有

(1) $(\forall x)(x \in X \to xRx)$

(2) $(\forall x)(\forall y)(x \in X \land y \in X \land xRy \to yRx)$

(3) $(\forall x)(\forall y)(\forall z)(x \in X \land y \in X \land z \in X \land xRy \land yRz \to xRz)$

则称 R 是**等价关系**。

如果 R 是集合 X 中的等价关系,则 R 的域 $D(R)$ 是集合 X 自身,所以,称 R 是定义于集合 X 中的关系。实数集合中数的等于关系、全集的各子集间的相等关系、命题集合中等价命题间的恒等关系等,都是等价关系。

例 4.5.1 给定集合 $X = \{1, 2, \cdots, 7\}$,R 是 X 中的二元关系,
$$R = \{\langle x, y \rangle \mid x \in X \land y \in Y \land ((x-y) \text{可被 3 整除})\}$$

试证明 R 是一个等价关系,并画出 R 的关系图,写出 R 的关系矩阵。

解 R 的关系矩阵如下:

$$M_R = \begin{pmatrix} 1 & 0 & 0 & 1 & 0 & 0 & 1 \\ 0 & 1 & 0 & 0 & 1 & 0 & 0 \\ 0 & 0 & 1 & 0 & 0 & 1 & 0 \\ 1 & 0 & 0 & 1 & 0 & 0 & 1 \\ 0 & 1 & 0 & 0 & 1 & 0 & 0 \\ 0 & 0 & 1 & 0 & 0 & 1 & 0 \\ 1 & 0 & 0 & 1 & 0 & 0 & 1 \end{pmatrix}$$

图 4-14 给出了 R 的关系图。由 R 的关系矩阵和关系图可以看出,R 是个等价关系。

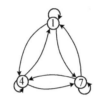

图 4-14 R 的关系图

例 4.5.1 是模数系统中模等价关系的特定情况。设 Z_+ 是正整数集合,m 是正整数。对于 $x,y \in Z_+$,可将 R 定义成

$$R = \{\langle x,y \rangle | x-y \text{ 可被 } m \text{ 所整除}\}$$

这里"$x-y$ 可被 m 所整除"等价于命题"当用 m 去除 x 和 y 时,它们都有同样的余数"。故关系 R 也称为**同余关系**,在第 6 章中,我们还将专门定义这种同余关系。

定义 4.5.5 设 m 是正整数且 $x,y \in Z$。如果对于某一个整数 n,有 $x-y = n \cdot m$,则称 x 模等价于 y,并记作 $x \equiv y(\bmod m)$,整数 m 称为**等价的模数**。

显然,这里是用"$\equiv$"表示模 m 等价关系 R。

定理 4.5.2 任何集合 $X \subseteq Z$ 中的模 m 等价关系是一个等价关系。

证明 设 R 是任何集合 $X \subseteq Z$ 中的模 m 等价关系。如果 $X = \varnothing$,则 R 是空关系,显然,R 是自反的、对称的和可传递的。如果 $X \neq \varnothing$,则需考察下列三条:

(1)对于任何 $x \in X$,因为 $(x-x) = 0 \cdot m$,所以有 $x \equiv x(\bmod m)$。因此,模 m 等价关系是自反的。

(2)对于任何 $x,y \in X$,如果 $x \equiv y(\bmod m)$,则存在某一个 $x,y \in X$,使得 $(x-y) = n \cdot m$。于是有 $(y-x) = (-n) \cdot m$,因此有 $y \equiv x(\bmod m)$,即模 m 等价关系是对称的。

(3)设 $x,y,z \in X, x \equiv y(\bmod m)$ 和 $y \equiv x(\bmod m)$。于是存在 $n_1, n_2 \in Z$,使得 $(x-y) = n_1 \cdot m$ 和 $(y-z) = n_2 \cdot m$。而 $x-z = x-y+y-z = n_1 \cdot m + n_2 \cdot m = (n_1 + n_2) \cdot m$,从而有 $x \equiv z(\bmod m)$,即模 m 等价关系是可传递的。 ■

从这个定理很容易判断例 4.5.1 中的关系只是一个等价关系。

定义 4.5.6 设 R 是集合 X 中的等价关系:对于任何 $x \in X$,可把集合 $[x]_R \subseteq X$ 规定成

$$[x]_R = \{y | y \in X \wedge yRx\}$$

并称它是由 $x \in X$ 生成的 R **等价类**。

为了简单起见,有时也把$[x]_R$写成$[x]$或x/R。不难看出,集合$[x]_R$应是由集合X中与x有等价关系R的那些元素所组成。

例 4.5.2　设$X=\{a,b,c,d\}$,R是X中的等价关系,

$$R=\{\langle a,a\rangle,\langle a,b\rangle,\langle b,a\rangle,\langle b,b\rangle,\langle c,c\rangle,\langle c,d\rangle,\langle d,c\rangle,\langle d,d\rangle\}$$

试画出等价关系图,并求出X的各元素的R等价类。

解　等价关系图如图 4-15 所示。由等价关系图不难看出

$$[a]_R=[b]_R=\{a,b\}$$

$$[c]_R=[d]_R=\{c,d\}$$

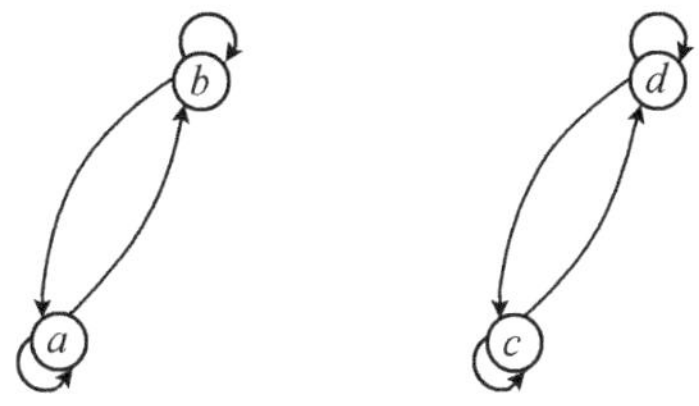

图 4-15　等价关系图

下面我们来看看由集合X的各元素所生成的等价类的某些性质。

定理 4.5.3　设X是一个集合,R是X中的等价关系。如果$x\in X$,则$x\in[x]_R$。

证明　对任何元素$x\in X$,因为R是自反的,所以有xRx,因而有$x\in[x]_R$。■

定理 4.5.4　设R是集合X中的等价关系。于是有

(1) 对于所有的$x,y\in X$,或者$[x]_R=[y]_R$或者$[x]_R\cap[y]_R=\varnothing$。

(2) $\bigcup_{x\in X}[x]_R=X$。

证明　如果$X=\varnothing$,则上述结论显然是真的。因此,假定$X\neq\varnothing$且$[x]_R\cap[y]_R\neq\varnothing$。设$z\in[x]_R\cap[y]_R$,则$z\in[x]_R$并且$z\in[y]_R$,即$zRx$和$zRy$,由于$R$是对称的和可传递的,所以有$xRz$和$xRy$。对于$[x]_R$的任意元素$u$,应有$uRx$,根据$R$的可传递性应有$uRy$,即$u\in[y]_R$,这说明$[x]_R\subseteq[y]_R$,同理可证$[y]_R\subseteq[x]_R$,从而得出

$$[x]_R=[y]_R$$

所以,如果$[x]_R\cap[y]_R\neq\varnothing$,则必有$[x]_R=[y]_R$。由于$[x]_R$和$[y]_R$非空,我们就能得出结论:或者$[x]_R\cap[y]_R=\varnothing$,或者$[x]_R=[y]_R$。

下面证明$\bigcup_{x\in X}[x]_R=X$,假定$z\in\bigcup_{x\in X}[x]_R$。对于某一个$x\in X$,有$z\in[x]_R$。由于$[x]_R\subseteq X$,于是有$z\in X$,因而$\bigcup_{x\in X}[x]_R\subseteq X$。设$z\in X$。于是$z\in[z]_R\subseteq\bigcup_{x\in X}[x]_R$,因而$X\subseteq\bigcup_{x\in X}[x]_R$。■

上面两个定理说明,只要$y\in[x]_R$,则由任何元素$y\in X$所生成的R等价类,等于由任何元素$x\in X$所生成的R等价类。由X的各元素所生成的R等价类必定覆盖X,即它们的并集是集合X。由于任何两个元素所生成的R等价类或者相等或者互不相交,所以由X的元素所生成的等价类的集合决定了集合X的一种划分。

定理 4.5.5　设R是非空集合X中的等价关系。R的等价类的集合$\{[x]_R\mid x\in X\}$是X的一个划分。根据定理 4.5.2 和定理 4.5.4 就能够证明此定理。此定理说明非空集合的划分和集合中的等价关系之间存在一种自然对应关系。

定义 4.5.7   设 R 是非空集合 X 中的等价关系。R 的等价类集合 $\{[x]_R | x \in X\}$ 是一个按 R 去划分 X 的商集,记作 X/R,也可写成 $X(\mathrm{mod}\,R)$。

由定理 4.5.5 可知,按 R 对集合 X 的划分 X/R 是一个集合,并且 X/R 的基数是 X 的不同的 R 等价类的数目,因此,X/R 的基数又称为等价关系 R 的**秩**。

下面考察集合 X 中的两个特殊等价关系:全域关系和恒等关系。令等价关系 $R_1 = X \times X$,这里 X 的每一个元素与 X 的所有元素都有 R_1 关系。按 R_1 划分 X 的商集是集合 $\{x\}$。等价关系 R_1 是全域关系。全域关系会造成集合 X 的最小划分。另外一个等价关系是这样的:X 的每一个元素仅关系到它自身,而不关系到其他元素。显然,R_2 是个恒等关系。按 R_2 划分 X 的商集,仅由单元素集合组成。恒等关系 R_2 会造成集合 X 的最大划分。这些划分均称作 X 的平凡划分。

例 4.5.3   令 R 是整数集合 Z 中的"模 3 同余"关系,
$$R = \{\langle x, y \rangle | x \in Z \land y \in Z \land (x - y) \text{被 3 整除}\}$$
试求 Z 的元素所生成的 R 等价类。

解   等价类是
$$[0]_R = \{\cdots, -6, -3, 0, 3, 6, \cdots\}$$
$$[1]_R = \{\cdots, -5, -2, 1, 4, 7, \cdots\}$$
$$[2]_R = \{\cdots, -4, -1, 2, 5, 8, \cdots\}$$
$$Z/R = \{[0]^R, [1]^R, [2]^R\}$$

定理 4.5.5 说明等价关系可以造成集合的一个划分。下面的定理说明,给定集合的一个划分,就可以写出一个等价关系。

定理 4.5.6   设 C 是非空集合 X 的一个划分。则由这个划分所确定的下述关系 R
$$xRy \Leftrightarrow (\exists S)(S \in C \land x \in S \land y \in S)$$
必定是等价关系,并称 R 为由划分 C 导出的 X 中的等价关系。

证明   要证明 R 是等价关系,就必须证明 R 是自反的、对称的和可传递的。

(1)由于 C 是 X 的划分,C 必定覆盖 X。对任意的 $x \in X$,必有 X 属于 C 的某一个元素 S。所以对于每一个 $x \in X$,都有 xRx,即 R 是自反的。

(2)假定 xRy。于是存在一个 $S \in C$,且 $x \in S, y \in S$,所以有 yRx。因此,R 是对称的。

(3)假定 xRy 和 yRz。于是存在两个元素 $S_1 \in C$ 和 $S_2 \in C$,且 $x, y \in S_1$ 和 $y, z \in S_2$,所以有 $S_1 \cap S_2 \neq \varnothing$。这样就有 $S_1 = S_2$,因此,$z \in S_1$。从而 xRz,所以有 R 是可传递的。综上,R 是个等价关系。■

不难看出,由划分 C 导出的等价关系的每一个等价类都是划分的一个类。

例 4.5.4   设 $X = \{a, b, c, d, e\}$ 和 $C = \{\{a, b\}, \{c\}, \{d, e\}\}$。试写出由划分 C 导出的 X 中的等价关系。

解   用 R 表示这个等价关系,则有
$$R = \{\langle a, a \rangle, \langle a, b \rangle, \langle b, a \rangle, \langle b, b \rangle, \langle c, c \rangle, \langle d, d \rangle, \langle d, e \rangle, \langle e, d \rangle, \langle e, e \rangle\}$$

上面证明了集合中的等价关系可以生成该集合的划分,反过来,集合中的任何一个划分又能确定一个等价关系。然而,也有这样的情况,那就是用不同的方法定义的两种等价关系,可能会产生同一个划分。因为关系也是集合,所以由相等集合所定义的两种等价关系,不会有什

么区别;对于集合的划分来说,情况也是如此。例如,设集合 $X = \{1,2,\cdots,9\}$,R_1 和 R_2 是 X 中的两种关系,并把 R_1 和 R_2 规定成

$$R_1 = \{\langle x,y\rangle \mid x \in X \wedge y \in X \wedge (x-y) 被 3 整除\}$$

$$R_2 = \{\langle x,y\rangle \mid x \in X \wedge y \in X \wedge (x 和 y 在 A 的同一列中)\}$$

$$A = \begin{pmatrix} 1 & 2 & 3 \\ 4 & 5 & 6 \\ 7 & 8 & 9 \end{pmatrix}$$

可以看出,关系 R_1 和 R_2 虽然具有不同的定义,但是 $R_1 = R_2$。

"划分"的概念和"等价关系"的概念本质上是相同的。

4.5.3 相容关系

定义 4.5.8 给定集合 X 中的二元关系 R,如果 R 是自反的、对称的,则称 R 是相容关系,记作 $\approx$。也就是说,可以把 R 规定成:

(1)$(\forall x)(x \in X \rightarrow xRx)$

(2)$(\forall x)(\forall y)(x \in X \wedge y \in Y \wedge xRy \rightarrow yRx)$

显然,所有的等价关系都是相容关系,但相容关系并不一定是等价关系。下面举例说明相容关系。

设集合 $X = \{2166,243,375,648,455\}$,$X$ 中的关系 $R = \{\langle x,y\rangle \mid x,y \in X \wedge x 和 y 有相同有数字\}$。不难看出,$R$ 是自反的和对称的,因此,R 是相容关系。如果 xRy,则称 X 和 Y 是相容的。

令 $x_1 = 2166$,$x_2 = 243$,$x_3 = 375$,$x_4 = 648$,$x_5 = 455$。这里 x_1Rx_2 并且 x_2Rx_3 但 $x_1\not{R}x_3$,即相容关系不是可传递的。把 R 写出来是:

$$R = \{\langle x_1,x_1\rangle,\langle x_1,x_2\rangle,\langle x_1,x_4\rangle,\langle x_2,x_2\rangle,\langle x_2,x_1\rangle,\langle x_2,x_3\rangle,\langle x_2,x_4\rangle,$$
$$\langle x_2,x_5\rangle,\langle x_3,x_3\rangle,\langle x_3,x_2\rangle,\langle x_3,x_5\rangle,\langle x_4,x_4\rangle,\langle x_4,x_1\rangle,\langle x_4,x_2\rangle,$$
$$\langle x_4,x_5\rangle,\langle x_5,x_5\rangle,\langle x_5,x_2\rangle,\langle x_5,x_3\rangle,\langle x_5,x_4\rangle\}$$

图 4-16 给出了该相容关系 R 的图。

由于相容关系的自反性和对称性,关系图中的所有结点上都有环边;有相容关系的两个结点间都有往返弧线。如果删除全部结点上的环边,并且用一条直线取代两结点间的两条弧线,这样就可以把图 4-16 化简成图 4-17。

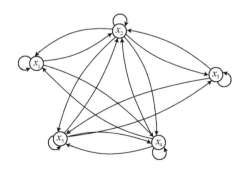

图 4-16　相容关系图

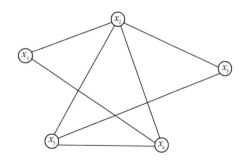

图 4-17　简化的相容关系图

还可写出 R 的关系矩阵如下:

$$M_R = \begin{pmatrix} 1 & 1 & 0 & 1 & 0 \\ 1 & 1 & 1 & 1 & 1 \\ 0 & 1 & 1 & 0 & 1 \\ 1 & 1 & 0 & 1 & 1 \\ 0 & 1 & 1 & 1 & 1 \end{pmatrix}$$

由于相容关系是自反的,因而矩阵对角线上的各元素都应是 1;相容关系是对称的,所以矩阵关于主对角线也是对称的。这样,仅给出关系矩阵下部的三角形部分就够了。简化后的关系矩阵如图 4-18 所示。

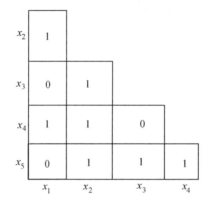

图 4-18   简化的关系矩阵

令 $X_1 = \{x_1, x_2, x_4\}$, $X_2 = \{x_2, x_3, x_5\}$ 和 $X_3 = \{x_2, x_4, x_5\}$。

在集合 X_1, X_2 和 X_3 中,同一个集合内的元素都是相容的。这些集合的并集就是给定的集合 X,即 $X = X_1 \cup X_2 \cup X_3$。因此,集合 $A = \{X_1, X_2, X_3\}$ 定义了集合 X 的一个覆盖,但它不能构成集合的一个划分。

由此可以得出结论,集合中的相容关系能够定义集合的覆盖;而集合中的等价关系能够确定集合的划分。

定义 4.5.9   设 $\approx$ 是集合 X 中的相容关系,假定 $A \subseteq X$。如果任何一个 $x \in A$,都与其他所有的元素有相容关系,而 $X - A$ 中没有能与 A 中所有元素都有相容关系的元素,则子集 $A \subseteq X$ 称为**最大相容类**。

由图 4-17 可以看出,子集 X_1, X_2 和 X_3 都是最大相容类。寻找最大相容类的方法有两种:关系图法和关系矩阵法。

先说明关系图法。关系图法的实质在于寻找出"最大完全多边形"。所谓最大完全多边形,是指每一个顶点都与其他所有顶点相联结的多边形。集合中仅关系到它自身的结点,是一个最大完全多边形。不都与其他的结点相连接的一条直线所连接的两个结点构成一个最大完全多边形。三角形的三个顶点构成一个最大完全多边形,对角线相连的四边形的四个顶点构成一个最大完全多边形,正五角形的五个顶点构成一个最大完全多边形,正六边形的六个顶点也是一个最大完全多边形。一个最大完全多边形对应一个最大相容类。

例 4.5.5   求出图 4-17 中的关系图的所有最大完全多边形和与其相对应的最大相容类。

解   三角形 $x_1 x_2 x_4$, $x_2 x_3 x_5$ 和 $x_2 x_4 x_5$ 都是最大完全多边形,与它们相对应的最大相容类分

别是 X_1, X_2 和 X_3。

例 4.5.6 在图 4-19 中,给出了两个相容关系图。试求出它们的所有最大完全多边形,并求出与它们相应的最大相容类。

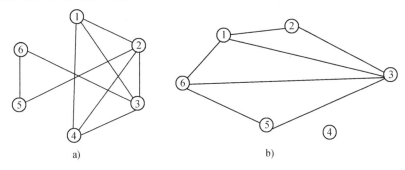

图 4-19 相容关系图

解 图 4-19a 的最大完全多边形有:四边形 1234,线段 25,36 和 56;与它们相应的最大相容类分别是:$\{1,2,3,4\}$,$\{2,5\}$,$\{3,6\}$,$\{5,6\}$。图 4-19b 的最大完全多边形有:三角形 123,136,356 和孤立结点 4;与它们相对应的最大相容类分别是:$\{1,2,3\}$, $\{1,3,6\}$, $\{3,5,6\}$和$\{4\}$。

下面介绍关系矩阵法。首先给出简化了的关系矩阵,继之按下列步骤求出各最大相容类:

(1)仅与它们自身有相容关系的那些元素,能够分别单独地构成最大相容类,因此,从矩阵中删除这些元素所在的行和列。

(2)从简化矩阵的最右一列开始向左扫描,直到发现至少有一个非零值的列。该列中的非零值,表达了相应的相容偶对。列举出所有这样的偶对。

(3)继续往左扫描,直到发现下一个至少有一个非零值的列。列举出对应于该列中所有非零值的相容偶对。在这些后发现的相容偶对中,如果有某一个元素与先前确定了的相容类中的所有元素都有相容关系,则将此元素合并到该相容类中;如果某一个元素仅与先前确定了的相容类中的部分元素有相容关系,则可用这些互为相容的元素组成一个新的相容类。删除已被包括在任何相容类中的那些相容偶对,并列举出尚未被包含在任何相容类中的所有相容偶对。

(4)重复步骤(3),直到扫描了简化矩阵的所有列。

最后,仅包含孤立元素的那些相容类,也是最大相容类。

例 4.5.7 与图 4-19a 中的相容关系相对应的简化矩阵如图 4-20 所示,试求出最大相容类。

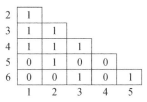

	1	2	3	4	5
2	1				
3	1	1			
4	1	1	1		
5	0	1	0	0	
6	0	0	1	0	1

图 4-20

解 这里没有孤立结点,故可忽略步骤(1)。根据步骤(2)和(3)有

(1) 右起第一列上是1,故有相容偶对{5,6}。

(2) 第二列上全是0。第三列上有两个1。与它们相对应的相容偶对是{3,4}和{3,6},于是有

$${5,6},{3,4},{3,6}$$

(3)第四列上有三个1,故有{2,3},{2,4}和{2,5},于是有

$${5,6},{3,4},{3,6},{2,3},{2,4},{2,5}$$

可以看出,相容偶对{2,3}和{2,4}中的元素2,与相容偶对{3,4}中的两个元素都有相容关系,故可把它们合并成一个相容类{2,3,4}。于是有

$${2,3,4},{5,6},{3,6},{2,5}$$

(4) 第五列有三个1,故有{1,2},{1,3}和{1,4}。于是有

$${2,3,4},{5,6},{3,6},{2,5},{1,2},{1,3},{1,4}$$

又可看出,相容偶对{1,2},{1,3}和{1,4}中的元素1,与相容类{2,3,4}中的所有元素都有相容关系,故可以把它们合并成一个相容类{1,2,3,4},于是有

$${1,2,3,4},{5,6},{3,6},{2,5}$$

这些都是最大相容类。

例4.5.8 与图4-19b中的相容关系图相对应的简化矩阵如图4-21所示,试求各最大相容类。

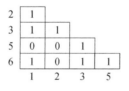

图 4-21

解 这里结点4是个孤立结点,故在矩阵中删除了相应的行和列。根据步骤(2)和(3)有

(1){4}

(2){4},{5,6}

(3){4},{5,6},{3,5},{3,6},合并后有{3,5,6}

(4){4},{3,5,6},{2,3}

(5) {4}, {3,5,6}, {2,3}, {1,2}, {1,3}, {1,6}, 合并后有 {4}, {3,5,6}, {1,2,3}, {1,3,6},这里,相容偶对{1,3},{1,6}中的元素1,与相容类{3,5,6}中的部分元素有相容关系,故组成了相容类{1,3,6}。

这些相容类都是最大相容类。

习题

1. 设$\{A_1,A_2,\cdots,A_n\}$是集合A的划分。试证明:$\{A_1\cap B,A_2\cap B,\cdots,A_n\cap B\}$是集合$A\cap B$的划分。

2. 把n个元素的集合划分为两个类,共有多少种不同的分法?

3. 有一个集合公式,它仅包含集合变元X和Y,还有集合运算$\cap,\cup$和$\sim$。试证明:能够求出另外一个公式,它等价于给定公式且仅由极小项的并组成。

4. 证明:对于集合公式来说,运算集合$\{\sim,\cup\}$是全功能的。

5. 在图4-22中给出了集合$\{1,2,3\}$中的两个关系图。这两个关系是否为等价关系?

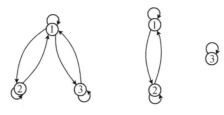

图 4-22　关系图

6. 在等价关系图中,应如何识别等价类?

7. 对于给定的集合 A 和关系 R,判断 R 是否是 A 上的等价关系并说明原因。

　(1) A 为整数集合,$R = \{ <x,y> \mid x,y \in A \land x - y = 20 \}$;

　(2) A 为整数集合,$R = \{ <x,y> \mid x,y \in A \land x + y \neq 5 \}$;

　(3) A 为正整数集合,$R = \{ <x,y> \mid x,y \in A \land x \cdot y$ 是偶数$\}$;

　(4) $A = \rho(X)$,X 为正整数集合,$R = \{ <x,y> \mid x,y \in A \land (x \subseteq y \lor y \subseteq x) \}$。

8. 设 R_1 和 R_2 都是集合 A 上的等价关系,判断下列关系是否也是集合 A 上的等价关系,若不是请举例。

　(1) $R_1 \circ R_2$

　(2) $R_1 \cup R_2$

　(3) $R_1 \oplus R_2$

　(4) $R_1 - R_2$

9. 设集合 $A = \{1,2,3,4\}$,定义集合 $A \times A$ 上的二元关系 R 如下:

$$\forall <x_1,y_1>, <x_2,y_2> \in A \times A, \ <x_1,y_1> R <x_2,y_2> \Leftrightarrow x_1 + y_2 = x_2 + y_1$$

　(1) 证明 R 是 $A \times A$ 上的等价关系;

　(2) 写出该等价关系对应的划分。

10. 设 R 是集合 X 中的关系。对于所有的 $x_i, x_j, x_k \in X$,如果 $x_i R x_j$ 和 $x_j R x_k$,就有 $x_k R x_i$,则称关系 R 是**循环关系**,试证明:当且仅当 R 是一个等价关系,R 才是自反的和循环的。

11. 给定等价关系 R 和 S,它们的关系矩阵是

$$\boldsymbol{M}_R = \begin{pmatrix} 1 & 1 & 0 \\ 1 & 1 & 0 \\ 0 & 0 & 1 \end{pmatrix} \quad \boldsymbol{M}_S = \begin{pmatrix} 1 & 1 & 0 \\ 1 & 1 & 1 \\ 0 & 1 & 1 \end{pmatrix}$$

　试证明 $R \circ S$ 不是等价关系。

12. 设集合 $X = \{1,2,3\}$。求出 X 中的等价关系 R_1 和 R_2,使得 $R_1 \circ R_2$ 也是个等价关系。

13. 设 R_1 和 R_2 是集合 X 中的等价关系。试证明:当且仅当 C_1 中的每一个等价类都包含于 C_2 的某一个等价类之中,才有 $R_1 \subseteq R_2$。

14. 设 R_1 和 R_2 是集合 X 中的等价关系,并分别有秩 r_1 和 r_2。试证明:$R_1 \cap R_2$ 也是集合 X 中的等价关系,它的秩至多为 $r_1 r_2$。还要证明 $R_1 \cup R_2$ 不一定是集合 X 的一个等价关系。

15. 设集合 $X = \{x_1, x_2, \cdots, x_6\}$,$R$ 是 X 中的相容关系,R 的简化矩阵如下,试画出相容关系图,并求出所有的最大相容类。

	x_1	x_2	x_3	x_4	x_5
x_2	1				
x_3	1	1			
x_4	0	0	1		
x_5	0	0	1	1	
x_6	1	0	1	0	1

16. 给定集合 $S = \{A_1, A_2, \cdots, A_n\}$ 的覆盖,如何才能确定此覆盖的相容关系。

17. 设集合 $X = \{1,2,3,4,5,6\}$，R 是 X 中的关系，图 4-23 给出了 R 的关系图。试画出 R^5 和 R^6 的关系图。

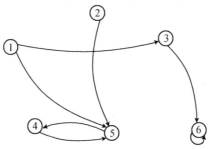

图 4-23 R 的关系图

18. 假定 I_X 是集合 X 中的恒等关系，R 是 X 中的任何关系。试证明：$I_X \cup R \cup \tilde{R}$ 是相容关系。

19. 给定集合 $X = \{a,b,c\}$，R 是 X 中的二元关系，R 的关系矩阵 $\boldsymbol{M}_R$ 为

$$\boldsymbol{M}_R = \begin{pmatrix} 1 & 0 & 1 \\ 1 & 1 & 0 \\ 1 & 1 & 1 \end{pmatrix}$$

试求出 $\tilde{R}, R^2, R^3$ 和 $R \circ \tilde{R}$ 的关系矩阵。

20. 设 R 和 S 分别是集合 A 和集合 B 上的等价关系，定义

$$T = \{ < <x_1, y_1>, <x_2, y_2> > \mid <x_1, x_2> \in R \land <y_1, y_2> \in S \}$$

试证明 T 是 $A \times B$ 上的等价关系。

4.5.4   次序关系

次序关系是集合中的可传递关系，它能提供一种比较集合各元素的手段。下面将讨论几种次序关系和偏序集合。

定义 4.5.10   设 R 是集合 P 中的二元关系。如果 R 是自反的、反对称的和可传递的，即有

(1) $(\forall x)(x \in P \rightarrow xRx)$

(2) $(\forall x)(\forall y)(x \in P \land y \in P \land xRy \land yRx \rightarrow x = y)$

(3) $(\forall x)(\forall y)(\forall z)(x \in P \land y \in P \land z \in P \land xRy \land yRz \rightarrow xRz)$

则称 R 是集合 P 中的**偏序关系**，简称**偏序**。序偶 $\langle P, \leqslant \rangle$ 称为**偏序集合**。

这里用符号"$\leqslant$"表示偏序。这样，符号 $\leqslant$ 就不单纯意味着实数中的"小于或等于"关系。事实上，这是在特定情况下，借用符号 $\leqslant$ 表示更为普遍的偏序关系。对于偏序关系，如果 x，$y \in P$ 且 $x \leqslant y$，则按不同情况称它是"x 小于或等于 y"、"y 包含 x"和"x 在 y 之前"等。

如果 R 是集合 P 中的偏序关系，则 $\tilde{R}$ 也是 P 中的偏序关系。如上所述，如果用 $\leqslant$ 表示 R，则用 $\geqslant$ 表示 $\tilde{R}$。如果 $\langle P, \leqslant \rangle$ 是一个偏序集合，则 $\langle P, \geqslant \rangle$ 也是一个偏序集合，称 $\langle P, \geqslant \rangle$ 是 $\langle P, \leqslant \rangle$ 的对偶。

设 R 是实数集合。"小于或等于"关系 $\leqslant$ 是 R 中的偏序关系，这个关系的逆关系"大于或等于"关系 $\geqslant$ 也是 R 中的偏序关系。

设 $\rho(A) = X$ 是 A 的幂集，即 X 是 A 的子集的集合。X 中的包含关系 $\subseteq$ 是偏序关系；这个关系的逆关系 $\supseteq$ 也是偏序关系。

设 Z_+ 是正整数集合,且 $x,y,z \in Z_+$。当且仅当有一个 z,使得 $xz = y$,才有"x 整除 y"(可写成 $x \mid y$),换句话说,"y 是 x 的整倍数"。"整除"和"整倍数"互为逆关系,它们都是 Z_+ 中的偏序关系。

例 4.5.9 设 $Z_+ = \{2,3,6,8\}$,$\leqslant$ 是 Z_+ 中的"整除"关系。试表达出"整除"和"整倍数"关系。

解 "整除"关系可规定成

$$\leqslant = \{ <2,2> , <3,3> , <6,6> , <8,8> , <2,6> , <2,8> , <3,6> \}$$

"整倍数"关系是 $\geqslant$

$$\geqslant = \{ <2,2> , <3,3> , <6,6> , <8,8> , <6,2> , <8,2> , <6,3> \}$$

实数集合 R 中的"小于"关系 $<$ 和"大于"关系 $>$,都不是偏序关系,因为它们都不是自反的。但它们是实数集合中的另一种关系——拟序关系。

定义 4.5.11 设 R 是集合 X 中的二元关系。如果 R 是反自反的和可传递的,即有

(1) $(\forall x)(x \in X \rightarrow x\cancel{R}x)$

(2) $(\forall x)(\forall y)(\forall z)(x \in X \wedge y \in Y \wedge z \in Z \wedge xRy \wedge yRz \rightarrow xRz)$

则称 R 是**拟序关系**,并借用符号 $<$ 表示 R。

在上述定义中,没有明确列举反对称性的条件 $xRy \wedge yRx \rightarrow x = y$,事实上,关系 $<$ 若是反自反的和可传递的,则一定是反对称的,否则会出现矛盾。这是因为,假定 $x < y$ 和 $y < x$,由 $<$ 是可传递的,可得出 $x < x$,而 $<$ 是反自反,故 $<$ 总是反对称的。

根据偏序关系和拟序关系的定义,不难得出

$$x < y \Leftrightarrow x \leqslant y \wedge x \neq y$$

实数集合中的小于关系 $<$ 和大于关系 $>$ 都是拟序关系。子集的集合中的真包含关系 $\subset$ 和 $\supset$ 都是拟序关系。

下面的定理说明了拟序关系和偏序关系之间的关系。

定理 4.5.7 设 R 是集合中的二元关系。于是有

(1) 如果 R 是拟序关系,则 $r(R) = R \cup I_X$ 是一个偏序关系。

(2) 如果 R 是偏序关系,则 $R - I_X$ 是拟序关系。

定理的证明留作练习。

定义 4.5.12 设 $\langle P, \leqslant \rangle$ 是偏序集合。如果对于每一个 $x,y \in P$,或者 $x \leqslant y$ 或者 $y \leqslant x$,即

$$(\forall x)(\forall y)(x \in P \wedge y \in P \rightarrow x \leqslant y \vee y \leqslant x)$$

则称偏序关系 $\leqslant$ 是**全序关系**(简称**全序**),序偶 $\langle P, \leqslant \rangle$ 称为**全序集合**。

P 中具有全序关系的各元素,总能按线性次序 $x_1, x_2, \cdots$ 排列起来,这里当且仅当 $i \leqslant j$,才有 $x_i \leqslant x_j$,故全序也称为**简单序**或**线性序**,因此,序偶 $\langle P, \leqslant \rangle$ 在这种情况下也称为**线性序集**或**链**。

设 $\leqslant$ 是集合 P 中的偏序关系。对于 $x,y \in P$,如果有 $x \leqslant y$ 或 $y \leqslant x$,则 P 中的元素 x 和 y 称为**可比的**。在偏序集合中,并非任何两个元素 x 和 y 都存在 $x \leqslant y$ 或 $y \leqslant x$ 的关系。事实上,对于某些 x 和 y,x 和 y 可能没有关系。在这种情况下,称 x 和 y 是**不可比的**。正是由于这种原因,才把 $\leqslant$ 称为"偏"序关系。在全序集合中,任何两个元素都是可比的。

设 R 是实数集合,a 和 b 是 R 的元素。对于每一个实数 a,设 $S_a = \{x \mid 0 \leqslant x < a\}$ 和 S 是集合并且 $S = \{S_a \mid a \geqslant 0\}$。如果 $a < b$,则 $S_a \subseteq S_b$,因此,$\langle S, \subseteq \rangle$ 是一个全序集合。如果 A 是含有多于一个元素的集合,则 $\langle \rho(A), \subseteq \rangle$ 不是一个全序集合。例如,设 $A = \{a,b,c\}$,于是

$$\rho(A) = \{\varnothing, \{a\}, \{b\}, \{c\}, \{a,c\}, \{b,c\}, \{a,b,c\}\}$$

在 $\rho(A)$ 上定义一个包含关系 $\subseteq$，我们很容易写出 $\subseteq$ 的元素。可以看出 $\{a\}$ 和 $\{b,c\}$，$\{a,b\}$ 和 $\{a,c\}$ 等都是不可比的。

字母次序关系是个全序关系。下面来说明这种有用的关系。

设 R 是实数集合且 $P = R \times R$。假定 R 中的关系 $\geqslant$ 是一般的"大于或等于"关系。对于 P 中的任何两个序偶 $\langle x_1, y_1 \rangle$ 和 $\langle x_2, y_2 \rangle$，可以定义一个关系 S

$$\langle x_1, y_1 \rangle S \langle x_2, y_2 \rangle \Leftrightarrow (x_1 > x_2) \vee (x_1 = x_2 \wedge y_1 \geqslant y_2)$$

如果 $\langle x_1, y_1 \rangle \$ \langle x_2, y_2 \rangle$，则有 $\langle x_2, y_2 \rangle S \langle x_1, y_1 \rangle$，因此，$S$ 是 P 中的全序关系。并称它是**字母次序关系**或**字母序**。例如，试考察下列序偶

$$\langle 2,2 \rangle S \langle 2,1 \rangle, \langle 3,1 \rangle S \langle 1,5 \rangle$$
$$\langle 2,2 \rangle S \langle 2,2 \rangle, \langle 3,2 \rangle S \langle 1,1 \rangle$$

可以看出，这些序偶之间有字母次序关系。

下面把这一概念一般化。设 R 是 X 中的全序关系，并设

$$P = X \cup X^2 \cup \cdots \cup X^n = \bigcup_{i=1}^{n} X^i \ (n = 1, 2, \cdots)$$

这个方程式说明，P 是由长度小于或等于 n 的元素串组成的。假定 n 取某个固定值，可把长度为 P 的元素串看成是 P 重序元。这样就可以定义 P 中的全序关系 S，并称它是字母次序关系。为此，设 $\langle x_1, x_2, \cdots, x_p \rangle$ 和 $\langle y_1, y_2, \cdots, y_q \rangle$ 是集合 P 中的任何两个元素，且有 $p \leqslant q$。为了满足 P 中的次序关系，首先对两个元素串进行比较。如果需要的话，交换两个元素串，使得 $q \leqslant p$。如果要使

$$\langle x_1, x_2, \cdots, x_p \rangle S \langle y_1, y_2, \cdots, y_q \rangle$$

关系成立，就必须满足下列条件之一：

1) $\langle x_1, x_2, \cdots, x_p \rangle = \langle y_1, y_2, \cdots, y_q \rangle$；
2) $x_1 \neq y_1$ 且 X 中有 $x_1 R y_1$；
3) $x_i = y_i, i = 1, 2, \cdots, k (k < p)$ 且 $x_{k+1} \neq y_{k+1}$，X 中有 $x_{k+1} R y_{k+1}$。

如果上述条件中一个也没有得到满足，则有

$$\langle y_1, y_2, \cdots, y_q \rangle S \langle x_1, x_2, \cdots, x_p \rangle$$

下面考察字母次序关系的一种特定情况。设 $X = \{a, b, c, \cdots, x, y, z\}$，又设 R 是 X 中的全序关系，并用 $\leqslant$ 表示，这里，$a \leqslant b \leqslant \cdots \leqslant y \leqslant z$，且 $P = X \cup X^2 \cup X^3$，即字符串中有三个或少于三个字母来自于 X 中的字母，而且由所有这样的字符串组成集合 P。例如，有

me S met （由条件 1）

bet S met （由条件 2）

beg S bet （由条件 3）

get S go （由最后的规则）

因为比较的是单词 go 和 get，故条件 1），2）和 3）都未得到满足。

在英文字典中，单词的排列次序就是字母次序关系的一个例子。在计算机上对字符数据进行分类时，经常使用字母次序关系。

4.5.5 偏序集合与哈斯图

前面讨论了关系图。无疑，可以用关系图表达偏序关系。但像表达相容关系时用简化关

系图那样,我们使用较为简便的**偏序集合图**——哈斯(Hasse)图来表达偏序关系。

定义4.5.13 设$\langle P, \leq \rangle$是一个偏序集,如果对任何$x, y \in P$,$x \leq y$和$x \neq y$,不存在任何其他元素$z \in P$,使得$x \leq z$和$z \leq y$,即$(x \leq y \wedge x \neq y \wedge (x \leq z \leq y \Rightarrow x = z \vee z = y))$成立,则称元素$y$**盖覆**$x$。

在哈斯图中,用小圈表示每个元素。如果有$x, y \in P$,且$x \leq y$和$x \neq y$,则把表示x的小圈画在表示y的小圈之下。如果y盖覆x,则在x和y之间画上一条直线。如果$x \leq y$和$x \neq y$,但是y不盖覆x,则不能把x和y直接用直线联结起来,而是要经过P的一个或多个元素把它们联结起来。这样,所有的边的方向都是自下朝上,故可略去边上的全部箭头表示。

例4.5.10 设$P_1 = \{1, 2, 3, 4\}$,$\leq$是"小于或等于"关系,则$\langle P_1, \leq \rangle$是全序集合。设$P_2 = \{\varnothing, \{a\}, \{a, b\}, \{a, b, c\}\}$,$\leq$是$P_2$中的包含关系$\subseteq$,则$\langle P_2, \leq \rangle$是全序集合。试画出$\langle P_1, \leq \rangle$和$\langle P_2, \leq \rangle$的哈斯图。

解 图4-24给出了$\langle P_1, \leq \rangle$和$\langle P_2, \leq \rangle$的哈斯图。

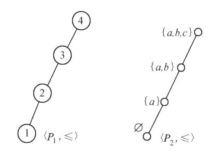

图 4-24

可以看出,除了结点上的标记之外,两个斯图都是类似的。这就是说,虽然两个全序关系的定义不同,但是它们具有同样结构的哈斯图。第7章将详细讨论这个问题。

例4.5.11 设集合$X = \{2, 3, 6, 12, 24, 36\}$,$\leq$是$X$中的偏序关系并定义为:如果$x$整除$y$,则$x \leq y$。试画$\langle X, \leq \rangle$的哈斯图。

解 图4-25给出了整除关系的哈斯图。

例4.5.12 设集合$x = \{a, b\}$,$\rho(X)$是它的幂集。$\rho(X)$的元素间的偏序关系$\leq$是包含关系$\subseteq$。试画出$\langle \rho(X), \leq \rangle$的哈斯图。

解 图4-26给出了$\langle \rho(X), \leq \rangle$的哈斯图。

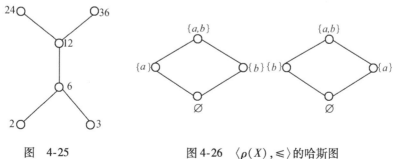

图 4-25   图4-26 $\langle \rho(X), \leq \rangle$的哈斯图

由图4-26可以看出,对于给定的偏序集合,其哈斯图不是唯一的。由$\langle P, \leq \rangle$的哈斯图,

可以求得其对偶$\langle P,\geqslant\rangle$的哈斯图。只需把$\langle P,\leqslant\rangle$的哈斯图反转180°即可,使得原来是顶部的结点变成底部上的各结点。

拟序关系类似于偏序关系,故也可用哈斯图表达。

定义 4.5.14   设$\langle P,\leqslant\rangle$是一个偏序集合,并有$Q\subseteq P$。

(1)如果对于每一个元素$q'\in Q$,有$q\leqslant q'$,则元素$q\in Q$称为Q的**最小成员**,通常记作0。

(2)如果对于每一个元素$q'\in Q$,有$q'\leqslant q$,则元素$q\in Q$称为Q的**最大成员**,通常记作1。

如果能画出哈斯图,就可以看出是否存在最大成员和最小成员。图4-24$\langle P_1,\leqslant\rangle$中,1是最小成员,4是最大成员;例4.5.12中,最小成员是$\varnothing$,而最大成员是X。例4.5.11中既没有最大成员,也没有最小成员。

定理 4.5.8   设X是一个偏序集合,且有$Q\subseteq P$。如果x和y都是Q的最小(最大)成员,则$x=y$。

证明   假定x和y都是Q的最小成员。于是有$x\leqslant y$和$y\leqslant x$。根据偏序关系的反对称性,可以得出$x=y$。当x和y都是Q的最大成员时,定理的证明类似于上述的证明。∎

定义 4.5.15   设$\langle P,\leqslant\rangle$是一个偏序集合,且有$Q\subseteq P$。

(1)如果$q\in Q$,且不存在元素$q'\in Q$,使得$q'\neq q$和$q'\leqslant q$,则称q是Q的**极小成员**。

(2)如果$q\in Q$,且不存在元素$q'\in Q$,使得$q'\neq q$和$q\leqslant q'$,则称q是Q的**极大成员**。

极大成员和极小成员都不是唯一的。在图4-25中,有两个极大成员(24和36),两个极小成员(2和3)。不同的极大成员(或不同的极小成员)是不可比的。

定义 4.5.16   设$\langle P,\leqslant\rangle$是偏序集合,且有$Q\subseteq P$。

(1)如果对于每一个$q'\in Q$都有$q'\leqslant q$,则称$q\in P$是Q的**上界**。

(2)如果对于每一个$q'\in Q$都有$q\leqslant q'$,则称$q\in P$是Q的**下界**。

例 4.5.13   设集合$X=\{a,b,c\}$,$\rho(X)$是它的幂集。$\rho(X)$中的偏序关系$\leqslant$是包含关系$\subseteq$。试画出$\langle\rho(X),\leqslant\rangle$的哈斯图,并指出$\rho(X)$的子集的上界和下界。

解   图4-27给出了$\langle\rho(X),\leqslant\rangle$的哈斯图。

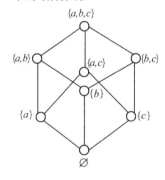

图4-27 $\langle\rho(X),\leqslant\rangle$的哈斯图

首先选取$\rho(X)$的子集$A=\{\{b,c\},\{b\},\{c\}\}$。于是$X$和$\{b,c\}$是$A$的上界,$\varnothing$是它的下界。对于$\rho(X)$的子集$B=\{\{a,c\},\{c\}\}$,上界是$X$和$\{a,c\}$;而下界是$\{c\}$和$\varnothing$。

再考察例4.5.11中的情形。如果令子集$A=\{2,3,6\}$,则6,12,24,36均是A的上界,没有下界。由此可以看出,子集的上界和下界不一定是唯一的。

定义 4.5.17   设$\langle P,\leqslant\rangle$是一个偏序集合,且有$Q\subseteq P$。

（1）如果 $q \in P$ 是 Q 的一个上界，且对于 Q 的每一个上界 q' 都有 $q \leqslant q'$，则称 q 是 Q 的**最小上界**，通常记作 LUB。

（2）如果 $q \in P$ 是 Q 的一个下界，且对于 Q 的每一个下界 q' 都有 $q' \leqslant q$，则称 q 是 Q 的**最大下界**，通常记作 GLB。

如果存在最小上界，则它是唯一的；如果存在最大下界，则它也是唯一的。

对于例 4.5.10 中的链，它的每一个子集都有一个最小上界和最大下界。在例 4.5.12 和例 4.5.13 的偏序集合中，它们的每一个子集也都有一个最小上界和最大下界。但这并不是普遍的情况。由例 4.5.11 可以看出，子集 $A = \{2, 3, 6\}$ 有 LUB $A = 6$，但这里没有 GLB A。与此类似，对于子集 $B = \{2, 3\}$，最小上界还是 6，但是仍没有最大下界。对于子集 $C = \{1, 2, 6\}$，最小上界是 12，最大下界是 6。

对于偏序集合 $\langle P, \leqslant \rangle$，它的对偶 $\langle P, \geqslant \rangle$ 也是一个偏序集合。相对于偏序关系 $\leqslant$ 的 P 中的最小成员，就是相对于偏序关系 $\geqslant$ 的 P 中的最大成员；反之亦然。与此类似，可以交换极小成员和极大成员。对于任何子集 $Q \subseteq P$，$\langle P, \leqslant \rangle$ 中的 GLB A 和 $\langle P, \geqslant \rangle$ 中的 LUB A 是一样的。

定义 4.5.18 给定集合 X，R 是 X 中的二元关系。如果 R 是全序关系，且 X 的每一个非空子集都有一个最小成员，则称 R 是**良序关系**。与此对应，序偶 $\langle X, R \rangle$ 称为**良序集合**。

显然，每一个良序集合必定是全序集合。因为对于任何子集，其本身必定有一个元素是它的最小成员。但是每一个全序集合不一定都是良序的，有穷全序集合必定是良序的。

习题

1. 对于下列集合中的整除关系画出哈斯图。
   （1）$\{1, 2, 3, 4, 6, 8, 12, 24\}$
   （2）$\{1, 2, 3, \cdots, 12\}$

2. 设 $A = \{1, 2, \cdots, 12\}$，$\leqslant$ 为 A 上的整除关系，$B = \{x \mid x \in A \land 1 < x < 6\}$，在偏序集 $<A, \leqslant>$ 中求 B 的上界、下界、最小上界和最大下界。

3. 如果 R 是集合 X 中的偏序关系，且 $A \subseteq X$。试证明：$R \cap (A \times A)$ 是 A 中的偏序关系。

4. 试给出集合 X 的实例，它能使 $\langle \rho(X), \subseteq \rangle$ 是全序集合。

5. 给出一个关系，它是集合中的偏序关系又是等价关系。

6. 证明下列命题：

   （1）如果 R 是拟序关系，则 $\widetilde{R}$ 也是拟序关系。

   （2）如果 R 是偏序关系，则 $\widetilde{R}$ 也是偏序关系。

   （3）如果 R 是全序关系，则 $\widetilde{R}$ 也是全序关系。

   （4）存在一个集合 S 和 S 中的关系 R，使得 $\langle S, R \rangle$ 是良序的，但 $\langle S, \widetilde{R} \rangle$ 不是良序的。

7. 证明：当且仅当 $R \cap \widetilde{R} = \varnothing$ 和 $R = R^+$，R 才是拟序的。当且仅当 $R \cap \widetilde{R} = I_X$ 和 $R = R^*$，R 才是偏序的。

8. 图 4-28 给出了偏序集合 $\langle P, R \rangle$ 的哈斯图，这里 $P = \{x_1, x_2, x_3, x_4, x_5\}$。
   （1）下列关系中哪一个是真的：
   $$x_1 R x_2, \, x_4 R x_1, \, x_3 R x_5, \, x_2 R x_5, \, x_1 R x_1, \, x_2 R x_3, \, x_4 R x_5$$
   （2）求出 P 中的最大成员和最小成员，如果它们存在的话。
   （3）求出 P 中的极大成员和极小成员。
   （4）求出子集 $\{x_2, x_3, x_4\}$，$\{x_3, x_4, x_5\}$ 和 $\{x_1, x_2, x_3\}$ 的上界及下界。并指出这些子集的 LUB 和 GLB，如果

它们存在的话。

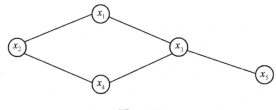

图   4-28

9. 设 $<A,R>$ 为偏序集,在 A 上定义新的关系 $R'=\{<x,y>|x,y\in A\wedge yRx\}$。

(1)证明 R' 也是 A 上的偏序关系。

(2)如果 R 是整数集合上的小于等于关系,则 R' 是什么关系?若 R 是整数集合上的整除关系,则 R' 是什么关系?

(3)在偏序集 $<A,R>$ 和 $<A,R'>$ 中,A 的极大元、极小元、最大元、最小元之间有什么关系?

10. 设 R 和 S 都是 A 上的偏序关系,则下列关系是 A 上的偏序关系吗?请说明原因。

(1)$R\cap S$

(2)$R\cup S$

(3)$R-S$

(4)$R\oplus S$

(5)$R\circ S$

小结

本章介绍了关系的基本概念,关系是笛卡儿乘积的子集,也就是说,关系是以序偶为元素的集合。因此,集合上的运算均可平移到关系中来。本章还给出了关系的两种表示方法:关系图法和关系矩阵法,同时还讨论了关系的各种性质,以及具有不同性质的特殊关系:等价关系和划分,相容关系和覆盖,偏序关系和哈斯图等。

应该说明的是当讨论关系的性质时,都是假定关系 R 是定义在 X 上的。所以当 R 是由 A 到 $B(A\neq B)$ 的关系并且讨论关系的性质时,关系图的结点集合取 A 和 B 的并集,关系矩阵 $M_R=[r_{ij}]_{|A\cup B|\times|A\cup B|}$,其中 $|A\cup B|$ 表示 $A\cup B$ 的基数,$\times$ 是普通意义下的乘。

第 5 章

■ 函　数

函数是满足某些条件的二元关系。本章所要讨论的是离散函数,它能把一个有限集合变换成另一个有限集合。计算机执行任何程序都属于这样一种变换。通常总是认为函数是输入和输出之间的一种关系,即对于每一个输入或自变量,函数都能产生一个输出或函数值。因此,可以把计算机的输出看成是输入的函数。编译程序则能把一个源程序变换成一个机器语言的指令集合——目标程序。

本章将首先定义一般的函数,然后讨论特殊函数,由一种特殊函数——双射函数引出不可数集合基数的比较方法。在以后的各章中,这些概念将起着重要作用。在开关理论、自动机理论和可计算性理论等领域中,函数都有着极其广泛的应用。

5.1　函数的基本概念和性质

本节首先给出函数的基本定义,然后讨论函数的合成与合成函数的基本性质。

函数(或称映射)是满足某些条件的关系,关系又是笛卡儿乘积的子集,于是得到如下的定义。

定义 5.1.1　设 X 和 Y 是两个任意的集合,并且 f 是从 X 到 Y 的一种关系。如果对于每一个 $x \in X$,都存在唯一的 $y \in Y$,使得 $\langle x,y \rangle \in f$,则称关系 f 为**函数**或**映射**,记作 $f{:}X{\rightarrow}Y$。

对于函数 $f{:}X{\rightarrow}Y$,如果有 $\langle x,y \rangle \in f$,则称 x 是自变量;与 x 相对应的 y,称为在 f 作用下 x 的象点,或称 y 是函数 f 在 x 处的值。通常用 $y = f(x)$ 表示 $\langle x,y \rangle \in f$。由定义 5.1.1 不难看出,从 X 到 Y 的函数 f 是具有下列性质的从 X 到 Y 的二元关系:

(1)每一个元素 $x \in X$,都必须关系到某一个 $y \in Y$;也就是说,关系 f 的域是集合 X 本身,而不是 X 的真子集。

(2)如果有 $\langle x,y \rangle \in f$,则函数 f 在 x 处的值 y 是唯一的,即

$$\langle x,y \rangle \in f \wedge \langle x,z \rangle \in f \Rightarrow y = z$$

上述两条性质也分别被称为函数的任意性和唯一性。因为函数是关系,所以关系的一些术语也适用于函数。例如,如果 f 是从 X 到 Y 的函数,则集合 X 是函数 f 的域,即 $D_f = X$;集合 Y 称为 f 的陪域;R_f 是 f 的值域,且 $R_f \subseteq Y$。有时也用 $f(X)$ 表示 f 的值域 R_f,即

$$f(X) = R_f = \{y \mid y \in Y \wedge (\exists x)(x \in X \wedge y = f(x))\}$$

有时也称 $f(X)$ 是函数 f 的象点。

注意,函数 f 的象点与自变量 x 的象点是不同的。还有,这里给出的函数的定义是全函数的定义,所以 $D_f = X$。

例 5.1.1　设 E 是全集,$\rho(E)$ 是 E 的幂集。对任何两个集合 $X,Y \in \rho(E)$,它们的联合和相交运算都是从 $\rho(E) \times \rho(E)$ 到 $\rho(E)$ 的映射;对任何集合 $X \in \rho(E)$ 的求补运算,则是从 $\rho(E)$ 到 $\rho(E)$ 的映射。

例 5.1.2　试说明下面的二元关系是否是函数。

(1) $\exp = \{\langle x, e^x \rangle \mid x \in R\}$

(2) $\arcsin = \{\langle x, y \rangle \mid x, y \in R \wedge \sin y = x\}$

解　(1)是函数,满足函数的任意性和唯一性条件;(2)不是函数,不满足唯一性条件。例如,$x = 0.5$ 时,$\arcsin 0.5 = \dfrac{\pi}{6} + 2n\pi (n = 0, 1, 2, \cdots)$。此例告诉我们,这里给出的函数的概念和高等数学中给出的函数的概念是有所区别的,在高等数学中,一直是把反正弦 arcsin 当作函数的。

例 5.1.3　设 N 是自然数集合,函数 $S: N \rightarrow N$ 定义为 $S(n) = n + 1$。显然,$S(0) = 1, S(1) = 2, S(2) = 3, \cdots$。这样的函数 S,通常称为皮亚诺后继函数。

有时为了某种需要,要特别强调函数的任意性和唯一性性质:函数 f 的域 D_f 中的每一个 x,在值域 R_f 中都恰有一个象点 y,这种性质通常称为函数的**良定性**。

定义 5.1.2　给定函数 $f: X \rightarrow Y$ 和 $g: Z \rightarrow W$。如果 f 和 g 具有同样的域和陪域,即 $X = Z$ 和 $Y = W$,并且对于所有的 $x \in X$ 或 $x \in Z$ 都有 $f(x) = g(x)$,则称函数 f 和 g 是**相等的**,记作 $f = g$。

定义 5.1.3　给定函数 $f: X \rightarrow Y$,且有 $A \subseteq X$。

(1) 试构成一个从 A 到 Y 的函数

$$g = f \cap (A \times Y)$$

通常称 g 是函数 f 的**缩小**,记作 f/A。

(2) 如果 g 是 f 的缩小,则称 f 是 g 的**扩大**。

从定义可以看出,函数 $f/A: A \rightarrow Y$ 的域是集合 A,而函数 f 的域则是集合 X。f/A 和 f 的陪域均是集合 Y。于是若 g 是 f 的缩小,则有

$$D_g \subseteq D_f \text{ 和 } g \subseteq f$$

并且对于任何 $x \in D_g$,有 $g(x) = (f/A)(x) = f(x)$。

例 5.1.4　令 $X_1 = \{0, 1\}, X_2 = \{0, 1, 2\}, Y = \{a, b, c, d\}$。定义从 X_1^2 到 Y 的函数 f 为

$$f = \{\langle 0, 0, a \rangle, \langle 0, 1, b \rangle, \langle 1, 0, c \rangle, \langle 1, 1, b \rangle\}$$

$g = f \cup \{\langle 0, 2, a \rangle, \langle 2, 2, d \rangle\}$ 是从 $X_1^2 \cup \{\langle 0, 2 \rangle, \langle 2, 2 \rangle\}$ 到 Y 的函数。于是 $f = g/X_1^2$,所以 f 是 g 在 X_1^2 上的缩小(或称限制),g 是 f 到 $X_1^2 \cup \{\langle 0, 2 \rangle, \langle 2, 2 \rangle\}$ 上的扩大(或称延拓)。

因为函数是二元关系,所以可以用关系图和关系矩阵来表达函数。图 5-1 给出了函数 $f: X \rightarrow Y$ 的图解表示。

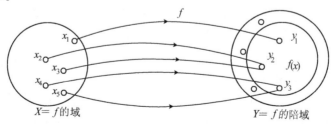

图 5-1　函数 $f: X \rightarrow Y$ 的图解

此外,由函数的定义可知,在关系矩阵的每一行都有且仅有一个元素的值是 1,而此行其

他元素都必定为 0。因此,可以用一个单独的列来代替关系矩阵。在这个单独的列上,应标明所对应的给定函数的各个值。这样,该列上的各元素也说明了自变量与其函数值之间的对应关系。

例 5.1.5 设集合 $X=\{a,b,c,d\}$ 和 $Y=\{1,2,3,4,5\}$ 并且有
$$f=\{\langle a,1\rangle,\langle b,3\rangle,\langle c,4\rangle,\langle d,4\rangle\}$$
试求出 D_f,R_f 和 f 的矩阵表达式。

解
$$D_f=\{a,b,c,d\}$$
$$R_f=\{1,3,4\}$$

$$\boldsymbol{M}_f=\begin{array}{c|ccccc} & 1 & 2 & 3 & 4 & 5\\\hline a & 1 & 0 & 0 & 0 & 0\\ b & 0 & 0 & 1 & 0 & 0\\ c & 0 & 0 & 0 & 1 & 0\\ d & 0 & 0 & 0 & 1 & 0\end{array}=\begin{pmatrix}1&0&0&0&0\\0&0&1&0&0\\0&0&0&1&0\\0&0&0&1&0\end{pmatrix}$$

由函数的任意性和唯一性可知,矩阵的每一行都有且仅有一个 1。因此,为了节约存储空间,f 的关系矩阵简化为

$$\boldsymbol{M}_f=\begin{pmatrix}a&1\\b&3\\c&4\\d&4\end{pmatrix}$$

下面进一步讨论函数的构成。设 X 和 Y 是任意的两个集合。在 $X\times Y$ 的所有子集中,并不全都是从 X 到 Y 的函数,仅有一些子集可以用来定义函数。

定义 5.1.4 设 A 和 B 为任意两个集合,记
$$B^A=\{f\,|\,f:A\to B\}$$
下面举例说明这种函数的构成。

例 5.1.6 设集合 $X=\{a,b,c\}$,集合 $Y=\{0,1\}$。试求出所有可能的函数 $f:X\to Y$。

解 首先求出 $X\times Y$ 的所有序偶,于是有
$$X\times Y=\{\langle a,0\rangle,\langle b,0\rangle,\langle c,0\rangle,\langle a,1\rangle,\langle b,1\rangle,\langle c,1\rangle\}$$
所以 $X\times Y$ 有 2^6 个可能的子集,但其中仅有下列 2^3 个子集可以用来定义函数 $f:X\to Y$:

$f_0=\{\langle a,0\rangle,\langle b,0\rangle,\langle c,0\rangle\}$, $f_1=\{\langle a,0\rangle,\langle b,0\rangle,\langle c,1\rangle\}$
$f_2=\{\langle a,0\rangle,\langle b,1\rangle,\langle c,0\rangle\}$, $f_3=\{\langle a,0\rangle,\langle b,1\rangle,\langle c,1\rangle\}$
$f_4=\{\langle a,1\rangle,\langle b,0\rangle,\langle c,0\rangle\}$, $f_5=\{\langle a,1\rangle,\langle b,0\rangle,\langle c,1\rangle\}$
$f_6=\{\langle a,1\rangle,\langle b,1\rangle,\langle c,0\rangle\}$, $f_7=\{\langle a,1\rangle,\langle b,1\rangle,\langle c,1\rangle\}$

设 A 和 B 都是有限集合,且 $|A|=m$ 和 $|B|=n$,因为任何函数 $f:A\to B$ 的域都是集合 A,所以每个函数中都恰有 m 个序偶。而且,任何元素 $x\in A$,都可以在 B 的 n 个元素中任选其一作为自己的象点。因此,应有 n^m 个可能的不同函数,即
$$|B^A|=|B|^{|A|}=n^m$$
上面的讨论说明了为什么要用 B^A 表示从 A 到 B 的所有可能的函数 $f:A\to B$ 的集合。同时

也说明了函数 $f:A{\rightarrow}B$ 的个数仅依赖于集合 A 的基数 $|A|$ 和集合 B 的基数 $|B|$,而和集合 A 与 B 的内容无关。

例 5.1.7　设 A 为任意集合,B 为任意非空集合。

(1)因为存在唯一的一个从 $\varnothing$ 到 A 的函数 $\varnothing$,所以 $A^\varnothing=\{\varnothing\}$。

(2)因为不存在从 B 到 $\varnothing$ 的函数,所以 $\varnothing^B=\varnothing$。

习题

1. 下列关系中哪些能够构成函数？对于不是函数的关系,说明不能构成函数的原因。

　(1)$R_1=\{\langle x,y\rangle\,|\,(x,y\in N)\wedge(x+y<10)\}$

　(2)$R_2=\{\langle x,y\rangle\,|\,(x,y\in R)\wedge(y=x^2)\}$

　(3)$R_3=\{\langle x,y\rangle\,|\,(x,y\in R)\wedge(y^2=x)\}$

2. 下列集合中,哪些能够用来定义函数？试求出所定义的函数的域和值域。

　(1)$S_1=\{\langle 1,\langle 2,3\rangle\rangle,\langle 2,\langle 3,4\rangle\rangle,\langle 3,\langle 1,4\rangle\rangle,\langle 4,\langle 1,4\rangle\rangle\}$

　(2)$S_2=\{\langle 1,\langle 2,3\rangle\rangle,\langle 2,\langle 3,4\rangle\rangle,\langle 3,\langle 3,2\rangle\rangle\}$

　(3)$S_3=\{\langle 1,\langle 2,3\rangle\rangle,\langle 2,\langle 3,4\rangle\rangle,\langle 1,\langle 2,4\rangle\rangle\}$

　(4)$S_4=\{\langle 1,\langle 2,3\rangle\rangle,\langle 2,\langle 2,3\rangle\rangle,\langle 3,\langle 2,3\rangle\rangle\}$

3. 设 Z 是整数集合,Z_+ 是正整数集合,并且把函数 $f:Z{\rightarrow}Z_+$ 定义为 $f(i)=|2i|+1$。试求出函数 f 的值域 R_f。

4. 设 E 是全集,$\rho(E)$ 是 E 的幂集,$\rho(E)\times\rho(E)$ 是由 E 的子集所构成的所有序偶的集合。对任意的 $S_1,S_2\in\rho(E)$,把 $f:\rho(E)\times\rho(E){\rightarrow}\rho(E)$ 定义为 $f(S_1,S_2)=S_1\cap S_2$。试证明:f 的陪域与值域相等。

5. 设 $A=\{-1,0,1\}$,并定义函数 $f:A^2{\rightarrow}B$ 如下:

$$f(\langle x,y\rangle)=\begin{cases}0, & \text{若 } x\cdot y>0\\ x-y, & \text{若 } x\cdot y\leqslant 0\end{cases}$$

　(1)写出 f 的全部序偶。

　(2)求出 R_f。

　(3)写出 $f/\{0,1\}^2$ 中的全部序偶。

　(4)有多少个和 f 具有相同的定义域和值域的函数 $g:A^2{\rightarrow}B$。

5.2　函数的合成与合成函数的性质

第 4 章介绍了关系的合成运算。函数既然是关系,那么按照一些规定,就可以把对关系的合成运算扩展到函数。

定义 5.2.1　设 $f:X{\rightarrow}Y$ 和 $g:Y{\rightarrow}Z$ 是两个函数。于是,合成关系 $f\circ g$ 为 f 与 g 的合成函数,并用 $g\circ f$ 表示。即

$$g\circ f=\{\langle x,z\rangle\,|\,(x\in X)\wedge(z\in Z)\wedge(\exists y)(y\in Y\wedge y=f(x)\wedge z=g(y))\}$$

注意,合成函数 $g\circ f$ 与合成关系 $f\circ g$ 实际上表示同一个集合。这种表示方法的不同既是历史形成的,也有其方便之处:

对合成函数 $g\circ f$,当 $z=(g\circ f)(x)$ 时,必有

$$z=g(f(x))$$

$g\circ f$ 与 $g(f(x))$ 的这种次序关系是很理想的。上述定义隐含了函数 f 的值域是函数 g 的域 Y 的子集,即 $R_f\subseteq D_g$。条件 $R_f\subseteq D_g$ 能确保合成函数 $g\circ f$ 是非空的。否则,合成函数 $g\circ f$ 是空集。如果 $g\circ f$ 非空,则能保证 $g\circ f$ 是从 X 到 Z 的函数。于是引出下面的定理。

定理 5.2.1　设 $f:X{\rightarrow}Y$ 和 $g:Y{\rightarrow}Z$ 是两个函数。

(1)合成函数 $g \circ f$ 是从 $X \rightarrow Z$ 的函数,并且对于每一个 $x \in X$,都有 $(g \circ f)(x) = g(f(x))$。

(2) $D_{g \circ f} = f^{-1}[D_g]$,$R_{g \circ f} = g[R_f]$。

其中 $f^{-1}[D_g]$ 表示 g 的域在 f 下的原象集,$g[R_f]$ 表示 f 的值域在 g 下的象点集。

证明 (1)假设 $x \in X$ 和 $z_1, z_2 \in Z$,再假设 $\langle x, z_1 \rangle \in g \circ f$ 和 $\langle x, z_2 \rangle \in g \circ f$。这个假设要求 $y \in Y$,使得 $y = f(x)$,$z_1 = g(y)$ 以及 $z_2 = g(y)$。因为 g 是一个函数,所以由函数值的唯一性可知,除非 $z_1 = z_2$,否则,不可能有 $z_1 = g(y)$ 和 $z_2 = g(y)$。也就是说,仅能有 $z_1 = z_2 = z$ 和 $\langle x, z \rangle \in g \circ f$。因此,$g \circ f$ 是一个从 X 到 Z 的函数,且

$$(g \circ f)(x) = z = g(y) = g(f(x))$$

(2)若 $x \in D_{g \circ f}$,则存在 $z \in Z$,使得 $\langle x, z \rangle \in g \circ f$。因此,必有 $y \in Y$,使得 $\langle x, y \rangle \in f$ 且 $\langle y, z \rangle \in g$。但由 $\langle y, z \rangle \in g$ 知,$y \in D_g$,再由 $\langle x, y \rangle \in f$,即得 $x \in f^{-1}[D_g]$。另一方面,若 $x \in f^{-1}[D_g]$,则有 $y \in D_g$ 使得 $\langle x, y \rangle \in f$。但由 $y \in D_g$ 知,有 $z \in Z$ 使得 $\langle y, z \rangle \in g$,所以 $\langle x, z \rangle \in g \circ f$,这表明 $x \in D_{g \circ f}$。

同理可证 $R_{g \circ f} = g[R_f]$。∎

例 5.2.1 设集合 $X = \{x_1, x_2, x_3, x_4\}$,$Y = \{y_1, y_2, y_3, y_4, y_5\}$ 和 $Z = \{z_1, z_2, z_3\}$。函数 $f: X \rightarrow Y$ 和 $g: Y \rightarrow Z$ 分别是

$$f = \{\langle x_1, y_2 \rangle, \langle x_2, y_1 \rangle, \langle x_3, y_3 \rangle, \langle x_4, y_5 \rangle\}$$
$$g = \{\langle y_1, z_1 \rangle, \langle y_2, z_2 \rangle, \langle y_3, z_3 \rangle, \langle y_4, z_3 \rangle, \langle y_5, z_2 \rangle\}$$

试求出函数 $g \circ f: X \rightarrow Z$,并给出它的图解。

解 函数 $g \circ f: X \rightarrow Z$ 为

$$g \circ f = \{\langle x_1, z_2 \rangle, \langle x_2, z_1 \rangle, \langle x_3, z_3 \rangle, \langle x_4, z_2 \rangle\}$$

$g \circ f$ 的图解如图 5-2 所示。

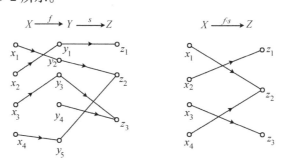

图 5-2 合成函数 $g \circ f: X \rightarrow Z$ 的图解

给定函数 $f: X \rightarrow Y$ 和 $g: Y \rightarrow Z$,能够求得合成函数 $g \circ f: X \rightarrow Z$;但是,却不一定存在合成函数 $f \circ g$。存在 $f \circ g$ 的条件是 $R_g \subseteq D_f$。然而,对于函数 $f: X \rightarrow X$ 和 $g: X \rightarrow X$,总是能求得合成函数 $g \circ f, f \circ g, f \circ f$ 和 $g \circ g$。

例 5.2.2 设集合 $X = \{1, 2, 3\}$,函数 $f: X \rightarrow Y$ 和 $g: X \rightarrow X$ 分别为

$$f = \{\langle 1, 2 \rangle, \langle 2, 3 \rangle, \langle 3, 1 \rangle\}$$
$$g = \{\langle 1, 2 \rangle, \langle 2, 3 \rangle, \langle 3, 3 \rangle\}$$

试求出合成函数 $f \circ g, g \circ f, g \circ g, f \circ f$。

解

$$f \circ g = \{\langle 1,3 \rangle, \langle 2,1 \rangle, \langle 3,1 \rangle\}$$
$$g \circ f = \{\langle 1,3 \rangle, \langle 2,3 \rangle, \langle 3,2 \rangle\}$$
$$g \circ g = \{\langle 1,3 \rangle, \langle 2,3 \rangle, \langle 3,3 \rangle\}$$
$$f \circ f = \{\langle 1,3 \rangle, \langle 2,1 \rangle, \langle 3,2 \rangle\}$$

由上面的例子可以看出,$g \circ f \neq f \circ g$,即函数的合成运算是不可交换的,但它是可结合的。

定理5.2.2   函数的合成运算是可结合的,即如果f,g,h都是函数,则有

$$h \circ (g \circ f) = (h \circ g) \circ f \tag{5-1}$$

证明   假定$y = f(x)$,$z = g(y)$和$w = h(z)$,于是有

$$\langle x,y \rangle \in f, \langle y,z \rangle \in g \text{ 和 } \langle z,w \rangle \in h$$

于是根据定理5.2.1可以写出$\langle x,z \rangle \in g \circ f$和$\langle y,w \rangle \in h \circ g$。因此,进一步对$g \circ f$和$h$合成得$\langle x,w \rangle \in h \circ (g \circ f)$,而对$f$和$h \circ g$合成得到$\langle x,w \rangle \in (h \circ g) \circ f$。由$\langle x,w \rangle$的任意性得

$$h \circ (g \circ f) = (h \circ g) \circ f \qquad ■$$

图5-3用图解法说明了函数的合成的可结合性。因为函数的合成运算是可结合的,所以在表达合成函数时,可以略去圆括号,即

$$h \circ g \circ f = h \circ (g \circ f) = (h \circ g) \circ f \tag{5-2}$$

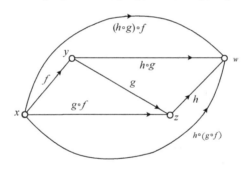

图5-3   函数的合成的可结合性

下面将恒等式(5-2)所给出的关系推广到更为一般的情况。设有n个函数:$f_1:X_1 \to X_2$,$f_2:X_2 \to X_3, \cdots, f_n:X_n \to X_{n+1}$,于是无括号表达式唯一地表达了从$X_1$到$X_{n+1}$的函数。如果$X_1 = X_2 = \cdots = X_n = X_{n+1} = X$而$f_1 = f_2 = \cdots = f_n = f$,则可用$f^n$表示从$X$到$X$的合成函数$f_n \circ f_{n-1} \circ \cdots \circ f_1$。

例5.2.3   设Z是整数集合,并且函数$f:Z \to Z$定义为$f(i) = 2i + 1$。试求出合成函数$f^3(i)$。

解   显然,合成函数$f^3(i)$是一个从Z到Z的函数。于是有

$$f^3(i) = f^2(i) \circ f(i) = (f(i) \circ f(i)) \circ f(i)$$
$$= f(f(f(i))) = f(f(2i + 1))$$
$$= f(4i + 3) = 2(4i + 3) + 1 = 8i + 7$$

定义5.2.2   给定函数$f:X \to X$,如果$f^2 = f$,则称f是**等幂函数**。

例5.2.4   设Z是整数集合和$N_m = \{0,1,2,\cdots,m-1\}$,并且函数$f:Z \to N_m$是$f(i) = i(\mathrm{mod}\ m)$。试证明:对于$n \geqslant 1$,有$f^n = f$。

证明(对n进行归纳)   当$n = 2$时,

$$f^2 = f \circ f = f(f(i)) = f(i(\bmod m))$$
$$= (i(\bmod m))(\bmod m) = i(\bmod m) = f$$

设 $k < n$ 时，有 $f^k = f$。往证 $n = k+1$ 时，有 $f^{k+1} = f$。

因为 $f^{k+1} = f^k \circ f = f \circ f = f$，所以对于所有的 $n \geq 1$，都有 $f^n = f$，即 f 是等幂函数。

习题

1. 设 R 是实数集合，并且对于 $x \in R$，函数 $f(x) = x+3$，$g(x) = 2x+1$ 和 $h(x) = x/2$，试求合成函数 $g \circ f$，$f \circ g$，$f \circ g$，$g \circ g$，$f \circ h$，$h \circ g$，$h \circ f$ 和 $f \circ h \circ g$。

2. 设集合 $X = \{0,1,2\}$。试求出 X^X 中如下的所有函数 $f: X \to X$：
   (1) $f^2(x) = f(x)$
   (2) $f^2(x) = x$
   (3) $f^3(x) = x$

5.3 特殊函数

某些函数具有十分重要的性质，而这些性质对于我们研究某些具体领域中的实际问题是十分有用的。例如，可以通过双射函数研究无限集的基数的比较，通过特征函数研究集合间的关系等等。下面我们将专门定义这些函数，并且给出相应的术语。

定义 5.3.1 给定函数 $f: X \to Y$。

(1) 如果函数 f 的值域 $R_f = Y$，则称 f 为**映上的映射**或**满射函数**。

(2) 如果函数 f 的值域 $R_f \subset Y$，则称 f 为**映入的映射**或**内射函数**。

定义 5.3.2 给定函数 $f: X \to Y$，对于 $x_1, x_2 \in X$，如果

$$x_1 \neq x_2 \Rightarrow f(x_1) \neq f(x_2)$$

或者

$$f(x_1) = f(x_2) \Rightarrow x_1 = x_2$$

则称 f 为**一对一的映射**或**单射函数**。

此定义隐含地规定了当 X 和 Y 都是有限集合时，只有当 $|X| \leq |Y|$ 时，$f: X \to Y$ 才是一对一的映射。

定义 5.3.3 给定函数 $f: X \to Y$。如果 f 既是满射的又是单射的，则称 f 为**一对一映满的映射**或**双射函数**。

定义中的条件说明构成双射函数的必要条件是 $|X| = |Y|$。后面将会看到，如果两个无限集合之间存在一个双射函数，那么这两个无限集合是等势的。

定理 5.3.1 给定函数 f 和 g，并且有合成函数 $g \circ f$。于是

(1) 如果 f 和 g 都是满射函数，则合成函数 $g \circ f$ 也是满射函数。

(2) 如果 f 和 g 都是单射函数，则合成函数 $g \circ f$ 也是单射函数。

(3) 如果 f 和 g 都是双射函数，则合成函数 $g \circ f$ 也是双射函数。

证明 给定集合 X, Y 和 Z，并且有函数 $f: X \to Y$ 和 $g: Y \to Z$。

对于命题 (1)，设任意的元素 $z \in Z$，由于 g 是满射函数，因而存在某一个元素 $y \in Y$，使得 $g(y) = z$。另外，因为 f 是满射函数，所以存在某一个元素 $x \in X$，使得 $f(x) = y$，于是有

$$(g \circ f)(x) = g(f(x)) = g(y) = z$$

即 $z \in (g \circ f)(X)$。由元素 $z \in Z$ 的任意性知，命题 (1) 为真。

对于(2),设任意的元素 $x_i, x_j \in X$ 且 $x_i \neq x_j$,因为 f 是单射的,所以必定有 $f(x_i) \neq f(x_j)$。由 g 是单射的和 $f(x_i) \neq f(x_j)$,可推出 $g(f(x_i)) \neq g(f(x_j))$,即如果 $x_i \neq x_j$,则有 $(g \circ f)(x_i) \neq (g \circ f)(x_j)$。于是命题(2)为真。

由命题(1)和命题(2)可直接推出命题(3)。 ■

但是,以上定理各部分的逆定理均不成立。

定理 5.3.2 给定函数 f 和 g,并且有合成函数 $g \circ f$,于是

(1)如果 $g \circ f$ 是满射函数,则 g 必定是满射函数。

(2)如果 $g \circ f$ 是单射函数,则 f 必定是单射函数。

(3)如果 $g \circ f$ 是双射函数,则 g 必定是满射函数,f 是单射函数。

证明 对于(1),设函数 $f:X \to Y, g:Y \to Z$,于是由定理 5.2.1 有合成函数 $g \circ f:X \to Z$。因为 $g \circ f$ 是满射函数,所以 $g \circ f$ 的值域 $R_{g \circ f} = Z$。设任意的元素 $x \in X$,某些 $y \in Y$ 和 $z \in Z$,于是有

$$(g \circ f)(x) = z = g(f(x)) = g(y)$$

由此可见,函数 g 的值域 $R_g = R_{g \circ f} = Z$,即 g 是满射函数,于是(1)得证。

对于(2),设函数 $f:X \to Y$,函数 $g:Y \to Z$。于是由定理 5.2.1 有合成函数 $g \circ f:X \to Z$。再设 $x_i, x_j \in X$ 且 $x_i \neq x_j$。因为 $g \circ f$ 是单射的,所以

$$(x_i \neq x_j) \Rightarrow (g \circ f)(x_i) \neq (g \circ f)(x_j)$$
$$\Leftrightarrow g(f(x_i)) \neq g(f(x_j))$$

因为 g 是函数,所以象点不同时,原象一定不相同,即

$$g(f(x_i)) \neq g(f(x_j)) \Rightarrow f(x_i) \neq f(x_j)$$

根据永真蕴涵关系的可传递性,有

$$(x_i \neq x_j) \Rightarrow f(x_i) \neq f(x_j)$$

即命题(2)为真。

对于(3),因为合成函数 $g \circ f$ 是双射函数,所以 $g \circ f$ 既是满射的,又是单射的。由(1)和(2)可知(3)成立。 ■

定义 5.3.4 给定集合 X,并且有函数 $I_X:X \to X$。对于所有的 $x \in X$,如果有 $I_X(x) = x$,即

$$I_X = \{\langle x, x \rangle \mid x \in X\}$$

则称 I_X 为**恒等函数**。

显然,恒等函数是双射函数。

定理 5.3.3 给定集合 X 和 Y。对于任何函数 $f:X \to Y$,都有

$$f = f \circ I_X = I_Y \circ f$$

证明 设 $x \in X$ 和 $y \in Y$。根据定义 5.3.4 有

$$I_X(x) = x \text{ 和 } I_Y(y) = y$$

于是有

$$(f \circ I_X)(x) = f(I_X(x)) = f(x)$$
$$(I_Y \circ f)(x) = I_Y(f(x)) = f(x)$$

因此,$f = f \circ I_X = I_Y \circ f$。 ■

定义 5.3.5 设 X 和 Y 是两个集合,并且 $X' \subseteq X$。于是任何函数 $f:X' \to Y$ 都称为域 X 和

陪域 Y 的**偏函数**。对于任何元素 $x \in X - X'$，$f(x)$ 的值是没有定义的。

例 5.3.1　设 R 是实数集合，并且偏函数 $f:R \to R$ 是 $f(x) = 1/x$。对于 $x = 0$，偏函数 $f(x)$ 没有定义。

习题

1. 设 N 是自然数集合，R 是实数集合。下列函数中哪些是满射的，哪些是单射的，哪些是双射的？

   (1) $f:N \to N, f(i) = i^2 + 2$

   (2) $f:N \to N, f(i) = i (\bmod 3)$

   (3) $f:N \to N, f(i) = \begin{cases} 1, & i \text{ 是奇数} \\ 0, & i \text{ 是偶数} \end{cases}$

   (4) $f:N \to \{0,1\}, f(i) = \begin{cases} 0, & i \text{ 是奇数} \\ 1, & i \text{ 是偶数} \end{cases}$

   (5) $f:N \to R, f(i) = \log_{10} i$

   (6) $f:R \to R, f(i) = i^2 + 2i - 15$

   (7) $f:N^2 \to N, f(\langle n_1, n_2 \rangle) = n_1^{n_2}$

   (8) $f:R \to R, f(i) = 2^i$

   (9) $f:N \to N \times N, f(n) = \langle n, n+1 \rangle$

   (10) $f:\{a,b\}^* \to \{a,b\}^*, f(x) = xa$

   (11) $f:Z \to N, f(x) = |x|$

2. 设集合 $X = \{a,b,c,d\}$，$Y = \{1,2,3\}$，$f = \{<a,1>, <b,2>, <c,3>\}$，判断下列命题的真假：

   (1) f 是从 X 到 Y 的函数，而且是满射函数；

   (2) f 是从 X 到 Y 的函数，但不是满射函数，是单射函数；

   (3) f 是从 X 到 Y 的二元关系，但不是函数。

3. 设 X 和 Y 都是有限集合，X 和 Y 的基数分别为 $|X| = m$ 和 $|Y| = n$。

   (1) 有多少个从 X 到 Y 的单射函数？

   (2) 有多少个从 X 到 Y 的满射函数？

   (3) 有多少个不同的双射函数？

4. 设 $A = \{1,2,3\}$。有多少个从 A 到 A 的满射函数 f 具有性质 $f(1) = 3$？

5. 设 $A = \{1,2,\cdots n\}$，有多少满足以下条件的从 A 到 A 的函数 f：

   (1) $f \circ f = f$　　　　(2) $f \circ f = I_A$　　　　(3) $f \circ f \circ f = I_A$

6. 设集合 $X = \{-1,0,1\}^2$，且函数 $f:X \to Y$ 是

$$f(\langle x_1, x_2 \rangle) = \begin{cases} 0, & x_1 \cdot x_2 > 0 \\ x_1 - x_2, & x_1 \cdot x_2 \leqslant 0 \end{cases}$$

   有多少与 f 具有同样的域和值域的不同函数？

7. 设偏函数 $f:R \to R$ 是 $f(x) = 1/x$；偏函数 $g:R \to R$ 是 $g(x) = x^2$；偏函数 $h:R \to R$ 是 $h(x) = \sqrt{x}$。

   (1) 试求出合成函数 $f \circ f, h \circ g$ 和 $g \circ h$ 的代数表达式。

   (2) 求出各偏函数的定义域，即 R 的子集。

   (3) 求出各偏函数的象点。

8. 设 f 为从 Z 到 Z 的函数，Z 为整数集合，并且 $f(x) = |x| - 2x$，f 是否为单射、满射或双射函数？

9. 设函数 $g:A \to B, h:A \to B$，函数 $f:B \to C$，已知 $f \circ g = f \circ h$，且 f 是单射函数，试证明 $g = h$。

10. 试证明从 $X \times Y$ 到 $Y \times X$ 存在一个一对一的映射，并且验证此映射是否是满射。

5.4　反函数

前一节用关系的合成直接定义了函数的合成。那么能否用关系的逆关系直接定义函数的反函数呢?

例 5.4.1　考察如下定义的函数 $f: Z \to Z$:

$$f = \{\langle i, i^2 \rangle \mid i \in Z\}$$

于是

$$f^{-1} = \{\langle i^2, i \rangle \mid i \in Z\}$$

显然,f^{-1} 不是从 Z 到 Z 的函数。这个例子告诉我们,不能直接用关系的逆关系来定义函数的反函数。

定义 5.4.1　设 $f: X \to Y$ 是双射函数。于是 f 的逆关系是 f 的**反函数**(或称为**逆函数**),记作 f^{-1}。对于 f,如果存在 f^{-1},则函数 f 是可逆的。

注意,仅当 f 是双射函数时,才有对应于 f 的反函数 f^{-1}。

若存在函数 $g: Y \to X$,使得 $g \circ f = I_X$,则称 g 为 f 的**左逆**;若存在函数 $g: Y \to X$,使得 $f \circ g = I_Y$,则称 g 为 f 的**右逆**。

定理 5.4.1　设 $f: X \to Y$ 是双射函数。于是,反函数 f^{-1} 也是双射函数,并且是从 Y 到 X 的函数 $f^{-1}: Y \to X$。

证明　首先证明反函数 f^{-1} 是一个从 Y 到 X 的函数。为此,可把 f 和 f^{-1} 表达成

$$f = \{\langle x, y \rangle \mid x \in X \wedge y \in Y \wedge f(x) = y\}$$
$$f^{-1} = \{\langle y, x \rangle \mid \langle x, y \rangle \in f\}$$

因为 f 是双射函数,所以每一个 $y \in Y$ 都必定出现于一个序偶 $\langle x, y \rangle \in f$ 之中,从而也出现于一个序偶 $\langle y, x \rangle \in f^{-1}$ 之中。这说明反函数 f^{-1} 的域是集合 Y,而不是 Y 的子集。另外,由于 f 是单射函数,故对于每一个 $y \in Y$,至多存在一个 $x \in X$,使得 $\langle x, y \rangle \in f$;因而,仅有一个 $x \in X$,使得 $\langle y, x \rangle \in f^{-1}$。这说明反函数 f^{-1} 也是单射的,即 f^{-1} 是从 Y 到 X 的函数。

然后证明 f^{-1} 是双射函数。为此,假设反函数 $f^{-1}: Y \to X$ 不是双射函数,即 f^{-1} 不是单射或满射的。如果 f^{-1} 不是单射的,则可能有 $\langle y_i, x_i \rangle \in f^{-1}$ 和 $\langle y_j, x_i \rangle \in f^{-1}$,以致又有 $\langle x_i, y_i \rangle \in f$ 和 $\langle x_i, y_j \rangle \in f$,也就是说,$f$ 不满足象点的唯一性条件。因此,f 不是函数。这与假设相矛盾,故 f^{-1} 应是单射函数。如果 f^{-1} 不是满射的,那么就不是每一个 $x \in X$ 都出现于序偶 $\langle y, x \rangle \in f^{-1}$ 之中,以致不是每一个 $x \in X$ 都出现于序偶 $\langle x, y \rangle \in f$ 之中,从而导致 f 不是函数,与假设矛盾,故 f^{-1} 是满射函数。因为 f^{-1} 既是单射的又是满射的,所以 f^{-1} 是双射函数。　∎

定理 5.4.2　如果函数 $f: X \to Y$ 是可逆的,则有

$$f^{-1} \circ f = I_X, f \circ f^{-1} = I_Y$$

证明　设 $x \in X$ 和 $y \in Y$,如果 $f(x) = y$,则有 $f^{-1}(y) = x$,于是得到

$$(f^{-1} \circ f)(x) = f^{-1}(f(x)) = f^{-1}(y) = x$$

因此有 $f^{-1} \circ f = I_X$。与此类似,还可得出

$$(f \circ f^{-1})(y) = f(f^{-1}(y)) = f(x) = y$$

于是有 $f \circ f^{-1} = I_Y$。　∎

注意,函数 f 和 f^{-1} 的合成总会生成一个恒等函数,由于合成的次序不同,因此合成函数的值域或者是集合 X,或者是集合 Y。

例 5.4.2　在自然数集合上定义四个函数如下:

$$f_1 = \{\langle 0,0\rangle,\langle 1,0\rangle\}\cup\{\langle n+2,n\rangle \mid n\in N\}$$
$$f_2 = \{\langle 0,1\rangle,\langle 1,1\rangle\}\cup\{\langle n+2,n\rangle \mid n\in N\}$$
$$g_1 = \{\langle n,n+2\rangle \mid n\in N\}$$
$$g_2 = \{\langle 0,0\rangle\}\cup\{\langle n+1,n+3\rangle \mid n\in N\}$$

则显然有

$$f_1\circ g_1 = f_2\circ g_1 = f_1\circ g_2 = I_N$$

这表明 g_1 和 g_2 都是 f_1 的右逆,而 f_1 和 f_2 又都是 g_1 的左逆。此例说明,一个函数的左逆和右逆不一定是唯一的。

例 5.4.3　给定集合 $X=\{0,1,2\}$ 和 $Y=\{a,b,c\}$ 并且函数 $f:X\to Y$ 为 $f=\{\langle 0,c\rangle,\langle 1,a\rangle,\langle 2,b\rangle\}$,反函数 $f^{-1}:Y\to X$ 为 $f^{-1}=\{\langle c,0\rangle,\langle a,1\rangle,\langle b,2\rangle\}$。试求出 $f^{-1}\circ f$ 和 $f\circ f^{-1}$。

解

$$(f^{-1}\circ f)(x) = f^{-1}(f(x)) = \{\langle 0,0\rangle,\langle 1,1\rangle,\langle 2,2\rangle\} = I_X$$
$$(f\circ f^{-1})(y) = f(f^{-1}(y)) = \{\langle c,c\rangle,\langle a,a\rangle,\langle b,b\rangle\} = I_Y$$

定理 5.4.3　如果 f 是双射函数,则有 $(f^{-1})^{-1}=f$。

证明　假设 $\langle x,y\rangle\in(f^{-1})^{-1}$,于是有

$$\langle x,y\rangle\in(f^{-1})^{-1}\Leftrightarrow\langle y,x\rangle\in f^{-1}\Leftrightarrow\langle x,y\rangle\in f$$

由 $\langle x,y\rangle$ 的任意性,有 $(f^{-1})^{-1}=f$。　∎

定理 5.4.4　给定函数 $f:X\to Y$ 和 $g:Y\to Z$,并且 f 和 g 都是可逆的。于是有

$$(g\circ f)^{-1} = f^{-1}\circ g^{-1}$$

证明　因为 f 和 g 都是函数,所以可以构成合成函数 $g\circ f:X\to Z$。由于 f 和 g 都是可逆的,故 f 和 g 都必然是双射的,于是由定理 5.3.1 的(3)知,$g\circ f$ 也是双射的。双射函数 $g\circ f$ 自然可以构成反函数 $(g\circ f)^{-1}$。因为 f 和 g 都是双射函数,所以存在反函数 $f^{-1}:Y\to X$ 和 $g^{-1}:Z\to Y$,由此能构成合成函数 $f^{-1}\circ g^{-1}:Z\to X$。

因为 f 和 g 都是可逆的,所以根据定理 5.4.2 有

$$(f^{-1}\circ g^{-1})\circ(g\circ f) = f^{-1}\circ(g^{-1}\circ g)\circ f$$
$$= f^{-1}\circ I_Y\circ f$$
$$= f^{-1}\circ f = I_X$$
$$(g\circ f)\circ(f^{-1}\circ g^{-1}) = g\circ(f\circ f^{-1})\circ g^{-1}$$
$$= g\circ I_Y\circ g^{-1}$$
$$= g\circ g^{-1} = I_Z$$

即 $(g\circ f)^{-1}=f^{-1}\circ g^{-1}$。　∎

这个定理说明,可以用反函数的相反次序的合成来表达合成函数的反函数。

例 5.4.4　给定集合 $X=\{1,2,3\}$,$Y=\{a,b,c\}$ 和 $Z=\{\alpha,\beta,\gamma\}$,设函数 $f:X\to Y$ 和 $g:Y\to Z$ 分别为 $f=\{\langle 1,c\rangle,\langle 2,a\rangle,\langle 3,b\rangle\}$ 和 $g=\{\langle a,\gamma\rangle,\langle b,\beta\rangle,\langle c,\alpha\rangle\}$,试说明 $(g\circ f)^{-1}=f^{-1}\circ g^{-1}$。

解

$$f^{-1} = \{\langle a,2 \rangle, \langle b,3 \rangle, \langle c,1 \rangle\}$$
$$g^{-1} = \{\langle \alpha,c \rangle, \langle \beta,b \rangle, \langle \gamma,a \rangle\}$$
$$g \circ f = \{\langle 1,\alpha \rangle, \langle 2,\gamma \rangle, \langle 3,\beta \rangle\}$$
$$(g \circ f)^{-1} = \{\langle \alpha,1 \rangle, \langle \beta,3 \rangle, \langle \gamma,2 \rangle\}$$
$$f^{-1} \circ g^{-1} = \{\langle \alpha,1 \rangle, \langle \beta,3 \rangle, \langle \gamma,2 \rangle\} = (g \circ f)^{-1}$$

习题

1. 设函数 $f:R \to R$ 是 $f(x) = x^2 - 2$。试求反函数 f^{-1}。

2. 设集合 $X = \{1,2,3,4\}$。试定义一个函数 $f:X \to X$，使得 $f \neq I_X$，并且是单射的。求出 $f \circ f = f^2, f^3 = f \circ f^2$，$f^{-1}$ 和 $f \circ f^{-1}$。能否求出另外一个单射函数 $g:X \to X$，使得 $g \neq I_X$，但是 $g \circ g = I_X$。

3. 设 $f:R \to R, g:R \to R, h:R \to R, R$ 为实数集合，令 $f(x) = x^2 - 2, g(x) = x + 4, h(x) = x^3 + 1$

   (1) 求 $g \circ f, f \circ g$。

   (2) $g \circ f$ 以及 $f \circ g$ 是否为单射函数、满射函数、双射函数？

   (3) f, g, h 中哪些函数有反函数？如果有，求出这些反函数。

5.5 特征函数

我们能用一种很简单的函数来确定集合与集合之间的关系，这种函数就是特征函数。

定义 5.5.1 设 X 为任意集合，$Y \subseteq R$，f 和 g 是从 X 到 Y 的函数。

(1) $f \leqslant g$ 表示对每个 $x \in X$，皆有 $f(x) \leqslant g(x)$。

(2) $f + g:X \to Y$，对每个 $x \in X$，皆有 $(f+g)(x) = f(x) + g(x)$，称 $f+g$ 为 f 和 g 的**和**。

(3) $f - g:X \to Y$，对每个 $x \in X$，皆有 $(f-g)(x) = f(x) - g(x)$，称 $f-g$ 为 f 和 g 的**差**。

(4) $f * g:X \to Y$，对每个 $x \in X$，皆有 $(f*g)(x) = f(x) * g(x)$，称 $f * g$ 为 f 和 g 的**积**。

定义 5.5.2 设 E 为全集，$A \subseteq E$，ψ_A 为如下定义的从 E 到 $\{0,1\}$ 的函数：

$$\psi_A(x) = \begin{cases} 1, x \in A \\ 0, x \notin A \end{cases}$$

称 $\psi_A(x)$ 为集合 A 的**特征函数**。

下面列举特征函数的一些重要性质，其中 0 表示从 E 到 $\{0,1\}$ 的函数 $\{\langle x,0 \rangle | x \in E\}$，1 表示从 E 到 $\{0,1\}$ 的函数 $\{\langle x,1 \rangle | x \in E\}$。

(1) $0 \leqslant \psi_A \leqslant 1$，对于任意的 $A \subseteq E$ 成立

(2) $\psi_A = 0$，当且仅当 $A = \varnothing$

(3) $\psi_A = 1$，当且仅当 $A = E$

(4) $\psi_A \leqslant \psi_B$，当且仅当 $A \subseteq B$

(5) $\psi_A = \psi_B$，当且仅当 $A = B$

(6) $\psi_{\sim A} = 1 - \psi_A$

(7) $\psi_{A \cap B} = \psi_A * \psi_B$

(8) $\psi_{A \cup B} = \psi_A + \psi_B - \psi_A * \psi_B$

(9) $\psi_{A - B} = \psi_A - \psi_A * \psi_B$

(10) $\psi_A * \psi_B = \psi_A$，当且仅当 $A \subseteq B$

(11) $\psi_A * \psi_A = \psi_A$

例 5.5.1　证明特征函数的性质(8)和(9)。

证明　对于(8),当 $x \in A \cup B$ 时,$\psi_{A \cup B} = 1$,由于 $x \in A \cup B \Leftrightarrow x \in A \vee x \in B$,于是可能有下面几种情况:

①$x \in A$ 使得 $\psi_A = 1$,$x \notin B$ 使得 $\psi_B = 0$,于是 $\psi_A + \psi_B - \psi_A * \psi_B = 1$

②$x \in B$ 但 $x \notin A$,此时也有 $\psi_A + \psi_B - \psi_A * \psi_B = 1$

③$x \in A$ 并且 $x \in B$,此时 $\psi_A + \psi_B - \psi_A * \psi_B = 1 + 1 - 1 * 1 = 1$,即当 $x \in A \cup B$ 时,有

$$\psi_{A \cup B} = \psi_A + \psi_B - \psi_A * \psi_B$$

当 $x \notin A \cup B$ 时,$\psi_{A \cup B} = 0$,而

$$x \notin A \cup B \Leftrightarrow \neg x \in A \cup B \Leftrightarrow \neg (x \in A \vee x \in B) \Leftrightarrow x \notin A \wedge x \notin B$$

于是

$$\psi_A + \psi_B - \psi_A * \psi_B = 0$$

即当 $x \notin A \cup B$ 时,有

$$\psi_{A \cup B} = \psi_A + \psi_B - \psi_A * \psi_B$$

综上所述,式(8)成立。

对于(9),当 $x \in A - B$ 时,$\psi_{A-B} = 1$,而 $x \in A - B \Leftrightarrow x \in A \wedge x \notin B \Leftrightarrow \psi_A = 1 \wedge \psi_B = 0$,于是 $\psi_A - \psi_A * \psi_B = 1 - 1 * 0 = 1$,即式(9)成立;当 $x \notin A - B$ 时,$\psi_{A-B} = 0$,而

$$x \notin A - B \Leftrightarrow \neg (x \in A - B) \Leftrightarrow \neg (x \in A \wedge x \notin B)$$
$$\Leftrightarrow x \notin A \vee x \in B$$
$$\Leftrightarrow \psi_A = 0 \vee \psi_B = 1$$

于是有

①$\psi_A - \psi_A * \psi_B = 0 - 0 * 0 = 0$

②$\psi_A - \psi_A * \psi_B = 1 - 1 * 1 = 0$

③$\psi_A - \psi_A * \psi_B = 0 - 0 * 1 = 0$

即 $x \notin A - B$ 时,总有

$$\psi_{A-B} = \psi_A - \psi_A * \psi_B$$

综上所述,对任何情况都有式(9)成立。

利用集合的特征函数可以证明集合论中的等式成立。

例 5.5.2　用特征函数证明 $A \cup (B \cap C) = (A \cup B) \cap (A \cup C)$。

证明　通过直接计算可得

$$\psi_{A \cup (B \cap C)} = \psi_A + \psi_{B \cap C} - \psi_A * \psi_{B \cap C}$$
$$= \psi_A + \psi_B * \psi_C - \psi_A * \psi_B * \psi_C$$

及

$$\psi_{(A \cup B) \cap (A \cup C)} = \psi_{A \cup B} * \psi_{A \cup C}$$
$$= (\psi_A + \psi_B - \psi_A * \psi_B) * (\psi_A + \psi_C - \psi_A * \psi_C)$$
$$= \psi_A * \psi_A + \psi_A * \psi_C - \psi_A * \psi_A * \psi_C + \psi_A * \psi_B + \psi_B * \psi_C$$
$$- \psi_A * \psi_B * \psi_C - \psi_A * \psi_A * \psi_B - \psi_A * \psi_B * \psi_C + \psi_A * \psi_B * \psi_A * \psi_C$$
$$= \psi_A + \psi_B * \psi_C - \psi_A * \psi_B * \psi_C$$

所以

$$\psi_{A\cup(B\cap C)} = \psi_{(A\cup B)\cap(A\cap C)}$$

从而得到 $A\cup(B\cap C) = (A\cup B)\cap(A\cap C)$。

习题

1. 证明:特征函数所具有的性质(1)~(7)和(10)~(11)。
2. 应用特征函数求下列各式成立的充分必要条件。
   (1) $(A-B)\cup(A-C) = A$
   (2) $A\oplus B = \varnothing$
   (3) $A\oplus B = A$
   (4) $A\cap B = A\cup B$

5.6 基数

对于有穷集合来说,总是可以比较它们的元素的数目。例如,设集合 A 有 n 个元素,集合 B 有 m 个元素,则 n 和 m 的关系只能是下面三种情形之一:1) $m=n$;2) $m<n$;3) $m>n$。但是,对于无限集合,就无法比较它们元素的数目,必须采用另一种方法来比较它们。这就是本节我们要讨论的无限集合的基数的比较方法。

定义 5.6.1 设 A 和 B 是两个集合。从 A 到 B 如果存在一个双射函数 $f:A\to B$,则称 A 和 B 是**等位的**或**等势的**,记作 $A\sim B$,读作 A 等势于 B。

例 5.6.1 设集合 $N=\{0,1,2,\cdots\}$,$N_2=\{0,2,4,\cdots\}$,试证明 $N\sim N_2$。

解 设 $f:N\sim N_2$,且对于 $n\in N$,令 $f(n)=2n$。显然,f 是从 N 到 N_2 的双射函数,因而有 $N\sim N_2$。

注意,这里 $N_2\subset N$。对于有限集绝不会有这种情况。这既是有限集和无限集之间本质上的差别,也是对无限集的一种定义方法。

例 5.6.2 设集合 $N=\{0,1,2,\cdots\}$,试证明 $N\times N\sim N$。

证明 如图 5-4 所示,$N\times N$ 中的元素恰好可以落在平面的第一象限内的所有整数坐标上。按照图上所标,从 $<0,0>$ 开始,依次得到下面的序列:

$$<0,0>,\ <0,1>,\ <1,0>,\ <0,2>,\ <1,1>,\ <2,0>,\ \cdots$$
$$\downarrow\qquad\downarrow\qquad\downarrow\qquad\downarrow\qquad\downarrow\qquad\downarrow$$
$$0\qquad 1\qquad 2\qquad 3\qquad 4\qquad 5$$

设 $<m,n>$ 是图上的一个点,并且它对应的自然数是 k。首先确定 $<m,n>$ 点所在斜线下方的斜线数目(设 $<0,0>$ 点所在的是第一条斜线),有 $m+n$ 条斜线,这些斜线上的点的数目构成了等差数列,结点总数一共为

$$1+2+\cdots+(m+n) = \frac{(m+n+1)(m+n)}{2}$$

再加上 $<m,n>$ 所在斜线上标注在 $<m,n>$ 点之前的点数 m,因此,$<m,n>$ 点是第 $\dfrac{(m+n+1)(m+n)}{2}$ 个点,可得:

$$k = \frac{(m+n+1)(m+n)}{2} + m$$

依据以上分析,可得出 $N\times N$ 到 N 的双射函数 f 为:

$$f(<m,n>) = \frac{(m+n+1)(m+n)}{2} + m$$

因此,$N \times N \sim N$。

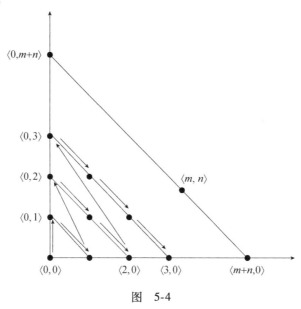

图　5-4

定义 5.6.2　设 A 和 B 为两个集合。

(1)如果 $A \sim B$,就称 A 和 B 的基数相等,记作 $|A| = |B|$。

(2)如果存在从 A 到 B 的单射,就称 A 的基数小于等于 B 的基数,记作 $|A| \leq |B|$。

(3)如果 $|A| \leq |B|$ 且 $|A| \neq |B|$,就称 A 的基数小于 B 的基数,记作 $|A| < |B|$。

任何两个基数都可以比较大小。对于无限集合的基数,我们规定特殊的记号,令 $|N| = \aleph_0$,读作阿列夫零;令实数集合 R 的基数为 $|R| = \aleph_1$,读作阿列夫一。

定义 5.6.3　等势于自然数集合 N 的任何集合 A,称为**可数集**。

例 5.6.3　正整数集合 Z_+ 是无限可数集,且有 $|Z_+| = \aleph_0$。这是因为 $f(x) = x - 1$ 给定的 $f: Z_+ \to N$ 是双射函数。又如,设函数 $f: N \to Z$。如果 x 是偶数,则 $f(x) = x/2$;如果 x 是奇数,则 $f(x) = -(x+1)/2$。这样,f 是双射函数,因此有 $|Z| = \aleph_0$。

为了确认集合是有限的或可数的,可以把集合 A 的各元素排列起来,并令序列中的第一个元素对应 1,第二个元素对应 2 等等,这样就能建立一个从 A 到 $Z_m (m \in N, Z_m = \{1,2,\cdots,m\})$ 或 N 的双射函数关系。这种安排的目的在于计数集合 A 的各元素。因此,有限集合及无限可数集合都称为可计数的集合。

定义 5.6.4　如果集合 A 是有限的或无限可数的,则称 A 是**可计数的**;如果集合 A 是无限的且不是可数的,则称 A 是**不可计数的**。

从定义可以看出,不是所有无限集合都是可数的,例如,实数集合就是不可数的。

定理 5.6.1　实数集合 $R_1 = \{x | x \in R \land (0 < x < 1)\}$ 是不可计数的。

证明(反证法)　假设 R_1 是可计数的,因此,可把 R_1 的元素排成无穷序列 $x_1, x_2, \cdots,$ $x_n, \cdots$。任何小于 1 的正数都可表达成 $x = 0. y_1 y_2 y_3 \cdots$。这里 $y_i \in \{0,1,2,\cdots,9\}$,而 $\{y_1, y_2, \cdots\}$ 有无穷个非零元素。例如,小数 0.2 和 0.123 可分别写成 0.1999… 和 0.122999…。

于是可把 R_1 的各元素 $x_1, x_2, \cdots$ 表达成

$$x_1 = 0.\, a_{11}a_{12}a_{13}\cdots a_{1n}\cdots$$
$$x_2 = 0.\, a_{21}a_{22}a_{23}\cdots a_{2n}\cdots$$
$$x_3 = 0.\, a_{31}a_{32}a_{33}\cdots a_{3n}\cdots$$
$$\cdots$$

对于每一个 $n \geq 1$，一般地，可把上述元素表示成

$$x_n = 0.\, a_{n1}a_{n2}a_{n3}\cdots a_{nn}\cdots$$

既然 R_1 是可数的，则存在从实数集合 R_1 到自然数集合的一个双射函数 $f: R_1 \rightarrow N, x_n$ 的象点是 $n \in N$，即 $f(x_n) = n$。这样，映射 f 可给定成

$$
\begin{array}{ccccc}
x_1 & x_2 & x_3 & \cdots & x_n & \cdots \\
\updownarrow & \updownarrow & \updownarrow & & \updownarrow & \\
1 & 2 & 3 & \cdots & n & \cdots
\end{array}
$$

接着，试构成一个实数

$$x = 0.\, b_1 b_2 b_3 \cdots b_n \cdots$$

这里，对于 $j = 1, 2, 3, \cdots$，如果 $a_{jj} \neq 1$，则选定 $b_j = 1$；如果 $a_{jj} = 1$，则选定 $b_j = 2$；如此等等。显然，x 与所有的元素 $x_1, x_2, \cdots, x_n, \cdots$ 都不相同。因为在第一个位置上它不同于 x_1，在第二个位置上它不同于 x_2，如此等等。因此 $x \notin R_1$，即它不属于 f 的域，当然也就不存在从 R_1 到 N 的双射函数。这与假设相矛盾，因此，R_1 是不可计数的。　■

定理 5.6.1 说明 R_1 和 N 是属于不同基数类的集合。下面将用图解法来说明 R_1 的基数是 $\aleph_1$。为此，我们只要说明 $R_1 \sim R$ 即可。

用无限长的坐标轴表示集合 R，即直线上的各点表示不同的实数；用有限长的线段表示集合 R_1，即线段上的各点表示 0 和 1 之间的不同实数。接着把线段 R_1 弯曲成半圆，并使 R 轴与半圆相切于线段的中间点，如图 5-5 所示。如果从半圆的中心引出直线，并与半圆和轴相交，则各交点必成对地出现，从而形成了从 R_1 到 R 的双射函数。因此，R_1 和 R 具有同样的基数 $\aleph_1$。

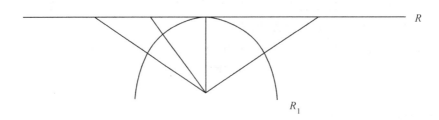

图 5-5　从 R_1 到 R 的双射函数

上面用例子说明了集合 $(0,1) = R_1$ 等势于 R。实际上，对于处于任何区间 $(a, b) = \{x \mid x \in R \wedge a < x < b\}$ 的实数集合，这个例子都是有效的，都有 $\aleph_1$ 表示这些等势集合的基数，并称它为**闭联集的势**。

到目前为止，我们已经讨论了具有基数 $\aleph_0$ 的可计数的无限集合，也研究了具有基数 $\aleph_1$ 的不可计数的无限集合。是否存在基数不同于 $\aleph_0$ 和 $\aleph_1$ 的其他无限集合？能否将它们按一

定次序排列,并比较它们的基数? 下面将给出这方面的解释。

定理 5.6.2 对于每个集合 A,皆有 $|A| < |\rho(A)|$。

证明 定义 $g:A \to \rho(A)$,并且令 $g(a) = \{a\}$,显然,g 是内射。所以,由定义 5.6.2 的(2)知 $|A| \le |\rho(A)|$。下面用反证法证明 $|A| \ne |\rho(A)|$。

假设 $|A| = |\rho(A)|$,则有双射函数 $f:A \to \rho(A)$。令 $B = \{a \mid a \in A \wedge a \notin f(a)\}$,则 $B \in \rho(A)$,所以有 $t \in A$,使得 $f(t) = B$。

若 $t \in B$,根据 B 的定义,$t \notin f(t)$,即 $t \notin B$。

若 $t \notin B$,即 $t \notin f(t)$,根据 B 的定义,$t \in B$。

总之,$t \in B$ 当且仅当 $t \notin B$,这是一个矛盾,所以只有 $|A| \ne |\rho(A)|$。∎

例 5.6.4 试证明 $\rho(N)$ 的基数是 $\aleph_1$。

证明 首先,对任意集合,我们来证明 $\rho(A) \sim \{0,1\}^{|A|}$,其中 $\{0,1\}^{|A|}$ 指 $\{0,1\}$ 集合的 $|A|$ 次笛卡儿乘积,也就是长度为 $|A|$ 的 0、1 序列的集合。定义函数如下:

$$f(A') = \psi_{A'}, \quad \forall A' \in \rho(A)$$

其中 $\psi_{A'}$ 指集合 A' 的特征函数。对于 A 的任何子集,都有特征函数对应的 0、1 串与之对应;对应任何一个 0、1 序列,也都有唯一的一个 A 的子集与之对应。因此,f 是双射函数,即 $\rho(A) \sim \{0,1\}^{|A|}$。将 A 替换为自然数集合 N,可得 $\rho(N) \sim \{0,1\}^{|N|}$。

其次,证明 $\{0,1\}^{|N|} \sim (0,1)$,其中 $(0,1)$ 指 0、1 区间的实数集合。这里的证明过程留作练习。

因此,由等势的可传递性可知,$\rho(N) \sim (0,1)$,由定理 5.6.1 和图 5-5 可知,$(0,1)$ 的基数为 $\aleph_1$。可得 $\rho(N)$ 的基数也是 $\aleph_1$。

至此,可以得出如下的结论:

(1)和自然数等势的无限集的基数为 $\aleph_0$。

(2)和实数集合等势的无限集的基数为 $\aleph_1$。

(3)$\aleph_0 < \aleph_1$。

在计算机科学中,广泛地应用了本节的概念,特别是可计算性理论。在非数值系统中的元素与自然数之间,可以建立双射函数关系。这样就能够把非数值系统中的命题变换成相对应的自然数的命题。因此,可以用证明自然数系统中相应的命题来间接地证明非数值系统中给定的命题。

习题

1. 证明下列集合是可数的:

   (1)$\{k \mid k = 3n - 2, n \in N\}$。

   (2)$\{k \mid k = n^2, n \in N\}$。

   (3)集合(1)和(2)的并集。

2. 设集合 $N = \{0,1,2,\cdots\}$,试找出三个不同的 N 的真子集,它们都与 N 等势。

3. 设 A, B 是可数集,试证明:

   (1)$A \cup B$ 是可数集。

   (2)$A \times B$ 是可数集。

4. 试证 $(0,1)$ 等势于 $[0,1]$。

5. 设对于集合 A, B, C, D,有 $A \sim B, C \sim D$,试证明 $A \times C \sim B \times D$。

6. 计算下列集合的基数：

(1)$A = \{x \mid x = n^2 \wedge n \in N\}$，$N$ 为自然数集合。

(2)平面直角坐标系上所有与 x 轴平行的直线的集合。

小结

本章介绍了函数的概念，函数是满足任意性和唯一性的关系。此外，本章介绍了特殊函数：满射函数、单射函数、双射函数及反函数和集合的特征函数，还特别强调了函数的合成运算是左合成。对于无限函数集定义自然数集合的基数是 $\aleph_0$，实数集合的基数是 $\aleph_1$。如果在两个无限集之间存在一个双射函数，则这两个无限集是等势的。和自然数集合等势的无限集的基数是 $\aleph_0$，与实数集合等势的无限集的基数是 $\aleph_1$。

第6章

■ 代 数 系 统

代数系统又称代数结构,是用代数方法研究实际问题的一门学科。代数系统对计算机科学也有很大的实用意义。例如,在程序设计的语义研究、数据结构的研究以及逻辑电路设计、网络安全中,均有重要的理论与实际意义。

本章研究一般的代数结构,叙述代数结构中的一些基本概念,例如同态、同构、同余、商代数及积代数等,使读者对代数系统的共性有所了解。此外,介绍特殊的代数系统:半群与群、环与域、格与布尔代数。

6.1 二元运算及其性质

6.1.1 运算的概念

定义 6.1.1 设 X 是一个集合,f 是一个从 $X^n \to X$ 的函数。称 f 为 X 中的 **n 元运算**,整数 n 称为运算的**阶**。

X 中的每个元素称为 X 中的零元运算。对于 $n=1$ 来说,$f: X \to X$ 的映射称为一元运算;对于 $n=2$ 来说,$f: X^2 \to X$ 称为二元运算。本章主要讨论一元运算和二元运算。一般来说,n 元运算能给每一个 n 重序元或序偶指定 X 中的唯一的元素,当然这些 n 重序元或序偶的成员 x 也属于集合 X。

对于整数集合 Z 和实数集合 R 来说,加法、减法和乘法都是二元运算,而除法则不是对这些集合的二元运算。因为对于整数集合而言,两个整数相除可能不是整数,即整数集合对除法运算不封闭(也称不满足**闭包性**)。对于实数集合而言,除法的分母不能为 0,即不满足函数的任意性定义。

验证一个运算 f 是否为集合 X 上的运算主要考虑以下两点:

(1)运算满足映射的任意性和唯一性(符合函数的定义)。

(2)集合 X 中任何元素的运算结果都属于 X,即 X 对该运算是封闭的。

对于全集的各子集的集合来说,联合和相交是二元运算,求补运算则是对该集合的一元运算。对于命题公式集合和命题集合来说,合取与析取都是二元运算,否定则是对于这些集合的一元运算。设 S 是由集合 X 到 X 的所有双射函数组成的集合,则 S 中的函数合成运算也是二元运算。在加法和乘法作用下,偶数集合是封闭的,而奇数集合仅在乘法作用下才是封闭的。

定理 6.1.1 设 $*$ 是集合 X 中的二元运算,且 $S_1 \subseteq X$ 和 $S_2 \subseteq X$。在运算 $*$ 的作用下,S_1 和 S_2 都是封闭的。于是在运算 $*$ 的作用下 $S_1 \cap S_2$ 也是封闭的。

证明 因为 S_1 和 S_2 在运算 $*$ 的作用下是封闭的,所以对于每一个序偶 $<x_1, x_2> \in S_1$ 来说,有 $x_1 * x_2 \in S_1$;对于每一个序偶 $<x_1, x_2> \in S_2$ 来说,有 $x_1 * x_2 \in S_2$。因而,对于每一个序偶 $<x_1, x_2> \in S_1 \cap S_2$ 来说,有 $x_1 * x_2 \in S_1 \cap S_2$。■

通常用符号 $'$,$^-$,$\sim$ 表示一元运算,用符号 $+$,$-$,$\circ$,$*$,$\triangle$,$\cup$,$\cap$,$\wedge$,$\vee$ 等来表示二元运

算。在两个运算对象之间置入算子,就可表示运算(或函数)的值。例如,可把 $f<x,y>$ 写成 $x*y$。在有限集合上,有时也用运算表来规定二元运算,表6-1以及表6-2分别显示了一元运算表和二元运算表的一般形式,其中 ~ 为一元运算符,。为二元运算符,$a_1,a_2,\cdots,a_n$ 是集合 X 中的元素。

表 6-1

a_i	$\sim a_i$
a_1	$\sim a_1$
a_2	$\sim a_2$
$\vdots$	$\vdots$
a_n	$\sim a_n$

表 6-2

∘	a_1	a_2	$\cdots$	a_n
a_1	$a_1 \circ a_1$	$a_1 \circ a_2$	$\cdots$	$a_1 \circ a_n$
a_2	$a_2 \circ a_1$	$a_2 \circ a_2$	$\cdots$	$a_2 \circ a_n$
$\vdots$	$\vdots$	$\vdots$	$\vdots$	$\vdots$
a_n	$a_n \circ a_1$	$a_n \circ a_2$	$\cdots$	$a_n \circ a_n$

6.1.2 二元运算的性质

在没有指明运算的元数时,默认为二元运算。下面我们讨论二元运算的主要性质。在讨论性质时,将不考虑任何特定的集合,也不给所涉及的运算赋予任何特定的含义。集合及集合上的各个运算仅仅看成是一些符号,或更确切地说,它们都是些抽象对象。对于那些特定的集合及特定的运算只能是具有基本性质中的某些性质。

定义6.1.2 设 $*$ 为 X 上的二元运算,如果对于任意的 $x,y,z \in X$,都满足 $(x*y)*z=x*(y*z)$,则称 $*$ 运算满足**结合律**。用式子表示为

$$(\forall x)(\forall y)(\forall z)(x,y,z \in X \rightarrow (x*y)*z=x*(y*z))$$

定义6.1.3 设 $*$ 为 X 上的二元运算,如果对于任意的 $x,y \in X$,都满足 $x*y=y*x$,则称 $*$ 运算满足**交换律**。用式子表示为

$$(\forall x)(\forall y)(x,y \in X \rightarrow x*y=y*x)$$

例如,整数集合上的加法和乘法都满足交换律和结合律,但减法不满足。集合 S 的幂集 $\rho(S)$ 上的联合运算、相交运算、对称差分运算都满足交换律,但差分运算不满足。S^S 上函数的复合运算不满足交换律,但满足结合律。

例6.1.1 在有理数集合 Q 上定义二元运算 $\oplus$,对于任意的 $a,b \in Q$,令 $a \oplus b=a+b-a \cdot b$,其中 $+,-,\cdot$ 分别是普通意义下的加法、减法和乘法,运算 $\oplus$ 是否满足交换律和结合律?

解 任取 $a,b \in Q$,由于 $b \oplus a=b+a-b \cdot a=a \oplus b$,因此运算 $*$ 满足交换律。

任取 $a,b,c \in Q$,有

$$\begin{aligned}
(a \oplus b) \oplus c &= (a+b-a \cdot b) \oplus c \\
&= a+b-a \cdot b+c-(a+b-a \cdot b) \cdot c \\
&= a+b-a \cdot b+c-(a \cdot c+b \cdot c-a \cdot b \cdot c) \\
&= a+b+c-a \cdot b-a \cdot c-b \cdot c+a \cdot b \cdot c
\end{aligned}$$

$$\begin{aligned}
a \oplus (b \oplus c) &= a \oplus (b+c-b \cdot c) \\
&= a+(b+c-b \cdot c)-a \cdot (b+c-b \cdot c) \\
&= a+b+c-b \cdot c-(a \cdot b+a \cdot c-a \cdot b \cdot c) \\
&= a+b+c-a \cdot b-a \cdot c-b \cdot c+a \cdot b \cdot c
\end{aligned}$$

因此,$(a \oplus b) \oplus c=a \oplus (b \oplus c)$,即 $\oplus$ 运算也满足结合律。

若 X 上的二元运算 $*$ 既满足交换律,又满足结合律,那么在计算 $a_1*a_2*\cdots*a_n$ 时可以

以任意次序计算,特别是 $a_1 = a_2 = \cdots = a_n = a$ 时,记 $a_1 * a_2 * \cdots * a_n = a^n$。

定义 6.1.4 设 $*$ 和 $\circ$ 为集合 X 上的两个二元运算,如果对于任意的 $x,y,z \in X$,都满足 $x * (y \circ z) = (x * y) \circ (x * z)$ 并且 $(y \circ z) * x = (y * x) \circ (z * x)$,则称 $*$ 对 $\circ$ 满足**分配律**。用式子表示为

$$(\forall x)(\forall y)(\forall z)(x,y,z \in X \rightarrow x * (y \circ z) = (x * y) \circ (x * z)) \quad (左分配律)$$
$$(\forall x)(\forall y)(\forall z)(x,y,z \in X \rightarrow (y \circ z) * x = (y * x) \circ (z * x)) \quad (右分配律)$$

例如,实数集合上的乘法对加法满足分配律,但加法对乘法不满足分配律。集合 S 的幂集 $\rho(S)$ 上的联合运算、相交运算彼此满足分配律。

在集合的运算中,我们曾给出过二元运算的可交换性、可结合性和可分配性的定义。这里,再给出另一种表示方法,即前缀式表示方法。前缀式可交换的二元运算 $f:X \times X \rightarrow X$ 可表达成:对于每一个 $x,y \in X$ 有 $f<x,y> = f<y,x>$。前缀式可结合的二元运算可表达成:对于每一个 $x,y,z \in X$ 有 $f<f<x,y>,z> = f<x,f<y,z>>$。对于运算 $g:X \times X \rightarrow X$ 是可分配的二元运算 $f:X \times X \rightarrow X$ 可表达成:$f<x,g<y,z>> = g<f<x,y>,f<x,z>>$。

定义 6.1.5 设 $*$ 和 $\circ$ 为集合 X 上的两个可交换的二元运算,如果对于任意的 $x,y \in X$,都满足 $x * (x \circ y) = x$ 以及 $x \circ (x * y) = x$,则称 $*$ 和 $\circ$ 满足**吸收律**。用式子表示为

$$(\forall x)(\forall y)(x,y \in X \rightarrow (x * (x \circ y) = x) \wedge (x \circ (x * y) = x))$$

例如,集合 S 的幂集 $\rho(S)$ 上的联合运算和相交运算满足吸收律。

例 6.1.2 在有理数集合 Q 上定义二元运算 $\oplus$ 和 $\otimes$,对于任意的 $a,b \in Q$,令 $a \oplus b = \max(a,b)$,$a \otimes b = \min(a,b)$,试证明 $\oplus$ 和 $\otimes$ 满足吸收律。

证明 任取 $a,b \in Q$,由于

$$
\begin{aligned}
a \oplus (a \otimes b) &= a \oplus \min(a,b) \\
&= \max(a,\min(a,b)) \\
&= a \\
a \otimes (a \oplus b) &= a \otimes \max(a,b) \\
&= \min(a,\max(a,b)) \\
&= a
\end{aligned}
$$

因此运算 $\oplus$ 和 $\otimes$ 满足吸收律。

下面来定义集合 X 中的运算 $*$ 有关的特异元素。应该说明,并不是对于每一种运算都存在这样的元素。

定义 6.1.6 设 $*$ 是集合 X 中的二元运算。

(1)如果有一个元素 $e_i \in X$,且对于每一个 $x \in X$ 有 $e_i * x = x$,则称 e_i 为关于 $*$ 运算的**左单位元**或**左幺元**。用式子来表示,即

$$(\exists e_i)(e_i \in X \wedge (\forall x)(x \in X \rightarrow e_i * x = x))$$

(2)如果有一个元素 $e_r \in X$,且对于每一个 $x \in X$ 有 $x * e_r = x$,则称 e_r 为关于 $*$ 运算的**右单位元**或**右幺元**。用式子来表示,即

$$(\exists e_r)(e_r \in X \wedge (\forall x)(x \in X \rightarrow x * e_r = x))$$

定理 6.1.2 设 $*$ 是对集合 X 的二元运算,e_i 和 e_r 分别是对于 $*$ 的左幺元和右幺元,则有 $e_i = e_r = e$,对于每一个 $x \in X$,

$$x * e = e * x = x$$

并且 $e \in x$ 是唯一的,并称它为对于 $*$ 运算的**幺元**。用式子来定义幺元为

$$(\exists e)(e \in X \land (\forall x)(x \in X \to x * e = e * x = x))$$

证明   设 e_i 和 e_r 分别是对于 $*$ 运算的左幺元和右幺元。于是有

$$e_i * e_r = e_i = e_r$$

假设 e_1 和 e_2 是两个不同的幺元。于是有

$$e_1 * e_2 = e_1 = e_2$$

与假设矛盾。因此,如果幺元存在的话,它必定是唯一的。   ■

对于可交换的二元运算来说,左幺元也是右幺元,因此任何左幺元或右幺元都是幺元。对于加法来说,元素 0 是幺元;对于实数集合中的乘法来说,1 是幺元。对于集合的联合运算来说,空集是幺元;对于全集的子集的相交运算来说,全集 E 是幺元。对于从集合 X 到 X 的双射函数的合成运算,恒等函数是幺元。对于命题集合上的析取运算,永假式是幺元;对于合取运算,永真式是幺元。

定义 6.1.7   设 $*$ 是集合 X 中的二元运算。

(1)如果有一个元素 $0_i \in X$,且对于每一个 $x \in X$ 有 $0_i * x = 0_i$,则称 0_i 是 $*$ 的运算的**左零元**。用式子来定义左零元为

$$(\exists 0_i)(0_i \in X \land (\forall x)(x \in X \to 0_i * x = 0_i))$$

(2)如果有一个元素 $0_r \in X$,且对于每一个 $x \in X$ 有 $x * 0_r = 0_r$,则称 0_r 是 $*$ 运算的**右零元**。用式子来定义右零元为

$$(\exists 0_r)(0_r \in X \land (\forall x)(x \in X \to x * 0_r = 0_r))$$

定理 6.1.3   设 $*$ 是对集合 X 的二元运算,0_i 和 0_r 分别是对于 $*$ 的左零元和右零元。则有 $0_i = 0_r = 0$,对于所有的 $x \in X$,$0 * x = x * 0 = 0$。并且 $0 \in x$ 是唯一的,称它为对于 $*$ 运算的**零元**。

本定理的证明类似于定理 6.1.2 的证明。

对于实数集合中的乘法运算来说,元素 0 是零元。对于加法来说,没有零元。对于集合的相交运算,空集 $\varnothing$ 是零元;对于全集 E 的各子集的联合运算来说,全集 E 是零元。对于命题集合上的析取运算,永真式是零元;对于合取运算,永假式是零元。

对于幺元和零元还有以下的定理。

定理 6.1.4   设 $*$ 是对集合 X 的二元运算,e 和 0 分别是对于 $*$ 的幺元和零元。如果 X 中至少有两个元素,则 $e \neq 0$。

证明   假设 $e = 0$,则根据幺元和零元的定义,对于任意的 $x \in X$,都有

$$x = x * e = x * 0 = 0$$

这与 X 中至少有两个元素相矛盾,因此 $e \neq 0$。   ■

定义 6.1.8   设 $*$ 是集合 X 中的二元运算,且 $x \in X$。如果有 $x * x = x$,则称 x 对于 $*$ 是**等幂元**。用式子来定义等幂元为

$$(\exists x)(x \in X \land x * x = x)$$

对于任何二元运算 $*$ 来说,幺元和零元都是等幂元。除了幺元和零元外,还可能有其他的等幂元素。例如,对于集合的联合和相交来说,每一个集合都是等幂元。对于命题公式的合取和析取来说,每一个命题公式都是等幂元。

定义 6.1.9   设 $*$ 是集合 X 中的二元运算,如果对于任意的 $x \in X$,都有 $x * x = x$,则称 $*$

满足**等幂律**。用式子表示为

$$(\forall x)(x \in X \rightarrow x * x = x)$$

换句话说,如果集合 X 中所有的元素对于运算 $*$ 都是等幂元,则运算 $*$ 满足等幂律。例如对于任意集合而言,联合运算和相交运算都满足等幂律。

定义 6.1.10　设 $*$ 是集合 X 中的二元运算,并且 X 含有幺元 e。令 $x \in X$。

(1)如果有一个元素 $x_l \in X$,能使 $x_l * x = e$,则称 x_l 是 x 的**左逆元**,而称 x 是**左可逆的**。用式子来定义 x 的左逆元为

$$(\exists x_l)(x_l \in X \wedge x_l * x = e)$$

(2)如果有一个元素 $x_r \in X$,能使 $x * x_r = e$,则称 x_r 是 x 的**右逆元**,而称 x 是**右可逆的**。用式子来定义 x 的右逆元为

$$(\exists x_r)(x_r \in X \wedge x * x_r = e)$$

(3)如果存在元素 $y \in X$ 既是 x 的左逆元又是 x 的右逆元,则称 y 是 x 的**逆元**,通常记为 x^{-1}。如果 x 的逆元存在,则称 x 是**可逆的**。

显然,在具有幺元 e 的集合 X 中,如果二元运算是可交换的,则任何左可逆或右可逆的元素都是可逆的。

定理 6.1.5　设 X 是任一个非空集合,且 X 含有幺元 e。令 $*$ 是 X 中的二元运算,并且 $*$ 是可结合的,如果 $x \in X$ 是可逆的,则它的左逆元与它的右逆元相等,且 x 的逆元是唯一的。

证明　x_i 和 x_r 分别是 $x \in X$ 的任何左逆元和右逆元。首先证明 $x_i = x_r$。因为 x 是可逆的,所以有

$$x_i * x = x * x_r = e$$

由于 $*$ 运算是可结合的,故有

$$x_i * x * x_r = (x_i * x) * x_r = e * x_r = x_r$$
$$= x_i * (x * x_r) = x_i * e = x_i$$

其次证明逆元的唯一性。为此假设 x_1^{-1} 和 x_2^{-1} 是 x 的两个不同的逆元,于是有

$$x_1^{-1} = x_1^{-1} * e = x_1^{-1} * (x * x_2^{-1})$$
$$= (x_1^{-1} * x) * x_2^{-1} = e * x_2^{-1}$$
$$= x_2^{-1}$$

所得结果与假设相矛盾。因此,x 的逆元是唯一的。

由逆元的定义可知,如果存在 $x \in X$ 的唯一逆元 x^{-1} 的话,则有

$$x^{-1} * x = x * x^{-1} = e$$

显然

$$(x^{-1})^{-1} = x$$ ∎

对于任何二元运算来说,如果存在幺元的话,则幺元是可逆的。因为 $e * e = e$,所以 $e^{-1} = e$。也就是说,任何幺元的逆元是该幺元本身。还有,并非任何元素对任何二元运算都是可逆的。例如,设 R 是实数集合,对于加法运算来说,幺元是 0,又有 $x + (-x) = 0$,因而 $x^{-1} = -x$。对于乘法运算来说,幺元是 1,又有 $x * 1/x = 1(x \neq 0)$。因此,每一个非零实数 $x \in R$ 的逆元是 $1/x \in R$,亦即 $x^{-1} = 1/x$。对于函数的合成运算来说,所有的双射函数都是可逆的。然而,对于任何二元运算来说,零元都不是可逆的。

定义 6.1.11 设 $*$ 是集合 X 中的二元运算,且元素 $a \in X$ 和 $x, y \in X$。如果对于每一个 x 和 y 都有

$$(a * x = a * y) \bigvee (x * a = y * a) \Rightarrow (x = y)$$

则称 a 是**左可约或右可约**的。a 是**可约的**(可约元)当且仅当 a 既是左可约又是右可约的。

定理 6.1.6 设 $*$ 是集合 X 中的二元运算,且 $*$ 是可结合的。如果元素 $a \in X$ 对于 $*$ 运算是可逆的,则 a 也是可约的。

证明 设 $x, y \in X$,且 $a * x = a * y$。由于 $*$ 是可结合的,并且 a 是可逆的,因此有

$$a^{-1} * (a * x) = (a^{-1} * a) * x = e * x = x$$
$$= a^{-1} * (a * y) = (a^{-1} * a) * y$$
$$= e * y = y$$

由定义 6.1.11 知,元素 a 是左可约的,同理可证 a 是右可约的,于是 a 是可约的。 ∎

然而,如果元素 a 是可约的,但它未必是可逆的。例如,在整数集合中,对于乘法运算来说,任何非零整数都是可约的。但是除了整数 1(幺元)和 -1 之外,其他非零整数都是不可逆的。

定义 6.1.12 设 $*$ 是集合 X 中的二元运算,如果对于任意的 $x, y, z \in X$,都满足以下条件:

(1)若 $x * y = x * z$ 且 $x \neq 0$,则 $y = z$。

(2)若 $y * x = z * x$ 且 $x \neq 0$,则 $y = z$。

则称 $*$ 运算满足**可约律**(也称**消去律**)。其中(1)称作**左可约律**(左消去律),(2)称作**右可约律**(右消去律)。

换句话说,如果对于运算 $*$,集合中除了零元以外的元素都是可约的,那么运算 $*$ 满足可约律。例如,在整数集合中,乘法运算满足可约律。集合 S 的幂集 $\rho(S)$ 上的联合运算、相交运算都不满足可约律,因为对于联合运算,只有空集是可约元;对于相交运算,只有 S 是可约元。S^S 上函数的复合运算满足可约律。

例 6.1.3 定义集合 $S = \{a, b, c, d, e\}$ 上的二元运算 $\otimes$ 和 $\oplus$,分别如表 6-3 和表 6-4 所示。

表 6-3

$\otimes$	a	b	c	d	e
a	a	b	c	d	e
b	b	c	d	e	a
c	c	d	e	a	b
d	d	e	a	b	c
e	e	a	b	c	d

表 6-4

$\oplus$	a	b	c	d	e
a	a	a	a	a	a
b	a	d	a	a	b
c	a	a	b	a	c
d	a	a	c	d	d
e	a	b	c	d	e

(1)说明 $\otimes$ 运算和 $\oplus$ 运算是否满足交换律、结合律、等幂律和可约律。

(2)如果存在,试求出 $\otimes$ 运算和 $\oplus$ 运算的幺元、零元、等幂元和所有可逆元素的逆元。

解 (1)$\otimes$ 运算满足交换律、结合律和可约律,但是不满足等幂律。$\oplus$ 运算不满足交换律、结合律、可约律和等幂律。

(2)$\otimes$ 运算的幺元为 a,没有零元,等幂元为 a。$a^{-1} = a, b, e$ 互为逆元,c, d 互为逆元,即 $b^{-1} = e, e^{-1} = b, c^{-1} = d, d^{-1} = c$。$\oplus$ 运算的幺元为 e,零元为 a,等幂元为 a, d, e。只有 e 有逆元,$e^{-1} = e$。

设集合为 X,运算 $*$ 是通过运算表形式定义的,则部分性质可以直接看出:

(1)运算 $*$ 满足交换律,当且仅当运算表关于主对角线是对称的。

(2)运算 $*$ 满足等幂律,当且仅当运算表的主对角线上的每个元素与所在行或列的表头

元素相同。

（3）元素 x 是关于 * 的左零元,当且仅当 x 所对应的行中的每个元素都与 x 相同;元素 x 是关于 * 的右零元,当且仅当 x 所对应的列中的每个元素都与 x 相同;元素 x 是关于 * 的零元,当且仅当 x 所对应的行和列中的每个元素都与 x 相同。

（4）元素 x 为关于 * 的左幺元,当且仅当 x 所对应的行中的元素依次与行表头元素相同;元素 x 为关于 * 的右幺元,当且仅当 x 所对应的列中的元素依次与列表头元素相同;元素 x 是关于 * 的幺元,当且仅当 x 所对应的行和列中的元素分别与行表头元素和列表头元素相同。

（5）x 关于 * 是左可逆的,当且仅当位于 x 所在列的元素中至少存在一个幺元,x 关于 * 是右可逆的;当且仅当位于 x 所在行的元素中至少存在一个幺元;x 与 y 互为逆元,当且仅当位于 x 所在行和 y 所在列的元素以及 y 所在行和 x 所在列的元素都是幺元。

习题

1. 设 Z 是整数集合,且 $g: Z \times Z \to Z$ 且

$$g<x,y> = x * y = x + y - xy$$

试证明二元运算 * 是可交换的、可结合的。求出幺元,并指出每个元素的逆元。

2. 设 * 是自然数集合 N 中的二元运算,并可给定成 $x * y = x$。证明 * 不是可交换的,但是可结合的。问哪些元素是等幂的? 是否有左幺元和右幺元?

3. 设 * 是正整数集合 Z_+ 中的二元运算,且

$$x * y = x \text{ 和 } x \text{ 的最小公倍数}$$

试证明 * 是可交换的和可结合的。求出幺元,并说明哪些元素是等幂的。

4. 设 X 为有限集合,问 X 上有多少个二元运算? 其中有多少个是可交换的? 有多少个运算具有单位元?

5. 对于如下定义的 R 上的二元运算 *,确定其中哪些是可交换的和可结合的。哪些二元运算有幺元? 对于有幺元的二元运算,找出 R 中的可逆元素。

$$a_1 * a_2 = |a_1 - a_2|$$
$$a_1 * a_2 = (a_1 + a_2)/2$$
$$a_1 * a_2 = a_1/a_2$$

6. 设 * 是 X 中可结合的二元运算,并且对于任意 $x,y \in X$,若 $x * y = y * x$,则 $x = y$。试证明 X 中的每个元素都是等幂的。

6.2 代数系统的概念

6.2.1 代数系统的基本概念

定义 6.2.1　设 S 为非空集合,f_i 为 S 上的 $n_i(i = 1,2,\cdots,k)$ 元运算,称 $V = <S, f_1, f_2, \cdots, f_k>$ 为一个**代数系统**或**代数结构**,简称**代数**。集合 S 称为 V 的定义域,如果 S 为有限集合,则称 V 为有限代数系统,并称 $|S|$ 为 V 的阶。

例 6.2.1　设集合 $M = \{1,2,\cdots,m\}$,τ 是一个一元运算,并规定

$$\tau(j) = \begin{cases} j + 1, & j \neq m \text{ 时} \\ 1, & j = m \text{ 时} \end{cases}$$

这个代数系统 $V = <M, \tau>$ 称为时钟代数。它通过重复地进行 τ 运算,从元素 $1 \in M$ 开始,可逐步地产生出 M 的每一个元素。因此,可以把 1 叫做代数系统 $V = <M, \tau>$ 的生成元。

例 6.2.2　$<N, +, \times>$,$<Z, +, \times>$,$<Q, +, \times>$ 都是代数系统,其中 N 表示自然数

集合,Z 表示整数集合,Q 表示有理数集合,$+$,$\times$ 分别表示普通的加法和乘法。设 S 是一个非空集合,那么 $<\rho(S),\cap,\cup>$ 是一个代数系统,其中 $\rho(S)$ 为 S 的幂集。$<Z_n,\oplus,\otimes>$ 是代数系统,其中 $Z_n=\{0,1,\cdots,n-1\}$,$\oplus$ 和 $\otimes$ 分别表示模 n 加法和模 n 乘法。

从上面例子可以看出,要判断一个给定的系统是否是代数系统,需要验证:

(1)定义运算的集合是否是非空集合;

(2)所有的运算都需要满足任意性、唯一性和封闭性。

例如 $<N,\div>$ 不是一个代数系统,因为正整数集合下的 $\div$ 运算不满足封闭性。

例 6.2.3　设集合 $S=\{1,2,3,4\}$,函数 $f:S\rightarrow S$ 定义成

$$f=\{<1,2>,<2,3>,<3,4>,<4,1>\}$$

并且用 f^0 表示 S 中的恒等函数,用 f^1 表示 f。构成合成函数(或称复合函数)$f\circ f=f^2$,$f^2\circ f=f^3$,$f^3\circ f=f^4$ 等,会发现 $f^4=f^0$。设 $F=\{f^0,f^1,f^2,f^3\}$,在表 6-5 中给出了 F 的任意两个函数的合成函数。可以看出,在合成运算。下,集合 F 是封闭的,且 $<F,\circ>$ 构成一个代数系统。

表 6-5

$\circ$	f^0	f^1	f^2	f^3
f^0	f^0	f^1	f^2	f^3
f^1	f^1	f^2	f^3	f^0
f^2	f^2	f^3	f^0	f^1
f^3	f^3	f^0	f^1	f^2

某些代数系统中存在着一些特定的元素,并满足某些特定的性质,例如,例 6.2.3 中的。运算既是可交换的又是可结合的,有单位元 f^0,f^2 是 f^2 的逆元,f^1 和 f^3 互为逆元。有时候为了强调代数系统中的特异元素,也可以把它们列到系统的表达式中。例如 $<Z,+,\times>$ 中的 $+$ 运算存在幺元 0,$\times$ 运算存在幺元 1,为了强调,也可将该代数系统记为 $<Z,+,\times,0,1>$。

定义 6.2.2　设 $U=<X,g_1,g_2,\cdots,g_m>$ 和 $W=<Y,f_1,f_2,\cdots,f_m>$ 都是代数系统,如果 g_i 和 $f_i(i=1,2,\cdots,m)$ 为同元运算,则称 U 和 W 为**同类型**的代数系统。

同类型的两个代数系统里面蕴涵了一个运算集合之间的双射函数,如果可以在两个代数系统的运算集合上构造一个双射函数,并且每个原象和对应的象点运算的阶相同,那么就说两个代数系统同类型。显然,代数系统之间的同类型关系具有自反性、对称性和可传递性。因此,同类型关系是等价关系。

例 6.2.4　$<Q,-,\times>$ 和 $<\rho(S),\cap,\sim>$ 是同类型的,其中 Q 是有理数集合,$-$,$\times$ 分别表示普通意义的求相反数和相乘运算。$\rho(S)$ 表示集合 S 的幂集,$\cap$,$\sim$ 分别表示集合的相交和求补运算。

同类型的代数系统仅仅是构成成分相同,不一定具有相同的运算性质和特异元素。例如 $<Q,+,\times>$ 和 $<\rho(S),\cap,\cup>$ 是同类型的代数系统,但是 $<Q,+,\times>$ 中只有 $\times$ 对 $+$ 满足分配律,$<\rho(S),\cap,\cup>$ 中 $\cap$ 和 $\cup$ 互相满足分配律。

6.2.2　子代数系统

定义 6.2.3　设 $V=<S,f_1,f_2,\cdots,f_k>$ 为代数系统。如果非空集合 $S'\subseteq S$ 对于每一个 f_1,$f_2,\cdots,f_k$ 皆封闭,则 $V'=<S',f_1,f_2,\cdots,f_k>$ 也是代数系统,并称其为 $V=<S,f_1,f_2,\cdots,f_k>$ 的**子代数系统**。

例如,代数系统 $V = <N, +, \times>$,其中 N 表示正整数集合,$+$ 和 $\times$ 分别是普通意义下的加法和乘法,则 $V' = <N', +, \times>(N' = \{2,4,\cdots\})$ 是 $V = <N, +, \cdot>$ 的子代数系统。

要判断 $V' = <S', f_1, f_2, \cdots, f_k>$ 是否是 $V = <S, f_1, f_2, \cdots, f_k>$ 的子代数系统,需要验证:

(1)$S' \subseteq S$,并且两个代数系统运算集一样。

(2)所有运算都是封闭的。

对于任何代数系统 $V = <S, f_1, f_2, \cdots, f_k>$,其子代数一定存在,最大的子代数就是 V 自身。若 S' 是 S 的真子集,则构成的子代数系统称为 V 的**真子代数**。

从子代数的定义可以看出,子代数和原来的代数系统不仅是构成成分相同,而且任何运算的性质如果在原代数系统上成立,那么在子代数系统上也一定成立。从这个角度讲,子代数和原代数在性质上非常相似,只不过阶要小一些。

例 6.2.5 设代数系统 $V_1 = <Z, +>$,Z 为整数集合,$+$ 是普通意义下的加法。令

$$nZ = \{nz | z \in Z\}, \quad n \text{ 为自然数}$$

试证明代数系统 $V_2 = <nZ, +>$ 是 V_1 的子代数系统。

证明 任取 nZ 中的两个元素 $nz_1, nz_2(z_1, z_2 \in Z)$,由于

$$nz_1 + nz_2 = n(z_1 + z_2) \in nZ$$

即运算 $+$ 在 nZ 上是封闭的。又由于 $nZ \subseteq Z$,因此 $V_2 = <nZ, +>$ 是 V_1 的子代数系统。

在本章讨论的代数系统中,主要限于一元和二元运算。如无特殊指明,$f_1, f_2, \cdots, f_k$ 均指二元运算。

6.3 同态与同构

同态与同构是代数系统之间的重要关系。两个表面上看起来似乎不同的代数系统,可能呈现类似的性质,或进一步地,它们有完全相同的结构,仅是元素的名称和标记运算的符号不同。与其中一个代数系统有关的结论,在改变了标记符号之后,对于另一个代数系统也有效。本节针对任意的代数系统讨论上述概念,并将其形式化。

定义 6.3.1 设 $V_1 = <S_1, \Omega_1>$ 和 $V_2 = <S_2, \Omega_2>$ 是两个同型的代数系统,其中 Ω_1 和 Ω_2 分别是运算的集合,g 为 Ω_1 到 Ω_2 的同类型映射。如果存在函数 $f: S_1 \to S_2$,使得对任意的 $\omega \in \Omega_1$ 及任意的 $a_1, a_2, \cdots, a_{n_\omega} \in S_1$ 均有

$$f(\omega(\langle a_1, a_2, \cdots, a_{n_\omega}\rangle)) = \omega_g(\langle f(a_1), f(a_2), \cdots, f(a_{n_\omega})\rangle)$$

则称 $V_1 = <S_1, \Omega_1>$ 和 $V_2 = <S_2, \Omega_2>$ 是**同态的**,记为 $V_1 \simeq V_2$,而 g 则称为从 V_1 到 V_2 的关于 f 的**同态映射**。

从定义可以看出,同态的两个代数系统间存在两个函数映射,一个是运算集合之间的双射函数 g,一个是定义运算的元素集合之间的映射 f。为了增加定义的可读性,后续描述中均省去双射函数 g,将运算按照函数 g 的映射关系排列,并假设所有的运算均为一元或二元运算。描述如下:

设 $V_1 = <S_1, *, \oplus, \sim, \cdots>$ 和 $V_2 = <S_2, \circ, \otimes, ^-, \cdots>$ 是两个同型的代数系统,f 为 S_1 到 S_2 的映射。如果对任意的 $a_1, a_2 \in S_1$,对于所有的运算均能"保持映射",即

$$f(a_1 * a_2) = f(a_1) \circ f(a_2)$$

$$f(a_1 \oplus a_2) = f(a_1) \otimes f(a_2)$$

$$f(\sim a_1) = \overline{f(a_1)}$$

……

则称 V_1 和 V_2 是同态的,而 f 则称为从 V_1 到 V_2 的一个代数系统同态映射。图6-1 给出了直观的图解。

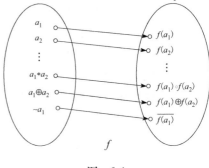

由于 f 的类型不同,可以产生不同的映射:

(1)如果 f 为满射,则称 f 为从 V_1 到 V_2 的满同态映射。

(2)如果 f 为单射,则称 f 为从 V_1 到 V_2 的单一同态映射。

(3)如果 $V_1 = V_2$,则称 f 为从 V_1 到 V_2 的自同态映射,简称自同态。

(4)如果 f 为双射,则称 f 为从 V_1 到 V_2 的同构映射,并称代数系统 V_1 和 V_2 是同构的,记为 $V_1 \cong V_2$。

图　6-1

(5)如果 $V_1 = V_2$,并且 f 为双射,则称 f 为从 V_1 到 V_2 的自同构映射,简称自同构。

图6-2 给出了这些定义间的关系。

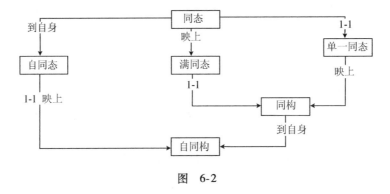

图　6-2

例6.3.1　给定代数系统 $V_1 = <N, +, \times>$ 和 $V_2 = <N_m, +_m, \times_m>$,其中 N 为自然数集合,$+$ 和 $\times$ 分别为普通意义下的加法和乘法,$N_m = \{0, 1, \cdots, m-1\}$,$m$ 为正整数,$+_m$ 和 $\times_m$ 分别为模 m 加法和模 m 乘法。定义函数 $f: N \to N_m$ 如下:

$$f(i) = i(\bmod m) \quad i \in N$$

试证 f 是 V_1 到 V_2 的满同态映射。

证明　首先,代数系统 V_1 和 V_2 是同类型的,都含有两个二元运算。

其次,f 的定义域为 N,对任意的 $j \in N_m$,存在 $j \in N$,使 $f(j) = j(\bmod m) = j$,即值域为 N_m,f 是 N 到 N_m 的满射函数。

最后,验证是否满足保持映射。

对于任意的 $x, y \in N$,又有 $p, q \in N$ 使

$$x = p \times m + r_x \quad 0 \leq r_x < m$$

$$y = q \times m + r_y \quad 0 \leq r_y < m$$

即把 x 和 y 表示成模 m 的整数部分和余数部分,故 $f(x) = r_x, f(y) = r_y$。

而

$$x + y = (p \times m + r_x) + (q \times m + r_y) = (p + q) \times m + r_x + r_y$$

$$x \times y = (p \times m + r_x) \times (q \times m + r_y) = p \times q \times m^2 + (p \times r_y + q \times r_x) \times m + r_x \times r_y$$

因此,

$$f(x + y) = (r_x + r_y)(\bmod m) = r_x +_m r_y = f(x) +_m f(y)$$

$$f(x \times y) = (r_x \times r_y)(\bmod m) = r_x \times_m r_y = f(x) \times_m f(y)$$

满足保持映射。

因此,f 是 V_1 到 V_2 的满同态映射。

可以归纳出判断两个代数系统 $V_1 = <S_1, *, \oplus, \sim, \cdots >$ 和 $V_2 = <S_2, \circ, \otimes, ^-, \cdots >$ 是否同态的做题方法:

(1)判断两个代数系统是否是同类型的;

(2)判断给出的映射 f 是否是 S_1 到 S_2 的函数或者找出一个从 S_1 到 S_2 的映射 f;

(3)判断所有的运算是否都满足保持映射。

注意,从 S_1 到 S_2 的函数不止一个,虽然两个代数系统同态,但有的函数可能不是从 V_1 到 V_2 的同态映射。

定理 6.3.1 若 g 为从 $V_1 = <G_1, *>$ 到 $V_2 = <G_2, \oplus>$ 的同态映射,h 为从 $V_2 = <G_2, \oplus>$ 到 $V_3 = <G_3, \otimes>$ 的同态映射,则 $h \circ g$ 为从 $V_1 = <G_1, *>$ 到 $V_3 = <G_3, \otimes>$ 的同态映射。

证明 由于 g 为 V_1 到 V_2 的同态映射,所以 V_1 和 V_2 是同类型的;h 为 V_2 到 V_3 的同态映射,所以 V_2 和 V_3 是同类型的。由同类型关系的可传递性,可得 V_1 和 V_3 是同类型的。

由于 g 为从 G_1 到 G_2 的函数,h 为从 G_2 到 G_3 的函数,根据函数的合成可知,$h \circ g$ 为从 G_1 到 G_3 的函数。

任取 $a_1, a_2 \in G_1$,

$$\begin{aligned} h \circ g(a_1 * a_2) &= h(g(a_1 * a_2)) \\ &= h(g(a_1) \oplus g(a_2)) \\ &= h(g(a_1)) \otimes h(g(a_2)) \\ &= h \circ g(a_1) \otimes h \circ g(a_2) \end{aligned}$$

满足保持映射。

所以 $h \circ g$ 是从 $V_1 = <G_1, *>$ 到 $V_3 = <G_3, \otimes>$ 的同态映射。 ■

推论 若 g 为从 $V_1 = <G_1, *>$ 到 $V_2 = <G_2, \oplus>$ 的同构映射,h 为从 $V_2 = <G_2, \oplus>$ 到 $V_3 = <G_3, \otimes>$ 的同构映射,则 $h \circ g$ 为从 $V_1 = <G_1, *>$ 到 $V_3 = <G_3, \otimes>$ 的同构映射。

定理 6.3.2 设 g 为 $V_1 = <G_1, *>$ 到 $V_2 = <G_2, \oplus>$ 的同态映射,则 $V_3 = <g[G_1], \oplus>$ 为 $V_2 = <G_2, \oplus>$ 的子代数系统,并称 V_3 为 V_1 的**同态象点**。

证明 显然,$g[G_1]$ 是 G_2 的非空子集。

任取 $a_1, a_2 \in g[G_1]$,则有 $x_1, x_2 \in G_1$,使得

$$g(x_i) = a_i \quad (i = 1, 2)$$

因此,

$$a_1 \oplus a_2 = g(x_1) \oplus g(x_2) = g(x_1 * x_2) \in g[G_1]$$

表明 $g[G_1]$ 关于运算 $\oplus$ 是封闭的,故 $V_3 = <g[G_1], \oplus>$ 为 $V_2 = <G_2, \oplus>$ 的子代数系统。 ■

定理 6.3.3 设 f 为 $V_1 = <G_1, \odot, *>$ 到 $V_2 = <G_2, \oplus, \otimes>$ 的满同态映射。

(1) 若⊙和＊满足结合律,则⊕和⊗也满足结合律。

(2) 若⊙和＊满足交换律,则⊕和⊗也满足交换律。

(3) 若⊙对于＊或者＊对于⊙满足分配律,则⊕对于⊗或者⊗对于⊕也满足分配律。

(4) 若⊙和＊满足吸收律,则⊕和⊗也满足吸收律。

(5) 若⊙和＊满足等幂律,则⊕和⊗也满足等幂律。

(6) 若 e_1 和 e_2 分别是关于二元运算⊙和＊的幺元(或左幺元,或右幺元),则 $f(e_1)$ 和 $f(e_2)$ 分别是关于二元运算⊕和⊗的幺元(或左幺元,或右幺元)。

(7) 若 0_1 和 0_2 分别是关于二元运算⊙和＊的零元(或左零元,或右零元),则 $f(0_1)$ 和 $f(0_2)$ 分别是关于二元运算⊕和⊗的零元(或左零元,或右零元)。

(8) 若 $x \in G_1$ 关于二元运算⊙有逆元 x^{-1} (或左逆元 x_l ,或右逆元 x_r),则 $f(x^{-1})$ (或 $f(x_l)$, 或 $f(x_r)$)为 $f(x) \in G_2$ 关于二元运算⊕的逆元(或左逆元,或右逆元)。若 $x \in G_1$ 关于二元运算 ＊有逆元 x^{-1} (或左逆元 x_l ,或右逆元 x_r),则 $f(x^{-1})$ (或 $f(x_l)$,或 $f(x_r)$)为 $f(x) \in G_2$ 关于二元 运算⊗的逆元(或左逆元,或右逆元)。

证明　仅证(3)和(6),其余可类似地证明。

(3) 对任意的 $a,b,c \in G_2$,由于 $f[G_1] = G_2$,故存在 $x,y,z \in G_1$,使 $f(x) = a, f(y) = b$ 以及 $f(z) = c$,而

$$
\begin{aligned}
a \oplus (b \otimes c) &= f(x) \oplus (f(y) \otimes f(z)) \\
&= f(x) \oplus f(y * z) \\
&= f(x \odot (y * z)) \\
&= f((x \odot y) * (x \odot z)) \\
&= f(x \odot y) \otimes f(x \odot z) \\
&= (f(x) \oplus f(y)) \otimes (f(x) \oplus f(z)) \\
&= (a \oplus b) \otimes (a \oplus c)
\end{aligned}
$$

同理可得 $(b \otimes c) \oplus a = (b \oplus a) \otimes (c \oplus a)$ 。

因此,若⊙对于＊满足分配律,则⊕对于⊗也满足分配律。⊗对于⊕的分配律同理可证。

(6) 对任意的 $b \in G_2$,存在 $y \in G_1$,使 $f(y) = b$,而

$$
\begin{aligned}
b \oplus f(e_1) &= f(y) \oplus f(e_1) \\
&= f(y \odot e_1) \\
&= f(y) \\
&= b \\
f(e_1) \oplus b &= f(e_1) \oplus f(y) \\
&= f(e_1 \odot y) \\
&= f(y) \\
&= b
\end{aligned}
$$

故 $f(e_1)$ 为关于⊕的幺元,同理可证 $f(e_2)$ 是关于二元运算⊗的幺元。　■

这个定理告诉我们,满同态映射能够从一个代数系统到另一个代数系统单向保留所有的性质(如交换律、结合律、含零元、含单位元、元素的可逆性等),故满同态映射 $g: G_1 \to g[G_1]$ 是确保结构的映射。

定理 6.3.4 设 f 为代数系统 $V_1 = <S_1, *, \oplus, \sim, \cdots>$ 到 $V_2 = <S_2, \circ, \otimes, ^-, \cdots>$ 的同构映射，则 f^{-1} 为 V_2 到 V_1 的同构映射。

证明 由 f 为代数系统 $V_1 = <S_1, *, \oplus, \sim, \cdots>$ 到 $V_2 = <S_2, \circ, \otimes, ^-, \cdots>$ 的同构映射可知，V_1 和 V_2 是同类型的，并且 f 为 S_1 到 S_2 的双射函数。由双射函数的性质可知，f^{-1} 为 S_2 到 S_1 的双射函数。

对任意的 $a, b, c \in S_2$，由于 $f[S_1] = S_2$，故存在 $x, y, z \in S_1$，使 $f(x) = a, f(y) = b$ 以及 $f(z) = c$。

$$
\begin{aligned}
f^{-1}(a \circ b) &= f^{-1}(f(x) \circ f(y)) \\
&= f^{-1}(f(x * y)) \\
&= x * y \\
&= f^{-1}(a) * f^{-1}(b) \\
f^{-1}(a \otimes b) &= f^{-1}(f(x) \otimes f(y)) \\
&= f^{-1}(f(x \oplus y)) \\
&= x \oplus y \\
&= f^{-1}(a) \oplus f^{-1}(b) \\
f^{-1}(\bar{c}) &= f^{-1}(\overline{f(z)}) = f^{-1}(f(\sim z)) = \sim z = \sim f^{-1}(c) \\
&\cdots\cdots
\end{aligned}
$$

因此，f^{-1} 为 V_2 到 V_1 的同构映射。∎

我们可以得到以下结论，若代数系统 V_1 和 V_2 是同构的，则既存在从 V_1 到 V_2 的满同态映射，又存在从 V_2 到 V_1 的满同态映射。存在从 V_1 到 V_2 的满同态映射，则代数系统 V_1 的性质可以完全地平移到 V_2 中；同理，存在从 V_2 到 V_1 的满同态映射，则代数系统 V_2 的性质可以完全地平移到 V_1 中。同构的两个代数系统运算的性质双向保持。当探索新的代数系统的性质时，如果发现或者能够证明该代数系统同构于另外一个性质已知的代数系统，便能直接地知道新的代数系统的各种性质了。其实，两个同构的代数系统表面上似乎很不相同，但在结构上实际没有什么差别，只不过是集合中的元素名称和运算的标识不同，其他一切都是相同的。可以根据这些特征来识别同构的代数系统。

例 6.3.2 给定代数系统 $V_1 = <Z, +>$ 和 $V_2 = <2Z, +>$，其中 Z 为整数集合，$+$ 为普通意义下的加法，$2Z = \{2z | z \in Z\}$，试证 $V_1 \cong V_2$。

证明 由无穷集合的基数可知，Z 与 $2Z$ 等势。定义 Z 到 $2Z$ 的双射函数

$$f(x) = 2x \quad (x \in Z)$$

任取 $a, b \in Z$，由于 $f(a + b) = 2(a + b) = 2a + 2b = f(a) + f(b)$，因此，$V_1 \cong V_2$。

给定代数系统 V_1 和 V_2，可通过下面的步骤证明两个代数系统是否同构（以下四个条件全部满足才可判断两个代数系统同构）：

(1) 看是否满足同构的前提，即两个代数系统是否是同类型的。

(2) 判断两个代数系统定义域的基数是否相等。

(3) 查找两个代数系统运算的性质是否一样：是否都满足交换律、等幂律；是否有幺元、零元；等幂元的个数是否相等；和自身互为逆元的元素个数是否相等。如果有的性质只有一方有，另一方没有，则两个代数系统不同构。

(4) 在两个代数系统间构造一个双射函数，判断是否满足保持映射。

根据定理 6.3.3,第(4)步在构造映射的时候,一定是特异元与特异元相对应。即 V_1 中运算的幺元象点为 V_2 中运算的幺元,V_1 中运算的零元象点为 V_2 中运算的零元,等幂元对应等幂元,互为逆元的元素象点也互为逆元……通过这种方法,可以大大减少需要验证的双射函数的个数。

例 6.3.3   代数系统 $V_1 = <\{1,2,3,4\}, \cdot_5>$ 和 $V_2 = <\{0,1,2,3\}, +_4>$ 是否同构,若同构,构造其同构映射。(其中 $\cdot_5$ 和 $+_4$ 分别指模 5 乘法和模 4 加法,运算表分别如表 6-6 和表 6-7 所示。)

<table>
<tr><td colspan="5" align="center">表 6-6</td></tr>
<tr><td>$\cdot_5$</td><td>1</td><td>2</td><td>3</td><td>4</td></tr>
<tr><td>1</td><td>1</td><td>2</td><td>3</td><td>4</td></tr>
<tr><td>2</td><td>2</td><td>4</td><td>1</td><td>3</td></tr>
<tr><td>3</td><td>3</td><td>1</td><td>4</td><td>2</td></tr>
<tr><td>4</td><td>4</td><td>3</td><td>2</td><td>1</td></tr>
</table>

<table>
<tr><td colspan="5" align="center">表 6-7</td></tr>
<tr><td>$+_4$</td><td>0</td><td>1</td><td>2</td><td>3</td></tr>
<tr><td>0</td><td>0</td><td>1</td><td>2</td><td>3</td></tr>
<tr><td>1</td><td>1</td><td>2</td><td>3</td><td>0</td></tr>
<tr><td>2</td><td>2</td><td>3</td><td>0</td><td>1</td></tr>
<tr><td>3</td><td>3</td><td>0</td><td>1</td><td>2</td></tr>
</table>

解   (1)判断两个代数系统是否同类型。两个代数系统都只含有一个二元运算,因此满足同类型。

(2)判断两个代数系统定义域的基数是否相同。都是 4,也满足。

(3)寻找特异元。V_1 对于 $\cdot_5$ 运算和 V_2 对于 $+_4$ 运算都有幺元,都没有零元,除幺元外,都只有一个与自身互为逆元的元素,除幺元外都没有等幂元,都满足交换律。

(4)构造映射。幺元象点为幺元:$f(1) = 0$。与自身互为逆元的元素象点也是与自身互为逆元的元素:$f(4) = 2$。剩下两个元素互为逆元,随意指定一种指派:$f(2) = 1$,$f(3) = 3$。为了验证是否满足保持映射,把 $\cdot_5$ 的运算表中的元素都换成对应的象点,构造一张新表,如表 6-8 所示。

<table>
<tr><td colspan="5" align="center">表 6-8</td></tr>
<tr><td></td><td>0</td><td>1</td><td>3</td><td>2</td></tr>
<tr><td>0</td><td>0</td><td>1</td><td>3</td><td>2</td></tr>
<tr><td>1</td><td>1</td><td>2</td><td>0</td><td>3</td></tr>
<tr><td>3</td><td>3</td><td>0</td><td>2</td><td>1</td></tr>
<tr><td>2</td><td>2</td><td>3</td><td>1</td><td>0</td></tr>
</table>

为了便于与 $+_4$ 比较,调整表头的顺序为 0,1,2,3(也就是交换表头 2 和 3 所在的列,交换表头 2 和 3 所在的行),发现得到与表 6-7 $+_4$ 运算表一样的表。因此满足保持映射。

综上所述,代数系统 $V_1 = <\{1,2,3,4\}, \cdot_5>$ 和 $V_2 = <\{0,1,2,3\}, +_4>$ 同构。

例 6.3.3 也说明了两个同构的代数系统只是集合中的元素名称和运算的标识不同,其本质是一样的。

例 6.3.4   判断两个代数系统 $V_1 = <R, +>$,$V_2 = <R, \times>$ 是否同构,若同构,构造其同构映射,其中 R 为实数集合,$+$ 和 $\times$ 分别为普通意义下的加法和乘法。

解 V_1 中 $+$ 运算没有零元,V_2 中 $\times$ 运算有零元 0。因此,这两个代数系统不同构。

不难证明,代数系统上的同构关系满足自反性、对称性和可传递性,即同构关系是等价关系。

习题

1. 设 $U = <\{0,1,2,3\}, *, \circ>$ 为代数系统,其中运算 $*$,$\circ$ 的定义为:
$$x * y = \min\{x, y\}, \quad x \circ y = (x + y) \bmod 3$$
试给出 U 的运算表,并求出它的所有子代数。

2. 设 $U = <Z, +, \times>$,其中 Z 为整数集合,$+$ 和 $\times$ 分别是普通意义下的加和乘,对于 Z 的以下子集,能构成 U 的子代数吗? 说明理由。
   (1) $U_1 = <\{-1, 0, 1\}, +, \times>$
   (2) $U_1 = <S, +, \times>, S = \{x \mid x \in Z \wedge x \le 0\}$
   (3) $U_2 = <T, +, \times>, T = \{2x \mid x \in Z\}$

3. 设函数 $h: S_1 \to S_2$ 为从代数系统 $U = <S_1, \oplus_1, \sim_1>$ 到 $V = <S_2, \oplus_2, \sim_2>$ 的同态映射,其中运算 $\oplus_1$ 和 $\oplus_2$ 是二元运算,$\sim_1$ 和 $\sim_2$ 是一元运算。试证明 $h(S_1)$ 对于运算 $\oplus_2$,$\sim_2$ 构成 V 的子代数。

4. 考察代数系统 $U = <N, \cdot>$ 和 $V = <\{0,1\}, \cdot>$,其中 $\cdot$ 是普通意义下的乘法运算。定义 $f: N \to \{0,1\}$ 为
$$f(n) = \begin{cases} 1 & \text{存在 } k \in N \text{ 使 } n = 2^k \\ 0 & \text{否则} \end{cases}$$
证明 f 是 U 到 V 的同态映射。

5. 二元运算 $*$ 和 $\oplus$ 的运算表如下给出,证明代数系统 $<\{a,b,c\}, *>$ 和 $<\{1,2,3\}, \oplus>$ 是同构的。

$*$	a	b	c
a	a	b	c
b	b	b	c
c	c	b	c

$\oplus$	1	2	3
1	1	2	1
2	1	2	2
3	1	2	3

6. 设 X 为集合,证明 $<\rho(X), \cap>$ 与 $<\rho(X), \cup>$ 是同构的。

7. 求出 $<N_6, +_6>$ 的所有自同态。

8. 设 E_n 为方程 $x^n - 1 = 0$ 的 n 个复数根的集合,$\cdot$ 为复数乘法,证明 $<E_n, \cdot>$ 同构于 $<N_n, +_n>$。其中 $N_n = \{0, 1, 2, \cdots, n-1\}$。

9. 设 g 为代数系统 $<X, *>$ 到 $<Y, \cdot>$ 的同态映射,$<X_1, *>$ 是 $<X, *>$ 的子代数,证明 $<g[X_1], \cdot>$ 为 $<Y, \cdot>$ 的子代数。

10. 设代数系统 $U = <R^*, \cdot>$,其中 R^* 为非零实数集合,$\cdot$ 为普通乘法,判断下列函数哪些是 U 的自同态,是否是单自同态、满自同态和自同构?
    (1) $f(x) = |x|$
    (2) $f(x) = 2x$
    (3) $f(x) = x^2$
    (4) $f(x) = 1/x$
    (5) $f(x) = -x$
    (6) $f(x) = x + 10$

11. 设 f_1 和 f_2 都是从代数系统 $<S_1, *>$ 到 $<S_2, \circ>$ 的同态映射,其中 $*$,$\circ$ 都是二元运算,并且 $\circ$ 满足交换律和结合律。定义函数 $h: S_1 \to S_2$,使得对于任意 $x \in S_1$,$h(x) = f_1(x) \circ f_2(x)$,试证明 h 也是从 $<S_1, *>$ 到 $<S_2, \circ>$ 的同态映射。

12. $V_1 = <Z, +, \cdot>, V_2 = <Z_n, \oplus, \otimes>$,其中 Z 为整数集合,$+$,$\cdot$ 分别为普通加法和乘法,$Z_n = \{0, 1, \cdots, n-1\}$,$\oplus$,$\otimes$ 分别为模 n 加法和模 n 乘法,令 $f = Z \to Z_n, f(x) = (x) \bmod n$,证明 f 为 V_1 到 V_2 的满同态映射。

6.4　同余关系和商代数

6.4.1　同余关系

在6.3节中,我们讨论了同态映射。这种映射使原代数系统中的某些特殊性质在它的同态象点中保持住了。完全类似,我们还可以考察代数系统的定义域上的等价关系。只要该等价关系满足一定的条件,就能使运算保持等价类。

定义6.4.1　设$V = <S, *, \oplus, \sim, \cdots>$为代数系统,$R$为$S$上的等价关系。

(1)从V中任取n元运算$\otimes_n$(n为正整数),对任意的$a_1, a_2, \cdots, a_n \in S, b_1, b_2, \cdots, b_n \in S$,如果$a_1 R b_1, a_2 R b_2, \cdots, a_n R b_n$并且$R$能对$\otimes_n$运算"保持关系",即

$$\otimes_n(a_1, a_2, \cdots, a_n) R \otimes_n(b_1, b_2, \cdots, b_n)$$

其中,$\otimes_n(a_1, a_2, \cdots, a_n)$是一种前缀表示法,表示$a_1, a_2, \cdots, a_n$这$n$个元素做运算$\otimes_n$。则称$R$关于$\otimes_n$满足**代换性质**。

(2)若R关于V中的所有运算都满足代换性质,则称R为V上的**同余关系**。

由定义可知,同余关系是代数系统的集合中的等价关系,并且在运算的作用下,能够保持关系的等价类。以二元运算为例,在$a_1 * a_2$中,如果用集合S中与a_1等价的任何其他元素b_1代换a_1,并且用与a_2等价的任何其他元素b_2代换a_2,则所求的结果$b_1 * b_2$与$a_1 * a_2$位于同一等价类之中。换句话说,若$[a_1]_R = [b_1]_R$并且$[a_2]_R = [b_2]_R$,则$[a_1 * a_2]_R = [b_1 * b_2]_R$。此外,同余关系与运算密切相关。如果一个代数结构中有多个运算,则需要考察等价关系对于所有这些运算是否都有代换性质。如果等价关系在一个运算上不满足代换性质,该等价关系就不是代数系统上的同余关系。

例6.4.1　考察代数系统$<Z, *>$,其中Z是整数集合,$*$是一元运算,并定义成

$$*(i) = (i^2)(\bmod m)$$

设R是Z中的这样一个关系:当且仅当$(i_1)(\bmod m) = (i_2)(\bmod m)$,有$i_1 R i_2$。试证明$R$是代数系统$<Z, *>$中的同余关系。

证明　不难看出,这里R是一个等价关系。设$i_1, i_2 \in Z$且满足$i_1 R i_2$,因此有$(i_1)(\bmod m) = (i_2)(\bmod m)$,即$i_1$和$i_2$模$m$之后余数相同。因此$i_1$和$i_2$可写为$i_1 = a_1 m + r$和$i_2 = a_2 m + r$,这里$0 \leq r < m$。于是,

$$
\begin{aligned}
(i_1^2)(\bmod m) &= ((a_1 m + r)^2)(\bmod m) \\
&= (a_1^2 m^2 + 2a_1 mr + r^2)(\bmod m) \\
&= (r^2)(\bmod m) \\
(i_2^2)(\bmod m) &= ((a_2 m + r)^2)(\bmod m) \\
&= (a_2^2 m^2 + 2a_2 mr + r^2)(\bmod m) \\
&= (r^2)(\bmod m)
\end{aligned}
$$

所得结果说明,$*(i_1) R *(i_2)$。所以,R是代数系统$<Z, *>$中的同余关系。

例6.4.2　设$m \in Z_+$,验证$\equiv_m$是$<Z, +, \times>$上的同余关系,其中Z为整数集合,Z_+为正整数集合。

证明　显然$\equiv_m$关系是等价关系,故只要验证$\equiv_m$关于$+$和$\times$具有代换性质即可。对任意的$x_1, y_1, x_2, y_2 \in Z_+$,若$x_1 \equiv_m x_2$且$y_1 \equiv_m y_2$,即存在$p, q \in Z$使

$$x_1 - x_2 = p \cdot m, \quad y_1 - y_2 = q \cdot m$$

而

$$(x_1 + y_1) - (x_2 + y_2) = (x_1 - x_2) + (y_1 - y_2)$$
$$= p \cdot m + q \cdot m$$
$$= (p + q) \cdot m$$

即 $(x_1 + y_1) \equiv_m (x_2 + y_2)$。所以, $\equiv_m$ 关于 + 满足代换性质。同理

$$(x_1 \times y_1) - (x_2 \times y_2) = x_1 \times (y_1 - y_2) + (x_1 - x_2) \cdot y_2$$
$$= x_1 \times m \times q + p \times m \times y_2$$
$$= (x_1 \times q + p \times y_2) \times m$$

即 $(x_1 \times y_1) \equiv_m (x_2 \times y_2)$。所以, $\equiv_m$ 关于 × 也满足代换性质。因此, $\equiv_m$ 是 $\langle Z, +, \times \rangle$ 上的同余关系。

定理 6.4.1　设 f 是 $V_1 = \langle S_1, *, \oplus, \sim, \cdots \rangle$ 到 $V_2 = \langle S_2, \circ, \otimes, ^{-}, \cdots \rangle$ 的同态映射,定义 S_1 上的关系 R_f 如下:对任意的 $x_1, x_2 \in S_1, x_1 R_f x_2$ 当且仅当 $f(x_1) = f(x_2)$,则 R_f 是 $V_1 = \langle S_1, *, \oplus, \sim, \cdots \rangle$ 上的同余关系,并称 R_f 为同态映射 f 诱导的同余关系。

证明　显然, R_f 是 S_1 上的等价关系。下面证明 R_f 关于每个 V_1 中的运算均满足代换性质。

从 V_1 中任取一个运算,设为 $\otimes_n, \otimes_n$ 为 n 元运算(n 为正整数)。在同态映射中, $\otimes_n$ 对应的 V_2 中的运算设为 $\odot_n$,任取 $a_1, a_2, \cdots, a_n \in S_1, b_1, b_2, \cdots, b_n \in S_1$,并且有 $a_1 R_f b_1, a_2 R_f b_2, \cdots, a_n R_f b_n$,则有

$$f(a_i) = f(b_i) \quad i = 1, 2, \cdots, n$$

因为

$$f(\otimes_n(a_1, a_2, \cdots, a_n)) = \odot_n(f(a_1), f(a_2), \cdots, f(a_n))$$
$$= \odot_n(f(b_1), f(b_2), \cdots, f(b_n))$$
$$= f(\otimes_n(b_1, b_2, \cdots, b_n))$$

故 $\otimes_n(a_1, a_2, \cdots, a_n) R_f \otimes_n(b_1, b_2, \cdots, b_n)$。

由运算 $\otimes_n$ 选取的任意性可知, R_f 对所有的运算均满足代换性质。因此, R_f 是 $V = \langle G_1, \Omega_1 \rangle$ 上的同余关系。∎

这个定理说明,如果存在代数系统 V_1 到 V_2 的同态映射,则可以定义相应于这一同态映射的同余关系。

6.4.2　商代数

在本小节中,将通过同余关系诱导出一个新的代数系统——商代数。

定义 6.4.2　设 R 为代数系统 $V = \langle S, *, \oplus, \sim, \cdots \rangle$ 上的同余关系,若在商集 S/R 中定义运算 $*', \oplus', \sim', \cdots$,对任意的 $a, b \in S$,满足:

$$[a]_R *' [b]_R = [a * b]_R$$
$$[a]_R \oplus' [b]_R = [a \oplus b]_R$$
$$\sim' [a]_R = [\sim a]_R$$
$$\cdots\cdots$$

则 $\langle S/R, *', \oplus', \sim', \cdots \rangle$ 为代数系统,并称其为 V 对 R 的**商代数**,记为 V/R。

由于 R 是同余关系,也是等价关系,将 S 中具有等价关系的元素划分到同一类,因此 S/R

的元素个数一定小于等于 S 的元素个数。这也就是商代数通常比原代数系统小的原因。

例 6.4.3　设代数系统为 $<N,+>$，N 为自然数集合，$+$ 为普通意义下的加法。R 是该代数系统的同余关系，并且定义为对于任意元素 $x,y \in N$，当且仅当 $x(\mathrm{mod}\,2) = y(\mathrm{mod}\,2)$，求该代数系统关于 R 的商代数。

解　设要求解的商代数为 $<G,*>$，下面逐一求出其定义域和运算。

首先，对于任何一个自然数 x，$x(\mathrm{mod}\,2)$ 或等于 0，或等于 1。因此，$G = \{[0]_R,[1]_R\}$。

其次，构造运算 $*$，任取 $x,y \in N$，$[x]_R * [y]_R = [x+y]_R$：

(1) 如果 x,y 都为奇数，那么 $[x]_R = [1]_R$，$[y]_R = [1]_R$，$[x+y]_R = [0]_R$，即 $[1]_R * [1]_R = [0]_R$。

(2) 如果 x,y 都为偶数，那么 $[x]_R = [0]_R$，$[y]_R = [0]_R$，$[x+y]_R = [0]_R$，即 $[0]_R * [0]_R = [0]_R$。

(3) 如果 x 为奇数，y 为偶数，那么 $[x]_R = [1]_R$，$[y]_R = [0]_R$，$[x+y]_R = [1]_R$，即 $[1]_R * [0]_R = [1]_R$。

(4) 如果 x 为偶数，y 为奇数，那么 $[x]_R = [0]_R$，$[y]_R = [1]_R$，$[x+y]_R = [1]_R$，即 $[0]_R * [1]_R = [1]_R$。

$*$ 的运算表如表 6-9 所示。

表　6-9

$*$	$[0]_R$	$[1]_R$
$[0]_R$	$[0]_R$	$[1]_R$
$[1]_R$	$[1]_R$	$[0]_R$

定义 6.4.3　设 R 为代数系统 $V = <S,*,\oplus,\sim,\cdots>$ 上的同余关系，定义函数 $g:S \to S/R$ 为 $g(x) = [x]_R$，称 g 为 G 到 G/R 的**正则映射**。

定理 6.4.2　设 R 为代数系统 $V = <S,*,\oplus,\sim,\cdots>$ 上的同余关系，则正则映射 $g:G \to G/R$ 是 $<S,*,\oplus,\sim,\cdots>$ 到商代数 $<S/R,*',\oplus',\sim',\cdots>$ 的满同态，并称 g 为**自然同态映射**。

证明　显然，$<S,*,\oplus,\sim,\cdots>$ 和 $<S/R,*',\oplus',\sim',\cdots>$ 是同类型的。从 V 中任取一个运算，设为 $\otimes_n$，$\otimes_n$ 为 n 元运算（n 为正整数）。任取 $a_1,a_2,\cdots,a_n \in S_1$，因为

$$
\begin{aligned}
g(\otimes_n(a_1,a_2,\cdots,a_n)) &= [\otimes_n(a_1,a_2,\cdots,a_n)]_R \\
&= \otimes'_n([a_1]_R,[a_2]_R,\cdots,[a_n]_R) \\
&= \otimes'_n(g(a_1),g(a_n),\cdots,g(a_n))
\end{aligned}
$$

满足保持映射，所以，g 是 $<S,*,\oplus,\sim,\cdots>$ 到商代数 $<S/R,*',\oplus',\sim',\cdots>$ 的同态映射。

又因为对任意 $[y]_R \in S/R$，总有 $x \in [y]_R$，使 $g(x) = [x]_R = [y]_R$，所以 g 是满射。　■

本定理说明，对于代数系统 $<S,*,\oplus,\sim,\cdots>$ 上的任何同余关系 R，可以定义从 $<S,*,\oplus,\sim,\cdots>$ 到商代数 $<S/R,*',\oplus',\sim',\cdots>$ 的自然同态映射；而定理 6.4.1 说明，对于代数系统 $V_1 = <S_1,*,\oplus,\sim,\cdots>$ 到 $V_2 = <S_2,\circ,\otimes,^{-},\cdots>$ 的任何同态映射 f，也可以定义 $V_1 = <S_1,*,\oplus,\sim,\cdots>$ 上相应的同余关系。由此可见，同态与同余之间有着密切的联系。

定理 6.4.3　设 f 为代数系统 $V_1 = <S_1,*,\oplus,\sim,\cdots>$ 到 $V_2 = <S_2,\circ,\otimes,^{-},\cdots>$ 的同态映射，R_f 是 V_1 上对应于 f 的同余关系，g 是 $V_1 = <S_1,*,\oplus,\sim,\cdots>$ 到商代数 $V_3 = <S/R,*',\oplus',\sim',\cdots>$ 的自然同态，则存在从 V_3 到 $V_4 = <f[S_1],\circ,\otimes,^{-},\cdots>$ 的同构映射 ψ，且满足 $\psi \circ g = f$（见图 6-3）。

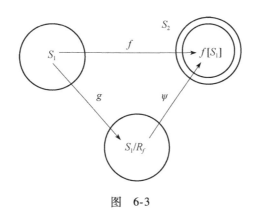

图   6-3

证明 定义函数 $\psi: S_1/R_f \to f[S_1]$ 为:对任意 $[x]_{R_f} \in S_1/R_f$,令 $\psi([x]_{R_f}) = f(x)$。

需要证明 ψ 是良定的。任取 $x, y \in S_1$,若 $[x]_{R_f} = [y]_{R_f}$,则 xR_fy,因而 $f(x) = f(y)$,这表明 ψ 是良定的。

对任意的 $y \in f[S_1]$,存在 $x \in S_1$ 使 $f(x) = y$,则 $\psi([x]_{R_f}) = f(x) = y$。这表明 ψ 是满射。

任取 $[x_1]_{R_f}, [x_2]_{R_f} \in S_1/R_f$,若 $\psi([x_1]_{R_f}) = \psi([x_2]_{R_f})$,即 $f(x_1) = f(x_2)$,则 $x_1 R_f x_2$,故 $[x_1]_{R_f} = [x_2]_{R_f}$,表明 ψ 是单射。

从 V_3 中任取一个运算,设为 $\otimes'_n$,$\otimes'_n$ 为 n 元运算(n 为正整数)。在同态映射中,$\otimes'_n$ 对应的 V_2 中的运算设为 $\odot_n$。任取 $[x_1]_{R_f}, [x_2]_{R_f}, \cdots, [x_n]_{R_f} \in S_1/R_f$,

$$\psi(\otimes'_n([x_1]_{R_f}, [x_2]_{R_f}, \cdots, [x_n]_{R_f}))$$
$$= \psi([\otimes_n(x_1, x_2, \cdots, x_n)]_{R_f})$$
$$= f(\otimes_n(x_1, x_2, \cdots, x_n))$$
$$= \odot_n(f(x_1), f(x_2), \cdots, f(x_{n_\omega}))$$
$$= \odot_n(\psi([x_1]_{R_f}), \psi([x_2]_{R_f}), \cdots, \psi([x_n]_{R_f}))$$

综上所述,ψ 是 V_3 到 $V_4 = <f[S_1], \circ, \otimes, ^-, \cdots>$ 的同构映射,并且对任意 $x \in S_1$,有

$$(\psi \circ g)(x) = \psi(g(x)) = \psi([x]_{R_f}) = f(x)$$ ∎

推论 设 f 为代数系统 $V_1 = <S_1, *, \oplus, \sim, \cdots>$ 到 $V_2 = <S_2, \circ, \otimes, ^-, \cdots>$ 的满同态映射,R_f 为对应于 f 的同余关系,则 ψ 为商代数 $V_3 = <S/R, *', \oplus', \sim', \cdots>$ 到 $V_2 = <S_2, \circ, \otimes, ^-, \cdots>$ 的同构映射。

习题

1. 给定代数系统 $U = <Z, *>$,其中 $*$ 是 Z 上的一元运算,定义为:$*(i) = i^k(\mod m)$,其中 $m, k \in Z_+$。$\equiv_m$ 是 U 上的同余关系吗?证明你的回答。

2. 考察代数系统 $V = <Z, +, \cdot>$,Z 上的关系定义为:$i_1 R i_2$ 当且仅当 $|i_1| = |i_2|$。对于运算 $+$,R 是否满足代换性质?对于运算 $\cdot$ 呢?

3. 设 R 是 N_3 上的等价关系,并且对于 $+_3$ 具有代换性质,证明 R 对于 $\cdot_3$ 也一定具有代换性质。求出 N_3 上的一个等价关系 S,使其对于 $\cdot_3$ 具有代换性质,但对于 $+_3$ 不具有代换性质。

4. 证明一个代数系统上的两个同余关系的交必为同余关系,但它们的合成却未必是同余关系。

5. 试确定 Z 上的下述关系 R 是否为 $<Z, +>$ 上的同余关系:

（1）xRy,当且仅当$(x<0\land y<0)\lor(x\geqslant 0\land y\geqslant 0)$。

（2）xRy,当且仅当$|x-y|<10$。

（3）xRy,当且仅当$(x=y=0)\lor(x\neq 0\land y\neq 0)$。

（4）xRy,当且仅当$x\geqslant y$。

6. 设代数系统$F=<A,*,\oplus>$,其中$A=\{a_1,a_2,a_3,a_4,a_5\}$,$*$和$\oplus$的运算表如表6-10所示。

表　6-10

类型	$*$	$\oplus$
a_1	a_4	a_3
a_2	a_3	a_2
a_3	a_4	a_1
a_4	a_2	a_3
a_5	a_1	a_5

R为A上的等价关系,$A/R=\{\{a_1,a_3\},\{a_2,a_5\},\{a_4\}\}$。证明$R$是$F$上的同余关系,对于$F$的商代数$<A/R,*_R,\oplus_R>$求出$*_R$和$\oplus_R$的运算表,并求$F$到$<A/R,*_R,\oplus_R>$的自然同态。

7. 设集合$E=\{a,b,c\}$,$\rho(E)$为E的幂集,$<\rho(E),\cup>$为代数系统,$\cup$为集合上的并运算。在$\rho(E)$上定义二元关系R如下:$R=\{<x,y>|x,y\in\rho(E)\land(\{b\}\cap x=\{b\}\cap y)\}$,其中$\cap$为集合上的交运算。

（1）证明R是$\rho(E)$上的等价关系。

（2）证明R是$\rho(E)$上关于$\cup$的同余关系。

（3）求商代数。

6.5　积代数

由已知的代数系统构造新代数系统的另一种方法是将同型的代数系统通过"直接积"来构造积代数。

定义6.5.1　设$V_1=<S_1,*,\oplus,\sim,\cdots>$和$V_2=<S_2,\circ,\otimes,',\cdots>$是两个同型的代数系统,若在笛卡儿乘积$S_1\times S_2$中定义运算$\overline{*},\overline{\oplus},\overline{\sim},\cdots$,对任意的$<a_1,b_1>$,$<a_2,b_2>\in S_1\times S_2$,满足:

$$<a_1,b_1>\overline{*}<a_2,b_2>=<a_1*a_2,b_1\circ b_2>$$

$$<a_1,b_1>\overline{\oplus}<a_2,b_2>=<a_1\oplus a_2,b_1\otimes b_2>$$

$$\overline{\sim}<a_1,b_1>=<\sim a_1,b_1'>$$

$$\cdots\cdots$$

则$<S_1\times S_2,\overline{*},\overline{\oplus},\overline{\sim},\cdots>$为代数系统,并称其为$V_1$和$V_2$的**积代数**,记为$V_1\times V_2$,$V_1$和$V_2$称为$V_1\times V_2$的**因子代数**。

例6.5.1　$<G_1,*>$和$<G_2,\Delta>$为两个代数系统,其中$G_1=\{a_1,a_2\}$,$G_2=\{b_1,b_2,b_3\}$,二元运算$*$和Δ的运算表分别如表6-11和表6-12所示。

表　6-11

$*$	a_1	a_2
a_1	a_1	a_2
a_2	a_2	a_1

表　6-12

Δ	b_1	b_2	b_3
b_1	b_1	b_2	b_3
b_2	b_2	b_2	b_3
b_3	b_3	b_1	b_3

求积代数 $<G_1 \times G_2, \otimes>$。

解

$$G_1 \times G_2 = \{a_1, a_2\} \times \{b_1, b_2, b_3\}$$
$$= \{<a_1, b_1>, <a_1, b_2>, <a_1, b_3>, <a_2, b_1>, <a_2, b_2>, <a_2, b_3>\}$$

对任意的 $<a_i, b_j>$，

$$<a_i', b_j'> \in G_1 \times G_2$$
$$<a_i, b_j> \otimes <a_i', b_j'> = <a_i * a_i', b_j \Delta b_j'>$$

给出 $\otimes$ 的运算表如表6-13所示。

表 6-13

$\otimes$	$<a_1, b_1>$	$<a_1, b_2>$	$<a_1, b_3>$	$<a_2, b_1>$	$<a_2, b_2>$	$<a_2, b_3>$
$<a_1, b_1>$	$<a_1, b_1>$	$<a_1, b_2>$	$<a_1, b_3>$	$<a_2, b_1>$	$<a_2, b_2>$	$<a_2, b_3>$
$<a_1, b_2>$	$<a_1, b_2>$	$<a_1, b_2>$	$<a_1, b_3>$	$<a_2, b_2>$	$<a_2, b_2>$	$<a_2, b_3>$
$<a_1, b_3>$	$<a_1, b_3>$	$<a_1, b_1>$	$<a_1, b_3>$	$<a_2, b_3>$	$<a_2, b_1>$	$<a_2, b_3>$
$<a_2, b_1>$	$<a_2, b_1>$	$<a_2, b_2>$	$<a_2, b_3>$	$<a_1, b_1>$	$<a_1, b_2>$	$<a_1, b_3>$
$<a_2, b_2>$	$<a_2, b_2>$	$<a_2, b_2>$	$<a_2, b_3>$	$<a_1, b_2>$	$<a_1, b_2>$	$<a_1, b_3>$
$<a_2, b_3>$	$<a_2, b_3>$	$<a_2, b_3>$	$<a_2, b_3>$	$<a_1, b_3>$	$<a_1, b_1>$	$<a_1, b_3>$

定义6.5.1很容易扩展到 m 个同类型的代数系统的积代数上——积代数的定义域为 m 个代数系统定义域的笛卡儿乘积。积代数中参与每个运算的是 m 重序元,结果也是一个 m 重序元,且第 $i(i = 1, 2, \cdots, m)$ 个元素用的是第 i 个代数系统中的运算。

习题

1. 设 $F_2 = <N_2, +_2>$ 和 $F_3 = <N_3, \cdot_3>$，求 $F_2 \times F_3$ 和 $F_3 \times F_2$。

2. 设代数系统 $U = <X, \cdot>$ 和 $V = <Y, *>$，其中 $\cdot$ 和 $*$ 为二元运算，$U \times V = <X \times Y, \Delta>$。证明以下结论:
   (1) 若 $\cdot$ 和 $*$ 是可交换的,则 Δ 也是可交换的。
   (2) 若 $\cdot$ 和 $*$ 是可结合的,则 Δ 也是可结合的。

3. 记 $A_m = <N_m, +_m>$，试证明 $A_2 \times A_3$ 同构于 A_6。

6.6 特殊代数系统——半群与群

在规定了一个代数系统的定义域以及运算之后,如果再对这些运算所满足的性质加以限制,那么满足这些条件的代数系统就具有完全相同的性质,从而构成了一类特殊的代数系统。本节介绍具有一个二元运算的代数系统——半群和群。群论是代数系统中发展最早、内容最丰富的部分,在自动机理论、形式语言、语法分析、纠错码制定等方面均有广泛的应用。

6.6.1 半群

定义6.6.1 设 $<S, *>$ 是一个代数系统，$*$ 是 S 上的二元运算。若 $*$ 是可结合的,则 $<S, *>$ 称为一个**半群**。

定义6.6.2 如果 $<S, *>$ 是一个半群,并且关于 $*$ 运算有单位元 e,则称 $<S, *>$ 为**独异点**或**含幺半群**,记作 $<S, *, e>$。

例6.6.1 $<N, +, 0>$，$<N, \cdot, 1>$，$<Z, +, 0>$，$<R, \cdot, 1>$，$<N_n, \cdot_n, 1>$ 都是独异点,其中 n 为正整数。

例6.6.2　设$\sum$是有限个字母组成的集合,也叫字母表。由$\sum$中的字母组成的有序集合,称为$\sum$上的串。串中的字母长度称为该串的长度,$m=0$时叫做空串,用ε表示。用$\sum^*$表示$\sum$上的串集合,在$\sum^*$上定义一个字符串的连接运算,用。表示。例如任取$\alpha,\beta\in\sum^*,\alpha\circ\beta=\alpha\beta$。则$<\sum^*,\circ,\varepsilon>$是独异点。如果令$\sum^+=\sum^*-\{\varepsilon\}$,则$<\sum^+,\circ>$不是独异点。

例6.6.3　设$S\subseteq R$是一些实数的集合,S中有最小元素m,则$<S,\max,m>$是独异点,其中$\max$为求两个实数中较大者运算。

定理6.6.1　设$<S,*>$是一个有限半群,则$\exists x(x\in S\wedge x*x=x)$。

证明　因为$*$运算是可结合的,所以由运算的封闭性可知,对于任意的$x\in S$,有

$$x*x=x^2\in S$$
$$x^2*x=x^3\in S$$
$$\cdots\cdots$$

由于S是有限集合,因此必存在$i,j,i<j$,使得$x^i=x^j$。

令$p=j-i$,则$x^j=x^i=x^p*x^i$。因此,对于任意的$q\geq i$,有$x^q=x^p*x^q$。

由于$i<j$,因此$p\geq 1$,故总有$k\geq 1$,使得$kp\geq i$,由于$x^{kp}\in S$,因此

$$x^{kp}=x^p*x^{kp}$$
$$=x^p*(x^p*x^{kp})$$
$$=x^{2p}*x^{kp}$$
$$=\cdots\cdots$$
$$=x^{kp}*x^{kp}$$

于是,x^{kp}是等幂元。　■

这个定理告诉我们,有限半群一定存在等幂元。

定义6.6.3

(1)设$<S,*>$是一个半群(含幺半群),若$*$是可交换的,则称$<S,*>$是**可交换半群(可交换独异点)**。

(2)设$<S,*>$是一个半群(含幺半群),若存在一个元素$g\in S$,使得

$$\forall x(x\in S\rightarrow(\exists n)(n\in N\wedge x=g^n))$$

其中N为自然数集合,则称该代数系统为**循环半群(循环独异点)**,g为该循环半群(循环独异点)的**生成元**。

若g为循环独异点$<S,*,e>$的生成元,则令$g^0=e$。

定理6.6.2　每个循环独异点都是可交换的。

证明　设$<S,*,e>$为循环独异点,g为生成元。

任取$x,y\in S$,可将x,y写为$x=g^i,y=g^j(i,j\in N)$,则$x*y=a^i*a^j=a^{i+j}=a^{j+i}=a^j*a^i=y*x$。因此,$*$运算满足交换律。　■

例如,$<N_+,+>$是循环独异点,1是生成元,$+$也满足交换律。

定义6.6.4　设$<S,*>$是一个半群,T是S的非空子集,若T对$*$封闭,则称$<T,*>$是半群$<S,*>$的**子半群**。

定义6.6.5　设$<S,*,e>$是一个独异点,T是S的非空子集,若T对$*$封闭,且$e\in T$,则称$<T,*,e>$是半群$<S,*,e>$的**子含幺半群**或**子独异点**。

例6.6.4　设$<S,*>$是一个代数系统,其中$S=\{0,1,2\}$,$*$运算表如表6-14所示。则

$<S,*>$是一个含幺半群,幺元为0;$<\{1,2\},*>$是$<S,*>$的子半群,但并非子含幺半群;
$<\{0,1\},*>$或$<\{0,2\},*>$都是$<S,*>$的子含幺半群。

表　6-14

*	0	1	2
0	0	1	2
1	1	1	1
2	2	1	2

6.6.2　群的概念与性质

定义 6.6.6　设$<G,*>$是一个独异点,其中幺元为e,若$\forall x\in G$,有$x^{-1}\in G$,则称$<G,*>$是**群**。

定义 6.6.7　设$<G,*>$是一个群,若$*$运算是可交换的,则称$<G,*>$是**交换群**,或称**阿贝尔(Abel)群**。

例 6.6.5　$<Z,+>$,$<Q,+>$都是群,也都是可交换群,其中Z表示整数集合,Q表示有理数集合,$+$表示普通的加法。用$\times$表示普通乘法,$<Z,\times>$,$<Q,\times>$不是群,因为0没有逆元。设S是一个非空集合,那么$<\rho(S),\oplus>$也是可交换群,其中$\rho(S)$为S的幂集,$\oplus$为集合的对称差分运算。$<Z_n,\oplus>$是可交换群,其中$Z_n=\{0,1,\cdots,n-1\}$,$\oplus$表示模n加法。例6.6.2中的$<\sum^*,\circ,\varepsilon>$不是群,因为除了$\varepsilon$,其他元素没有逆元。

若G中只含有一个元素,即幺元,则称该群是**平凡群**。

从定义6.6.6可知,给定一个代数系统$<G,*>$,若满足以下三个条件,则其构成群:

(1)结合律,即$\forall x,y,z\in G$,有$(x*y)*z=x*(y*z)$。

(2)含有幺元,即存在元素$e\in G$,使得对于$\forall x\in G$,有$x*e=e*x=x$。

(3)每个元素都有逆元,即$\forall x\in G$,一定存在元素$x^{-1}\in G$,使得$x^{-1}*x=x*x^{-1}=e$。

这三条是一个代数系统构成群的充要条件。

定理 6.6.3　设$<G,*>$是群,且$|G|>1$,则关于$*$运算无零元。

证明　假设$\theta\in G$是关于$*$运算的零元,并设幺元为e。

首先证明$e\neq\theta$,因为如果$e=\theta$,由$|G|>1$可知一定有不同于幺元和零元的元素,设为b,则

$$b=b*e=b*\theta=\theta$$

与$b\neq\theta$相矛盾。

任取$x\in G$,由零元的性质可知,$x*\theta=\theta\neq e$,这说明θ没有逆元,这与群的定义矛盾。　∎

定理 6.6.4　设$<G,*>$是群,则关于$*$运算只有唯一的等幂元就是幺元。

证明　首先,幺元e是等幂元,因为$e*e=e$。

假设除了幺元以外还有等幂元$a\in G$,且$a\neq e$。

于是有

$$e=a^{-1}*a=a^{-1}*(a*a)=(a^{-1}*a)*a=e*a=a$$

这与$a\neq e$相矛盾,因此,群中只有唯一的等幂元就是幺元。　∎

定理 6.6.5　设$<G,*>$是群,则关于$*$运算满足可约律(消去律),即$\forall x,y,z\in G$。

(1)若 $x * y = x * z$,则 $y = z$。

(2)若 $y * x = z * x$,则 $y = z$。

证明 (1)将等式的左右两端同时与 x^{-1} 做运算,等号依然成立,即

$$x^{-1} * (x * y) = x^{-1} * (x * z)$$

由于群满足结合律,即

$$(x^{-1} * x) * y = (x^{-1} * x) * z$$

因此 $e * y = e * z$,即 $y = z$。

(2)的证明与(1)类似。 ■

定理 6.6.6 设 $< G, * >$ 是群,则 $\forall a, b \in G$,方程 $a * x = b$ 和 $y * a = b$ 都有解并且解是唯一的。

证明 因为

$$a * (a^{-1} * b) = (a * a^{-1}) * b = e * b = b$$

因此,$x = a^{-1} * b$ 是方程 $a * x = b$ 的解。

再来证明 $x = a^{-1} * b$ 是方程 $a * x = b$ 唯一的解。假设 $a * x = b$ 还有另一个解 $x = c$,则

$$a * c = b = a * (a^{-1} * b)$$

根据消去律可知,$c = a^{-1} * b$。 ■

定义 6.6.8 设 $< G, * >$ 是群,则 $\forall x \in G, n \in Z, Z$ 为整数集合,则 x 的 n 次幂定义为:

$$x^n = \begin{cases} e, & n = 0 \\ x^{n-1} * x, & n > 0 \\ (x^{-1})^{-n}, & n < 0 \end{cases}$$

注意,此处定义的幂集虽然与代数系统和半群中定义的类似,但是却进行了扩充,扩充到 $n < 0$ 的情况。原因在于代数系统可能没有幺元,而半群中的元素可能没有逆元。

例 6.6.6 $< Z_4, +_4 >$ 是群,其中 $Z_4 = \{0, 1, 2, 3\}$,$+_4$ 表示模 4 加法。在该群中,$1^{-3} = (1^{-1})^3 = 3^3 = (3 +_4 3) +_4 3 = 2 +_4 3 = 1$。但是群 $< Z, + >$ 中,$1^{-3} = (1^{-1})^3 = (-1)^3 = (-1) + (-1) + (-1) = -3$。

定理 6.6.7 $< G, * >$ 是群,则 G 中的运算满足:

(1) $\forall x \in G$,有 $(x^{-1})^{-1} = x$。

(2) $\forall x, y \in G$,有 $(x * y)^{-1} = y^{-1} * x^{-1}$。

(3) $\forall x \in G$,有 $x^m * x^n = x^{m+n} = x^n * x^m (m, n \in Z)$。

(4) $\forall x \in G$,有 $(x^m)^n = x^{mn} = (x^n)^m (m, n \in Z)$。

(5)若 $< G, * >$ 是交换群,则 $\forall x, y \in G$,有 $(x * y)^m = x^m * y^m (m \in Z)$。

证明过程留给读者练习。

定理 6.6.8 $< G, * >$ 是群,则 $< G, * >$ 是阿贝尔群当且仅当对任意的 $x, y \in G$,有 $(x * y)^2 = x^2 * y^2$。

证明 先证明充分性。任取 $x, y \in G$,$(x * y)^2 = x * y * x * y$,$x^2 * y^2 = x * x * y * y$,由于 $(x * y)^2 = x^2 * y^2$,因此 $x * y * x * y = x * x * y * y$。由于群满足消去律,因此 $y * x = x * y$,满足交换律,于是 $< G, * >$ 是阿贝尔群。

再证明必要性。任取 $x, y \in G$,由于阿贝尔群满足交换律,因此

$$(x * y)^2 = x * y * x * y = x * x * y * y = x^2 * y^2$$

得证。

定义 6.6.9 设 $<G, *>$ 是群,幺元为 e,则 $\forall x \in G$,使得 $x^n = e$ 的最小正整数 n 称为 x 的**阶**,或者**周期**,记作 $|x| = n$,并称 x 为 n 阶元。

任何群中幺元的阶都是 1。例 6.6.6 的 $<Z_4, +_4>$ 中,0 和 2 是 1 阶元,1 和 3 是 4 阶元。$<Z, +>$ 中,除了 0 是 1 阶元,其他元素的阶都是无穷大,称这样的元素为**无限阶元**。

定理 6.6.9 $<G, *>$ 是群,幺元为 $e, x \in G$,且 $|x| = r$,则

(1) $x^k = e$ 当且仅当 $r|k$(r 整除 k 或 k 是 r 的整数倍)。

(2) $|x^{-1}| = |x|$。

证明

(1) 先证明充分性,由于 $r|k$,因此必定存在一个整数,设为 m,使得 $k = mr$,因此有

$$x^k = x^{mr} = (x^r)^m = e^m = e$$

再证明必要性。把 k 表示成 $k = pr + q$,其中 p 为 k 除以 r 的整数部分,q 为余数部分。

$$e = x^k = x^{pr+q} = x^{pr} * x^q = (x^r)^p * x^q = (e)^p * x^q = x^q$$

由于 $q < r$ 并且 $|a| = r$,因此 $q = 0$,即 $k = pr, r|k$。

(2) 由于 $(x^{-1})^r = (x^r)^{-1} = e^{-1} = e$,因此 x^{-1} 的阶一定存在,设为 t。由 (1) 的结论可知,$t|r$。又由于 $x^t = ((x^{-1})^t)^{-1} = e^{-1} = e$,可得 $r|t$。因此,$t = r$,即 $|x^{-1}| = |x|$。

从定理 6.6.9(1) 可以推出:如果 $x^k = e$ 并且没有 k 的因子 $d(1 \leq d < k)$ 使得 $x^d = e$,则 $|x| = k$。

例 6.6.7 设 $<G, *>$ 是群,e 是幺元。$a, b \in G$,并且有 $b * a * b^{-1} = a^2$,其中 $a \neq e$,已知 $|b| = 2$,求 a 的阶。

解 由于 $|b| = 2$,因此 $b^2 = e$,由定理 6.6.9(2) 可知,$|b^{-1}| = 2$,即 $(b^{-1})^2 = e$。

因此

$$
\begin{aligned}
a^4 &= a^2 * a^2 \\
&= (b * a * b^{-1}) * (b * a * b^{-1}) \\
&= b * a^2 * b^{-1} \\
&= b * (b * a * b^{-1}) * b^{-1} \\
&= b^2 * a * (b^{-1})^2 \\
&= a
\end{aligned}
$$

根据消去律,$a^3 = e$,因为 $a \neq e$,因此 $|a| = 3$。

作为必要条件,如果一个代数系统不满足这些性质,则不是群。另外,从群的这些性质可以推出一些有意思的结论。例如根据群满足消去律,$\forall x, y, z \in G$,若 $x \neq y$,则 $z * x \neq z * y$,并且 $x * z \neq y * z$。也就是说,若 $*$ 运算以运算表的形式表现,则任何一行任何一列的元素都互不相同。根据此结论,则所有的三阶群都与 $<\{e, a, b\}, \oplus>$ 同构,$\oplus$ 运算表如表 6-15 所示。所有的四阶群都与 $<\{e, a, b, c\}, \oplus>$ 同构,$\oplus$ 运算表如表 6-16 或表 6-17 所示。

表 6-15

$\oplus$	e	a	b
e	e	a	b
a	a	b	e
b	b	e	a

表 6-16

$\oplus$	e	a	b	c
e	e	a	b	c
a	a	e	c	b
b	b	c	e	a
c	c	b	a	e

表 6-17

$\oplus$	e	a	b	c
e	e	a	b	c
a	a	c	e	b
b	b	e	c	a
c	c	b	a	e

6.6.3 子群与陪集

子群的概念类似于子半群和子独异点。

定义 6.6.10 设 $<G, *>$ 是群，e 是幺元，S 是 G 的非空子集，若对 S 关于运算 $*$ 构成群，则称 $<S, *>$ 是 $<G, *>$ 的**子群**。如果 S 是 G 的真子集，则称 $<S, *>$ 是 $<G, *>$ 的**真子群**。

因为 $<G, *>$ 是群，所以群中有唯一的等幂元，就是幺元 e。由于 $<S, *>$ 也是群，因此也有等幂元，只能是 $e \in S$，即子群幺元和原群一致。由此可见，如果 $<S, *>$ 是 $<G, *>$ 的子群，除了保证 $S \subseteq G$，还需要满足以下三条：

(1) $\forall x \forall y (x \in S \land y \in S \to x * y \in S)$（封闭性）

(2) $\forall x (x \in S \to x^{-1} \in S)$（有逆元）

(3) $e \in S$（含有幺元）

例 6.6.8 $<Z, +>$，$<Q, +>$ 都是群，其中 Z 表示整数集合，Q 表示有理数集合，$+$ 表示普通的加法。$<nZ, +>$，$<nQ, +>$ 分别是上述两个群的子群，其中 $nZ = \{nx \mid x \in Z\}$，$nQ = \{nx \mid x \in Q\}$，当 $n \neq 1$ 时，$<nZ, +>$，$<nQ, +>$ 分别是上述两个群的真子群。

设 $<G, *>$ 是群，e 是幺元，则 $<G, *>$ 和 $<\{e\}, *>$ 一定是 $<G, *>$ 的子群，称这两个子群是 $<G, *>$ 的**平凡子群**。

下面介绍几个子群的充要条件。

定理 6.6.10 $<G, *>$ 是群，e 是幺元，$x \in G$，S 是 G 的非空子集，$<S, *>$ 是 $<G, *>$ 的子群当且仅当

(1) $\forall x \forall y (x \in S \land y \in S \to x * y \in S)$（封闭性）

(2) $\forall x (x \in S \to x^{-1} \in S)$（有逆元）

证明 必要性是显然的，充分性的证明中，仅需要证明 $e \in S$。由于 S 非空，因此从 S 中任取元素 a，由 (2) 可知 $a^{-1} \in S$，又根据 (1)，$a * a^{-1} = e \in S$，即 $e \in S$。 ■

上述定理说明在证明是子群的时候，不需要刻意说明 $e \in S$ 这一条。

定理 6.6.11 $<G, *>$ 是群，e 为幺元，$x \in G$，S 是 G 的非空子集，$<S, *>$ 是 $<G, *>$ 的子群当且仅当 $\forall x \forall y (x \in S \land y \in S \to x * y^{-1} \in S)$。

证明 先证明必要性，任取 $x, y \in S$，则 $y^{-1} \in S$，因此由封闭性可知 $x * y^{-1} \in S$。

再证充分性，因为 S 非空，因此，对任意 $x \in S$，均有 $x * x^{-1} = e \in S$。再由于 $e, x \in S$，因此 $e * x^{-1} = x^{-1} \in S$。任取 $x, y \in S$，由前面的推理可知，$y^{-1} \in S$，因此 $x * (y^{-1})^{-1} = x * y \in S$。根据定义 6.6.10 以及定理 6.6.10 可知，$<S, *>$ 是 $<G, *>$ 的子群。 ■

定理 6.6.12 $<G, *>$ 是群，e 为幺元，$x \in G$，S 是 G 的非空子集，并且 S 是一个有限集合，$<S, *>$ 是 $<G, *>$ 的子群当且仅当 $\forall x \forall y (x \in S \land y \in S \to x * y \in S)$。

证明 由子群运算的封闭性可知必要性成立。

再证充分性,任取一元素 $x \in S$,若 $x = e$,则 $x^{-1} = e \in S$,若 $x \neq e$,$x * x = x^2 \in S$,$x^2 * x = x^3 \in S \cdots\cdots$ 由于 S 是一个有限集合,因此必然存在 $i,j(i<j)$,使得 $x^i = x^j$,由于群中的运算满足消去律,因此 $x^{j-i} = e$。由于 $x \neq e$,故 $j - i \neq 1$,即 $j - i > 1$。由于

$$x^{j-i-1} * x = e$$
$$x * x^{j-i-1} = e$$

因此 $x^{-1} = x^{j-i-1}$,即 $x^{-1} \in S$。 ■

根据定理 6.6.11 可知,$<S, * >$ 是 $<G, * >$ 的子群。

这三个定理可以用来判断群的非空子集是否构成子群。

例 6.6.9 设 $<G, * >$ 是群,e 为幺元,令 $C = \{a \mid a \in G \wedge \forall x(x \in G \rightarrow a * x = x * a)\}$,则 $<C, * >$ 是 $<G, * >$ 的子群,并称 C 为群 $<G, * >$ 的**中心**。

证明 首先证明 C 非空。从 G 中任取元素 x,由于 $e * x = x * e = x$,因此 $e \in C$。

再利用定理 6.6.11 证明。任取 $a,b \in C$,证明 $a * b^{-1} \in C$,即 $a * b^{-1}$ 和 G 中所有元素做运算均可交换。从 G 中任取元素 x,

$$(a * b^{-1}) * x = a * b^{-1} * (x^{-1})^{-1} = a * (x^{-1} * b)^{-1} = a * (b * x^{-1})^{-1}$$
$$= a * x * b^{-1} = x * (a * b^{-1})$$

即证。

可见,C 中包含了所有与 G 中每个元素做运算均可交换的元素。如果 $<G, * >$ 本身就是阿贝尔群,则 $C = G$。

例 6.6.10 设 $<G, * >$ 是群,e 为幺元,若 $<S_1, * >$ 和 $<S_2, * >$ 都是 $<G, * >$ 的子群,则 $<S_1 \cap S_2, * >$ 也是 $<G, * >$ 的子群。

证明 由于 $<S_1, * >$ 和 $<S_2, * >$ 都是 $<G, * >$ 的子群,因此 $e \in S_1$,$e \in S_2$,即 $e \in S_1 \cap S_2$,$S_1 \cap S_2$ 非空。

任取 $x,y \in S_1 \cap S_2$,由 $x,y \in S_1$ 及定理 6.6.11 可知 $x * y^{-1} \in S_1$,同理,$x * y^{-1} \in S_2$,即 $x * y^{-1} \in S_1 \cap S_2$。

因此,$<S_1 \cap S_2, * >$ 是 $<G, * >$ 的子群。

定义 6.6.11 设 $<G, * >$ 是群,$<H, * >$ 是 $<G, * >$ 的子群,$a \in G$,令

$$aH = \{a * h \mid h \in H\}$$

称 aH 是子群 $<H, * >$ 在 $<G, * >$ 中的**左陪集**,并称 a 为 aH 的**代表元素**。

类似地,可定义右陪集。

例 6.6.11 设有四元群 $<\{e,a,b,c\}, * >$,$*$ 运算表如表 6-16 所示。$<\{e,a\}, * >$,$<\{e,b\}, * >$,$<\{e,c\}, * >$ 都是 $<\{e,a,b,c\}, * >$ 的子群。以 $<\{e,a\}, * >$ 为例,$H = \{e, a\}$,则 $eH = aH = \{e,a\}$,$bH = cH = \{b,c\}$,得到两个不同的左陪集。$He = Ha = \{e,a\}$,$Hb = Hc = \{b,c\}$,不同的右陪集也有两个。

例 6.6.12 设 A 为任意非空集合,P_A 是 A 到 A 的所有双射函数的集合,于是 $<P_A, \circ >$ 构成一个群,其中。是函数的复合运算。例如,$A = \{1,2,3\}$,由 A 到 A 的所有双射函数为 $3! = 6$ 个,它们是

$$f_1 = \{<1,1>, <2,2>, <3,3>\}$$

$$f_2 = \{ <1,1>, <2,3>, <3,2> \}$$
$$f_3 = \{ <1,3>, <2,2>, <3,1> \}$$
$$f_4 = \{ <1,2>, <2,1>, <3,3> \}$$
$$f_5 = \{ <1,2>, <2,3>, <3,1> \}$$
$$f_6 = \{ <1,3>, <2,1>, <3,2> \}$$

。在 P_A 上的运算表如表 6-18 所示。

表　6-18

。	f_1	f_2	f_3	f_4	f_5	f_6
f_1	f_1	f_2	f_3	f_4	f_5	f_6
f_2	f_2	f_1	f_5	f_6	f_3	f_4
f_3	f_3	f_6	f_1	f_5	f_4	f_2
f_4	f_4	f_5	f_6	f_1	f_2	f_3
f_5	f_5	f_4	f_2	f_3	f_6	f_1
f_6	f_6	f_3	f_4	f_2	f_1	f_5

由运算表可以看出 f_1 是幺元, f_2 的逆元是 f_2, f_3 的逆元是 f_3, f_4 的逆元是 f_4, f_5 的逆元是 f_6, f_6 的逆元是 f_5, $<\{f_1,f_2\},\ \circ>$ 是 $<P_A,\ \circ>$ 的子群, 令 $H=\{f_1,f_2\}$, 则 $f_1H=f_2H=\{f_1,f_2\}$, $f_3H=f_6H=\{f_3,f_6\}$, $f_4H=f_5H=\{f_4,f_5\}$, 得到三个不同的左陪集。 $Hf_1=Hf_2=\{f_1,f_2\}$, $Hf_3=Hf_5=\{f_3,f_5\}$, $Hf_4=Hf_6=\{f_4,f_6\}$, 得到三个不同的右陪集。但是左陪集和右陪集不同。

从上面两个例子可以得出结论, 若群为阿贝尔群, 则任何元素的左陪集等于右陪集。若群不是阿贝尔群, 则上述结论不成立。

下面以左陪集为例进行分析。

定理 6.6.13　$<G,*>$ 是群, $<H,*>$ 是 $<G,*>$ 的子群, 则

(1) $eH=H$。

(2) $\forall a \in G$, 都有 $a \in aH$。

(3) $\forall a \in G$, $aH=H$ 当且仅当 $a \in H$。

证明　(1) $eH=\{e*h | h \in H\}=\{h | h \in H\}=H$。

(2) $\forall a \in G$, 由于 $e \in H$, 因此, $a=a*e \in aH$。

(3) 先证明充分性。任取 $x \in aH$, 则必然可以写为 $x=a*h$, 其中 $h \in H$。由于 $a \in H$ 并且 $h \in H$, 以及群运算的封闭性, 因此 $x=a*h \in H$, 即 $aH \subseteq H$。任取 $y_1,y_2 \in H$, 根据群的消去律, 若 $y_1 \neq y_2$, 则 $a*y_1 \neq a*y_2$, 因此, aH 与 H 等势。 $aH \subseteq H$ 并且 aH 与 H 等势, 因此 $aH=H$。

再证明必要性。若 $a \notin H$, 则 $a=a*e \notin H$。但是, 由于 $aH=\{a*h | h \in H\}$ 以及 $e \in H$, 可知 $a*e=a \in aH$, 这与 $aH=H$ 矛盾, 因此, $a \in H$。　■

定理 6.6.14　$<G,*>$ 是群, $<H,*>$ 是 $<G,*>$ 的子群, 在 G 上定义二元关系 R: $\forall a,b \in G$, 当且仅当 $b^{-1}*a \in H$ 时, 有 aRb。则 R 是 G 上的等价关系, 称之为 $<H,*>$ 的**左陪集关系**, 并且有 $[a]_R=aH$。

证明　$e \in H$, 从 G 中任取元素 x, 有 $x^{-1}*x=e \in H$, 因此 xRx, 即关系 R 满足自反性。

从 G 中任取元素 x,y, 若 xRy, 则 $y^{-1}*x \in H$。由于 $<H,*>$ 是 $<G,*>$ 的子群, 因此 $(y^{-1}*x)^{-1} \in H$, $(y^{-1}*x)^{-1}=x^{-1}*(y^{-1})^{-1}=x^{-1}*y$, 于是 $x^{-1}*y \in H$, yRx, 即关系 R 满足对称性。

从 G 中任取元素 x, y, z，若 xRy, yRz，则 $y^{-1} * x \in H$ 并且 $z^{-1} * y \in H$。由于 $<H, *>$ 是 $<G, *>$ 的子群，由群运算的封闭性可知，$(z^{-1} * y) * (y^{-1} * x) = z^{-1} * (y * y^{-1}) * x = z^{-1} * x \in H$，$xRz$，即关系 R 满足可传递性。

因此，则 R 是 G 上的等价关系。下面证明 $[a]_R = aH$。
$$[a]_R = \{b \mid b \in G \land <b, a> \in R\}$$

任取 $b \in [a]_R$，则 $<b, a> \in R$，即 $(a^{-1} * b) \in H$，可以写作 $(a^{-1} * b) = h, h \in H$，即 $b = a * h$，由于 $aH = \{a * h \mid h \in H\}$，因此 $b \in aH$，即 $[a]_R \subseteq aH$。

任取 $b \in aH$，则存在一个 $h \in H$，使得 $b = a * h$，即 $(a^{-1} * b) = h \in H$，也就是 $<b, a> \in R$，$b \in [a]_R$。因此 $aH \subseteq [a]_R$。

于是，$[a]_R = aH$。

也就是说，a 的等价类等于 a 作为代表元素确定的 H 的左陪集。 ■

根据定理 6.6.13(3) 的证明过程，任取 $a \in G$，aH 都与 H 等势。因此，$<H, *>$ 的左陪集关系可以构成对 G 的划分，并且每个等价类的基数相同，都与 H 是等势的。

尽管 $<H, *>$ 的左陪集和右陪集可能不同，例如例 6.6.12，但是右陪集的性质与左陪集类似，并且 $<H, *>$ 的右陪集关系也可以构成对 G 的划分。例 6.6.12 中，$<\{f_1, f_2\}, \circ>$ 的左陪集关系构成的划分是 $\{\{f_1, f_2\}, \{f_3, f_6\}, \{f_4, f_5\}\}$，右陪集关系构成的划分是 $\{\{f_1, f_2\}, \{f_3, f_5\}, \{f_4, f_6\}\}$。可以看出，尽管划分不同，但是左陪集和右陪集的个数是相等的，称为**陪集数**，记作 $[G:H]$。例 6.6.12 中，$[G:H] = 3$。

定理 6.6.15 $<G, *>$ 是有限群，$<H, *>$ 是 $<G, *>$ 的子群，则 $|G| = |H| \times [G:H]$（$\times$ 为普通乘法）。

证明   设 $[G:H] = m, a_1, a_2, \cdots, a_m \in G$ 分别是这些左陪集的代表元素，根据定理 6.6.14，这些左陪集构成对 G 的划分。由于不同的等价类是不相交的，因此
$$|G| = |a_1 H| + |a_2 H| + \cdots + |a_m H|$$

又因为任取 $a \in G$，aH 都与 H 等势，因此
$$|G| = \sum_{i=1}^{m} |H|$$

即 $|G| = m|H| = |H| \times [G:H]$。 ■

这就是著名的拉格朗日（Lagrange）定理，该定理说明任何有限群的子群的阶必然是该群阶的因子。

例 6.6.13   求 $<Z_6, +_6>$ 的所有子群，其中 $Z_6 = \{0, 1, 2, 3, 4, 5\}$，$+_6$ 是模 6 加法。

解 $<Z_6, +_6>$ 是 6 阶群，因此，只能有 1 阶、2 阶、3 阶、6 阶子群。

1 阶子群必含有幺元，是 $<\{0\}, +_6>$。

6 阶子群是 $<Z_6, +_6>$。

2 阶子群除了含有幺元，还需要加入 1 个元素，但是加入的同时必须加入其逆元，因此要加入逆元是自身的元素，即 3，构成 $<\{0, 3\}, +_6>$，验证满足封闭性，因此，2 阶子群是 $<\{0, 3\}, +_6>$。

3 阶子群除了含有幺元，还需要加入两个互为逆元的元素，有两种可能：$<\{0, 2, 4\}, +_6>$，$<\{0, 1, 5\}, +_6>$，验证发现 $<\{0, 1, 5\}, +_6>$ 不满足封闭性。因此，3 阶子群是 $<\{0, 2, 4\}, +_6>$。

因此，一共有 4 个子群，分别是 $<\{0\}, +_6>$，$<\{0, 3\}, +_6>$，$<\{0, 2, 4\}, +_6>$，$<Z_6, +_6>$。

例 6.6.14 求例 6.6.12 中 $<P_A, \circ>$ 的所有子群。

解 6 阶群只能有 1 阶、2 阶、3 阶、6 阶子群。

1 阶子群必含有幺元，是 $<\{f_1\}, \circ>$。

6 阶子群是 $<P_A, \circ>$。

2 阶子群除了含有幺元，还需要加入 1 个和自身互为逆元的元素，有三种可能：$<\{f_1, f_2\}, \circ>, <\{f_1, f_3\}, \circ>, <\{f_1, f_4\}, \circ>$，验证发现均满足封闭性。

3 阶子群除了含有幺元，还需要加入两个互为逆元的元素，或者两个逆元都是自身的元素，有四种可能：$<\{f_1, f_2, f_3\}, \circ>, <\{f_1, f_3, f_4\}, \circ>, <\{f_1, f_2, f_4\}, \circ>, <\{f_1, f_5, f_6\}, \circ>$，验证发现只有 $<\{f_1, f_5, f_6\}, \circ>$ 满足封闭性。

因此，$<P_A, \circ>$ 的所有子群为 $<\{f_1\}, \circ>, <\{f_1, f_2\}, \circ>, <\{f_1, f_3\}, \circ>, <\{f_1, f_4\}, \circ>$，$<\{f_1, f_5, f_6\}, \circ>, <P_A, \circ>$。

定理 6.6.16 $<G, *>$ 是 n 阶群，e 为幺元，则 $\forall a \in G$，有 $a^n = e$。

证明 $\forall a \in G$，首先构造集合 $H = \{a^k | k \in Z\}$，任取 $a^m, a^n \in H(m, n \in Z)$，有 $a^m * (a^n)^{-1} = a^{m-n} \in H$，由子群的判定定理 6.6.11 可知，$<H, *>$ 是 $<G, *>$ 的子群，H 的基数是 n 的因子。

在有限群中，若 $|a|$ 是无穷大，则任取 $i, j \in Z, i < j, a^i \neq a^j$，因为反之根据群的消去律 $a^{j-i} = e$，$j - i$ 是 $|a|$ 的整数倍，与 $|a|$ 是无穷大矛盾。但是，若 $a^i \neq a^j$，则 H 的基数是无穷大，与有限群矛盾。

因此，$|a|$ 不是无穷大，设 $|a| = r$，则 H 可表述为 $H = \{a^0, a^1, \cdots, a^{r-1}\}$，因此，$r$ 是 n 的因子。根据定理 6.6.9(1) 可知，$a^n = e$。

该定理说明，有限群中所有元素的阶都是群阶数的因子。

例 6.6.15 6 阶群必含有 3 阶元。

证明 设 $<G, *>$ 是 6 阶群，由定理 6.6.16 可知 G 中的元素只可能是 1 阶、2 阶、3 阶、6 阶元。

若 $<G, *>$ 中有 6 阶元 x，则 x^2 是 3 阶元。

若 $<G, *>$ 中没有 6 阶元，假定 $<G, *>$ 中也没有 3 阶元，则仅有 1 阶、2 阶元。任取 $x \in G$，有 $x^2 = e, x^{-1} = x$。因此，$\forall x, y \in G$，有 $x * y = x^{-1} * y^{-1} = (y * x)^{-1} = y * x$，即群为可交换群。取 G 种不同的元素 $a, b, a \neq b \neq e$，可以验证 $<\{e, a, b, a * b\}, \circ>$ 满足封闭性，是群，且是 $<G, *>$ 的子群。这与 6 阶群仅有因子阶子群矛盾。

因此，6 阶群必含有 3 阶元。

6.6.4 循环群和置换群

定义 6.6.12 设 $<G, *>$ 是群，若存在 $a \in G$，使得 $G = \{a^i | i \in Z\}$，Z 为整数集合，则称 $<G, *>$ 为**循环群**，a 为 $<G, *>$ 的**生成元**。

换句话说，若 a 为循环群 $<G, *>$ 的生成元，则 $\forall x(x \in G \rightarrow \exists i(i \in Z \wedge x = a^i))$。循环群根据 a 的阶不同，可以分为 n 阶循环群和无限循环群。若 $|a| = n$，则 G 可以表示为 $G = \{a^0, a^1, \cdots, a^{n-1}\}$；若 a 是无限阶元，则 G 可以表示为 $G = \{a^0, a^{\pm 1}, a^{\pm 2}, \cdots\}$。也可以得出结论，循环群的阶与循环群生成元的阶相同。

对于循环群来说，生成元可能不止一个，下面给出求所有生成元的定理。

定理 6.6.17 $<G,*>$ 是循环群，e 为幺元，a 是该群的一个生成元。

(1) 若 $<G,*>$ 是无限循环群，则 $<G,*>$ 只有两个生成元，即 a 和 a^{-1}。

(2) 若 $<G,*>$ 是 n 阶循环群，则 $<G,*>$ 有 $\phi(n)$ 个生成元，对任何小于 n 且与 n 互素的自然数 i，a^i 都是 $<G,*>$ 的生成元。（$\phi(n)$ 是欧拉函数，表示小于 n 且与 n 互素的自然数的个数。）

该定理的证明需要用到本书没有提及的数论知识，因此不做证明，有兴趣的读者可参看数论的知识做证明。

例 6.6.16 $<nZ,+>$ 是循环群，其中 $nZ=\{nz|z\in Z\}$，只有两个生成元 n 和 $-n$；例 6.6.13 中 $<Z_6,+_6>$ 也是循环群，$\phi(6)=2$，小于 6 且与 6 互素的是 1 和 5，因此，根据定理 6.6.17，$1^1=1$ 和 $1^5=5$ 都是 $<Z_6,+_6>$ 的生成元；$<\{e,a,b,c\},\oplus>$ 是循环群，其中 $\oplus$ 运算如表 6-17 所示，a 是一个生成元，由于小于 4 且与 4 互素的是 1 和 3，因此根据定理 6.6.17，$a^1=a$ 和 $a^3=b$ 都是 $<\{e,a,b,c\},\oplus>$ 的生成元。

定理 6.6.18 $<G,*>$ 是循环群，e 为幺元，a 是该群的一个生成元，则 $<G,*>$ 的子群仍然是循环群。

证明 任取 $<G,*>$ 的一个子群，设为 $<H,*>$。若 $H=\{e\}$，则 $<\{e\},*>$ 为循环群，e 是生成元。否则，由于 G 中的所有元素都可以表示成 a 的幂级的形式，因此，取 H 中 a 的最小正整数次幂 a^k。构造集合 X：

$$X=\{(a^k)^x|x\in Z\}$$

由群中运算的封闭性可知，$X\subseteq H$。

从 H 中任取元素 b，$b=a^r(r\geq k)$，于是，r 可以描述为 $r=mk+i(m\in Z,0\leq i<k)$。则

$$a^i=a^{r-mk}=a^r*(a^k)^{-m}$$

由于 $a^r\in H$，$a^k\in H$，由群中运算的封闭性可知，$a^i\in H$。由于 k 是使得 $a^k\in H$ 的最小正整数，$0\leq i<k$，因此 $i=0$。即 $b=a^r=a^{mk}=(a^k)^m$，$H\subseteq X$。

因此，$H=X=\{(a^k)^x|x\in Z\}$，是循环群。 ■

虽然由拉格朗日定理可以求出一个有限群的子群，但是过程仍比较复杂，需要构造子群并验证封闭性。但是对于循环群而言，该过程可以大大简化。

定理 6.6.19 $<G,*>$ 是循环群，e 为幺元，a 是该群的一个生成元。

(1) 若 $<G,*>$ 是无限循环群，则 $<G,*>$ 的子群除了 $<\{e\},*>$ 外都是无限循环群。

(2) 若 $<G,*>$ 是 n 阶循环群，则对 n 的每个正因子 d，都恰有一个 d 阶子群。

证明 (1) 由定理 6.6.18 可知，$<G,*>$ 的子群都是循环群，除 $<\{e\},*>$ 外，任取子群 $<H,*>$，其中 $H=\{(a^k)^x|x\in Z\}$，k 为正整数。若 $<H,*>$ 是有限子群，则一定存在 $x,y\in Z$，使得 $(a^k)^x=(a^k)^y$，即 $a^{kx-ky}=e$，这与 $<G,*>$ 是无限循环群矛盾。

(2) 若 $<G,*>$ 是 n 阶循环群，则 G 可以表示为 $G=\{a^0,a^1,\cdots,a^{n-1}\}$。根据拉格朗日定理，$<G,*>$ 只有 n 的因子阶子群。下面来证明，对 n 的每个正因子 d，都恰有一个 d 阶子群。首先，利用 $a^{n/d}$ 可以构造一个 d 阶子群 $<H,*>$，其中 $H=\{(a^{n/d})^x|x\in Z\}$。假设还有其他的 d 阶子群，设为 $<H',*>$，其中 $H'=\{(a^m)^x|x\in Z\}$ 也是 $<G,*>$ 的 d 阶子群。由定理 6.6.16 可知 $(a^m)^d=e$，由于 $|a|=n$，因此 md 是 n 的整数倍，可表示为 $md=nl$，$m=nl/d$，于是 $a^m=(a^{n/d})^l$，因此 $H'\subseteq H$，由于 $<H,*>$ 和 $<H',*>$ 都是 d 阶群，因此 $H'=H$。得证。 ■

上述定理告诉我们找循环群子群的简单方法，若 $<G,*>$ 是无限循环群，任意 $a^k(k\in Z)$

都可以作为生成元构成 $<G, *>$ 的子群 $<H, *>$,其中 $H = \{(a^k)^x | x \in Z\}$。若 $<G, *>$ 是 n 阶循环群,则可以求出 n 的所有正因子集合 S,任意一个 $a^{n/s}(s \in S)$ 都可以作为生成元构成 $<G, *>$ 的子群 $<H, *>$,其中 $H = \{(a^{n/s})^x | x \in Z\}$。

例 6.6.17 求 $<Z_8, +_8>$ 的所有子群,其中 $Z_8 = \{0,1,2,3,4,5,6,7\}$,$+_8$ 是模 8 加法。

解 $<Z_8, +_8>$ 是循环群,1 是生成元。8 的因子有 1、2、4、8,因此,$<Z_8, +_8>$ 有 4 个子群,这四个子群的生成元分别是 $1^{8/1}=0,1^{8/2}=4,1^{8/4}=2,1^{8/8}=1$,因此,4 个子群分别是 $<\{0\}, +_8>$,$<\{0,4\}, +_8>$,$<\{0,2,4,6\}, +_8>$,$<Z_8, +_8>$。

下面来讨论另一种重要的群——置换群。首先给出置换和置换群的概念。

定义 6.6.13 设 $S = \{a_1, a_2, \cdots, a_n\}$ 是非空有限集合,从 S 到其自身的双射函数 p 称为 S 上的 n **元置换**,一般记作

$$p = \begin{pmatrix} a_1 & a_2 & \cdots & a_n \\ p(a_1) & p(a_2) & \cdots & p(a_n) \end{pmatrix}$$

可以看出,置换的表示方式中记录了每个元素及其对应的象点,列的表示顺序不影响置换的含义。

例 6.6.18 $S = \{1,2,3,4\}$,则可以写出 24 个不同的置换,其中,

$$p_1 = \begin{pmatrix} 1 & 2 & 3 & 4 \\ 2 & 1 & 3 & 4 \end{pmatrix}, \quad p_2 = \begin{pmatrix} 1 & 2 & 3 & 4 \\ 3 & 4 & 1 & 2 \end{pmatrix}$$

都叫 S 上的置换。

定义 6.6.14 设 p_1, p_2 都是非空有限集合 S 上的 n 元置换,则 p_1 和 p_2 的**合成**运算定义为 $p_1 \Diamond p_2 = p_2 \circ p_1$。

也就是说,置换的合成与关系的合成运算顺序相同,与函数的合成相反。例如,例 6.6.18 中

$$p_1 \Diamond p_2 = \begin{pmatrix} 1 & 2 & 3 & 4 \\ 4 & 3 & 1 & 2 \end{pmatrix}$$

设 P_S 为 $S = \{a_1, a_2, \cdots, a_n\}$ 上所有置换的集合,可以看出 P_S 上关于 $\Diamond$ 运算存在幺元:

$$p_e = \begin{pmatrix} a_1 & a_2 & \cdots & a_n \\ a_1 & a_2 & \cdots & a_n \end{pmatrix}$$

称其为**幺置换**。

每一个置换都有其逆元。例如,以下两个置换 p_1, p_2 互为逆元。

$$p_1 = \begin{pmatrix} a_1 & a_2 & \cdots & a_n \\ p(a_1) & p(a_2) & \cdots & p(a_n) \end{pmatrix}, \quad p_2 = \begin{pmatrix} p(a_1) & p(a_2) & \cdots & p(a_n) \\ a_1 & a_2 & \cdots & a_n \end{pmatrix}$$

称置换 p 的逆元为 p 的**反置换**,记作 p^{-1}。

由于 $S = \{a_1, a_2, \cdots, a_n\}$ 上双射函数的合成依然是双射函数(封闭性),函数的合成满足结合律,以及上述分析的幺元和逆元的存在,因此,$<P_S, \Diamond>$ 构成群,称为 n **元对称群**,若 $|S_1| = |S_2|$,可以证明 $<P_{S_1}, \Diamond>$ 与 $<P_{S_2}, \Diamond>$ 同构,因此,不管定义置换的集合如何,n 元对称群一般简记为 $<S_n, \Diamond>$,并称 n 元对称群的所有子群为 n **元置换群**。

例 6.6.19 以例 6.6.12 中的双射函数为例,假定 $f_1, f_2, \cdots, f_6$ 都看作置换,则可以写出对应的 3 元对称群 $<\{f_1, f_2, \cdots, f_6\}, \Diamond>$,$\Diamond$ 在 $\{f_1, f_2, \cdots, f_6\}$ 上的运算表如表 6-19 所示。

表　6-19

◇	f_1	f_2	f_3	f_4	f_5	f_6
f_1	f_1	f_2	f_3	f_4	f_5	f_6
f_2	f_2	f_1	f_6	f_5	f_4	f_3
f_3	f_3	f_5	f_1	f_6	f_2	f_4
f_4	f_4	f_6	f_5	f_1	f_3	f_2
f_5	f_5	f_3	f_4	f_2	f_6	f_1
f_6	f_6	f_4	f_2	f_3	f_1	f_5

该群的所有置换群为 $<\{f_1, f_2, \cdots, f_6\}, ◇>$，$<\{f_1\}, ◇>$，$<\{f_1, f_2\}, ◇>$，$<\{f_1, f_3\}, ◇>$，$<\{f_1, f_4\}, ◇>$，$<\{f_1, f_5, f_6\}, ◇>$。

置换群经常用在具有对称结构的实际系统中,读者可参考图着色问题中的波利亚定理。

习题

1. 下面的代数系统是半群或独异点吗？若是,指出独异点的单位元。

    (1) $<Z_+, \text{GCD}>$，其中 $\text{GCD}(a, b)$ 为 a 和 b 的最大公因子。

    (2) $<Z, \Delta>$，其中 $a \Delta b = a$。

    (3) $<R, \cdot>$，其中 $a \cdot b = \sqrt{a^2 + b^2}$。

    (4) $<R, \cdot>$，其中 $a \cdot b = \sqrt[3]{a^3 + b^3}$。

    (5) $<N_3, -_3>$，其中 $-_3$ 为模 3 减法。

    (6) $<R, \|>$，其中 $|a|$ 为 a 的绝对值。

    (7) $<Z, \max>$，其中 $\max\{a, b\}$ 为 a 和 b 中较大者。

    (8) $<Z, *>$，其中 $a * b = a + b - ab$。

    (9) $<S, \text{GCD}>$，其中 $S = \{1, 2, 3, 4, 5, 6\}$。

    (10) $<X, \circ>$，其中 X 为 S 上所有关系的集合,$\circ$ 为关系的复合运算。

    (11) $<\{a, b, c\}, *>$，其中 $*$ 的运算表如表 6-20 所示。

表　6-20

$*$	a	b	c
a	a	b	c
b	b	a	a
c	c	a	a

2. 列出下列半群中二元运算的运算表。

    (1) $<S, \text{GCD}>$，其中 $S = \{1, 2, 3, 4, 6, 8, 12, 24\}$。

    (2) $<X^X, \circ>$，其中 $X = \{1, 2, 3\}$，X^X 指 X 到 X 的双射函数集合。

3. 设 $S = \{1, 2, 3\}$，$*$ 是 S 上的二元运算,并且
$$\forall x, y \in S, x * y = x$$

    (1) 证明 S 关于 $*$ 运算构成半群。

    (2) 试通过增加最少的元素使得 S 扩张成一个独异点。

4. 设 $V = <\{a, b\}, *>$ 是半群,并且 $a * a = b$，证明:

    (1) $a * b = b * a$

$(2) b * b = b$

5. 设 $S = \{0,1,2,3\}$，$\times_4$ 为模 4 乘法，即

$$\forall x, y \in S, x \times_4 y = (xy) \bmod 4$$

则 $< S, \times_4 >$ 构成什么代数系统（半群、独异点、群）？为什么？

6. 设 Z 为整数集合，在 Z 上定义二元运算 $*$ 如下：

$$\forall x, y \in Z, x * y = x + y - 2$$

Z 关于 $*$ 运算能否构成群？为什么？

7. 设 $S = \{x | x \in R \wedge x \neq 0, 1\}$，在 S 上定义 6 个函数如下：

$f_1(x) = x$ $f_2(x) = x^{-1}$

$f_3(x) = 1 - x$ $f_4(x) = (1 - x)^{-1}$

$f_5(x) = (x - 1) x^{-1}$ $f_6(x) = x(x - 1)^{-1}$

令 F 为这 6 个函数构成的集合，。运算为函数的复合运算。

(1) 给出。运算的运算表。

(2) $< F, \circ >$ 是群吗？为什么？

8. 写出群 $< Z_{18}, +_{18} >$ 的所有子群。

9. 设 $< G, * >$ 是 15 阶循环群，a 是其中的一个生成元。

(1) 请写出所有的生成元。

(2) 求出 $< G, * >$ 的所有子群。

10. 设 $< G, * >$ 是非阿贝尔群，证明 G 中一定存在非单位元 a, b，并且满足 $a * b = b * a$。

6.7 特殊代数系统——环与域

本节讨论具有两个二元运算的代数系统——环与域，环在密码学和信息安全中均有应用，这两种代数系统和群有着密切的联系。

定义 6.7.1 设 $< R, +, \cdot >$ 是一个代数系统，$+$ 和 $\cdot$ 都是 S 上的二元运算，若

(1) $< R, + >$ 是交换群；

(2) $< R, \cdot >$ 是半群；

(3) $\cdot$ 运算对 $+$ 运算满足分配律。

则称 $< R, +, \cdot >$ 是**环**。

在环 $< R, +, \cdot >$ 中，通常称 $+$ 为环中的加法运算，$\cdot$ 为环中的乘法运算，并且将 $a \cdot b$ 简记为 ab。

例 6.7.1 $< Z, +, \times >$，$< Q, +, \times >$，$< R, +, \times >$，$< C, +, \times >$ 都是环，其中 Z 表示整数集合，Q 表示有理数集合，R 表示实数集合，C 表示复数集合，$+$ 表示普通的加法，$\times$ 表示普通的乘法。设 S 是一个非空集合，那么 $< \rho(S), \oplus, \cap >$ 也是环，其中 $\rho(S)$ 为 S 的幂集，$\oplus$ 为集合的对称差分运算，$\cap$ 为集合的相交运算。$< Z_n, \oplus, \otimes >$ 是环，其中 $Z_n = \{0, 1, \cdots, n-1\}$，$\oplus$ 表示模 n 加法，$\otimes$ 表示模 n 乘法。

在后续的叙述中，我们用 0 表示环 $< R, +, \cdot >$ 中加法的幺元，如果乘法运算有幺元，则用 1 代表乘法的幺元。用 $-x$ 表示 x 关于加法的逆元，也称负元。如果存在 x 关于乘法的逆元，则用 x^{-1} 表示。用 nx 表示 n 个 x 作加法运算，用 x^n 表示 n 个 x 作乘法运算。$-xy$ 表示 xy 的加法逆元。

定理 6.7.1 设 $< R, +, \cdot >$ 是环，则有

（1）$\forall x(x \in R \to x0 = 0x = 0)$

（2）$\forall x \forall y(x, y \in R \to (-x)y = x(-y) = -xy)$

（3）$\forall x \forall y \forall z(x, y, z \in R \to (x(y - z) = xy - xz) \wedge ((y - z)x = yx - zx))$

证明　（1）任取 $x \in R$，$x0 = x(0 + 0) = x0 + x0$，根据群满足消去律，$x0 = 0$。同理可证 $0x = 0$。

（2）任取 $x, y \in R$，根据（1）的证明结果，由于

$$(-x)y + xy = (-x + x)y = 0y = 0$$

$$xy + (-x)y = (x + (-x))y = 0y = 0$$

因此，xy 和 $(-x)y$ 关于加法运算互为逆元，即 $-xy = (-x)y$。同理可证 $-xy = x(-y)$。

（3）任取 $x, y, z \in R$，

$$x(y - z) = x(y + (-z)) = xy + x(-z) = xy - xz$$

同理可证 $(y - z)x = yx - zx$。

定义 6.7.2　设 $<R, +, \cdot>$ 是环。

（1）若 $<R, \cdot>$ 是交换半群，则称 $<R, +, \cdot>$ 是**交换环**。

（2）若 $<R, \cdot>$ 是含幺半群，则称 $<R, +, \cdot>$ 是**含幺环**。

（3）若 R 中存在两个非零元素 a, b，有 $ab = 0$，则称 a 和 b 为**零因子**，称 $<R, +, \cdot>$ 为**含零因子环**，否则称 $<R, +, \cdot>$ 为**无零因子环**。

（4）若 $<R, +, \cdot>$ 既是交换环，又是含幺环，还是无零因子环，则称 $<R, +, \cdot>$ 是**整环**。

（5）若 $<R, +, \cdot>$ 是整环，并且 R 中至少还有两个元素，$\forall x \in R - \{0\}$，有 $x^{-1} \in R$，则称 $<R, +, \cdot>$ 是**域**。

例如，例 6.7.1 中，$<Z, +, \times>$，$<Q, +, \times>$，$<R, +, \times>$，$<C, +, \times>$ 都是交换环、含幺环、无零因子环、整环，$<Q, +, \times>$，$<R, +, \times>$，$<C, +, \times>$ 是域。$<Z_n, \oplus, \otimes>$，当 n 为素数时是域。$<\rho(S), \oplus, \cap>$ 是交换环、含幺环，但不是无零因子环。

6.8　特殊代数系统——格与布尔代数

本节讨论具有两个二元运算的代数系统——格与布尔代数。布尔代数在命题演算、逻辑电路设计中有着重要应用。

定义 6.8.1　设 $<L, \leqslant>$ 是偏序集，对于任意的 $a, b \in L$，$\{a, b\}$ 均有上确界和下确界，则称 $<L, \leqslant>$ 为**格**。

通常用 $a * b$ 表示 $\{a, b\}$ 的下确界，也就是 $a * b = \inf\{a, b\}$，称为 a 和 b 的积。用 $a \oplus b$ 表示 $\{a, b\}$ 的上确界，记 $a \oplus b = \sup\{a, b\}$，称为 a 和 b 的和。因为偏序集的任何非空子集的上、下确界若存在，必唯一，所以 $*$ 和 $\oplus$ 可以看作是集合 L 上的两个代数运算。于是代数系统 $<L, *, \oplus>$ 是格。

显然，每个全序结构都是格。但是，不是所有的偏序结构都是格。例如，在图 6-4 中，a、b 和 c 是格，而 d、e、f 不是格。

例 6.8.1　设 D 是 Z_+ 上的整除关系，即对任意的 $a, b \in Z_+$，aDb，当且仅当 a 整除 b。于是 $<Z_+, D>$ 是一个格，其中 $a * b = a$ 和 b 的最大公因子，$a \oplus b = a$ 和 b 的最小公倍数。

例 6.8.2　对于每个正整数，用 S_n 表示 n 的所有因子的集合，如 $S_6 = \{1, 2, 3, 6\}$，$S_8 = \{1, 2, 4, 8\}$。D 是例 6.8.1 中所定义的整除关系，$<S_n, D>$ 是格。图 6-4 中的 a 和 c 分别是格 $<S_8, D>$ 和 $<S_{24}, D>$ 的哈斯图。

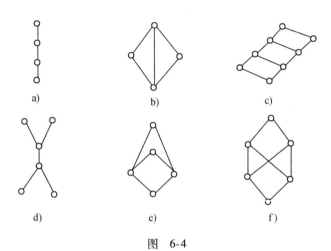

图 6-4

从格 $<L, *, \oplus>$ 中所给出的 $*$ 和 $\oplus$ 的定义不难看出,这两个二元运算满足如下的基本性质:

(1) 等幂律

$$\forall x(x \in L \rightarrow (x * x = x) \wedge (x \oplus x = x))$$

(2) 交换律

$$\forall x \forall y(x, y \in L \rightarrow (x * y = y * x) \wedge (x \oplus y = y \oplus x))$$

(3) 结合律

$$\forall x \forall y(x, y, z \in L \rightarrow ((x * y) * z = x * (y * z)) \wedge ((x \oplus y) \oplus z = x \oplus (y \oplus z)))$$

(4) 吸收律

$$\forall x \forall y(x, y \in L \rightarrow (x * (x \oplus y) = x) \wedge (x \oplus (x * y) = x))$$

设 $<L, *, \oplus>$ 是格,则在格中每对元素都有上、下确界,设 $S = \{a_1, a_2, \cdots, a_n\}$ 是 L 的有限子集,则 S 应有上确界和下确界。一般地,可以把 S 的下确界和上确界表示成

$$\inf(S) = \mathop{*}_{i=1}^{n} a_i = a_1 * a_2 * \cdots * a_n$$

$$\sup(S) = \mathop{\oplus}_{i=1}^{n} a_i = a_1 \oplus a_2 \oplus \cdots \oplus a_n$$

定义 6.8.2 有最大元素和最小元素的格称为**有界格**。通常把有界格的最大元素和最小元素分别记为 1 和 0,并称它们为格的**界**。

显然,有限格 $<L, *, \oplus>$ 是有界格,并且 $0 = \mathop{*}_{i=1}^{n} a_i, 1 = \mathop{\oplus}_{i=1}^{n} a_i$,其中 $L = \{a_1, a_2, \cdots, a_n\}$,常把有界格记为 $<L, *, \oplus, 0, 1>$。对于任意的 $a \in L, a \leqslant 1$ 且 $0 \leqslant a$,有

$$a \oplus 0 = a, \quad a * 1 = a$$

$$a \oplus 1 = 1, \quad a * 0 = 0$$

定义 6.8.3 设 $<L, *, \oplus, 0, 1>$ 是有界格,$a, b \in L$,如果 $a * b = 0$ 且 $a \oplus b = 1$,则称 b 为 a 的**补元**,记为 $b = a'$。如果 L 中的每个元素都有补元,则称 $<L, *, \oplus, 0, 1>$ 为**有补格**。

不难看出,补元的定义是相互的。一个元素可以有补元,也可以没有补元,如果有补元,可以有一个补元,也可以有多个补元。

例 6.8.3 在图 6-5 的格中,a 和 b 均为 c 的补元,a 和 b 的补元均为 c。1 和 0 互为补元,

且唯一。

定义 6.8.4 设 $<L, *, \oplus>$ 是一个格,如果 $*$ 对 $\oplus$ 是可分配的,并且 $\oplus$ 对 $*$ 也是可分配的,则称 $<L, *, \oplus>$ 是**分配格**。

要判断一个格是不是分配格,只需检验一个分配律即可,因为在分配格的定义中,两个分配律是互为对偶的,故对偶原理适用于分配格。

例 6.8.4 $<Z_+, D>$ 和 $<S_n, D>$ 是分配格。

例 6.8.5 图 6-6 所示的两个格不是分配格。

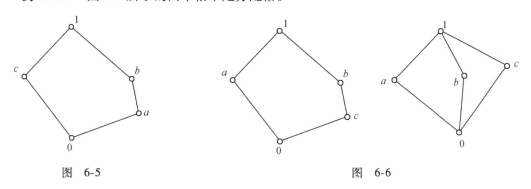

图 6-5   图 6-6

因为在左边的格中,$(b * a) \oplus (b * c) = 0 \oplus c = c$,而 $b * (a \oplus c) = b$。在右边的格中,$b * (a \oplus c) = b$,而 $(b * a) \oplus (b * c) = 0 \oplus 0 = 0$。

图 6-6 中的两个五元素的格是很重要的,因为已经得到证明:一个格是分配格,当且仅当它没有子格同构于这两个五元素格之一。

定义 6.8.5 有补分配格称为**布尔代数**。

在布尔代数中,每个元素都存在唯一的补元,因此可以把求补运算看作是布尔代数中的一元运算。一般用 $<B, *, \oplus, ', 0, 1>$ 表示布尔代数。其中 $<B, *, \oplus>$ 是格,$'$ 是一元的求补运算,0 和 1 分别为最小元素和最大元素。

例 6.8.6 设 $B = \{0, 1\}$,B 上的运算 $*$,$\oplus$ 和 $'$ 如下表定义:

$*$	0	1
0	0	0
1	0	1

$\oplus$	0	1
0	0	1
1	1	1

x	x'
0	1
1	0

$<B, *, \oplus, ', 0, 1>$ 是最简单的布尔代数,称为电路代数。

例 6.8.7 设 S 是非空集合,不难证明 $<\rho(S), \cap, \cup, \sim, \varnothing, S>$ 是布尔代数,称为集合代数。其中任何 $A \subseteq S$ 的补元为 $\sim A = S - A$。$\rho(S)$ 中的偏序关系是 $\subseteq$。如果 S 有 n 个元素,则 $\rho(S)$ 有 2^n 个元素,布尔代数的图是一个 n 维立方体。

例 6.8.8 用 S 表示含有 n 个原子的合式公式的集合,代数系统 $<S, \wedge, \vee, \neg, F, T>$ 是布尔代数,称为命题代数。其中 $\wedge$、$\vee$ 和 $\neg$ 分别是合取、析取和否定,F 和 T 分别是永假式和永真式,并且把等价的合式公式看成是相等的,对应的偏序关系是蕴涵 $\Rightarrow$。

例 6.8.9 令 $B_n = \{0, 1\}^n$,对任意 $a = <a_1, a_2, \cdots, a_n>$,$b = <b_1, b_2, \cdots, b_n> \in B_n$,定义

$$a * b = <a_1 \wedge b_1, a_2 \wedge b_2, \cdots, a_n \wedge b_n>$$
$$a \oplus b = <a_1 \vee b_1, a_2 \vee b_2, \cdots, a_n \vee b_n>$$

$$a' = <\neg a_1, \neg a_2, \cdots, \neg a_n>$$

这里 $\wedge$、$\vee$ 和 $\neg$ 是 $\{0,1\}$ 上的逻辑运算。代数系统 $<B_n, *, \oplus, ', 0_n, 1_n>$ 是布尔代数。其中 0_n 和 1_n 分别是成员都为 0 和成员都为 1 的 n 元序偶。这个代数称为开关代数。

关于布尔代数的性质及有关结论,读者可从布尔代数的特例——命题代数和集合代数悟出。受篇幅所限,这里不详细讨论。

习题

1. 下面的集合和给定运算能否构成环、整环和域? 说明原因。
   (1) $A = \{2z + 1 | z \in Z\}$,运算为普通加法和乘法。
   (2) $A = \{2z | z \in Z\}$,运算为普通加法和乘法。
   (3) $A = \{z | z \geq 0 \wedge z \in Z\}$,运算为普通加法和乘法。

2. 下列各集合对于整除运算都构成偏序集,判断下列哪些偏序集是格。
   (1) $A = \{1, 2, 3, 4, 5, 6\}$
   (2) $A = \{1, 2, 3, 6, 12\}$
   (3) $A = \{2, 3, 4, 6, 9, 12, 18, 36\}$

3. 设 $<R, +, \cdot>$ 是环,令 $C = \{x | x \in R \wedge \forall a \in R(x \cdot a = a \cdot x)\}$,则称 C 为 R 的中心,试证明 $<C, +, \cdot>$ 是 $<R, +, \cdot>$ 的子环。

4. 设 $<R, +, \cdot>$ 是含幺环,a, b 是 R 中的两个可逆元,试证明:
   (1) $-a$ 也是可逆元,并且 $(-a)^{-1} = -a^{-1}$。
   (2) ab 也是可逆元,并且 $(ab)^{-1} = b^{-1}a^{-1}$。

小结

在这一章里介绍了代数系统的一般概念,即代数系统是一个 $<S, F>$ 形式的序偶,其中 S 是元素的非空集合,F 是运算的集合,并且 F 中的每一个运算在 S 上都是封闭的。对于两个代数系统之间的关系,介绍了同态和同构。两个代数系统之间若存在一个映射(或函数),满足运算的象等于象的运算,则称两个代数系统是同态的,同态映射在其象点集上单向保持运算的性质。若两个代数系统之间存在一个双射函数,则称两个代数系统是同构的,同构的两个代数系统之间双向保持运算性质。这一章还给出了由已知的代数系统构造新的代数系统的方法,这就是商代数和积代数,通过商代数可以得到一个缩小的代数系统,而通过积代数可以得到一个扩大的代数系统。作为典型的代数系统,本章介绍了半群与群、环与域、格与布尔代数。

第 7 章

■ 图　　论

在第 4 章中,曾经讨论了二元关系的图,其中涉及了一些图论的基本概念。在那里,图仅仅是作为表达二元关系的一种手段。本章将把这些基本概念加以推广,并且把图看成一个抽象的数学系统来研究。

在计算机科学的一些领域里图论起着重大作用,例如,开关理论和逻辑设计、人工智能、形式语言、操作系统、编译程序、数据结构和信息检索等。另外,在各种不同的领域中也广泛地应用了图论的基本概念,例如,语言学、物理学和通信工程等。

本章将首先讨论图论中的一些基本概念,然后阐述图的基本性质,最后介绍一些在实际应用中有着重要意义的特殊图。

图论是一个十分活跃的新兴学科,各种新概念不断涌现,名词术语极不统一,请读者注意。

7.1　图的基本概念

在第 4 章中,我们曾经用有向图表示二元关系,在相容关系的简化关系图中用一条无向边代替一对方向相反的有向边而得到无向图。对于既有有向边又有无向边的混合图,可以用两条方向相反的有向边代替一条无向边而得到一个有向图。本章只讨论有向图和无向图,而不涉及混合图。在二元关系的关系图中,没有两条边有相同的起点和终点的。下面定义的图允许多条边有相同的起点和终点。本节将把图定义成一个抽象数学系统,还将用图解法表示图。应该注意,任何图解也称为图。

定义 7.1.1　设 V 和 E 是有限集合,且 $V \neq \varnothing$。

(1)如果 $\psi: E \rightarrow \{\{v_1, v_2\} \mid v_1 \in V \wedge v_2 \in V\}$,则称 $G = \langle V, E, \psi \rangle$ 为**无向图**。

(2)如果 $\psi: E \rightarrow V \times V$,则称 $G = \langle V, E, \psi \rangle$ 为**有向图**。

无论是无向图还是有向图,统称为**图**,其中 V 的元素称为图 G 的**结点**,E 的元素称为图 G 的**边**,图 G 的结点数目称为图的**阶**。

我们可以用几何图形表示上面定义的图。用小圆圈表示结点。在无向图中,若 $\psi(e) = \{v_1, v_2\}$,就用连接结点 v_1 和 v_2 的无向线段表示边 e。在有向图中,若 $\psi(e) = \langle v_1, v_2 \rangle$,就用 v_1 指向 v_2 的有向线段表示边 e。

定义 7.1.2　设无向图 $G = \langle V, E, \psi \rangle, e, e_1, e_2 \in E, v_1, v_2 \in V$。

(1)如果 $\psi(e) = \{v_1, v_2\}$,则称 e 与 v_1(或 v_2)互相关联。e 连接 v_1 和 v_2,v_1 和 v_2 既是 e 的起点,也是 e 的终点,也称 v_1 和 v_2 为**点邻接**。

(2)如果两条不同的边 e_1 和 e_2 与同一个结点关联,则称 e_1 和 e_2 为**边邻接**。

也就是说,共边的点称为点邻接;共点的边称为边邻接。

定义 7.1.3　设有向图 $G = \langle V, E, \psi \rangle, e \in E, v_1, v_2 \in V$。如果 $\psi(e) = \langle v_1, v_2 \rangle$,则称 e 连接 v_1 和 v_2,e 与 v_1(或 v_2)互相关联,分别称 v_1 和 v_2 是 e 的起点和终点,也称 v_1 和 v_2 **邻接**。

例 7.1.1　无向图 $\langle\{1,2,3\},\{a,b\},\{\langle a,\{1,2\}\rangle,\langle b,\{2,3\}\rangle\}\rangle$ 和有向图 $\langle\{A,B,C,D\},$ $\{p,q\},\{\langle p,\langle A,B\rangle\rangle,\langle q,\langle C,B\rangle\rangle\}\rangle$ 分别如图 7-1 和图 7-2 所示。在图 7-1 中,a 连接 1 和 2,1 和 2 邻接,a 和 b 邻接。在图 7-2 中,A 和 B 分别是 p 的起点和终点,A 与 B 邻接,C 与 B 邻接。

图 7-1　无向图　　　　　　　　　　　图 7-2　有向图

定义 7.1.4　设图 $G=\langle V,E,\psi\rangle$,$e_1$ 和 e_2 是 G 的两条不同的边。

(1)如果与 e_1 关联的两个结点相同,则称 e_1 为**自圈**(或称为**环和回路**)。

(2)如果 $\psi(e_1)=\psi(e_2)$,则称 e_1 与 e_2 **平行**。

(3)如果图 G 没有自圈,也没有平行边,则称 G 为**简单图**。

(4)如果图 G 没有自圈,有平行边,则称 G 为**多重边图**。

(5)如果图 G 既有自圈,又有平行边,则称 G 为**伪图**。

注意,伪图其实就是我们定义的图。在有向图中,如果两条边连接的结点相同,但方向相反,它们也不是平行边。简单图是一类非常重要的图。在某些图论著作中,认为简单图、多重边图和伪图都是针对无向图而言的,而有向图本身可以包含自圈但不能包含平行边,允许多重边的有向图称为有向多重图。

我们常常需要知道有多少条边与某一个结点相关联,由此引出了十分重要的结点的度的概念。

定义 7.1.5　设 v 是图 G 的结点。

(1)如果 G 是无向图,G 中与 v 关联的边和与 v 关联的自圈的数目之和称为 v 的**度**(或**次**),记作 $d_G(v)$。

(2)如果 G 是有向图,G 中以 v 为起点的边的数目称为 v 的**出度**,记作 $d_G^+(v)$;G 中以 v 为终点的边的数目称为 v 的**入度**,记作 $d_G^-(v)$;v 的出度与入度之和称为 v 的**度**,记作 $d_G(v)$。

注意,在计算无向图中结点的度时,自圈要考虑两遍,因为自圈也是边。

例 7.1.2　在图 7-3 所示的无向图 G 中,$d_G(v_1)=4,d_G(v_2)=d_G(v_3)=2$。在图 7-4 所示的有向图 D 中,$d_D^+(v_1)=d_D^+(v_2)=d_D^-(v_3)=2,d_D^-(v_1)=0,d_D^-(v_4)=3,d_D^-(v_2)=d_D^-(v_3)=d_D^+(v_4)=1,d_D(v_1)=2,d_D(v_2)=d_D(v_3)=3,d_D(v_4)=4$。

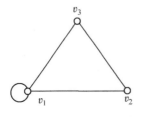

图 7-3　无向图 G

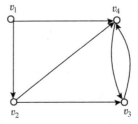

图 7-4　有向图 D

显然,每增加一条边,都使图中所有结点的度数之和增加 2。因此,有下面的结论。

定理 7.1.1 设无向图 $G = \langle V, E, \psi \rangle$ 有 m 条边,则 $\sum_{v \in V} d_G(v) = 2m$。

证明 因为每条边给图 G 带来 2 度,图 G 有 m 条边,所以图 G 共有 $2m$ 度,等于图 G 的所有结点的度数之和。 ■

定理 7.1.2 设有向图 $G = \langle V, E, \psi \rangle$ 有 m 条边,则 $\sum_{v \in V} d_G^+(v) = \sum_{v \in V} d_G^-(v) = m$,且 $\sum_{v \in V} d_G(v) = 2m$。

定理的证明留作练习。

定义 7.1.6 度数为奇数的结点称为**奇结点**,度数为偶数的结点称为**偶结点**。

定理 7.1.3 任何图都有偶数个奇结点。

证明 设图 $G = \langle V, E, \psi \rangle$ 有 m 条边,根据定理 7.1.1 和定理 7.1.2 知,无论图 G 是有向图还是无向图,图 G 有 $2m$ 度。显然,$2m$ 是偶数。假设奇结点有奇数个,任意两个奇数相加为偶数,偶数与奇数相加为奇数,故奇数个奇数相加为奇数,奇结点的度数之和为奇数。由于任何两个偶数相加均为偶数,因此,偶结点的度数之和为偶数。因此,所有结点的度数之和为奇数,这与图 G 有 $2m$ 度相矛盾,故奇结点有偶数个。 ■

定义 7.1.7 度为 0 的结点称为**孤立结点**,度为 1 的结点称为**端点**。

定义 7.1.8 定义以下特殊图:

(1)结点都是孤立结点的图称为**零图**。

(2)一阶零图称为**平凡图**。

(3)所有结点的度均为自然数 d 的无向图称为 **d 度正则图**。

(4)设 $n \in Z_+$,如果 n 阶简单无向图 G 是 $n-1$ 度正则图,则称 G 为**完全无向图**,记为 k_n。

(5)设 $n \in Z_+$,每个结点的出度和入度均为 $n-1$ 的 n 阶简单有向图称为**完全有向图**。

显然,完全无向图的任意两个不同结点都邻接,完全有向图的任意两个不同结点之间都有一对方向相反的有向边相连接。图 7-5 画出了一至五阶完全无向图,图 7-6 画出了一至三阶完全有向图。

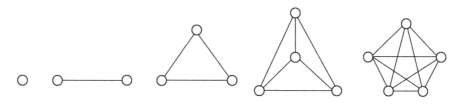

图 7-5 一至五阶完全无向图

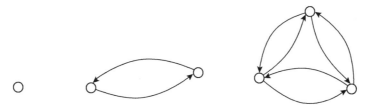

图 7-6 一至三阶完全有向图

从图的定义可以看出,图的最本质的内容是结点和边的关联关系。两个表面上看起来不同的图,可能表达相同的结点和边的关联关系。如图 7-7 所示的两个图,不仅结点和边的数目相同,而且结点和边的关联关系也相同。为了说明这种现象,我们引进两个图同构的概念。

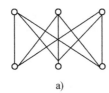 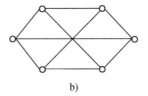

a)　　　　　　　　　　　　b)

图 7-7　同构图

定义 7.1.9　设图 $G = \langle V, E, \psi \rangle$ 和 $G' = \langle V', E', \psi' \rangle$。如果存在双射 $f: V \to V'$ 和双射 $g: E \to E'$,使得对于任意的 $e \in E, v_1, v_2 \in V$ 都满足

$$\psi'(g(e)) = \begin{cases} \{f(v_1), f(v_2)\}, & 若 \psi(e) = \{v_1, v_2\} \\ \langle f(v_1), f(v_2) \rangle, & 若 \psi(e) = \langle v_1, v_2 \rangle \end{cases}$$

则称 G 与 G' **同构**,记作 $G \cong G'$,并称 f 和 g 为 G 和 G' 之间的**同构映射**,简称同构。

两个同构的图有同样多的结点和边,并且映射 f 保持结点间的邻接关系,映射 g 保持边之间的邻接关系。

习题

1. 画出图 $G = \langle V, E, \psi \rangle$ 的图示,指出其中哪些图是简单图。

　(1) $V = \{v_1, v_2, v_3, v_4, v_5\}$

　　$E = \{e_1, e_2, e_3, e_4, e_5, e_6, e_7\}$

　　$\psi = \{\langle e_1, \{v_2\}\rangle, \langle e_2, \{v_2, v_4\}\rangle, \langle e_3, \{v_1, v_2\}\rangle, \langle e_4, \{v_1, v_3\}\rangle, \langle e_5, \{v_1, v_3\}\rangle \langle e_6, \{v_3, v_4\}\rangle\}$

　(2) $V = \{v_1, v_2, v_3, v_4, v_5\}$

　　$E = \{e_1, e_2, e_3, e_4, e_5, e_6, e_7, e_8, e_9, e_{10}\}$

　　$\psi = \{\langle e_1, \{v_1, v_3\}\rangle, \langle e_2, \{v_1, v_4\}\rangle, \langle e_3, \{v_4, v_1\}\rangle, \langle e_4, \{v_1, v_2\}\rangle, \langle e_5, \{v_2, v_3\}\rangle, \langle e_6, \{v_3, v_4\}\rangle,$

　　$\langle e_7, \{v_5, v_4\}\rangle, \langle e_8, \{v_5, v_3\}\rangle, \langle e_9, \{v_5, v_3\}\rangle, \langle e_{10}, \{v_5, v_3\}\rangle\}$

　(3) $V = \{v_1, v_2, v_3, v_4, v_5, v_6, v_7, v_8\}$

　　$E = \{e_i \mid i \in I_+ \wedge 1 \leqslant i \leqslant 11\}$

　　$\psi = \{\langle e_1, \langle v_2, v_1 \rangle\rangle, \langle e_2, \langle v_1, v_2 \rangle\rangle, \langle e_3, \langle v_1, v_3 \rangle\rangle, \langle e_4, \langle v_2, v_4 \rangle\rangle, \langle e_5, \langle v_3, v_4 \rangle\rangle, \langle e_6, \langle v_4, v_5 \rangle\rangle,$

　　$\langle e_7, \langle v_5, v_3 \rangle\rangle, \langle e_8, \langle v_3, v_5 \rangle\rangle, \langle e_9, \langle v_6, v_7 \rangle\rangle, \langle e_{10}, \langle v_7, v_8 \rangle\rangle, \langle e_{11}, \langle v_8, v_6 \rangle\rangle\}$

2. 写出图 7-8 的抽象数学定义。

3. 证明:在 n 阶简单有向图中,完全有向图的边数最多,其边数为 $n(n-1)$。

4. 证明:3 度正则图必有偶数个结点。

5. 在一次集会中,相互认识的人会彼此握手,试证明:与奇数个人握手的人数是偶数个。

6. 证明:图 7-7 的两个图同构。

7. 证明:在任意六个人中,若没有三个人彼此认识,则必有三个人彼此都不认识。

8. 证明:图 7-9 的两个图不同构。

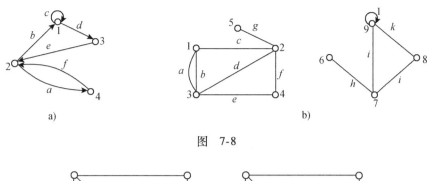

图 7-8

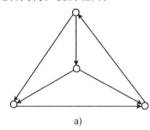
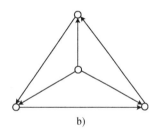

图 7-9

9. 图 7-10 的两个图是否同构? 说明理由。

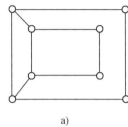
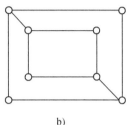

图 7-10

10. 证明:任何阶大于 1 的简单无向图必有两个结点的度数相等。

11. 设 n 阶无向图 G 有 m 条边,其中 n_k 个结点的度数为 k,其余结点的度数为 $k+1$,证明:$n_k = (k+1)n - 2m$。

12. 设 G 是 n 阶无向图,有 $n+1$ 条边,证明 G 中存在一个结点 v 使得 $d(v) \geqslant 3$。

7.2 子图和图的运算

在研究和描述图的性质时,子图的概念占有重要地位。我们首先引进子图的概念,然后讨论图的运算。

定义 7.2.1 设 $G = \langle V, E, \psi \rangle$ 和 $G' = \langle V', E', \psi' \rangle$ 为图。

(1)如果 $V' \subseteq V, E' \subseteq E, \psi' \subseteq \psi$,则称 G' 是 G 的**子图**,记作 $G' \subseteq G$,并称 G 是 G' 的**母图**。

(2)如果 $V' \subseteq V, E' \subset E, \psi' \subseteq \psi$,则称 G' 是 G 的**真子图**,记作 $G' \subset G$。

(3)如果 $V' = V, E' \subseteq E, \psi' \subseteq \psi$,则称 G' 是 G 的**生成子图**。

定义 7.2.2 设图 $G = \langle V, E, \psi \rangle$,$V' \subseteq V$ 且 $V' \neq \varnothing$。以 V' 为结点集合,以起点和终点均在 V' 中的边的全体为边集合的 G 的子图,称为由 V' 导出的 G 的子图,记作 $G[V']$。若 $V' \subset V$,导出子图 $G[V - V']$,记作 $G - V'$。

$G - V'$ 是从 G 中去掉 V' 中的结点以及与这些结点关联的边而得到的图 G 的子图。

定义 7.2.3   设图 $G = \langle V, E, \psi \rangle$，$E' \subseteq E$ 且 $E' \neq \varnothing$，$V' = \{v \mid v \in V \wedge (\exists e)(e \in E' \wedge v$ 与 e 关联)\}$。以 V' 为结点集合，以 E' 为边集合的 G 的子图称为**由 E' 导出的子图**。

显然，从图示看，图 G 的子图是图 G 的一部分，G 的真子图的边数比 G 的边数少，G 的生成子图与 G 有相同的结点，G 的导出子图 $G[V']$ 是 G 的以 V' 为结点集合的最大子图。

例 7.2.1   在图 7-11 中，图 b 是图 a 的子图、真子图和生成子图，图 c 是图 a 的由 $\{1,2,3,4\}$ 导出的子图。

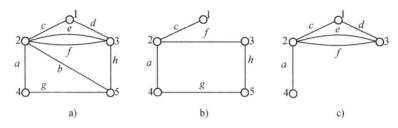

图 7-11   图和子图

定义 7.2.4   设图 $G = \langle V, E, \psi \rangle$ 和 $G' = \langle V', E', \psi' \rangle$ 同为无向图或有向图。

(1) 如果对于任意 $e \in E \cap E'$ 具有 $\psi(e) = \psi'(e)$，则称 G 和 G' 是**可运算的**。

(2) 如果 $V \cap V' = E \cap E' = \varnothing$，则称 G 和 G' 是**不相交的**。

(3) 如果 $E \cap E' = \varnothing$，则称 G 和 G' 是**边不相交的**。

定义 7.2.5   设图 $G_1 = \langle V_1, E_1, \psi_1 \rangle$ 和 $G_2 = \langle V_2, E_2, \psi_2 \rangle$ 为可运算的。

(1) 称以 $V_1 \cap V_2$ 为结点集合，以 $E_1 \cap E_2$ 为边集合的 G_1 和 G_2 的公共子图为 G_1 和 G_2 的**交**，记作 $G_1 \cap G_2$。

(2) 称以 $V_1 \cup V_2$ 为结点集合，以 $E_1 \cup E_2$ 为边集合的 G_1 和 G_2 的公共母图为 G_1 和 G_2 的**并**，记作 $G_1 \cup G_2$。

(3) 称以 $V_1 \cup V_2$ 为结点集合，以 $E_1 \oplus E_2$ 为边集合的 $G_1 \cup G_2$ 的子图为 G_1 和 G_2 的**环和**，记作 $G_1 \oplus G_2$。

显然，并不是任何两个图都有交、并和环和。例如，如图 7-12 所示的 a 和 b 没有交和并，因为边 e_1 在 a 中连接 v_1 和 v_2，而在 b 中连接 v_2 和 v_3。

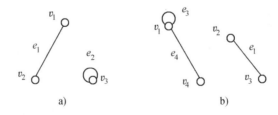

图 7-12   不可运算的图

定理 7.2.1   设图 $G_1 = \langle V_1, E_1, \psi_1 \rangle$ 和 $G_2 = \langle V_2, E_2, \psi_2 \rangle$ 是可运算的。

(1) 如果 $V_1 \cap V_2 \neq \varnothing$，则存在唯一的 $G_1 \cap G_2$。

(2) 存在唯一的 $G_1 \cup G_2$ 和 $G_1 \oplus G_2$。

证明   不妨设 G_1 和 G_2 同为有向图，若同为无向图也可同样证明。

（1）定义 $\psi:E_1 \cap E_2 \to (V_1 \cap V_2) \times (V_1 \cap V_2)$ 为：对任意的 $e \in E_1 \cap E_2, \psi(e) = \psi_1(e) = \psi_2(e)$。显然，$\langle(V_1 \cap V_2), (E_1 \cap E_2), \psi\rangle = G_1 \cap G_2$。设图 $G = \langle V_1 \cap V_2, E_1 \cap E_2, \psi\rangle$ 和 $G' = \langle V_1 \cap V_2, E_1 \cap E_2, \psi'\rangle$ 均为 G_1 和 G_2 的交。因为 $G \subseteq G_1$，对任意 $e \in E_1 \cap E_2, \psi(e) = \psi(e_1)$。因为 $G' \subseteq G_1$，对任意 $e \in E_1 \cap E_2, \psi'(e) = \psi_1(e)$。这表明 $\psi = \psi'$。因此，$G = G'$。

（2）定义 $\psi:E_1 \cup E_2 \to (V_1 \cup V_2) \times (V_1 \cup V_2)$ 如下：

$$\psi(e) = \begin{cases} \psi_1(e), & e \in E_1 \\ \psi_2(e), & e \in E_2 - E_1 \end{cases}$$

显然，$\langle V_1 \cup V_2, E_1 \cup E_2, \psi\rangle = G_1 \cup G_2$。设 $G = \langle V_1 \cup V_2, E_1 \cup E_2, \psi\rangle$ 和 $G' = \langle V_1 \cup V_2, E_1 \cup E_2, \psi'\rangle$ 均为 G_1 和 G_2 的并。因为 $G_1 \subseteq G$ 且 $G_1 \subseteq G'$，所以对任意 $e \in E_1, \psi(e) = \psi_1(e) = \psi'(e)$，这表明 $\psi = \psi'$，因此 $G = G'$。

对于存在唯一的 $G_1 \oplus G_2$ 可同样证明。∎

定义 7.2.6 设图 $G = \langle V, E, \psi\rangle, E' \subseteq E$，记 $\langle V, E - E', \psi/(E - E')\rangle$ 为 $G - E'$，对任意 $e \in E$，记 $G - \{e\}$ 为 $G - e$。

$G - E'$ 是从 G 中去掉 E' 中的边所得到的 G 的子图。

定义 7.2.7 设图 $G = \langle V, E, \psi\rangle$ 和 $G' = \langle V', E', \psi'\rangle$ 同为无向图或同为有向图，并且边不相交，记 $G + G'$ 为 $G + E'_{\psi'}$。

$G + E'_{\psi'}$ 是由 G 增加 E' 中的边所得到的图，其中 ψ' 指出 E' 中的边与结点的关联关系。

例 7.2.2 设图 7-13a 和 b 分别为 G_1 和 G_2，则图 c、d、e、f、g 和 h 分别是 $G_1 \cup G_2$、$G_1 \cap G_1$、$G_2 \oplus G_2$、$(G_1 \cup G_2) - \{v_5, v_6\}$、$(G_1 \cup G_2) - \{g, h\}$ 和 $G_2 + E'_{\psi'}$，其中 $E' = \{g\}$，$\psi' = \{\langle g, \{v_1, v_3\}\rangle\}$。

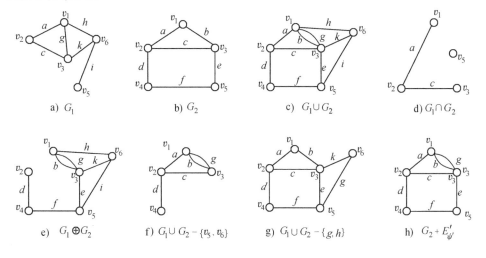

图 7-13

定义 7.2.8 设 n 阶无向图 $G = \langle V, E, \psi\rangle$ 是 n 阶完全无向图 K_n 的生成子图，则称 $K_n - E$ 为 G 的**补图**，记作 $\overline{G}$。

显然，简单无向图都有补图，并且一个简单无向图的每个补图都是同构的。对于任意两个简单无向图 G_1 和 G_2，如果 G_2 是 G_1 的补图，那么 G_1 也是 G_2 的补图。例如，图 7-14 中的 a 和 b 互为补图。

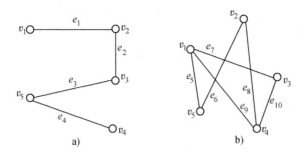

图 7-14　互补的图

习题

1. 画出 K_4 的所有不同构的子图,并说明其中哪些是生成子图,找出互为补图的生成子图。

2. 设 $G = \langle V, E, \psi \rangle$ 是完全有向图。证明:对于 V 的任意非空子集 V',$G[V']$ 是完全有向图。

3. 画出图 7-15 的两个图的交、并和环和。

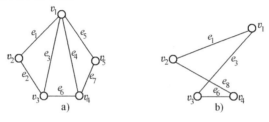

图　7-15

4. 设 G 是任意 6 阶简单无向图,证明:G 或 $\overline{G}$ 必有一个子图是 3 阶无向图。

5. 我们称与补图同构的简单无向图为自补图。证明:每个自补图的阶能被 4 整除或被 4 除余数为 1。

6. 有三个 4 阶 4 条边的无向简单图 G_1, G_2, G_3,证明它们中至少有 2 个是同构的。

7. 设图 G 与它的补图的边数分别是 m_1 和 m_2,试确定 G 中结点的个数。

8. 设图 G 是 n 阶无向简单图,$n \geq 3$ 且为奇数,试证明 G 和 G 的补图中奇结点个数相同。

7.3　路径、回路和连通性

在图论的应用中,经常遇到路径的概念。用无向图中的边分别表示城市和连接城市的双轨铁路,从一个城市 v_0 到另一个城市 v_n,就相当于找出结点和边交替出现的序列 $v_0 e_1 v_1 e_2 \cdots v_{n-1} e_n v_n$,其中 $v_0, v_1, \cdots, v_{n-1}$ 表示途经城市,e_i 表示连接城市 v_{i-1} 和 v_i 的铁路。这个序列就是一条从 v_0 到 v_n 的路径。

定义 7.3.1　设 n 为自然数,$v_0, v_1, \cdots, v_n$ 是图 G 的结点,,$e_1, e_2, \cdots, e_n$ 是图 G 的边,并且 v_{i-1} 和 v_i 分别是 e_i 的起点和终点 $(i = 1, 2, \cdots, n)$,则称序列 $v_0 e_1 v_1 e_2 \cdots v_{n-1} e_n v_n$ 为图 G 中从 v_0 至 v_n 的**路径**,n 称为该路径的长度。如果 $v_0 = v_n$,则称该路径是闭的,否则称该路径是开的。如果 $e_1, e_2, \cdots, e_n$ 互不相同,则称该路径为**简单路径**。如果 $v_0, v_1, \cdots, v_n$ 互不相同,则称该路径是**基本路径**。

例 7.3.1　在如图 7-16 所示的无向图中,$v_2 b v_3 d v_4 e v_2 b v_3$ 是路径,但不是简单路径;$v_2 b v_3 c v_3 d v_4$ 是简单路径,但不是基本路径;$v_3 c v_3 c v_3$ 是闭路径,但不是简单闭路径。可以看出,如果从路径 $v_1 g v_3 c v_3$ 中去掉闭路径 $v_3 c v_3$ 就得到基本路径 $v_1 g v_3$。

例 7.3.2　在如图 7-17 所示的有向图中,$1 c 4 b 1 c 4$ 是路径,但不是简单路径;$1 a 1 c 4$ 是简单路径,但不是基本路径。从 $1a1c4$ 中去掉闭路径 $1a1$ 就得到基本路径 $1c4$。可以看出,从 2 至 1 存在多条路径。

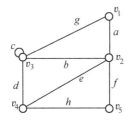

图 7-16 无向图

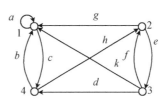

图 7-17 有向图

由路径的定义知,单独一个结点 v 也是路径,它是长度为 0 的基本路径。因此,任何结点到其自身总存在路径。在无向图中,若从结点 v 至结点 v' 存在路径,则从 v' 至 v 必存在路径。而在有向图中,从结点 v 至结点 v' 存在路径,而从 v' 至 v 却不一定存在路径。为方便起见,我们引进一种记法:设路径 $P_1 = v_0 e_1 v_1 \cdots_{n-1} e_n v_n$ 和 $P_1 = v_n e'_1 v'_1 \cdots v'_{m-1} e'_m v'_m$,用 $P_1 P_2$ 记路径 $v_0 e_1 v_1 \cdots v_{n-1} e_n v_n e'_1 v'_1 \cdots v'_{m-1} e'_m v'_m$。从上面的两个例子可以看出,从路径中去掉适当的闭路径就可以得到基本路径,这可导致如下的定理。

定理 7.3.1 设 v 和 v' 是图 G 中的结点。如果存在从 v 至 v' 的路径,则存在从 v 至 v' 的基本路径。

证明 设当从 v 至 v' 存在长度小于 l 的路径时,从 v 至 v' 必存在基本路径。如果存在路径 $v_0 e_1 v_1 \cdots v_{l-1} e_l v_l$,其中 $v_0 = v, v_l = v'$,并且存在 i 和 j,满足 $0 \leq i \leq j \leq l$ 且 $v_i = v_j$,则 $v_0 e_1 v_1 \cdots v_i e_{j+1} v_{j+1} \cdots v_{l-1} e_l v_l$ 是从 v 至 v' 的长度为 $l-j+i$ 的路径。根据归纳假设,存在从 v 至 v' 的基本路径。

由于基本路径中的结点互不相同,显然有以下定理成立。

定理 7.3.2 n 阶图中的基本路径的长度小于 n。

证明 在任何基本路径中,出现于序列中的各结点都是互不相同的。在长度为 l 的任何基本路径中,不同的结点数目是 $l+1$。因为集合 V 仅有 n 个不同的结点,所以任何基本路径的长度不会大于 $n-1$。对于长度为 l 的基本循环,序列中有 l 个不同的结点。因为是 n 阶图,所以任何基本循环的长度,都不会超过 n,综上所述,在 n 阶图中,基本路径的长度不会超过 n。

定义 7.3.2 设 v_1 和 v_2 是图 G 的结点。如果在 G 中存在从 v_1 至 v_2 的路径,则称在 G 中从 v_1 可达 v_2,否则,称在 G 中从 v_1 不可达 v_2。对于图 G 的结点 v,用 $R(v)$ 表示从 v 可达的全体结点的集合。

在无向图中,若从 v_1 可达 v_2,则从 v_2 必可达 v_1;而在有向图中,从 v_1 可达 v_2 不能保证从 v_2 必可达 v_1。

定理 7.3.3 设 v_1 和 v_2 是图 G 的结点,从 v_1 可达 v_2,当且仅当存在从 v_1 至 v_2 的基本路径。

证明 如果从 v_1 到 v_2 的路径是基本路径,则命题为真,否则,如果从 v_1 到 v_2 的路径不是基本路径,则至少有一个结点,不妨设为 v_k,在链路中反复出现,即经过 v_k 有一路径 P_k,于是可去掉 P_k 中出现的边,对链路中的其他结点仿此处理,最终得到的就是从结点 v_1 可达结点 v_2 的基本路径。

定义 7.3.3　设 v_1 和 v_2 是图 G 的结点。如果从 v_1 至 v_2 是可达的,则在从 v_1 至 v_2 的路径中,长度最短的称为从 v_1 至 v_2 的**测地线**,并称该测地线的长度为从 v_1 至 v_2 的距离,记作 $d\langle v_1, v_2\rangle$。如果从 v_1 不可达 v_2,则称从 v_1 至 v_2 的距离 $d\langle v_1, v_2\rangle$ 为 ∞。并且规定:$\infty + \infty = \infty$,对于任意自然数 $n, \infty > n, n + \infty = \infty + n = \infty$。

应该说明,对于任何结点 $v_i \in V$,总是假定 $d\langle v_i, v_i\rangle = 0$,另外,从结点 v_i 至 v_j 的距离 $d\langle v_i, v_j\rangle$ 具有下列性质:

对于任何结点 $v_i, v_j, v_k \in V$,都有

(1) $d\langle v_i, v_i\rangle = 0$

(2) $d\langle v_i, v_j\rangle \geqslant 0$

(3) $d\langle v_i, v_j\rangle + d\langle v_j, v_k\rangle \geqslant d\langle v_i, v_k\rangle$

不等式(3),通常称为三角不等式,如果从结点 v_i 到 v_j 是可达的,并且从 v_j 到 v_i 也是可达的,但是 $d\langle v_i, v_j\rangle$ 却不一定等于 $d\langle v_j, v_i\rangle$,这一点读者应注意。

定义 7.3.4　图 $G = \langle V, E, \psi\rangle$ 的直径定义为 $\max d\langle v, v'\rangle (v, v' \in V)$。

例 7.3.3　在图 7-18 中,$R(v_1) = R(v_2) = R(v_3) = \{v_1, v_2, v_3, v_4, v_5\}$,$R(v_4) = \{v_4, v_5\}$,$R(v_5) = \{v_5\}$,$R(v_6) = \{v_5, v_6\}$,$d\langle v_1, v_2\rangle = 1$,$d\langle v_2, v_1\rangle = 2$,$d\langle v_5, v_6\rangle = \infty$。该图的直径为 ∞。

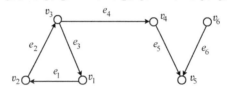

图 7-18　图中结点的可达性

定义 7.3.5　设图 $G = \langle V, E, \psi\rangle$,$W: E \to R_+$,其中 R_+ 是正实数集合,则称 $\langle G, W\rangle$ 为**加权图**。对任意 $e \in E$,$W(e)$ 称为边 e 的加权长度。路径中所有边的加权长度之和称为该**路径的加权长度**。从结点 v 至 v' 的路径中,加权长度最小的称为从 v 至 v' 的**最短路径**。若从 v 可达 v',则称从 v 至 v' 的最短路径的加权长度为从 v 至 v' 的**加权距离**;若从 v 不可达 v',则称从 v 至 v' 的加权距离为 ∞。

在图论的实际应用中,常常需要从一结点至另一结点的加权距离。在图论的算法一节中,给出了迪杰斯特拉(Dijkstra)的求从结点 s 至结点 t 的加权距离的算法。

下面讨论图的重要性质——连通性,无向图的连通性比较简单。

定义 7.3.6　如果无向图的任意两个结点都互相可达,则称 G 是**连通的**;否则称 G 是**非连通的**。

显然,无向图 $G = \langle V, E, \psi\rangle$ 是连通的,当且仅当对于任意 $v \in V$,$R(v) = V$。

由于可达性具有非对称性,因此,有向图的连通概念要复杂得多,这里需要用到基础图的概念。

定义 7.3.7　设有向图 $G = \langle V, E, \psi\rangle$,定义 $\varphi': E \to \{\{v_1, v_2\} \mid v_1 \in V \wedge v_2 \in V\}$ 如下:

对任意 $e \in E$ 和 $v_1, v_2 \in V$,若 $\varphi(e) = \langle v_1, v_2\rangle$,则 $\varphi'(e) = \{v_1, v_2\}$,称无向图 $G' = \langle V, E, \psi'\rangle$ 为有向图 G 的**基础图**。

有向图的基础图即为把每条有向边改为无向边而得到的无向图。

定义 7.3.8　设 G 是有向图。

(1)如果 G 中任意两个结点都互相可达,则称 G 是**强连通的**。

(2)如果对于 G 的任意两结点,必有一个结点可达另一个结点,则称 G 是**单向连通的**。

(3)如果 G 的基础图是连通的,则称 G 是**弱连通的**。

例 7.3.4　图 7-19 给出了三个有向图,其中图 a 是强连通的,图 b 是单向连通的,图 c 是弱连通的。

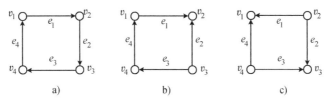

图 7-19　有向图的连通性

定义 7.3.9　设 G' 是 G 的具有某种性质的子图,并且对于 G 的具有该性质的任意子图 G'',只要 $G' \subseteq G''$,就有 $G' = G''$,则称 G' 相对于该性质是 G 的**极大子图**。

定义 7.3.10　无向图 G 的极大连通子图称为 G 的**分支**。

定义 7.3.11　设 G 是有向图。

(1)G 的极大强连通子图称为 G 的**强分支**。

(2)G 的极大单向连通子图称为 G 的**单向分支**。

(3)G 的极大弱连通子图称为 G 的**弱分支**。

由定义可直接得出如下的定理。

定理 7.3.4　连通无向图恰有一个分支。非连通无向图有一个以上分支。

定理 7.3.5　强连通(单向连通,弱连通)有向图恰有一个强分支(单向分支,弱分支);非强连通(非单向连通,非弱连通)有向图有一个以上强分支(单向分支,弱分支)。

例 7.3.5　图 7-18 给出的有向图 G 有 4 个强分支,即 $\langle \{v_1, v_2, v_3\}, \{e_1, e_2, e_3\}, \{\langle e_1, \langle v_1,$ $v_2 \rangle \rangle, \langle e_2, \langle v_2, v_3 \rangle \rangle, \langle e_3, \langle v_3, v_1 \rangle \rangle \} \rangle, \langle \{v_4\}, \varnothing, \varnothing \rangle, \langle \{v_5\}, \varnothing, \varnothing \rangle, \langle \{v_6\}, \varnothing, \varnothing \rangle$。可以看出,每个结点恰处于一个强分支中,而边 e_4, e_5, e_6 不在任何强分支中。G 有两个单向分支,即 $G - \{v_6\}$ 和 $G[\{v_5, v_6\}]$。显然,v_5 处于两个单向分支中,G 只有一个弱分支,即其本身。

定义 7.3.12　设 G' 是有向图 $G = \langle V, E, \psi \rangle$ 的基础图,G' 中的路径称为 G 中的**半路径**。设 $v_0 e_1 v_1 e_2 \cdots v_{m-1} e_m v_m$ 是 G 中的半路径,如果对于 $1 \leq i \leq m$,有 $\psi(e_i) = \langle v_{i-1}, v_i \rangle$,则称 e_i 是该半路径中的**正向边**;如果 $\psi(e_i) = \langle v_i, v_{i-1} \rangle$,则称 e_i 是该半路径中的**反向边**。

有向图 G 中的路径一定是 G 中的半路径,但 G 中的半路径却未必是 G 中的路径。例如在图 7-17 中,$v_1 e_3 v_3 e_4 v_4 e_5 v_5$ 是半路径,但不是路径,因为 e_3 是反向边。可以证明,有向图中的半路径是路径,当且仅当该路径中的边都是正向边。

定义 7.3.13　连通 2 度正则图称为**回路**。基础图是回路的有向图,称为**半回路**。每个结点的出度和入度均为 1 的强连通有向图,称为**有向回路**。回路(半回路,有向回路)中边的条数称为**回路的长度**。

例 7.3.6　在图 7-19 中,图 a 是有向回路,图 b 和图 c 是半回路。在图 7-19a 中,闭路径 $v_1 e_1 v_2 e_2 v_3 e_3 v_4 e_4 v_1$ 包含了该有向回路的所有结点和边。

定理 7.3.6   设 v 是图 G 的任意结点，G 是回路或有向回路，当且仅当 G 的阶与边数相等，并且在 G 中存在这样一条从 v 到 v 的闭路径，使得除了 v 在该闭路径中出现两次外，其余结点和每条边都在该闭路径上恰出现一次。

证明   充分性是显然的，下面只证必要性。

设 $G=\langle V,E,\psi\rangle$ 是有向回路，由有向回路的定义和定理 7.1.2 立即得出，G 的阶与边数相等。下面对 G 的阶使用归纳法。

若 G 是一阶有向回路，则 G 只有一个自圈，设为 e，vev 即为满足要求的闭路径。

设当 G 是 n 阶有向回路时必要性成立，其中 $n\geqslant 1$。

若 G 是 $n+1$ 阶有向回路。由 $d_G^+(v)=d_G^-(v)=1$ 知，存在 $v_1,v_n\in V$ 和 $e_1,e_{n+1}\in E$，使得 $\psi(e_1)=\langle v,v_1\rangle$ 且 $\psi(e_{n+1})=\langle v_n,v\rangle$。设 $e\notin E$，$\psi'=\{\langle e,\langle v_n,v_1\rangle\rangle\}$，令 $G'=(G-\{v\})+\{e\}_{\psi'}$，则 G' 是 n 阶有向回路。根据归纳假设，在 G' 中存在路径 $v_1e_2v_2\cdots v_{n-1}e_nev_1$，其中 $v_1,v_2,\cdots,v_n$ 互不相同，并且 $V=\{v,v_1,\cdots,v_n\}$，$E=\{e_1,\cdots,e_{n+1}\}$。$ve_1v_1e_2v_2\cdots v_{n-1}e_nv_ne_{n+1}$ 即为 G 中满足要求的闭路径。

同理可证 G 是回路的情况。   ∎

定义 7.3.14   如果回路（有向回路，半回路）C 是图 G 的子图，则称 G 有回路（有向回路，半回路）C。没有回路的无向图和没有半回路的有向图称为**非循环图**。

非循环图是一类非常重要的图，后面要讨论的树就是非循环图。判断一个图是不是非循环图是很重要的。下面就来讨论这个问题。先讨论判断有向图是否有有向回路的问题。

定理 7.3.7   如果有向图 G 有子图 G' 满足：对于 G' 的任意结点 v，$d_{G'}^+(v)>0$，则 G 有有向回路。

证明   设 $G'=\langle V',E',\psi'\rangle$，$v_0e_1v_1\cdots v_{n-1}e_nv_n$ 是 G' 中最长的基本路径。由于 $d_{G'}^+(v_n)>0$，必可找到 $e_{n+1}\in E'$ 和 $v_{n+1}\in V'$，使得 $v_0e_1v_1\cdots v_{n-1}e_nv_ne_{n+1}v_{n+1}$ 是 G' 中的简单路径，且 $v_{n+1}=v_i$（$0\leqslant i\leqslant n$）。G 的以 $\{v_i,\cdots,v_{i+1},\cdots,v_n\}$ 为结点集合，以 $\{e_{i+1},e_{i+2},\cdots,e_{n+1}\}$ 为边集合的子图是有向回路。   ∎

定理 7.3.8   如果有向图 G 有子图 G' 满足：对于 G' 中的任意结点 v，$d_{G'(v)}^->0$，则 G 有有向回路。

证明过程与定理 7.3.7 相同，留作练习。

设 v 是有向图 G 的结点，$d_G^+(v)=0$，从 G 中去掉 v 和与之相关联的边得到有向图 $G-\{v\}$ 的过程，称为 w 过程。G 有有向回路，当且仅当 $G-\{v\}$ 有有向回路。若 n 阶有向图 G 没有有向回路，则经过 $n-1$ 次 w 过程得到平凡图，否则，至多经过 $n-1$ 次 w 过程得到每个结点的出度均大于 0 的有向图。这样，我们就找出了判断一个有向图有没有有向回路的有效办法。当然，也可以把 w 过程定义为去掉入度为 0 的结点。

定理 7.3.9   图 G 不是非循环图，当且仅当 G 有子图 G' 满足：对于 G' 的任意结点 v，$d_{G'}(v)>1$。

证明方法同定理 7.3.7。

我们有类似的方法确定 n 阶图 G 是不是非循环图。令 $G_0=G$，对于小于 $n-1$ 的自然数 i，若 G_i 的一切结点的度均大于 1，则停止延长图序列的过程；若 G_i 有结点 v_i 满足 $d_{G_i}(v_i)\leqslant 1$，则令 $G_{i+1}+G_i-\{v_i\}$。这样得到一个图序列 $G_0,G_1,\cdots,G_m$，其中 $0\leqslant m\leqslant n-1$。如果 G_m 是平凡图，则 G 是非循环图，否则 G 就不是非循环图。

例7.3.7 为判断图 7-20a 有没有有向回路,我们依次得到图 7-20 的 b、c、d、e、f 和 g。由 g 是平凡图知,a 没有有向回路。a 不是非循环图,因为它的所有结点的度均大于 1。

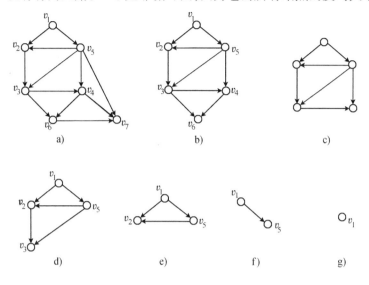

图 7-20 判断有向图是否有有向回路的 w 过程

习题

1. 考虑图 7-21。
   (1)从 A 至 F 的路径有多少条? 找出所有从 A 至 F 的基本路径。
   (2)求出从 A 至 F 的距离。求出该图的直径。
   (3)找出该图的所有回路。

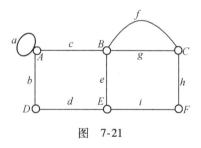

图 7-21

2. 证明:图 7-21 中的基本路径必为简单路径。
3. 考虑图 7-22。
   (1)对于每个结点 v,求 $R(v)$。
   (2)找出所有强分支、单向分支和弱分支。

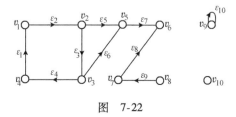

图 7-22

4. 设 $v_1 v_2 v_3$ 是任意无向图(有向图)G 的三个任意结点,以下三个公式是否成立? 如果成立,给出证明;如果不成立,举出反例。

(1) $d(v_1, v_2) \geq 0$,并且等号成立,当且仅当 $v_1 = v_2$。

(2) $d(v_1, v_2) = d(v_2, v_1)$。

5. 证明:有向图的每个结点和每条边恰处于一个弱分支中。

6. 有向图的每个结点(每条边)是否恰处于一个强分支中? 是否恰处于一个单向分支中?

7. 证明同阶的回路必同构。

8. 设图 $G = \langle V, E, \psi \rangle$,其中 $V = \{1,2,3,4,5,6,7,8\}$,$E = \{a,b,c,d,e,f,g,h,i,j,k,l,m,n,p\}$,$\psi = \{\langle a, \langle 1,6 \rangle \rangle, \langle b, \langle 1,8 \rangle \rangle, \langle c, \langle 1,7 \rangle \rangle, \langle d, \langle 7,6 \rangle \rangle, \langle e, \langle 8,7 \rangle \rangle, \langle f, \langle 6,4 \rangle \rangle, \langle g, \langle 7,5 \rangle \rangle, \langle h, \langle 8,3 \rangle \rangle, \langle i, \langle 5,8 \rangle \rangle, \langle j, \langle 4,5 \rangle \rangle, \langle k, \langle 5,3 \rangle \rangle, \langle l, \langle 4,3 \rangle \rangle, \langle m, \langle 4,2 \rangle \rangle, \langle n, \langle 5,2 \rangle \rangle, \langle p, \langle 3,2 \rangle \rangle\}$,判断 G 是否有有向回路。

9. 设 G 是弱连通有向图,如果对于 G 的任意结点 $v, d_G^+(v) = 1$,则 G 恰有一条有向回路。试给出证明。

10. 设 G 为 n 阶简单无向图,对于 G 的任意结点 $v, d_G(v) \geq (n-1)/2$,证明 G 是连通的。

11. 证明:对于小于或等于 n 的任意正整数 k, n 阶连通无向图有 k 阶连通子图。

12. 图 7-23 给出了一个加权图,旁边的数字是该边上的权,求出从 v_1 到 v_{11} 的加权距离。

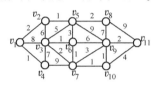

图   7-23

7.4   图的矩阵表示

在前面曾经讨论过图的图解表示法。不难看出,图解表示法有其局限性。当图中结点和边数目较大时,使用图解法就很困难。而使用矩阵表示图,就有很多优点。例如,能够把矩阵存储起来并加以变换,这就是说,能够在计算机中用矩阵表示图。还能够通过矩阵代数中的各种运算,求出给定图的路径、循环和图的其他信息。

7.4.1   邻接矩阵

设 $G = \langle V, E, \psi \rangle$ 是一个简单有向图。图 G 的矩阵表示,依赖于集合 V 中各结点间的次序关系。因此,需要给图中的各结点安排某种次序关系。例如称某个结点是第一个结点,另外一个是第二个结点,等等。

定义 7.4.1   设 $G = \langle V, E, \psi \rangle$ 是一个简单有向图,其中的结点集合 $V = \{v_1, v_2, \cdots, v_n\}$,并且假定各结点已经有了从结点 v_1 到 v_n 的次序。试定义一个 $n \times n$ 的矩阵 A,使得其中的元素

$$a_{ij} = \begin{cases} 1, & \text{当} \langle v_i, v_j \rangle \in E \\ 0, & \text{当} \langle v_i, v_j \rangle \notin E \end{cases} \tag{7-1}$$

则称这样的矩阵 A 是图 G 的**邻接矩阵**。

定义 7.4.2   元素或为 0 或为 1 的任何矩阵,都称为**比特矩阵**或**布尔矩阵**。

不难看出,这里的邻接矩阵,与集合 A 中的关系 E 的关系矩阵相同。邻接矩阵中的任何元素或是 0 或是 1,因此,邻接矩阵也是布尔矩阵。起始于结点 v_i 的各条边,决定了邻接矩阵中的第 i 行上的元素值。第 i 行上值为 1 的元素的个数,等于结点 v_i 的出度;第 j 列上值为 1 的元素的个数,等于结点 v_j 的入度。因此可以说,一个邻接矩阵完全定义了一个简单有向图。

对于给定简单有向图 $G = \langle V, E, \psi \rangle$,其邻接矩阵依赖于集合 V 中的各元素间的次序关系。

对于 V 中各元素间不同的次序关系,能够求得同一个图 G 的任何一个邻接矩阵。首先交换矩阵中的一些行,然后交换相对应的各列,就能够由图 G 的任何一个邻接矩阵,求得同一个图 G 的另外一个邻接矩阵。不难看出,集合 V 中的各元素间的次序关系,给图 G 的邻接矩阵带来了任意性。不过下面将忽略这种任意性,并选取给定图 G 的任何一个邻接矩阵,作为该图的邻接矩阵。

给定两个有向图和相对应的邻接矩阵,如果首先在一个图的邻接矩阵中交换一些行,然后交换相对应的各列,从而由一个图的邻接矩阵能够求得另外一个图的邻接矩阵,则事实上这样的两个有向图必定是互为同构的。

例 7.4.1　图 7-24 给出了一个有向图。首先给各结点安排好一个次序,譬如说是 v_1,v_2,v_3,v_4。于是,能够写出给定有向图的邻接矩阵如下:

图　7-24

$$A_1 = \begin{array}{c} \\ v_1 \\ v_2 \\ v_3 \\ v_4 \end{array} \begin{array}{c} \begin{array}{cccc} v_1 & v_2 & v_3 & v_4 \end{array} \\ \begin{pmatrix} 0 & 1 & 0 & 0 \\ 0 & 0 & 0 & 1 \\ 1 & 1 & 0 & 0 \\ 1 & 1 & 1 & 0 \end{pmatrix} \end{array}$$

在矩阵 A_1 的第一行上有一个 1,在第一列上有两个 1,因此,结点 v_1 的出度和入度应分别为 1 和 2。在第二行上有一个 1,在第二列上有三个 1,因此,结点 v_2 的出度为 1,入度为 3。第三行和第三列以及第四行和第四列上 1 的个数,都和前面的解释类似。

例 7.4.2　对于例 7.4.1 中的图 7-24,重新把各结点排列成 v_2,v_3,v_1,v_4,于是能够写出另外一个矩阵如下:

$$A_2 = \begin{array}{c} \\ v_2 \\ v_3 \\ v_1 \\ v_4 \end{array} \begin{array}{c} \begin{array}{cccc} v_2 & v_3 & v_1 & v_4 \end{array} \\ \begin{pmatrix} 0 & 0 & 0 & 1 \\ 1 & 0 & 1 & 0 \\ 1 & 0 & 0 & 0 \\ 1 & 1 & 1 & 0 \end{pmatrix} \end{array}$$

在邻接矩阵 A_2 中,如果首先交换第一行和第三行,然后交换第一列与第三列,接着交换 v_2 和 v_3 所对应的行,而后交换 v_2 和 v_3 所对应的列,那么就能够由邻接矩阵 A_2 求得邻接矩阵 A_1。

从给定的简单有向图的邻接矩阵中,能够直接判定出它的某些性质。如果有向图是自反的,则邻接矩阵的主对角线上的各元素,必定都是 1。如果有向图是反自反的,则邻接矩阵的主对角线上的各元素,必定都是 0。对于对称的有向图,其邻接矩阵也是对称的,即对于所有的 i 和 j,都应有 $a_{ij}=a_{ji}$。与此类似,如果给定有向图是反对称的,则对于所有的 i 和 $j(i\neq j)$,有 $a_{ij}=1$ 蕴涵 $a_{ji}=0$。

可以把简单有向图的矩阵表示的概念推广到简单无向图、多重边图和加权图。对于简单无向图,这种推广会给出一个对称的邻接矩阵,在多重边图或加权图的情况下,可以令

$$a_{ij} = w_{ij}$$

其中 w_{ij} 或者是边 $\langle v_i,v_j \rangle$ 的重数,或者是边 $\langle v_i,v_j \rangle$ 的权。另外,若 $\langle v_i,v_j \rangle \notin E$,则 $w_{ij}=0$。

在零图的邻接矩阵中,所有元素都应该是 0,即其邻接矩阵是零矩阵。如果给定图中的每

个结点上都有闭路,而且又没有其他的边存在,则其邻接矩阵是单位矩阵。

如果给定的图 $G = \langle V, E, \psi \rangle$ 是一个简单有向图,并且其邻接矩阵是 A,则图 G 的逆图 $\widetilde{G}$ 的邻接矩阵是 A 的转置 A^{T}。对于无向图或者对称的有向图,有 $A^{\mathrm{T}} = A$。

下面定义矩阵 $B = AA^{\mathrm{T}}$。设 a_{ij} 是邻接矩阵 A 的第 i 行和第 j 列上的 (i,j) 元素,b_{ij} 是矩阵 B 的第 i 行和第 j 列上的 (i,j) 元素。于是,对于 $i, j = 1, 2, 3, \cdots, n$,有

$$b_{ij} = \sum_{k=1}^{n} a_{ik} a_{jk} \tag{7-2}$$

式中,a_{ik} 和 a_{jk} 都为 1,当且仅当 $a_{ik} a_{jk} = 1$;否则,必有 $a_{ik} a_{jk} = 0$。符号 $\sum$ 是普通的求和。可知,如果边 $\langle v_i, v_j \rangle \in E$,则有 $a_{ik} = 1$;如果边 $\langle v_j, v_k \rangle \in E$,则有 $a_{jk} = 1$。对于某一个确定的 k,如果 $\langle v_i, v_k \rangle$ 和 $\langle v_j, v_k \rangle$ 都是给定图的边,则在表示 b_{ij} 的求和表达式(7-2)中,应该引入基值 1。从结点 v_i 和 v_j 二者引出的边,如果能共同终止于一些结点的话,那么这样的结点的数目,就是元素 b_{ij} 的值。

例 7.4.3 对于例 7.4.1 中的图 7-24,选定邻接矩阵 $A = A_1$。根据第 4 章中关系矩阵转置的定义,由邻接矩阵 A 易于求得 A^{T}。根据上面给出的定义,也能够求出矩阵 AA^{T}。结果如下:

$$A = \begin{pmatrix} 0 & 1 & 0 & 0 \\ 0 & 0 & 0 & 1 \\ 1 & 1 & 0 & 0 \\ 1 & 1 & 1 & 0 \end{pmatrix}, \qquad A^{\mathrm{T}} = \begin{pmatrix} 0 & 0 & 1 & 1 \\ 1 & 0 & 1 & 1 \\ 0 & 0 & 0 & 1 \\ 0 & 1 & 0 & 0 \end{pmatrix}, \qquad AA^{\mathrm{T}} = \begin{pmatrix} 1 & 0 & 1 & 1 \\ 0 & 1 & 0 & 0 \\ 1 & 0 & 2 & 2 \\ 1 & 0 & 2 & 3 \end{pmatrix}$$

试选定 $i = 1$ 和 $j = 3$。从结点 v_1 和 v_3 所引出的边,能够共同终止于结点 v_2。因为这样的结点仅有 v_2 一个,所以矩阵 AA^{T} 的第一行和第三列上的元素 $b_{13} = 1$。

对于式(7-2),如果有 $i = j$,则能够得出

$$b_{ii} = \sum_{k=1}^{n} a_{ik}^2 \tag{7-3}$$

如果 $a_{ik} = 1$,也就是说,如果边 $\langle v_i, v_k \rangle \in E$,则必定有 $a_{ik}^2 = 1$。不难看出,矩阵 AA^{T} 中的主对角线上的元素 b_{ii} 的值就是各结点 v_i 的出度。对于图 7-24 来说,试选定 $i = 3$,结点 v_3 的出度为 2,因此在矩阵 AA^{T} 中对角线的元素 $b_{33} = 2$。

下面再来定义矩阵 $C = A^{\mathrm{T}} A$。设 a_{ij} 是邻接矩阵 A 的 (i,j) 元素;c_{ij} 是矩阵 C 的 (i,j) 元素。于是,对于 $i = 1, 2, \cdots, n$,有

$$c_{ij} = \sum_{k=1}^{n} a_{ki} a_{kj} \tag{7-4}$$

式中 a_{ki} 和 a_{kj} 都为 1,当且仅当 $a_{ki} a_{kj} = 1$。

如果边 $\langle v_k, v_i \rangle \in E$,则有 $a_{ki} = 1$;如果边 $\langle v_k, v_j \rangle \in E$,则有 $a_{kj} = 1$。对于某一个确定的 k,如果 $\langle v_k, v_i \rangle, \langle v_k, v_j \rangle$ 都是给定图的边,则在式(7-4)中应引入基值 1。从图中的一些点所引出的边,如果能够同时终止于结点 v_i 和 v_j,那么这样的结点的数目就是元素 c_{ij} 的值。

例 7.4.4 对于例 7.4.1 中的图 7-24,根据上述的定义能够求得

$$A^{\mathrm{T}} A = \begin{pmatrix} 2 & 2 & 1 & 0 \\ 2 & 3 & 1 & 0 \\ 1 & 1 & 1 & 0 \\ 0 & 0 & 0 & 1 \end{pmatrix}$$

试选定 $i = 1$ 和 $j = 3$。从结点 v_4 出发的边,才能够同时终止于结点 v_1 和 v_3,因为这样的结点仅

有 v_4 一个,所以在矩阵 AA^T 的第一行和第三列上的元素 $c_{13}=1$。

对于式(7-4),如果有 $i=j$,则能够得出

$$c_{ii} = \sum_{k=1}^{n} a_{ki}^2 \tag{7-5}$$

如果 $a_{ki}=1$,也就是说,如果边 $\langle v_k, v_i \rangle \in E$,则必有 $a_{ki}^2=1$。不难看出,矩阵 $A^T A$ 中的主对角线上的各元素 c_{ii} 的值就是各结点 v_i 的入度。对于图 7-24 来说,试选定 $i=2$,结点 v_2 的入度为 3,因此在矩阵 AA^T 中对角线的元素 $c_{22}=3$。

对于 $n=2,3,4,\cdots$,考察邻接矩阵 A 的幂 A^n 可知,邻接矩阵 A 的第 i 行和第 j 列上的元素值 1,说明了图 G 中存在一条边 $\langle v_i, v_j \rangle$,也就是说,存在一条从结点 v_i 到 v_j 长度为 1 的路径。试定义矩阵 A^2,使得 A^2 中的各元素 $a_{ij}^{(2)}$ 为

$$a_{ij}^{(2)} = \sum_{k=1}^{n} a_{ik} a_{kj} \tag{7-6}$$

$a_{ij}^{(2)}$ 的表示方式,用加括号的 2 与 $a_{ij}^2 = a_{ij} \times a_{ij}$ 区分。式中 a_{ik} 和 a_{kj} 都等于 1,当且仅当 $\langle v_i, v_k \rangle$ 和 $\langle v_k, v_j \rangle$ 都是图 G 的边,对于任何确定的 k 才有 $a_{ik} a_{kj}=1$;否则,$a_{ik} a_{kj}=0$。每一个这样的 k 都会给求和公式(7-6)引入基值 1。所以边 $\langle v_i, v_k \rangle$ 和 $\langle v_k, v_j \rangle$ 的同时存在,意味着图 G 中有一条从结点 v_i 到 v_j 长度为 2 的路径。因此,元素值 a_{ij}^2 等于从 v_i 到 v_j 长度为 2 的不同路径的数目。显然,矩阵 A^2 主对角线上的元素 a_{ii}^2 的值,表示结点 $v_i (i=1,2,\cdots,n)$ 上长度为 2 的循环的个数。不难推断,矩阵 A^3 中的 (i,j) 元素值,表示从 v_i 到 v_j 长度恰为 3 的路径数目,等等。

例 7.4.5 对于例 7.4.1 中的图 7-24,根据上述的定义能够求得

$$A^2 = \begin{pmatrix} 0 & 0 & 0 & 1 \\ 1 & 1 & 1 & 0 \\ 0 & 0 & 0 & 1 \\ 1 & 2 & 0 & 1 \end{pmatrix}, \quad A^3 = \begin{pmatrix} 1 & 1 & 1 & 0 \\ 1 & 2 & 0 & 1 \\ 1 & 1 & 1 & 0 \\ 1 & 2 & 1 & 2 \end{pmatrix}, \quad A^4 = \begin{pmatrix} 1 & 2 & 0 & 1 \\ 1 & 2 & 1 & 2 \\ 1 & 2 & 0 & 1 \\ 3 & 4 & 2 & 2 \end{pmatrix}$$

定理 7.4.1 设 $G = \langle V, E, \psi \rangle$ 是一个简单有向图,并且 A 是 G 的邻接矩阵。对于 $m=1,2,3,\cdots$,矩阵 A^m 中的 (i,j) 元素的值等于从 v_i 到 v_j 长度为 m 的路径数目。

证明 对于 m 进行归纳证明。当 $m=1$ 时,由邻接矩阵 A 的定义能够得到 $A^m = A$。设矩阵 A^k 的 (i,j) 元素值是 $a_{ij}^{(k)}$,且对于 $m=k$,结论为真。因为 $A^{k+1} = A^k A$,所以有

$$a_{ij}^{(k+1)} = \sum_{k=1}^{n} a_{ik}^{(k)} a_{kj} \tag{7-7}$$

式中 $a_{ik}^{(k)} a_{kj}$ 是从结点 v_i 出发,经过结点 v_h 到 v_j 的长度为 $k+1$ 的各条路径的数目。这里 v_k 是倒数第二个结点。因此,$a_{ij}^{(k+1)}$ 应是从结点 v_i 出发,经过任意的倒数第二个结点到 v_j 的长度为 $k+1$ 的路径总数。因此,对于 $m=k+1$,定理成立。 ∎

例 7.4.6 重新考察例 7.4.5 中的邻接矩阵 A 的幂 A^2, A^3 和 A^4。由图 7-24 不难看出,从结点 v_4 到 v_2 有两条长度为 2 的路径,因此,矩阵 A^2 的第四行和第二列上,记上了 2。与此类似,从结点 v_4 到 v_2 有四条长度为 4 的路径。因此,矩阵 A^4 的第四行和第二列上,也记上了 4。

根据定理 7.4.1,可以得出结论:能使矩阵 A^m 中的 (i,j) 元素值是非零的最小正整数 m,就是距离 $d \langle v_i, v_j \rangle$。另外,根据定理 7.3.2 还可以得出结论:对于 $m=1,2,\cdots,n-1$ 和 $i \neq j$,如果矩阵 A^m 中的 (i,j) 元素值和 (j,i) 元素值都为 0,那么就不会有任何路径连接结点 v_i 和 v_j。因

此,结点 v_i 和 v_j 必定是属于图 G 的不同分图。

例 7.4.7　给定一个简单有向图 $G = \langle V, E, \psi \rangle$,如图 7-25 所示,其中的结点集合 $V = \{v_1, v_2, v_3, v_4, v_5\}$。试求出图 G 的邻接矩阵 A 和 A 的幂 A^2, A^3, A^4。

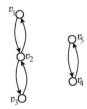

图 7-25　有向图

解　所要求得到的矩阵如下:

$$
A = \begin{pmatrix} 0 & 1 & 0 & 0 & 0 \\ 1 & 0 & 1 & 0 & 0 \\ 0 & 1 & 0 & 0 & 0 \\ 0 & 0 & 0 & 0 & 1 \\ 0 & 0 & 0 & 1 & 0 \end{pmatrix}, \quad
A^2 = \begin{pmatrix} 1 & 0 & 1 & 0 & 0 \\ 0 & 2 & 0 & 0 & 0 \\ 1 & 0 & 1 & 0 & 0 \\ 0 & 0 & 0 & 1 & 0 \\ 0 & 0 & 0 & 0 & 1 \end{pmatrix},
$$

$$
A^3 = \begin{pmatrix} 0 & 2 & 0 & 0 & 0 \\ 2 & 0 & 2 & 0 & 0 \\ 0 & 2 & 0 & 0 & 0 \\ 0 & 0 & 0 & 0 & 1 \\ 0 & 0 & 0 & 1 & 0 \end{pmatrix}, \quad
A^4 = \begin{pmatrix} 2 & 0 & 2 & 0 & 0 \\ 0 & 4 & 0 & 0 & 0 \\ 2 & 0 & 2 & 0 & 0 \\ 0 & 0 & 0 & 1 & 0 \\ 0 & 0 & 0 & 0 & 1 \end{pmatrix}
$$

从这些矩阵中可以得到一些结论。例如,从结点 v_1 到 v_2 有两条长度为 3 的路径。从结点 v_1 到 v_3 的距离为 $d\langle v_1, v_3 \rangle = 2$。图 G 中没有长度为 3 的闭路(或循环)。从结点 v_3 到 v_4 没有长度为 4 或更短的路径,因为 v_3 和 v_4 分别属于 G 的两个不同的分支。

7.4.2　可达性矩阵

给定一个简单有向图 $G = \langle V, E, \psi \rangle$,并且设结点 $v_i, v_j \in V$。由图 G 的邻接矩阵 A 能够直接确定 G 中是否存在一条从 v_i 到 v_j 的边。设 $r \in I_+$,由矩阵 A^r 能够求得从结点 v_i 到 v_j 长度为 r 的路径数目。试构成矩阵

$$
B_r = A + A^2 + \cdots + A^r \tag{7-8}
$$

于是,由矩阵 B_r 能够求出从结点 v_i 到 v_j 长度小于或等于 r 的路径数目。另外,如果要确定从 v_i 到 v_j 是否是可达的,则仅需要判断从 v_i 到 v_j 是否存在任何长度的路径。为此,可以借助于邻接矩阵 A,对于 $r = 1, 2, 3, \cdots$,考察所有可能的矩阵 A^r。这种方法是不必要的。定理 7.3.2 说明,在具有 n 个结点的简单有向图中,基本路径或者循环的长度不超过 n。从任何两个结点间删除循环的部分后,就能够得到一条基本路径。对于循环,用类似的方法,由给定的循环也能够求得基本循环。如果想知道从 v_i 到 v_j 是否存在一条路径,那么仅考察长度小于或等于 n 的所有可能的基本路径就够了。在 $v_i = v_j$ 和路径是一个循环的情况下,仅需考察长度小于或等于 n 的可能的基本循环。为此,试构成矩阵

$$
B_n = A + A^2 + \cdots + A^n \tag{7-9}
$$

其中的(i,j)元素值表明从结点v_i到v_j长度等于或小于n的路径数目。如果这个(i,j)元素是非零的,则从v_i到v_j显然是可达的。当然,为了确定可达性,仅需知道任何两个结点间是否存在路径,而不需要求出路径的数目。在任何情况下,矩阵B_n都能够提供足够的信息,以表明从图中的任何结点到其他结点的可达性。

定义7.4.3 给定一个简单有向图$G=\langle V,E,\psi \rangle$,其中$(V)=n$,并且假定$G$中的各结点是有序的。试定义一个$n \times n$的路径矩阵$P$,使得其元素为

$$P_{ij} = \begin{cases} 1, & \text{如果从}v_i\text{到}v_j\text{至少存在一条路径} \\ 0, & \text{如果从}v_i\text{到}v_j\text{不存在任何路径} \end{cases}$$

不难看出,路径矩阵P仅表明图中的任何结点偶对之间是否至少存在一条路径,以及在任何结点上是否存在循环,它并不能指明存在的所有路径。在这种意义上,路径矩阵与邻接矩阵A不同,它并不能给出关于图的完整信息。尽管如此,路径矩阵还是很有用处的。另外,由前述的矩阵B_n能够求得路径矩阵P。其方法是,如果B_n中的(i,j)元素是非零元素,则选取$P_{ij}=1$,否则$P_{ij}=0$。

例7.4.8 试构成图7-24中的有向图的路径矩阵P。

解 设邻接矩阵$A=A_1$。在前面的例7.4.5中,已经求出矩阵A的幂A^2,A^3和A^4。根据式(7-8)和定义7.4.3,能够分别求出矩阵B_4和路径矩阵P如下:

$$B_4 = \begin{pmatrix} 2 & 4 & 1 & 2 \\ 3 & 5 & 2 & 4 \\ 3 & 4 & 1 & 2 \\ 6 & 9 & 4 & 5 \end{pmatrix}, \qquad P = \begin{pmatrix} 1 & 1 & 1 & 1 \\ 1 & 1 & 1 & 1 \\ 1 & 1 & 1 & 1 \\ 1 & 1 & 1 & 1 \end{pmatrix}$$

应该说明,对于具有n个结点的图而言,长度为n的路径不可能是基本路径。因此,如果只想求得从一个结点到另外一个结点的可达性,则只要构成矩阵B_{n-1}就够了。由矩阵B_{n-1}所构成的矩阵P,与由矩阵B_n所构成的矩阵P之间,仅主对角线上的元素可能是不同的。为了满足可达性的要求,假定图中的每一个结点,从它本身出发总是可达的,由矩阵B_{n-1}构成路径矩阵P,或由矩阵B_n构成路径矩阵P,这两种方法都可以使用。

不难看出,首先构成矩阵$A,A^2,\cdots,A^n$,然后由它们构成矩阵B_n,再由矩阵B_n构成路径矩阵P,显然是件很麻烦的事。下面将给出另外一种方法,这种方法也是基于类似的原理,但在实际应用中更为方便。对于可达性而言,并不需要讨论从结点v_i到v_j的任何特定长度的路径数目。然而,在构成邻接矩阵A的幂的过程中得到了这些信息。不过,由于不需要它们,故又把它们隐去了。为了减少计算工作量,应该设法使得不产生这些不必要的信息。采用布尔矩阵的运算就能够达到上述目的。

给定一个两元素布尔代数$\langle B, \wedge, \vee, -, 0, 1 \rangle$,其中集合$B=\{0,1\}$。由定义7.4.2可知,在一个矩阵中,如果所有的元素都是$\langle B, \wedge, \vee, -, 0, 1 \rangle$中的元素,则此矩阵都必定是一个布尔矩阵。表7-1和表7-2分别给出了集合B中的$\wedge$运算和$\vee$运算的定义。

表 7-1		
$\wedge$	0	1
0	0	0
1	0	1

表 7-2		
$\vee$	0	1
0	0	1
1	1	1

对于两个 $n \times n$ 的布尔矩阵 A 和 B，A 和 B 的布尔和是 $A \lor B$，A 和 B 的布尔积是 $A \land B$，并分别称为矩阵 C 和 D，它们也都是布尔矩阵。对于所有的 $i, j = 1, 2, \cdots, n$，试把矩阵 C 和 D 的元素分别定义成

$$c_{ij} = a_{ij} \lor b_{ij}, \quad d_{ij} = \bigvee_{k=1}^{n} (a_{ik} \land b_{kj}) \tag{7-10}$$

不难看出，对矩阵 A 中的第 i 行从左至右进行扫描，同时对矩阵 B 中的第 j 列自上而下进行扫描，并且按公式(7-10)进行计算，就可以求出所有的元素 d_{ij}。显然，元素 $d_{ij} = 1$ 或者 $d_{ij} = 0$。

易知，邻接矩阵 A 是个布尔矩阵。路径矩阵 P 也是个布尔矩阵。由邻接矩阵 A 可以构成路径矩阵 P。对于 $r = 2, 3, \cdots$，令

$$A \land A = A^{(2)}$$
$$A^{(r-1)} \land A = A^{(r)}$$

应该注意，矩阵 $A^{(2)}$ 和 A^2 是不同的。$A^{(2)}$ 是个布尔矩阵。如果从结点 v_i 到 v_j 至少有一条长度为 2 的路径，则 $A^{(2)}$ 中的 (i, j) 元素值为 1；然而在矩阵 A^2 中，(i, j) 元素值则表明从 v_i 到 v_j 长度为 2 的路径数目。类似的讨论也适用于 $A^{(3)}$ 和 A^3，以至于可以推广到对于任何正整数 r 的 $A^{(r)}$ 和 A^r。于是，路径矩阵 P 可以表示成

$$P = A \lor A^{(2)} \lor A^{(3)} \lor \cdots \lor A^{(n)} = \bigvee_{k=1}^{n} A^{(k)}$$

另外，如果从 $k = 1$ 到 $k = n - 1$ 进行求和，则又可以得到另外一个矩阵 P'。在 P' 与 P 之间如果有区别的话，那么仅是主对角线上的各元素有所不同。

例 7.4.9　对于图 7-24 中的有向图，试求出矩阵 $A^{(2)}, A^{(3)}, A^{(4)}$ 和 P。

解　应有

$$A^{(2)} = \begin{pmatrix} 0 & 0 & 0 & 1 \\ 1 & 1 & 1 & 0 \\ 0 & 0 & 0 & 1 \\ 1 & 1 & 0 & 1 \end{pmatrix}, \quad A^{(3)} = \begin{pmatrix} 1 & 1 & 1 & 0 \\ 1 & 1 & 0 & 1 \\ 1 & 1 & 1 & 0 \\ 1 & 1 & 1 & 1 \end{pmatrix}, \quad A^{(4)} = \begin{pmatrix} 1 & 1 & 0 & 1 \\ 1 & 1 & 1 & 1 \\ 1 & 1 & 0 & 1 \\ 1 & 1 & 1 & 1 \end{pmatrix},$$

$$A \lor A^{(2)} \lor A^{(3)} = \begin{pmatrix} 1 & 1 & 1 & 1 \\ 1 & 1 & 1 & 1 \\ 1 & 1 & 1 & 1 \\ 1 & 1 & 1 & 1 \end{pmatrix} = A \lor A^{(2)} \lor A^{(3)} \lor A^{(4)} = P$$

可以用不同的方法解释矩阵 $A, A^{(2)}, A^{(3)}, \cdots$。在简单有向图 $G = \langle V, E, \psi \rangle$ 中，有 $E \subseteq V \times V$，因此，可以把集合 E 看成是 V 中的二元关系。邻接矩阵 A 是关系 E 的关系矩阵。在第 4 章中，曾经把合成关系 $E \circ E = E^2$ 定义成这样一种关系：如果存在一个结点 v_k，使得 $v_i E v_k$ 和 $v_k E v_j$，则必有 $v_i E^2 v_j$。换句话说，如果从 v_i 到 v_j 至少存在一条长度为 2 的路径，那么 E^2 的关系矩阵中的 (i, j) 元素值是 1。这就说明矩阵 $A^{(2)}$ 是关系 E^2 的关系矩阵。与此类似，$A^{(3)}$ 是 V 中的关系

$$E \circ E \circ E = E^3$$

的关系矩阵，$A^{(4)}$ 是关系 E^4 的关系矩阵，其余的依此类推。

设 E_1 和 E_2 是 V 中的两个关系，并且 A_1 和 A_2 分别是 E_1 和 E_2 的关系矩阵。于是，关系 $E_1 \cup E_2$ 和 $E_1 \circ E_2$ 的关系矩阵分别是 $A_1 \lor A_2$ 和 $A_1 \land A_2$。

对于集合 V 中的关系 E 而言,E 的可传递闭包 E^+ 应是

$$E^+ = E \cup E^2 \cup E^3 \cup \cdots$$

显然,可传递闭包 E^+ 的关系矩阵应为

$$A^+ = A \vee A^{(2)} \vee A^{(3)} \vee \cdots$$

式中的 A 是关系 E 的关系矩阵。前面曾经说明,如果 $|V| = n$,则图 G 中的基本路径或基本循环的长度不会超过 n。因此,求和到 $A^{(n)}$ 就能够求得 A^+,即

$$A^+ = A \vee A^{(2)} \vee A^{(3)} \vee \cdots \vee A^{(n)} = P \tag{7-11}$$

不难看出,矩阵 A^+ 与路径矩阵 P 相同。需要说明的是,在式(7-11)中如果再加上幂高于 n 的矩阵,则并不会使 A^+ 发生什么变化。计算关系的可传递闭包和简单有向图的路径矩阵,都可以在计算机上进行。

由图的邻接矩阵 A 和路径矩阵 P,还能够确定出简单有向图的其他许多性质。例如,能够由路径矩阵 P 求得含有给定图的任何特定结点的强分支。

设 $G = \langle V, E, \psi \rangle$ 是一个简单有向图,并且 $V \neq \varnothing$。P 是图 G 的路径矩阵,P^{T} 是矩阵 P 的转置。设矩阵 P 中的 (i,j) 元素为 P_{ij},而矩阵 P^{T} 中的 (i,j) 元素为 P_{ij}^{T}。试定义一个矩阵 $P \times P^{\mathrm{T}}$,使得它的 (i,j) 元素为 $P_{ij} P_{ij}^{\mathrm{T}}$。于是,矩阵 $P \times P^{\mathrm{T}}$ 中的第 i 行就确定了含有结点 v_i 的强分支。如果从结点 v_i 到 v_j 是可达的,则显然有 $P_{ij} = 1$;如果从结点 v_j 到 v_i 是可达的,则应有 $P_{ij} = 1$ 或 $P_{ij}^{\mathrm{T}} = 1$。因此,结点 v_i 到 v_j 是相互可达的,当且仅当矩阵 $P \times P^{\mathrm{T}}$ 中的 (i,j) 元素值为 1。对于所有的 j,这个命题都成立,因此,上述命题为真。

习题

1. 图 7-26 给出一个简单有向图。试求出给定有向图的邻接矩阵。求出从结点 v_1 到 v_4 的长度为 1 和 2 的基本路径。试证明:还存在一个长度为 4 的简单路径。用计算矩阵 A^2,A^3 和 A^4 的方法来证实这些结果。

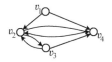

图 7-26

2. 给定两个简单有向图 $G_1 = \langle V_1, E_1, \psi_1 \rangle$ 和 $G_2 = \langle V_2, E_2, \psi_2 \rangle$,$G_1$ 的邻接矩阵 A_1 和 G_2 的邻接矩阵 A_2 分别为

$$A_1 = \begin{pmatrix} 0 & 0 & 1 & 1 & 1 & 0 \\ 0 & 0 & 0 & 0 & 1 & 1 \\ 1 & 0 & 0 & 1 & 0 & 0 \\ 1 & 0 & 1 & 0 & 1 & 0 \\ 1 & 1 & 0 & 1 & 0 & 1 \\ 0 & 1 & 0 & 0 & 1 & 0 \end{pmatrix} \qquad A_2 = \begin{pmatrix} 0 & 0 & 0 & 1 & 1 & 0 & 0 \\ 0 & 0 & 0 & 0 & 0 & 1 & 1 \\ 0 & 0 & 0 & 1 & 0 & 0 & 0 \\ 1 & 0 & 1 & 0 & 1 & 0 & 0 \\ 1 & 0 & 1 & 0 & 0 & 0 & 0 \\ 0 & 1 & 0 & 0 & 0 & 0 & 0 \\ 0 & 1 & 0 & 0 & 0 & 0 & 0 \end{pmatrix}$$

(1) 对于 $n = 1, 2, \cdots, 6$,试计算出矩阵 A_1^n 中的各元素。

(2) 对于 $n = 1, 2, \cdots, 6$,试计算出矩阵 A_2^n 中的各元素。

(3) 试求出图中 G_1 和 G_2 中的所有基本循环。

3. 对于图 7-26 中的有向图,试求出邻接矩阵 A 的转置 A^{T},AA^{T} 和 $A^{\mathrm{T}}A$,列出矩阵 $A \wedge A^{\mathrm{T}}$ 的元素值,并说明它们的意义。

4. 对于 $n \times n$ 的布尔矩阵 A,试证明:

$$(I \vee A)^{(2)} = (I \vee A) \wedge (I \vee A) = I \vee A \vee A^{(2)}$$

其中 I 是 $n \times n$ 的单位矩阵,并且有 $A^{(2)} = A \times A$。再证明:对于任何正整数 $n \in Z^+$,都有

$$(I \vee A)^{(n)} = I \vee A \vee A^{(2)} \vee \cdots \vee A^{(n)}$$

5. 给定简单有向图 $G = \langle V, E, \psi \rangle$,并且有 $|V| = n$。设 A 是 G 的邻接矩阵,P 是 G 的路径矩阵。试证明:根据第 1 题中所得到的结果能够把路径矩阵表示成 $P = (I \vee A)^{(n)}$。

6. 图 7-27 给出一个简单有向图。试求出该图的邻接矩阵 A,并求出其路径矩阵 $P = A^+$。

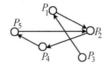

图　7-27

7. 给定一个简单有向图 $G = \langle V, E, \psi \rangle$,并且 A 是 G 的邻接矩阵。试定义一个图 G 的距离矩阵 D,使得 D 中的 (i, j) 元素 d_{ij} 为

$$d_{ij} = \begin{cases} \infty, & \text{从 } V_i \text{ 到 } V_j \text{ 如果是不可达的} \\ 0, & \text{对于所有的 } i = j = 1, 2, \cdots, n \\ k, & k \text{ 是使得 } a_{ij}^{(k)} \neq 0 \text{ 的最小正整数} \end{cases}$$

试求出图 7-26 中的有向图的距离矩阵。$d_{ij} = 1$ 意味着什么?

8. 试求出第 2 题中的图 G_1 和 G_2 的距离矩阵。

9. 给定简单有向图 $G = \langle V, E, \psi \rangle$,且 D 是 G 的距离矩阵。试证明:除了 D 的主对角线上的各元素外,如果 D 中的所有其他的元素都是非零的,那么 G 必定是强连通的有向图。如何才能从一个距离矩阵中求得一个路径矩阵呢?

10. 试确定图 7-25 所示的图是否是强分支。

7.5　欧拉图

图论的创立是从对路径的研究开始的,这就是对著名的哥尼斯堡七桥问题的研究。哥尼斯堡是 18 世纪时欧洲的一座城市,位于普雷格尔河畔,河当中有两个岛,城市的各部分由七座桥连接(如图 7-28 所示)。当时城中的居民热衷于讨论这样一个问题:从四块陆地的任何一块出发,怎样通过且仅通过每座桥一次,最终回到出发地点? 瑞士数学家欧拉(Euler)于 1736 年解决了这个问题,证明这是不可能的,从而奠定了图论的基础。

不难看出,可把哥尼斯堡七桥问题与图 7-29 联系起来,其中结点表示陆地区域,边表示桥。于是,哥尼斯堡七桥问题就是要找到图 7-29 中包含它的所有边的简单闭路径。

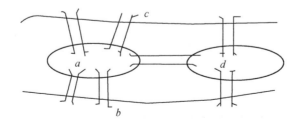

图 7-28　哥尼斯堡七桥

图 7-29 哥尼斯堡七桥问题的图

定义 7.5.1 图 G 中包含其所有边的简单开路径称为图 G 的**欧拉路径**,图 G 中包含其所有边的简单闭路径称为 G 的**欧拉闭路**。

定义 7.5.2 每个结点都是偶结点的连通无向图称为**欧拉图**。每个结点的出度和入度相等的连通有向图称为**欧拉有向图**。

欧拉给出了一个连通无向图是欧拉图的充分必要条件,这就是下面的欧拉定理。

定理 7.5.1 设 G 是连通无向图,则 G 是欧拉图,当且仅当 G 有欧拉闭路。

证明 若连通无向图 G 含有欧拉闭路,则根据定义 7.5.1 和定义 7.5.2 知,图 G 是欧拉图,充分性得证。

再证必要性。对 G 的边数应用归纳法。

若 G 没有边,即图 G 是平凡图,必要性显然成立(这里把 0 当作偶数)。

令 $n \in Z_+$,设任意边数少于 n 的连通欧拉图有欧拉闭路。若 G 有 n 条边,由 G 是连通欧拉图知,它的任意结点的度大于 1,根据定理 7.3.9,G 有回路,设 G 有长度为 m 的回路 C,根据定理 7.3.6,在 C 中存在闭路径 $v_0 e_1 v_1 \cdots v_{m-1} e_m v_0$,其中 $v_0, v_1, \cdots, v_{m-1}$ 互不相同,并且 $\{v_0, v_1, \cdots, v_{m-1}\}$ 和 $\{e_1, e_2, \cdots e_m\}$ 分别是 C 的结点集合和边集合。令 $G' = G - \{e_1, e_2, \cdots, e_m\}$,设 G' 有 k 个分支 $G_1, G_2, \cdots, G_k$。由于 G 是连通的,G' 的每个分支与 C 都有公共结点。设 $G_1(1 \leqslant k)$ 与 C 的一个公共结点为 v_{n_i},我们还可以假定 $0 < n_1 < n_2 < \cdots < n_k < m-1$。显然,$G_i$ 为边数少于 n 的连通欧拉图。根据归纳假设,G_i 有一条从 v_{n_i} 至 v_{n_j} 的闭路径 P_i。因此,以下的闭路径

$$v_0 e_1 v_1 \cdots e_{n_1} P_1 e_{n_1+1} v_{n_1+1} \cdots e_{n_k} P_k e_{n_k+1} \cdots v_{m-1} e_m v_0$$

就是 G 的一条欧拉闭路。 ■

定理 7.5.2 设 $G = \langle V, E, \psi \rangle$ 为连通无向图,且 $v_1, v_2 \in V$,则 G 有一条从 v_1 至 v_2 的欧拉路径,当且仅当 G 恰有两个奇结点 v_1 和 v_2。

证明 任取 $e \notin E$,并令 $\varphi' = \{e, \{v_1, v_2\}\}$,则 G 有一条从 v_1 至 v_2 的欧拉路径,当且仅当 $G' = G + \{e\}_{\psi'}$ 有一条欧拉闭路。因此,G 恰有两个奇结点 v_1 和 v_2,当且仅当 G' 的结点都是偶结点。从而由定理 7.5.1 知本定理成立。 ■

由定理 7.5.1 和定理 7.5.2 可获得以下"一笔画"问题的答案:一张图能由一笔画出来的充要条件是,每个交点处的线条数都是偶数或恰有两个交点处的线条数是奇数。

对有向图也有类似的结果。

定理 7.5.3 设 G 为弱连通的有向图,则 G 是欧拉有向图,当且仅当 G 有欧拉闭路。

证明过程与定理 7.5.1 类似。

定理 7.5.4 设 G 为弱连通有向图。v_1 和 v_2 为 G 的两个不同结点。G 有一条从 v_1 至 v_2 的欧拉路径,当且仅当 $d_G^+(v_1) = d_G^-(v_1) + 1$,$d_G^+(v_2) = d_G^-(v_2) - 1$,且对 G 的其他结点 v,有 $d_G^+(v) = d_G^-(v)$。

证明过程与定理 7.5.2 类似。

现在返回来看哥尼斯堡七桥问题,由于哥尼斯堡七桥问题不是欧拉图,不存在欧拉闭路,所以哥尼斯堡七桥问题无解。

习题

1. 确定图 7-30 的六个图中哪些是欧拉图和欧拉有向图,找出其中的一条欧拉闭路。

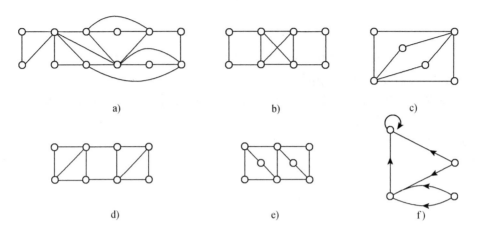

图   7-30

2. 如果 G_1 和 G_2 是可运算的欧拉有向图,则 $G_1 \oplus G_2$ 仍是欧拉有向图。这句话对吗? 如果对,给出证明,如果不对,举出反例。

3. 画一个无向欧拉图以及一个有向欧拉图,分别满足以下条件:

   (1)偶数个结点,偶数条边;

   (2)奇数个结点,奇数条边;

   (3)偶数个结点,奇数条边;

   (4)奇数个结点,偶数条边。

4. 设 G 是平凡的连通无向图,证明:G 是欧拉图,当且仅当 G 是若干个边不相交的回路的并。

5. 设 G 是非平凡的弱连通有向图,证明:G 是欧拉有向图,当且仅当 G 是若干个边不相交的有向回路的并。

7.6   特殊图

本节将讨论一些特殊图,例如二部图和平面图,这些都是特殊的无向图。

7.6.1   二部图

定义 7.6.1   设无向图 $G = \langle V, E, \psi \rangle$。如果存在 V 的划分 $\{V_1, V_2\}$,使得 V_i 中的任何两个结点都不相邻($i = 1, 2$),则称 G 为**二部图**,称 V_1 和 V_2 为 G 的**互补结点子集**。

显然,二部图没有自圈。与二部图的一条边关联的两个结点一定分属于两个互补结点子集。一般地,二部图的互补结点子集的划分不是唯一的。如图 7-31 所示的二部图,$\{v_1, v_2, v_3, v_4\}$ 和 $\{v_5, v_6, v_7\}$ 是它的互补结点子集,$\{v_1, v_6, v_7\}$ 和 $\{v_2, v_3, v_4, v_5\}$ 也是它的互补结点子集。

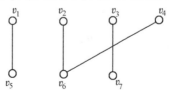

图 7-31   二部图

定理7.6.1　设G是阶大于1的无向图,则G是二部图,当且仅当G的所有回路长度均为偶数。

证明　先证明必要性。设V_1和V_2是二部图G的互补结点子集,C是G的长度为m的回路。取v_0为C的某一结点,在C中存在从v_0至v_0长度为m的路径,设为$v_0 e_1 v_1 \cdots v_{m-1} e_m v_0$,不妨设$v_0 \in V_1$,则对于一切的$i < m$,$v_i \in V_2$,当且仅当$i$为奇数,$v_{m-1}$与$v_0$相邻,故$v_{m-1} \in V_2$,则$m-1$是奇数,所以$m$为偶数。

再证充分性。设$G = \langle V, E, \psi \rangle$是连通的。任取$v_0 \in V$,令$V_1 = \{v_1 | v_i \in V$且$v_i$到$v_0$的距离为偶数$\}$,$V_2 = V - V_1$,则$e \in E$必连接$V_1$中的一点和$V_2$中的一点。因为若$u, v \in V_1$,或$u, v \in V_2$且$e$连接$u$和$v$,则当$v_0$到$u$的测地线$p_1$和$v_0$到$v$的测地线$p_2$无公共结点时,$p_1, p_2$和$e$构成长度为奇数的回路,与题设矛盾。当$p_1$和$p_2$有公共结点时,设最后一个公共结点为$v'$,$v'$将$p_1$分为$p'_1$和$p''_1$,将$p_2$分为$p'_2$和$p''_2$,且$p'_1$和$p'_2$均为$v_0$到$v'$的测地线,长度相等。因为$p_1$和$p_2$的长度均为偶数或奇数,故$p''_1$和$p''_2$的长度有相同的奇偶性,$p''_1, p''_2$和$e$构成长度为奇数的回路,与题设矛盾。若$G$不是连通的,可以用以上方法证明$G$的每个分支是二部图,则$G$也是二部图。■

定义7.6.2　设V_1和V_2是简单二部图G的互补结点子集,如果V_1中的每个结点与V_2中的每个结点相邻,则称G为**完全二部图**。

我们把互补结点子集分别包含m和n个结点的完全二部图记作$k_{m,n}$。图7-32给出了$k_{3,3}$的两个图示。$k_{3,3}$很重要,我们在讨论图的平面性时还要用到它。

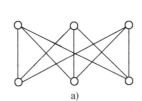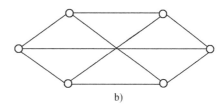

a)　　　　　　　　　　　　　　　b)

图7-32　$k_{3,3}$的两个图示

定义7.6.3　设无向图$G = \langle V, E, \psi \rangle$,$E' \subseteq E$。

(1)如果E'不包含自圈,并且E'中的任何两条边都不邻接,则称E'为G中的**匹配**。

(2)如果E'是G中的匹配,并且对于G中的一切匹配E'',只要$E' \subseteq E''$必有$E' = E''$,则称E'为G中的**极大匹配**。

(3)G中的边数最多的匹配称为G中的**最大匹配**。

(4)G中的最大匹配包含的边数称为G的**匹配数**。

显然,最大匹配一定是极大匹配,而极大匹配不一定是最大匹配。在一个无向图中,可以有多个极大匹配和最大匹配。

例7.6.1　在图7-33中,$\{a,c,g\}$,$\{a,f\}$,$\{b,e\}$,$\{b,g\}$,$\{b,f,h\}$,$\{c,h\}$,$\{c,p\}$,$\{d,g\}$,$\{d,h\}$,$\{f,p\}$是极大匹配,其中$\{a,c,g\}$和$\{b,f,h\}$是最大匹配。匹配数是3。

下面专门讨论二部图的匹配理论。

定义7.6.4　设V_1和V_2是二部图G的互补结点子集。如果G的匹配数等于$|V_1|$,则称G中的最大匹配为V_1到V_2的**完美匹配**。

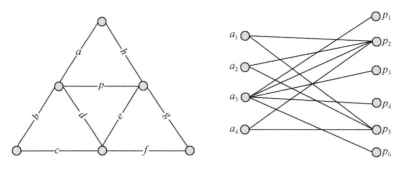

图 7-33   无向图中的匹配

显然,只有 $|V_2| \geqslant |V_1|$ 时可能存在从 V_1 到 V_2 的完美匹配。但这个条件并不是充分条件。如在图 7-33 给出的二部图中,$V_1 = \{a_1, a_2, a_3, a_4\}$,$V_2 = \{p_1, p_2, p_3, p_4, p_5, p_6\}$,$|V_2| \geqslant |V_1|$ 但并不存在 V_1 到 V_2 的完美匹配。下面的定理给出了存在完美匹配的充分必要条件。

定理 7.6.2   设 V_1 和 V_2 是二部图 G 的互补结点子集。存在 V_1 到 V_2 的完美匹配,当且仅当对于任意 $S \subseteq V_1$,$|N_G(S)| \geqslant |S|$,其中

$$N_G(S) = \{v \,|\, v \in V_2 \wedge (\exists v')(v' \in S \wedge v \text{ 与 } v' \text{ 在 } G \text{ 中邻接})\}$$

此定理的证明较为复杂,这里就不证了。

当二部图的结点数目比较大时,定理 7.6.2 用起来不太方便,下面给出存在完美匹配的一个充分条件,判断二部图是否存在完美匹配时,可以先用这个充分条件,如果得不出结论,再用定理 7.6.2。

定理 7.6.3   设 V_1 和 V_2 是二部图 G 的互补结点子集,t 是正整数。对于 V_1 中的每个结点,在 V_2 中至少有 t 个结点与其邻接。对于 V_2 中的每个结点,在 V_1 中至多有 t 个结点与其邻接。则存在 V_1 到 V_2 的完美匹配。

证明   因为去掉平行边不会影响 V_1 到 V_2 的完美匹配的存在性,因此,不妨假设 G 是简单图。任取 $S \subseteq V_1$,设 $|S| = n$,$|N_G(S)| = m$。如果边 e 与 S 中的某结点关联,则必有 $N_G(S)$ 中的结点与 e 关联,所以 $\sum_{v \in S} d_G(v) \leqslant \sum_{v \in N_G(S)} d_G(v)$。故 $t \cdot n \leqslant \sum_{v \in S} d_G(v) \leqslant \sum_{v \in N_G(S)} d_G(v) \leqslant t \cdot m$,则 $m \geqslant n$。根据定理 7.6.2,存在 V_1 到 V_2 的完美匹配。   ■

二部图的匹配理论可用于解决实际问题。举一个例子,有 q 个委员会 $C_1, C_2, \cdots, C_q$,要从每个委员会的委员中选出该委员会的主任,并限定任何人不得兼任一个以上委员会的主任。问是否可能按照要求选出主任? 可把这个问题化为图论的问题。令 V_1 是所有委员会的集合,V_2 是参加这些委员会的人的集合,若某人 m 是委员会 C 的主任,则在 m 和 C 之间连一条边。这样就构成了以 V_1 和 V_2 为互补结点子集的二部图,可能按照要求选出主任,当且仅当存在 V_1 到 V_2 的完美匹配。

习题

1. 图 7-34 是不是二部图? 如果是,找出其互补结点子集。

2. 如何由无向图 G 的邻接矩阵判断 G 是不是二部图?

3. 举出一个二部图的例子,它不满足定理 7.6.3 的条件,但存在完美匹配。

4. 证明:n 阶简单二部图的边数不能超过 $[n^2/4]$。

5. 有 6 个人 $(p_1, p_2, p_3, p_4, p_5, p_6)$ 出席某学术报告会,他们的情况是:

p_1 会讲汉语、日语和法语，

p_2 会讲德语、日语和俄语，

p_3 会讲英语和法语，

p_4 会讲汉语和西班牙语，

p_5 会讲英语和德语，

p_6 会讲俄语和西班牙语。

欲将这六个人分成两组,可能发生同一组内任何两人不能相互交谈的情况吗?

6. 有四名教师:张明、王同、李林和赵丽,分配他们去教四门课程:数学、物理、电工和计算机科学。张明懂物理和电工,王同懂数学和计算机科学,李林懂数学、物理和电工,赵丽只懂电工。应如何分配,才能使每人都教一门课,每门课都有人教,并且不是任何人去教他不懂的课。

7. 图 7-35 是否存在 $\{v_1,v_2,v_3,v_4\}$ 到 $\{u_1,u_2,u_3,u_4,u_5\}$ 的完美匹配? 如果存在,指出它的一个完美匹配。

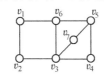
图 7-34

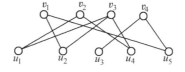
图 7-35

8. 在完全二部图 $K_{r,s}$ 中,假设 $2 \leqslant r \leqslant s$。

(1)有多少个顶点彼此不相邻?

(2)有多少条边彼此不邻接?

7.6.2 平面图

在一张纸上画图的图解时常常会发现,不仅需要允许各条边在结点上相交,而且还应允许各条边在某些点上相交。这样的点称为交叉点;而相交的边,则称为相互交叉的边。

例 7.6.2 图 7-36 给出一个无向图,其中有三个交叉:边 $\{v_1,v_4\}$ 和边 $\{v_2,v_3\}$ 交叉;边 $\{v_1,v_5\}$ 和边 $\{v_2,v_3\}$ 交叉;边 $\{v_1,v_5\}$ 和边 $\{v_3,v_4\}$ 交叉。

定义 7.6.5 在一个平面上,如果能够画出无向图 G 的图解,其中没有任何边的交叉,则称图 G 是**平面图**;否则,称图 G 是**非平面图**。

例 7.6.3 对于图 7-36 中的无向图,试重画该图解,使它不包含任何边的交叉,如图 7-37 所示。因此,由图 7-37 给出的图是平面图。

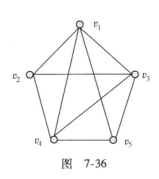
图 7-36

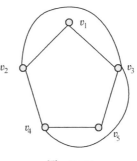
图 7-37

设 $G = \{V,E,\psi\}$ 是能够画在平面上的图解中的无向图,并且设

$$C = v_1 \cdots v_2 \cdots v_3 \cdots v_4 \cdots v_1$$

是图 G 中的任何基本循环。此外,设 $x = v_1 \cdots v_3$ 和 $x' = v_2 \cdots v_4$ 是图 G 中的任意两条基本路径。

在图 7-38 中给出了两种可能的结构。显然, x 和 x' 或都在基本循环 C 的内部,或者都在基本循环 C 的外部,当且仅当 G 是非平面图。因为这时基本路径 x 和 x' 是相互交叉的。用视察法证明给定图的非平面性时,上述的简单性质是非常有用的。

例 7.6.4 设有一个电路,它含有两个结点子集 V_1 和 V_2,且 $|V_1| = |V_2| = 3$。用导线把一个集合中的每一个结点,都与另外一个集合中的每一个结点连接,如图 7-39 所示。试问:是否有可能这样来接线,使得导线相互不交叉? 对于印刷电路,避免交叉是具有实际意义的。

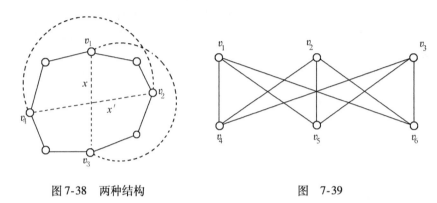

图 7-38 两种结构　　　　　　　　　　图 7-39

解 这个问题等价于判定图 7-39 中的图是否是平面图。可以看出,给定图中有一个基本循环 $C = v_1 v_6 v_3 v_5 v_2 v_4 v_1$,如图 7-40 所示。试考察三条边 $\{v_1, v_5\}$, $\{v_2, v_6\}$, $\{v_3, v_4\}$,上述每条边或是处于循环 C 的内部,或是处于 C 的外部。显然,三条边中至少有两条边同时处于 C 的同一侧,因此,不能避免交叉,如图 7-41 所示。故给定的图是非平面图。

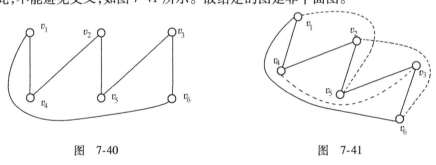

图 7-40　　　　　　　　　　图 7-41

下面将阐明库拉图斯基(Kuratowski,波兰数学家)定理。试考察图 7-42 中的两个图。在例 7.6.4 中已经证明了图 7-39 中的图是非平面图。把图 7-39 加以改画之后,就能够得到图 7-42a。由此可见,图 7-39 同构于图 7-42a,因此,图 7-42a 也是非平面图。另外,采用该例中所使用的方法也能证明图 7-42b 也是非平面图。这两个非平面图都称为库拉图斯基图。

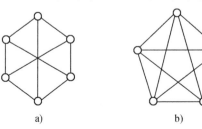

a)　　　　　　b)

图 7-42

图 7-43 给出了两个图解。如图 7-43a 所示,如果往图中的一条边上,插入一个新的次数为 2 的结点,将一条边分解成两条边,则不会改变给定图的平面性。另外,如图 7-43b 所示,把联系于一个次数为 2 的结点的两条边,合并成一条边,也不会改变给定图的平面性。

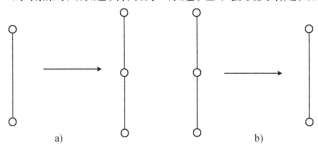

图　7-43

定义 7.6.6　设 G_1 和 G_2 是两个无向图。如果 G_1 和 G_2 是同构的,或者是通过反复插入和(或)删除次数为 2 的结点,能够把 G_1 和 G_2 转化成同构的图,则称 G_1 和 G_2 在次数为 2 的结点内是同构的,也称 G_1 和 G_2 是同胚的。

例 7.6.5　图 7-43 中的两个图,在次数为 2 的结点内是同构的。图 7-44 中的两个图,也是如此。

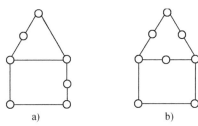

图　7-44

定理 7.6.4　设 G 是一个无向图。图 G 中不存在任何与图 7-42 中的两个图同构的子图,当且仅当图 G 是平面图。

定理 7.6.4 被称为库拉图斯基定理。定理的必要性是显然的,充分性很复杂,感兴趣的读者可参看《图论》(哈拉里著,李尉萱译,上海科学技术出版社 1980 年出版)第 126 ~ 130 页。

下面讨论多边形的图。单个循环的图,称为多边形。

定义 7.6.7　多边形的图归纳定义如下:

一个多边形是一个多边形的图。设 $G = \langle V, E, \psi \rangle$ 是一个多边形的图,再设 $p = v_i u_1 u_2 \cdots u_{i-1} v_j$ 是长度为 $l \geq 1$ 的任何基本路径,它不与图 G 中任一路径交叉,且有 $v_i, v_j \in V$,但是对于 $n = 1, 2, \cdots, l-1, u_n \notin V$。于是,由图 G 和 P 所构成的图 $G' = \langle V', E', \psi' \rangle$ 也是一个多边形的图,其中

$$V' = V \cup \{ U_1, U_2, \cdots, U_{l-1} \}$$
$$E' = E \cup \{ \{ v_i, u_1 \}, \{ u_1, u_2 \}, \cdots, \{ u_{l-1}, v_j \} \}$$

多边形的图是平面图(或多重边图,因为允许长度为 2 的循环存在),它能够把平面划分成数个区域,每一个区域都是由一个多边形定界。

例 7.6.6　图 7-45 中的图是一个多边形的图。

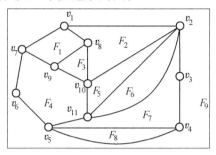

图 7-45　多边形的图

定义 7.6.8　由多边形的图定界的每一个区域,都称为图 G 的面。

例如,图 7-45 中的区域 F_1,F_2,F_3 等,都是该多边形图的面。

定义 7.6.9　包含多边形的图 G 的所有面的边界的多边形,称为 G 的**极大基本循环**。

例如,图 7-45 中的循环 $v_1 v_2 v_3 v_4 v_5 v_6 v_7 v_1$,就是该多边形的图的极大基本循环。

应该说明,给定图 G 的极大基本循环外侧的无限区域是另外一个面,一般称为 G 的无限面。事实上,如果把图 G 的图解画在球面上,则 G 的无限面与其他的有限面并没有什么区别。

定义 7.6.10　如果图 G 的两个面共有一条边,则称这样的两个面是邻接的面。

例如,图 7-44 中的 F_1 和 F_2 就是邻接的面。

定理 7.6.5(欧拉公式)　设 $G = \langle V, E, \psi \rangle$ 是具有 k 个面(包括无限面在内)的 (n, m) 多边形的图。则

$$n - m + k = 2$$

证明　对于面的数目 k 应用归纳法证明。

面的最少数目(包括无限面在内)是 $k = 2$。在这种情况下,图 G 是个多边形,因而有 $n = m$。这样,$n - m + k = 2$。

假设对于具有 $k - 1$ 个面(包括无限面在内)的图,定理成立。

往证对于具有 k 个面(包括无限面)的图,定理也成立。为此,首先构成具有 $k' = k - 1$ 个面的 (n', m') 的图 G',然后附加上一条长度为 $l \geq 1$ 的基本路径,它与 G' 仅共有两个结点,则

$$n - m + k = (n' + 1 - 1) - (m' + 1) + (k' + 1)$$
$$= n' - m' + k'$$

根据归纳假设可知,$n' - m' + k' = 2$,因此有

$$n - m + k = 2$$ ■

定理 7.6.6(欧拉公式的推广)　设 $G = <V, E, \psi>$ 是具有 r 个连通分支的平面图,则

$$n - m + k = r + 1$$

其中 n, m, k 分别表示图 G 的顶点数、边数和面数。

证明　连通分支数为 1 的连通平面图,$n - m + k = 2$,由定理 7.6.5 可知成立。下面只需要证明连通分支数大于 2 的情况。

设 G 的连通分支分别为 $G_1, G_2, \cdots, G_r$,设 G_i 的顶点数、边数和面数分别为 $n_i, m_i, k_i, i = 1$,$2, \cdots, r$,由欧拉公式可知

$$n_i - m_i + k_i = 2$$

在平面上,每一个 G_i 都有一个无限面,但是图 G 只有一个无限面,因此,

$$k = \sum_{i=1}^{r} k_i - r + 1$$

对于顶点和边,有

$$n = \sum_{i=1}^{r} n_i$$

$$m = \sum_{i=1}^{r} m_i$$

因此,

$$
\begin{aligned}
k &= \sum_{i=1}^{r} k_i - r + 1 \\
&= \sum_{i=1}^{r} (2 + m_i - n_i) - r + 1 \\
&= \sum_{i=1}^{r} (m_i - n_i) - r + 1 + 2r \\
&= m - n + r + 1
\end{aligned}
$$

于是,$n - m + k = r + 1$。

定义 7.6.11 设平面图 G 有 k 个面 $F_0, F_1, \cdots, F_{k-1}$。对每个面 F_i 在其内部指定一个新顶点 f_i;对 F_i 和 F_j 公共的边,指定一条新边 $\{f_i, f_j\}$ 与其相交。这些新顶点和新边组成的图用 G^* 来表示,并称 G^* 为图 G 的**对偶图**。

采用下面的方法,可以从 G 求得 G^*:对于 G 中的任何一个面 F_i,给 G^* 指定一个结点 f_i,对于面 F_i 和 F_j 所共有的一条边,给 G^* 指定一条边 $\{f_i, f_j\}$。实际上,首先在 F_i 内指定每个结点 f_i,并且用连接 f_i 和 f_j 的一条边去交叉 F_i 和 F_j 所共有的边,这样就可求得对偶图 G^*。

例 7.6.7 图 7-46 给出的一个多边形的图(实线画出的)和它的对偶(虚线画出的),就说明了上述方法。

由上述的构成方法不难看出,每一个多边形的图 G,其对偶图也必定是一个多边形的图,而且 G 和 G^* 是互为对偶的。

定义 7.6.12 如果多边形的图 G 的对偶 G^* 同构于 G,则称 G 是**自对偶图**。

例 7.6.8 图 7-47 给出了一个自对偶图。

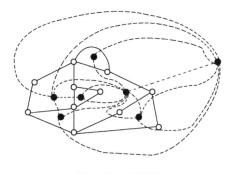

图 7-46 对偶图

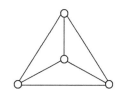

图 7-47 自对偶图

与平面图相关联的一个著名问题是四色问题。一个世纪以前,人们就猜想,可用四种颜色

对任何平面图形的区域染色,使得任何两个邻接区域(包括无限区域)都不会呈现相同的颜色。但是,这个猜想一直得不到证明。然而,在探求证明的过程中,却获得了图论和有关领域的许多重要成果。1976 年,美国数学家阿普尔(K. I. Appel)、黑肯(W. Haken)和瑞典数学家考齐(Koch)借助电子计算机证明了它。

习题

1. 对于下列情况,验证欧拉公式 $n - m + k = 2$。
   (1)图 7-45 中的多边形的图。
   (2)一个具有 $(r+1)^2$ 个结点的无向图,它描述了 r^2 个正方形的网络,例如棋盘等。
2. 试证明:图 7-42b 中的库拉图斯基图是个非平面图。
3. 画出所有不同构的 6 阶非平面图。
4. 试用库拉图斯基定理证明:图 7-48 中的图是个非平面图。
5. 图 7-49 给出一个多边形的图,试构成该图的对偶。

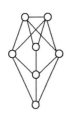 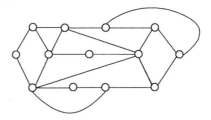

图　7-48　　　　　　　　　　图　7-49

6. 证明 K_5 即图 7-42b 中的图是非平面图。

7.7　树

本节将讨论一个重要类型的图,通常称为树。使用树可以表示任何含有层次的结构。例如,家族树、图书馆中书的十进制分类、一个组织结构的层次体系和包含各种运算的代数表达式,等等。总之,树是计算机科学中应用最广泛的一类特殊图。

定义 7.7.1　自由树形或**无根树形**定义为没有回路的连通无向图。

图 7-50 给出自由树形的两个例子。

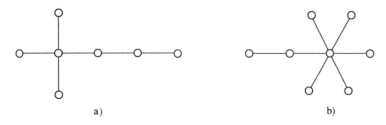

a)　　　　　　　　　　　　　　b)

图 7-50　自由树形的两个例子

**定理 7.7.1　**如果 G 是一个无向图,则下列命题等价:
(1)G 是一个自由树形。
(2)G 是连通的,但若删去任何一条边,则所得图形就不再连通。
(3)对于 G 的两个不同结点 v 和 v' 恰有一条从 v 到 v' 的基本通路。

又当 G 有限时,记 G 结点数为 $n > 0$,则下列命题也与前面的命题等价:

(4)G 不含回路而且有 $n-1$ 条边。

(5)G 连通而且有 $n-1$ 条边。

证明 (1)$\Rightarrow$(2):若删去边$\{v, v'\}$后 G 仍然连通,则根据连通性定义有通路$(vv_1 \cdots v')$从 v 到 v'。进而有基本通路$(vv_1 \cdots v')$,这是因为,取通路之中最短者,则必得一基本通路。所以,若有 $v_j = v_k$,对某个 $j < k$,则

$$(v \cdots v_j v_{k+1} \cdots v_n), v_n = v'$$

将是一条更短的这样的通路,总之,从 v 到 v' 有一条基本通路$(vv_1 \cdots v')$。这条通路的长度$\geqslant 2$。于是,$(vv_1 \cdots v'v)$ 将是 G 中的一条回路。这与自由树形的定义矛盾。

(2)$\Rightarrow$(3):设 G 连通,故对于结点 v 和 v',有一条通路从 v 到 v'。仿前一段证明,如果取此通路中最短者,即得一条从 v 到 v' 的基本通路。现在证最多有一条这样的基本通路。事实上,若有两条从 v 到 v' 的基本通路

$$(vv_1 \cdots v') \text{ 和} (vv_1' \cdots v')$$

则自左而右,可找到最小的 $k \geqslant 1$,使得 $v_k \neq v_k'$。这样,从 G 中删去一条边$\{v_{k-1}, v_k\}$后仍将是一个连通图形,因为从 v_{k-1} 到 v_k 还有通路$(v_{k-1}v_k' \cdots v' \cdots v_k)$,如图 7-51 所示。这与(2)所设矛盾。

(3)$\Rightarrow$(4):既然恰有一条基本通路从 v 到 v',故 G 自然连通。因为连通性只要求有(不必恰有)一条通路(不必为基本通路)从 v 到 v'。再证 G 无回路。事实上,若 G 有回路$(vv_1 \cdots v)$,则从 v 到 v_1 将有两条基本通路(vv_1) 和$(v \cdots v' \cdots v_1)$,如图 7-52 所示。

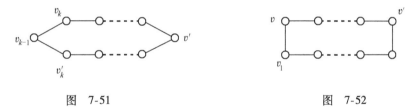

图 7-51   图 7-52

设 G 有限。要证(1)~(5)的等价性,为此,先证明引理 7.7.1。

引理 7.7.1 设 G 为任意有限图,G 无回路但至少有一条边,则至少有一个结点恰好相邻于另外一个结点。

证明 由于 G 至少有一条边,故可取一结点 v_1 以及 v_1 的一个相邻结点 v_2。要证其中必有结点恰有一个相邻结点。为此,从 v_1 出发,看 v_2。对于 $k \geqslant 2$,或者 v_k 只与 v_{k-1} 相邻,从而 v_k 即为所求;或者 v_k 又相邻于另外的结点 $v_{k+1} = v_{k-1}$。依此类推,得一串结点

$$v_1, v_2, \cdots, v_{k-1}, v_k, v_{k+1}, \cdots$$

因为假设 G 无回路,所以这一串结点不能重复。但 G 有限,故以上过程必停止于有限步。即最终可得一结点 v_k 只与 v_{k-1} 相邻。∎

再证定理 7.7.1。

(1)$\Rightarrow$(4):对图 G 的结点数 n 进行归纳。当 $n=1$ 时,显然定理成立。设 $n-1$ 时成立,往证 n 时也成立。即设 G 有 $n > 1$ 个结点:连通、无回路;往证 G 无回路,有 $n-2$ 条边。这只要证 G 有 $n-1$ 条边即可。为此,利用引理 7.7.1 并令 v_n 为恰有一相邻结点 v_{n-1} 者。删去 v_n 和边 $\{v_{n-1}, v_n\}$,得一新图 G'。G' 有 $n-1$ 个结点,而且无回路、还连通。这是因为 v_n 只有一个相邻结点,所以 v_n 不能出现在 G 的任何一个结点 v 到另一个结点 v' 的基本通路的中间处,而至多

只能出现在前头或者后头的两个端点处(因为中间处的结点有前后两个相邻结点),从而边 $\{v_{n-1},v_n\}$ 也至多出现在两端($\{v_{n-1},v_n\}$ 出现在两端,当且仅当 v_n 出现在两端。"仅当"是显然的;"当"是因为 v_n 只与 v_{n-1} 相邻接,故任何通到 v_n 的通路必先到 v_{n-1} 而后到 v_n,即必最后取道 (v_{n-1},v_n))。由此可见,原来在 G 中任何两个结点之间恰有一条基本通路,则经删去 v_n 和边 $\{v_{n-1},v_n\}$ 之后,现在在 G' 中任何两个结点之间仍恰有一条基本通路。根据已证的(3)与(1)的等价性知,G 是自由树形,现在 G' 仍是自由树形,且 G' 有 $n-1$ 个结点,根据归纳假设,G' 有 $(n-1)-1=n-2$ 条边。所以 G 有 $(n-2)+1=n-1$ 条边。

(4)⇒(5):还是对结点数 $n>0$ 使用归纳法。$n=1$ 显然。假定 $n-1$ 已证,来证 n。即设 G 有 $n>1$ 个顶点、$n-1>0$ 条边、无回路,来证 G 有 $n-1$ 条边、连通。这只要证 G 连通。仿前一小段证明,利用引理 7.7.1 并令 v_n 为恰有一相邻结点 v_{n-1} 者,删去 v_n 和 $\{v_{n-1},v_n\}$ 而得一新图 G'。G' 有 $n-1$ 个结点,$n-2$ 条边且无回路。故根据归纳假设,G' 连通。如果是这样,则 G 也连通,因为把 $\{v_{n-1},v_n\}$ 和 v_n 添加到 G' 之后,G 中任何两结点之间仍必有通路(必要时取道 (v_{n-1},v_n),如果其中有一结点是新添加的 v_n 的话。因为 G' 中任一结点必可通达 v_{n-1})。

(5)⇒(1):即设 G 有 $n>0$ 个结点、$n-1$ 条边、连通,要证 G 连通、无回路。这只要证 G 无回路即可。设 G 含有一个回路。则删去回路上任何一条边后所得的图形仍连通。用这种方法,我们可以不断地删去一些边,最后得到一个图形 G' 仍连通,G' 具有 $n-1-k$ 条边,且无回路,即 G' 为一自由树形。由已证的(1)蕴涵(3)的事实,G' 有 $n-1$ 条边,可见 $k=0$。也就是说,$G'=G$,即 G 中原来就无回路。

综上,定理 7.7.1 全部证完。 ■

推论   任何有限连通图 G 必有一结点数相同的自由子树形,或称为 G 的生成树,记作 T_G。

事实上,根据(2),尽可能地删去一条边,即得一自由树形。如果给定的图 G 是一个 (n,m) 连通图,根据定理 7.7.1 的(5)知,生成树 T_G 是个 $(n,n-1)$ 图。因而在求得 T_G 之前,应该删除的边数应该是 $m-(n-1)$。这个数也称为给定图 G 的基本循环的秩。显然,G 的基本循环的秩是在为了打断它的所有基本循环时,必须从 G 中删除的边数。每一条被删除的边,都称为 G 的弦。

由一个连通无向图 G 求其生成树 T_G 的计算机算法,在后面图论的算法一节中将给出。

例 7.7.1   图 7-53 给出了 $(6,9)$ 无向图 G 的生成树的算法的图解。在该图中,生成树 T_G 有 $6-1=5$ 条边;G 的基本循环的秩等于弦的数目,它应该是 $9-(6-1)=4$。

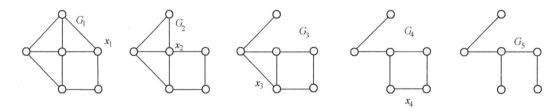

图 7-53   生成树

找生成树 T_G 及求基本循环的秩的意义在于,提供一项分析计算机程序(或电子线路)系统的方法。应该说明的是生成树不唯一。

上面我们已看到,树是非循环连通无向图,如果去掉对连通性的要求,就得到森林的概念。

定义 7.7.2 每个分支都是树的无向图称为**森林**。

定理 7.7.2 如果森林 F 有 n 个结点、m 条边和 k 个分支,则 $m = n - k$。

证明留作练习。

定义 7.7.3 设 $\langle G, W \rangle$ 是个加权图,$G' \subseteq G$,G' 中所有边的加权长度之和称为 G' 的加权长度。设 G 是连通无向图,$\langle G, W \rangle$ 是加权图,G 的所有生成树中加权长度最小者称为 $\langle G, W \rangle$ 的**最小生成树**。

设 G 是有 m 条边的 n 阶连通无向图,求加权图 $\langle G, W \rangle$ 的最小生成树的方法如下:

首先,把 G 的 m 条边排成加权长度递增的序列 $e_1, e_2, \cdots, e_m$,然后执行下面的算法:

(1) $T \leftarrow \varnothing$。

(2) $j \leftarrow 1, i \leftarrow 1$。

(3) 若 $j = n$,则算法结束。

(4) 若 G 的以 $T \cup \{e_i\}$ 为边集合的生成子图没有回路,则 $T \leftarrow T \cup \{e_i\}$ 且 $j \leftarrow j + 1$。

(5) $i \leftarrow i + 1$,转向 (3)。

算法结束时,T 即为所求的最小生成树的边的集合。

定义 7.7.4 一个结点的入度为 0,其余结点的入度均为 1 的弱连通有向图,称为**有向树**。在有向树中,入度为 0 的结点称为**根**,出度为 0 的结点称为**叶**,出度大于 0 的结点称为**分支结点**,从根至任意结点的距离称为该结点的**级**,所有结点的级的最大值称为**有向树的高度**。

例 7.7.2 图 7-54 画出了一棵有向树,v_0 是根,v_1, v_3, v_4, v_6 是叶,v_0, v_2, v_5 是分支结点。

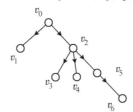

图 7-54 有向树

定理 7.7.3 设 v_0 是有向图 D 的结点。D 是以 v_0 为根的有向树,当且仅当从 v_0 至 D 的任意结点恰有一条路径。

证明 先证必要性。设 $D = \langle V, E, \psi \rangle$ 是有向树,v_0 是 D 的根。因为 D 是弱连通的,取 $v' \in V$,从 v_0 至 v' 存在半路径,设为 $v_0 e_1 v_1 \cdots v_{p-1} e_p v_p$,其中 $v_p = v'$。因为 $d_D^-(v_0) = 0$,所以 e_1 是正向边,因为 $d_D^-(v_1) = 1$,所以 e_2 是正向边。可归纳证明 e_p 是正向边。若从 v_0 至 v' 有两条路径 P_1 和 P_2,则 P_1 和 P_2 的公共点(v_0 除外)的入度为 2,与 D 是有向树矛盾。

再证充分性。显然,D 是弱连通的。若 $d_D^-(v_0) > 0$,则存在边 e 以 v_0 为终点,设 v_1 是 e 的起点,P 是从 v_0 至 v_1 的路径,则在 D 中存在两条从 v_0 至 v_0 的路径 $Pv_1 e v_0$ 和 v_0,与已知条件相矛盾,所以 $d_D^-(v_0) = 0$。若 $d_D^-(v) > 1$,其中 v 是 D 的结点,则存在两条边 e_1 和 e_2 以 v 为终点,设 e_1 和 e_2 的起点分别是 v_1 和 v_2,从 v_0 至 v_1 和从 v_0 至 v_2 的路径分别是 P_1 和 P_2,则 $P_1 v_1 e_1 v$ 和 $P_2 v_2 e_2 v$ 是两条不同的从 v_0 至 v 的路径,与已知条件矛盾。这就证明了 D 是有向树且 v_0 是有向树的根。 ■

定义 7.7.5 每个弱分支都是有向树的有向图,称为**有向森林**。

定义 7.7.6 设 $m \in N$,D 为有向树。

（1）如果 D 的所有结点的出度的最大值为 m，则称 D 为 **m 元有向树**。

（2）如果对于 m 元有向树 D 的每个结点 $v,d_D^+(v)=m$ 或 $d_D^+(v)=0$，则称 D 为 **完全 m 元有向树**。

例7.7.3   图7-55a 是三元有向树，与每个分支结点相连的子树最多有三个。图7-55b 是完全二元树，与每个分支结点相连的子树都是两个。

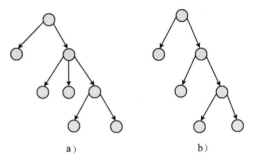

完全二元有向树也称二叉树，在计算机科学中最有用。例如，可用来研究算法的效率。在程序系统中，常常需要用二进制编码表示字母和其他符号，以便于输入、输出和存储，但各个字母或符号出现的几率往往是不同的，这就需要识别程序。可以用叶加权二叉树研究识别算法。

定义7.7.7   设 V 是二叉树 D 的叶子的集合，R_+ 是全体正实数的集合，$W:V{\rightarrow}R_+$，则称 $\langle R,W\rangle$ 为加权二叉树。对于 D 的任意叶 v，称 $W(v)$ 为 v 的

图　7-55

权，称 $\sum W(v)L(v)$（其中 $v\in V,V$ 是叶子的集合）为 $\langle D,W\rangle$ 的**叶加权路径长度**，其中 $W(v)$ 是叶子 v 的权，$L(v)$ 为 v 的级。

我们用叶子表示字母或符号，用分支结点表示判断，用权表示字母或符号出现的几率，则叶加权路径长度就表示算法的平均执行时间。

例7.7.4   图7-56a 和 b 表示识别 A,B,C,D 的两个算法，A,B,C,D 出现的概率分别是 $0.5,0.3,0.05,0.15$。图7-56b 表示的算法优于图7-56a 表示的算法。

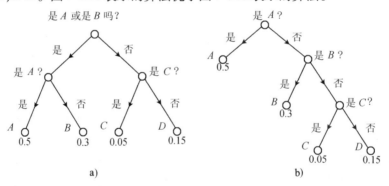

图 7-56   用叶加权二叉树研究算法

定义7.7.8   设 $\langle D,W\rangle$ 是叶加权二叉树。如果对于一切叶加权二叉树 $\langle D',W'\rangle$，只要对于任意正实数 r,D 和 D' 中权等于 r 的叶的数目相同，就有 $\langle D,W\rangle$ 的叶加权路径长度不大于 $\langle D',W'\rangle$ 的叶加权路径长度，则称 $\langle D,W\rangle$ 为最优的。

这样，我们把求某问题的最佳算法归结为求最优二叉树。

假定我们要找有 m 片叶，并且它们的权分别为 $w_1,w_2,\cdots,w_m$ 的最优二叉树。不妨设 w_1，$w_2,\cdots,w_m$ 是按递增顺序排列的，即 $w_1\leqslant w_2\leqslant\cdots\leqslant w_m$。设 $\langle D,W\rangle$ 是满足要求的最优二叉树，D 中以 $w_1,w_2,\cdots,w_m$ 为权的叶分别为 $v_1,v_2,\cdots,v_m$。显然，在所有的叶中，v_1 和 v_2 的级最大。不妨设 v_1 和 v_2 与同一个分支结点 v' 邻接，令 $D'=D-\{v_1,v_2\}$，$W':\{v',v_3,v_4,\cdots,v_m\}{\rightarrow}R_+$，并且 $W'(v')=w_1+w_2,W'(v_i)=w_i(i=3,4,\cdots,m)$。容易证明，$\langle D,W\rangle$ 是最优的，当且仅当 $\langle D'$，

$W'\rangle$是最优的。这样把求 m 片叶的最优二叉树归结为求 $m-1$ 片叶的最优二叉树。继续这个过程,直到归结为求两片叶的最优二叉树,问题就解决了。

例 7.7.5 求叶的权分别为 2,3,9,18,23 和 29 的最优二叉树。

计算过程如下:

$$
\begin{array}{cccccc}
\underline{2} & \underline{3} & 9 & 18 & 23 & 29 \\
& \underline{5} & \underline{9} & 18 & 23 & 29 \\
& & \underline{14} & \underline{18} & 23 & 29 \\
& & & 32 & \underline{23} & \underline{29} \\
& & & \underline{32} & & \underline{52} \\
& & & & & 84
\end{array}
$$

所得出的最优二叉树如图 7-57 所示,叶中的数表示权,所有分支结点中的数之和就是叶加权路径长度。

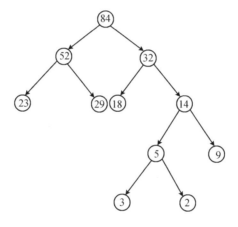

图 7-57 最优二叉树

在前面讨论的有向树中,没有考虑同一级上结点的次序。例如,图 7-58a 和 b 是相同的有向树,但同一级上结点的次序不同。在图 7-58a 中,v_1 在 v_2 的左面,v_3 在 v_4 的左面;而在图 7-58b 中,v_1 在 v_2 的右面,v_3 在 v_4 的右面。在许多具体问题中,常常要考虑同一级上结点的次序。

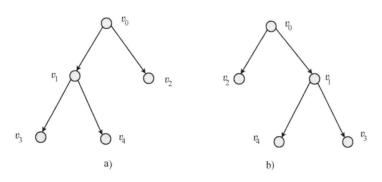

图 7-58 有序图

定义 7.7.9 为每一级上的结点规定了次序的有向树,称为**有向有序树**。如果有向森林 F 的每个弱分支都是有序树,并且为 F 的每个弱分支也规定了次序,则称 F 为**有向有序森林**。并且约定,在画有向有序树时,总是把根画在上部,并规定同一级上结点的次序是从左至右的。在画有序森林时,弱分支的次序也是从左至右的。

例 7.7.6 我们可以用有向有序树表达算术表达式,其中叶表示参加运算的数或变量,分支节点表示运算符。如代数式 $v_1 * v_2 + v_3 * (v_4 + v_5/v_6)$ 可表示为图 7-59 的有向有序树。

为方便起见,我们借用家族树的名称来称呼有向有序树的结点。如在图 7-60 中,称 v_1 是 v_2 和 v_3 的父亲,v_2 是 v_1 的长子,v_2 是 v_3 的哥哥,v_6 是 v_5 的弟弟,v_2 是 v_7 的伯父,v_5 是 v_8 的堂兄。

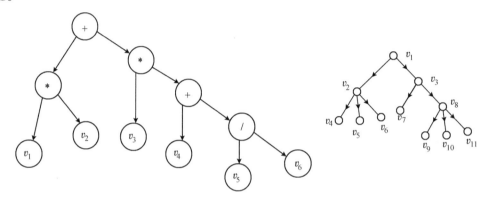

图 7-59　用有序树表示算术表达式　　　　　图 7-60　家族树

图 7-61a 和 b 是相同的有向有序树,因为同一级上结点的次序相同。但是如果考虑结点之间的相对位置,它们就不同了。在图 7-61a 中,v_4 位于 v_2 的左下方;而在图 7-61b 中,v_4 位于 v_2 的右下方,它们是不同的位置有向有序树。

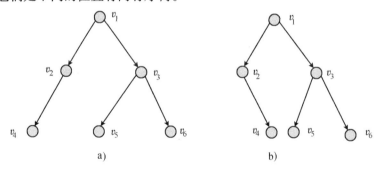

a)　　　　　　　　　　　b)

图 7-61　位置有向有序树

定义 7.7.10 为每个分支结点的儿子规定了位置的有向有序树,称为**位置有向有序树**。

在位置二元有向有序树中,可用字母表 $\{0,1\}$ 上的字符串唯一地表示每个结点。用空串 ε 表示根。设用 β 表示某分支结点,则用 $\beta0$ 表示它的左儿子,用 $\beta1$ 表示它的右儿子。这样,每个结点都有了唯一的编码表示,并且不同结点的编码表示不同。如在图 7-61a 中,$v_1, v_2, v_3, v_4,$ v_5, v_6 的编码表示分别为 $\beta, 0, 1, 00, 10, 11$。位置二元有向有序树全体叶的编码表示的集合称为它的前缀编码。如图 7-61a 的前缀编码是 $\{00, 10, 11\}$。不同的位置二元有向有序树有不同的前缀编码。这种表示方法便于用计算机存储位置二元有向有序树。

可以在有向有序森林和位置二元有向有序树之间建立一一对应关系。在有向有序森林中,我们称位于左边的有向有序树的根为位于右边的有向有序树的根的哥哥。设与有向有序森林 F 对应的位置二元有向有序树为 T。我们规定它们有相同的结点。在 F 中,若 v_1 是 v_2 的长子,则在 T 中 v_1 是 v_2 的左儿子。在 F 中,若 v_1 是 v_2 的大弟,则在 T 中,v_1 是 v_2 的右儿子。这种对应关系称为有向有序森林和位置二元有向有序树之间的自然对应关系。例如,图7-62a是有向有序森林,图 7-62b 是对应的位置二元有向有序树。

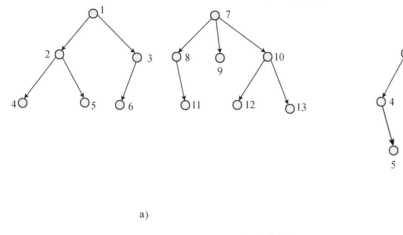

图 7-62

显然,当森林中只有一棵树时,上面的转化方法就是把任意 m 元树转化成二元有向有序树的方法。

从上面的讨论可以得到以下的结论:如果一个实际问题可以抽象成一个图,则可以将这个图转化成树(求这个图的生成树),对任何一棵树都可以转化成与其对应的二元树,对二元树我们可以方便地在计算机中存储与访问。下面就来介绍二元树的存储与访问方式。利用连接分配技术可以方便地表示二元树,其中所包含的结点结构为:

LLINK	DATA	RLINK

这里,LLINK 或 RLINK 分别包含一个指向所论结点的左子树或右子树的指针(或称指示数、指示字)、DATA 包含与这个结点有关的信息。

作为一个例子,二元树的图及其对应的在内存中的连接表示,分别由图 7-63a 与 b 给出。注意 a 和 b 的极端相似性,这种相似性说明树的连接存储表示与所含数据的逻辑结构是吻合的。这种性质在构造处理树结构的算法时是有用的。

现在,考察一些在树上执行的操作。在树结构上执行的最普通的操作之一是周游。这是每一个结点按某种有规律的方法恰好被处理一次的过程。用 Knuth 通俗化了的术语,有三种周游二元树的方法,即前序周游、中序周游和后序周游。下面是这三种周游的递归定义。

前序周游:

    处理根结点

    按前序周游左子树

    按前序周游右子树

中序周游：
　　　　按中序周游左子树
　　　　处理根结点
　　　　按中序周游右子树
后序周游：
　　　　按后序周游左子树
　　　　按后序周游右子树
　　　　处理根结点

如果某一子树是空的（即该结点没有左或右的子孙时），则所谓周游就什么也不执行。换句话说，当遇到空子树时，则它被认为已完全周游了。

如图7-63所示的树，其前序周游、中序周游和后序周游将按下列次序处理结点。

ABCDEFGH（前序）

CBDAEGHF（中序）

CDBHGFEA（后序）

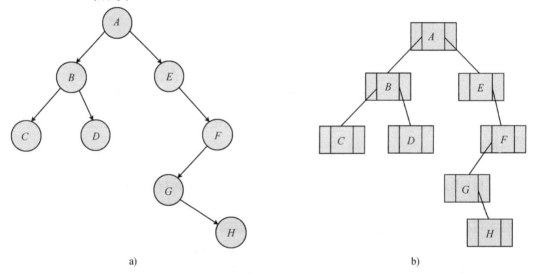

a)　　　　　　　　　　　　　　　　b)

图7-63　二叉树和其他连接表示

由于周游时，要求向下而后又要往上追溯树的一部分，因此，往上追溯树时的指针信息必须暂时保存起来。注意到已表示在树中的结构信息，使得从树根往下运动是可能的，但往上运动必须采取与往下运动相反的手法，因此，在周游树时，要求有一个栈保留指针的值。下面给出前序周游的算法。

PREORDER 算法　给定一棵二元树，它的根结点地址是变量 T，它的结点结构和上面描述的相同，本算法按前序周游这棵二元树。利用一个辅助栈 S，S 的顶点元素的下标是 TOP，P 是一个临时变量，它表示处在这棵树中的位置。

（1）［置初态］如果 T = NULL，则退出（树无根，因此，不是真的二元树）；否则 $P \leftarrow T$；TOP $\leftarrow 0$。

（2）［访问结点，右分支地址进栈，并转左］处理结点 P。如果 PRLINK(P) $\neq$ NULL，则置

TOP←TOP + 1;$S[$TOP$]$←RLINK(P);P←LLINK(P)。

(3)[链结束否?]如果 P≠NULL,则转向第(2)步。

(4)[右分支地址退栈]如果 TOP = 0 则退出;否则,令 P←$S[$TOP$]$;TOP←TOP − 1,并转向第(2)步。

其中,算法的第(2)步和第(3)步是访问和处理结点。如果该结点的右分支地址存在的话,则让它进栈,并跟踪左分支链直到这个链结束。然后进入第(4)步,并将最近遇到的右子树根结点的地址从栈中删除,再按第(2)步与第(3)步处理它。对于图 7-62 的二元树,追踪上述算法后地址记为"NE"。在这里,所谓访问结点就是输出它的标号。

栈的内容	P	访问 P	输出串
	NA	A	A
NE	NB	B	AB
NE ND	NC	C	ABC
NE ND	NULL		
NE	ND	D	$ABCD$
NE	NULL		
	NE	E	$ABCDE$
NF	NULL		
	NF	F	$ABCDEF$
	NG	G	$ABCDEFG$
NH	NULL		
	NH	H	$ABCDEFGH$
	NULL		

下一个算法是按后序周游树。

POSTORDER 算法 假定结点的结构和上面所说的一样,T 还是一个等于树根地址的变量。S 也是一个所需要的具有顶元指针的栈,但在本章算法中,每一个结点将进栈两次:一次是当周游它的左子树时;另一次是当周游它的右子树时。这两种周游完成时,就处理这个结点。因此,我们必须能区别两种类型的栈元素。第一种类型的元素将采用负指针值。当然,这里假设实际使用的指针数据总是非零并且是正的。

(1)[置初态]如果 T = NULL,则退出算法(树无根,因此,不是真的二元数);否则令 P←T;TOP←0。

(2)[结点进栈并转左]令 TOP←TOP + 1;$S[$TOP$]$←P;P←LLINK(P)。

(3)[链结束否?]如果 P≠NULL,则转(2)。

(4)[结点地址出栈]如果 TOP = 0,则退出算法;否则,令 P←$S[$TOP$]$;TOP←TOP − 1。

(5)[如果右子树还没有周游,则地址重新进栈]若 P < 0,则转(6);否则,令 TOP←TOP + 1;$S[$TOP$]$←$−P$;P←RLINK(P);P← −P 并转(3)。

(6)[访问结点]令 P← −P,处理结点 P,转(4)。

第(2)步和第(3)步是跟踪左分支链,并将每一个遇到的结点地址进栈。当这样的一个链结束时,对于最后一个遇到的结点的进栈元素,用与零比较来检验。如果它是正的,则这结点的负地址再进栈,并取这个结点的右分支,按照第(2)步和第(3)步进行;但若栈值是负的,则已完成了对这个结点的右子树的周游。于是处理这个结点,而后检查下一个栈元素。

前面介绍了有向树、有向有序树和位置有向有序列树,下面举例介绍一种实用性较强的搜索树。利用搜索树的方法,可以使得搜索过程中状态变化复杂的现象变得条理清楚,从而找到最有效的方法。举例说明如下:

例7.7.7 设有 n 根火柴,甲乙两人依次从中取走 1 或 2 根,但不能不取,谁取走最后一根谁就是胜利者。为了说明方法,不妨设 $n=6$。在图 7-64 中,6 表示轮到甲取时有 6 根火柴,4 表示轮到乙取时有 4 根火柴,以此类推。

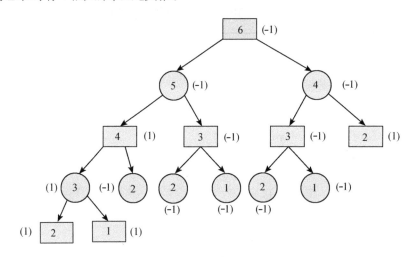

图 7-64   搜索树

显然,一旦出现 $\boxed{1}$ 或 $\boxed{2}$ 状态,甲取胜,不必再搜索下去。同样,①或②是乙取胜的状态。

若甲取胜,设其得分为 1,乙取胜时甲的得分为 -1。无疑,轮到甲作出判决时,他一定选 $(-1,1)$ 中的最大者;而轮到乙作出判决时,他将选取使甲失败,选 $+1$ 和 -1 中最小者。这个道理是显而易见的。比如甲遇到图 7-65a 的状态时,甲应选 $\max(1,-1)=1$,即甲应取 1 根火柴,使状态进入③。同理,乙遇到图 7-65b 的状态时,乙应选取 $\max(-1,1)=-1$,使甲进入必然失败的状态为好。如图 7-64 所示,开始时若有 6 根火柴,先下手者败局已定,除非对手失误。

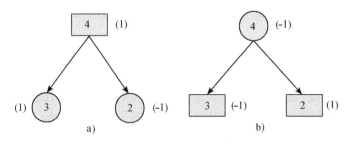

图   7-65

下面将举例介绍搜索树的 DFS 算法。DFS 算法的基本思想如下:

(1)当 $E(G)$ 的所有边未经完全搜索时,任取一结点 $v_i \in V(G)$,给 v_i 以标志且入栈(以先入后出为原则称为栈,先入先出者称为队)。

(2)对与 v_i 点关联的边依次进行搜索,当存在另一端点未给标志的边时,把另一端点作为 v_i,给以标志,并且入栈;转(2)。

(3)当与 v_i 关联的边全部搜索完毕时(即不存在以 v_i 为端点而未经搜索的边时),则以 v_i 点从栈顶退出,即让取走 v_i 后的栈顶元素作为 v_i,转(2)。

(4)若栈已空,但还存在未给标志的结点时,取其中任一结点作 v_i,转(2)。若所有结点都已标志,则算法终止。

例如,图 7-66 的邻接矩阵为

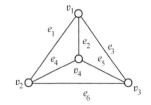

图 7-66

$$A = \begin{matrix} v_1 \\ v_2 \\ v_3 \\ v_4 \end{matrix} \begin{pmatrix} 0 & 1 & 1 & 1 \\ 1 & 0 & 1 & 1 \\ 1 & 1 & 0 & 1 \\ 1 & 1 & 1 & 0 \end{pmatrix}$$

设从 v_1 开始,给 v_1 以标志,与 v_1 相邻的结点依次为 $\{v_2,v_3,v_4\}$,即

$$A_{di}(v_1) = \{v_2,v_3,v_4\}$$

由于第一个邻接点 v_2 未给标志,故 v_2 入栈且给标志。但 $A_{di}(v_2) = \{v_1,v_3,v_4\}$,而第一个邻接结点 v_1 已给标志,故取 $\{v_2,v_3\}$ 边,给 v_3 以标志,且入栈。

又 $A_{di}(v_3) = \{v_1,v_2,v_4\}$,由于 v_1 和 v_2 都已给标志,故取 $\{v_3,v_4\}$ 边,给 v_4 以标志并入栈,但与 v_4 相邻的结点全部都给了标志,故退栈。此时栈顶点为 v_3,但与 v_3 相邻的结点均已给标志,故退栈。v_2 和 v_1 因类似理由依次退栈。栈空,故结束。

例 7.7.8 设有一个 4×4 的棋盘,当一个棋子放到其中一个格子里去以后,则这个格子所在的行和列以及对角线上所有的格子都不允许放其他棋子。现在有四个棋子,试问它在这个棋盘上有哪几种容许的布局?

第一行的格子有四个,故第一行有四种选择,第二行则有三种选择;第三行则有两种选择;最后一行无选择的余地。它的状态可用如图 7-67 所示的树表示。

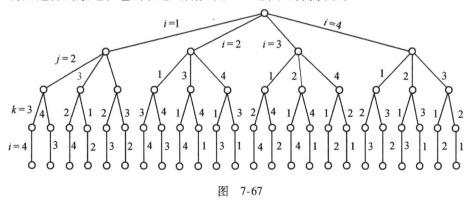

图 7-67

可能状态如图 7-68 所示,要确定哪几种状态是被允许的,就要对这棵树进行搜索。一旦某结点被判定为不被容许,这个结点下的树枝可以全部剪去。比如 $i=1$ 时,$j=2$ 不被容许,则 $i=1,j=2,k=3$(或 4)便无需搜索。现在把搜索的过程形象地列表于图 7-68 中,搜索过程则表示于图 7-69 中。

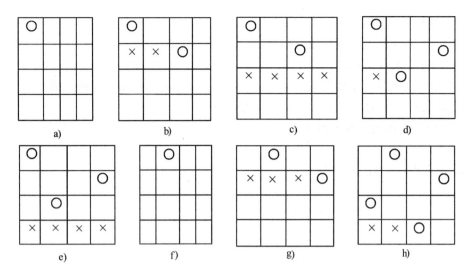

图 7-68

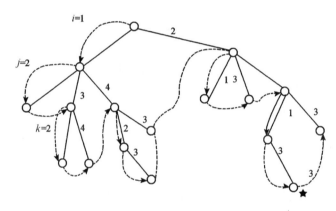

图 7-69

习题

1. 画出所有不同构的 1、2、3、4、5、6 阶树。

2. 如何由无向图 G 的邻接矩阵确定 G 是不是树?

3. 设 v 和 v' 是树 T 的两个不同结点,从 v 至 v' 的基本路经是 T 中最长的基本路径。证明 $d_T(v) = d_T(v') = 1$。

4. 找出图 7-70 的连通无向图的一棵生成树,并求出它的基本回路的秩。

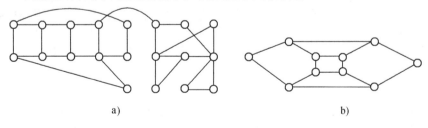

图 7-70

5. 一棵无向树顶点度数最大为 $k(k \geqslant 2)$。其中有 2 个度为 2 的顶点,3 个度为 3 的顶点,$\cdots$,k 个度为 k 的顶点。求该无向树的叶子结点个数。

6. 下面给出的三个符号串集合中,哪些是前缀码?

(1)$A = \{0,10,110,1111\}$

(2)$B = \{1,01,001,0000\}$

(3)$C = \{1,11,101,001,0011\}$

7. 证明:任何二叉树有奇数个结点。

8. 设有一台计算机,它的指令系统包含一条加法指令,该指令一次最多计算 3 个浮点数的和,如果计算 20 个浮点数的和,最少要运行该指令多少次?

9. 证明:n 阶二叉树有 $\dfrac{n+1}{2}$ 个叶,其高度 h 满足

$$\log_2(n+1) - 1 \leqslant h \leqslant \frac{n-1}{2}$$

10. 如何由有向图 G 的邻接矩阵确定 G 是不是有向树?

11. 找出叶的权分别为 2,3,5,7,11,13,17,19,23,29,31,37 和 41 的最优叶加权二叉树,并求其叶加权路径长度。

12. 找出图 7-71 给出的有向序森林所对应的二元有向有序树,并求其前缀编码。

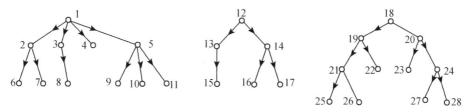

图 7-71

13. 求图 7-72 的最小生成树。

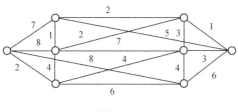

图 7-72

7.8 网络

本节以运输网络和开关网络为例,介绍网络的流及有关问题。在 7.7 节曾介绍了加权图的概念,网络是一类特殊的加权图。

7.8.1 网络流与最大流

定义 7.8.1 若弱连通有向图 $G = \langle V, E \rangle$ 满足下列条件,则称其为**网络流图**。

(1)有且仅有一个结点 z,它的入度为 0,即 $d^-(z) = 0$。这个结点称为**源**,或称为**发点**。

(2)有且仅有一个结点 $\bar{z}$,它的出度为 0,即 $d^+(\bar{z}) = 0$。这个结点 $\bar{z}$ 称为**汇**或**收点**。

(3)每一条边上都有一个非负数,称为该边的**容量**。边 $\langle v_i, v_j \rangle$ 的容量用 c_{ij} 表示。

图 7-73 便是网络流图。

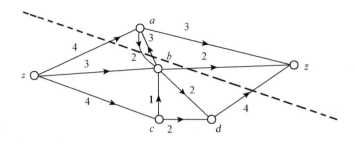

图 7-73   网络流图

网络流图的实际意义是 z 点可以看作某种物资的产地,而 $\bar{z}$ 点是该物资的销地。中间点 a、b、c、d 可以看作中转站。边 $\langle i,j \rangle$ 是运输交通通道,或是铁路或是水运等。容量 c_{ij} 表示该通道的运输能力。

对于网络流图 G,每条边 $\langle i,j \rangle$ 都给定一个非负数 f_{ij},这一组数满足下列两条件时称为网络的容许流,用 f 表示。

(1)每一条边 $\langle i,j \rangle$ 有 $f_{ij} \leqslant c_{ij}$。

(2)除发点 z 和收点 $\bar{z}$ 以外的所有的点 v_i,恒有

$$\sum_j f_{ij} = \sum_k f_{ki}$$

这个等式说明中间点 v_i 的物资守恒,输入与输出的量相等。

(3)对于源 z 和汇 $\bar{z}$,有

$$\sum_i f_{zi} = \sum_j f_{j\bar{z}} = w$$

这个数 w 称为网络流的流,而且从 z 点发出的量等于进入收点 $\bar{z}$ 的量。当 $f_{ij} = c_{ij}$ 时,称边 $\langle v_i, v_j \rangle$ 饱和,或 f 饱和,表示流 f 对该边已饱和。所谓最大流问题是求使得从出发点 z 运往 $\bar{z}$ 的流量 w 达到最大的流 f。

现以图 7-73 为例,说明为了使得从 z 点运往 $\bar{z}$ 点的流量 w 达到最大的数学问题的提法。关于 z、a、b、c、d 点的守恒关系,分别得

$$f_{za} + f_{zb} + f_{zc} = w$$

$$f_{za} + f_{ba} = f_{a\bar{z}} + f_{ab}$$

$$f_{zb} + f_{ab} + f_{cb} = f_{b\bar{z}} + f_{bd} + f_{ba}$$

$$f_{zc} = f_{cb} + f_{cd}$$

$$f_{bd} + f_{cd} = f_{d\bar{z}}$$

$$f_{a\bar{z}} + f_{b\bar{z}} + f_{d\bar{z}} = w$$

$$0 \leqslant f_{za} \leqslant 4, 0 \leqslant f_{zb} \leqslant 3, 0 \leqslant f_{zc} \leqslant 4$$

$$0 \leqslant f_{ab} \leqslant 2, 0 \leqslant f_{a\bar{z}} \leqslant 3, 0 \leqslant f_{ba} \leqslant 3$$

$$0 \leqslant f_{bd} \leqslant 2, 0 \leqslant f_{cb} \leqslant 1, 0 \leqslant f_{cd} \leqslant 2$$

$$0 \leqslant f_{b\bar{z}} \leqslant 2, 0 \leqslant f_{d\bar{z}} \leqslant 4, 0 \leqslant f_{a\bar{z}} \leqslant 3$$

$$0 \leqslant w$$

在满足上面条件下求 w 的最大值,即求 $\max w$。

如果把 w 看作变量,则上面的问题是一个典型的线性规划问题。不过,对这个具体问题

来说,用图论的办法更为简洁有效。

7.8.2 割集

定义 7.8.2 设 $G = \langle V, E \rangle$ 是一个网络流图,假定 S 是 V 的一个子集,而且 S 满足下面两个条件:

(1) $z \in S$

(2) $\bar{z} \notin S$

令 $\bar{S} = V - S$,即 $\bar{S}$ 为 S 的补集,这样把结点集合 V 分为 S 和 $\bar{S}$ 两部分,其中 $z \in S, \bar{z} \in \bar{S}$。对于一个端点在 S 而另一个端点在 $\bar{S}$ 的所有边的集合称为**割集**,用 $(S, \bar{S})$ 表示。在集合 $\{S, \bar{S}\}$ 中,把从 S 到 $\bar{S}$ 的边的容量的和称为该**割集的容量**,用 $C(S, \bar{S})$ 表示,即 $C(S, \bar{S}) = \sum c_{ij} (i \in S, j \in S)$。

从图 7-73 可见,虚线表示一个割集,其中

$$S = \{z, b, c, d\}, \bar{S} = \{a, \bar{z}\}$$

$$C(S, \bar{S}) = c_{zc} + c_{ba} + c_{b\bar{z}} + c_{d\bar{z}}$$

$$= 4 + 3 + 2 + 4 = 13$$

显然,不同的割集有不同的割集容量。

定理 7.8.1 对于已知的网络流,从发点 z 到收点 $\bar{z}$ 的流量 w 的最大值小于或等于任何一个割集的容量,即

$$\max w \leq \min C(S, \bar{S})$$

证明 当 i 点既不是发点 z 也不是收点 $\bar{z}$ 的任意结点时,恒有

$$\sum_{j \in V} (f_{ij} - f_{ji}) = 0 \qquad (7\text{-}12)$$

但当 $i = z$ 时,有

$$\sum_{j \in V} f_{ij} = w \qquad (7\text{-}13)$$

从式(7-12)和式(7-13)得

$$\sum_{\substack{i \in S \\ j \in V}} (f_{ij} - f_{ji}) = w$$

因为 $V = S \cup \bar{S}$,所以

$$\sum_{\substack{i \in S \\ j \in V}} (f_{ij} - f_{ji}) = \sum_{\substack{i \in S \\ j \in V}} (f_{ij} - f_{ji}) + \sum_{\substack{i \in S \\ j \in \bar{S}}} (f_{ij} - f_{ji}) = w$$

然而

$$\sum_{\substack{i \in S \\ j \in S}} f_{ij} = \sum_{\substack{i \in S \\ j \in S}} f_{ji}$$

此等式成立是因为两个下标求和都是对 S 的全体进行的,即

$$\sum_{\substack{i \in S \\ j \in S}} (f_{ij} - f_{ji}) = 0$$

故有

$$\sum_{\substack{i \in S \\ j \in \bar{S}}} (f_{ij} - f_{ji}) = w$$

但

$$0 \leq f_{ij} \leq c_{ij}$$

所以

$$f_{ij} - f_{ji} \leqslant f_{ij} \leqslant c_{ij}$$

故

$$w = \sum_{\substack{j \in S \\ j \in \bar{S}}} (f_{ij} - f_{ji}) \leqslant \sum_{\substack{j \in S \\ j \in \bar{S}}} c_{ij} = C(S, \bar{S})$$

因为割集$(S, \bar{S})$是任意的,即流量w小于任意一割集的流量,所以流量w小于或等于割集的流量的最小值,即

$$\max_f w \leqslant \min_f C(S, \bar{S})$$ ■

运输网络的中心问题,是求一网络流f,使得流量w取得极大值。这个网络流f称为**最大流**。

定理7.8.2　在一个给定的运输网络上,流的极大值等于割集容量的最小值。

证明　由于$\max w \leqslant \min C(S, \bar{S})$,所以只需证明对于某一割集$(S, \bar{S})$,不等是不允许的即可。下面的证明过程使用的是某一种提高流量w的算法。它也是下面将提到的标号法的基础。

为此,在定义的网络流图G中,从z到$\bar{z}$的道路为网络流的道路,即设

$$z = v_1, v_2, \cdots, v_n = \bar{z}$$

是结点序列,并满足:对于$i = 0, 1, 2, \cdots, n-1$,恒有$\langle v_i, v_{i+1} \rangle$或$\langle v_{i+1}, v_i \rangle$边是$G$的一条边时,则称$z_0 = v_0, v_1, \cdots, v_n = \bar{z}$是一条从$z$点到$\bar{z}$点的道路。

如图7-74所示,若$\langle v_i, v_{i+1} \rangle$是$G$的边,则称之为正向边;反之,若$\langle v_{i+1}, v_i \rangle$是$G$的边,则称之为反向边。

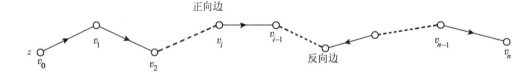

图　7-74

对于边$\langle i, j \rangle$,若$f_{ij} < c_{ij}$,则称边$\langle i, j \rangle$是未饱和的。

对于从z点到$\bar{z}$点的道路上所有的正向边$\langle i, j \rangle$,恒有$f_{ij} < c_{ij}$;对于所有的反向边$\langle i, j \rangle$,恒有$f_{ij} > 0$,则称这条道路为可增广道路。令

$$\delta_{ij} = \begin{cases} c_{ij} - f_{ij}, & \text{若}\langle i, j \rangle \text{为正向边} \\ f_{ij}, & \text{若}\langle i, j \rangle \text{为反向边} \end{cases}$$

$$\delta = \min\{\delta_{ij}\}$$

则在这条道路上每条正向边的流都可以提高一增量δ,而反向边的流相应地减少δ,这样使得这个网络流的流量获得增加。同时,可以使得每条边的流量不超过它的容量,而且保持为正的,也不影响其他边的流量。总之,可增广道路的存在可以使得流量得到相应的增加。

现在来证明定理。

设网络流图G的网络流j使得流量达到极大。定义一割集$(S, \bar{S})$如下:

(1)$z \in S$。

(2)若$x \in S$且$f_{xy} < c_{xy}$,则$y \in S$。

若 $x \in S$ 且 $f_{yx} > 0$，则 $y \in S$。

显然，收点 $\bar{z} \in \bar{S}$；否则，根据子集 S 的定义，存在一条从 z 到 $\bar{z}$ 的道路

$$z = v_1, v_2, \cdots, v_n = \bar{z}$$

在这条道路上，所有的正向边都满足 $f_{i,i+1} < c_{i,i+1}$，所有的反向边都满足 $f_{i+1,i} > 0$，因而这条道路是可增广道路。这和 f 是最大流的假设矛盾。因而 $\bar{z} \in \bar{S}$，即 S 和 $\bar{S}$ 是割集 $(S, \bar{S})$。

根据子集 S 的定义，若 $x \in S$，$y \in \bar{S}$，则 $f_{xy} = c_{xy}$；若 $x \in \bar{S}$，$y \in S$，则 $f_{yx} = 0$，所以

$$w = \sum_{\substack{x \in S \\ y \in \bar{S}}} (f_{xy} - f_{yx})$$

$$= \sum_{\substack{x \in S \\ y \in \bar{S}}} c_{xy} = C(S, \bar{S})$$

所以 $\max w = \min C(S, \bar{S})$。 ■

7.8.3　标号法

这里介绍一种找最大流 f 的方法。它的基本思想是寻找一可增广道路，使网络流的流量得到增加，直到最大为止。前面已经介绍了这种方法的理论，现在介绍这种方法的实现过程。此方法分为两个过程：一是标号过程，通过标号找到一条可增广道路；二是沿着可增广道路增加网络流流量的过程。

1. 标号过程

第一步：给发点以标号（$+\bar{z}$，$+\infty$）。

第二步：选择一个已给标号的结点 x，对于 x 的所有未给标号的邻结点 y，按下列规则处理

    （1）若边 $\langle y, x \rangle \in E$，$y$ 未给标号，而且 $f_{yx} > 0$ 时，令 $\delta_y = \min(f_{yx}, \delta_x)$，则 y 给以标号 （$-x, \delta_y$）。

    （2）若边 $\langle x, y \rangle \in E$，$y$ 未给标号，而且 $c_{xy} > f_{xy}$ 时，令 $\delta_y = \min(c_{xy} - f_{xy}, \delta_x)$，则 y 给以标号（$+x, \delta_y$）。

第三步：重复第二步直到收点 $\bar{z}$ 被标号，或者不再有结点可以给标号给为止，若 $\bar{z}$ 点给了标号，说明存在一条可增广道路，故转向增广过程，若 $\bar{z}$ 点不能获得标号，而且不存在其他可标号的结点时，算法结束，所得的流便是最大流。

2. 增广过程

第一步：令 $u = \bar{z}$。

第二步：若 u 的标号为（$+v, \delta$），则

$$f_{vu} \leftarrow f_{vu} + \delta_{\bar{z}}$$

若 u 的标号为（$-v, \delta$），则

$$f_{vu} \leftarrow f_{vu} - \delta_{\bar{z}}$$

第三步：若 $v = z$，则把全部标号去掉，并转向标号过程；否则，令 $u = v$ 并回到增广过程的第二步。

若从 $\bar{z}$ 到 z 引一条虚拟的有向边 $\langle \bar{z}, z \rangle$，并给 z 以标号，若遇到标号过程第二步的状态（1）时，边 $\langle y, x \rangle$ 着以红色；若遇到状态（2）时，边 $\langle x, y \rangle$ 着以黑色；其余的边属于正向饱和边或流量为零的反向边时，着以绿色。根据 Minty 三色定理可知，或存在包含 $\langle \bar{z}, z \rangle$ 边，由红、黑边组成的回路；或存在包含 $\langle \bar{z}, z \rangle$ 边，由黑绿色边组成的割边。前者有可增广道路，后者有最大流。

下面举例说明标号法。

例7.8.1 在图7-75中,各边都标以一对有序数,第一个数是该边的容量,第二个数是该边的流量。

从各边的流量为0开始,标号法的全部过程如图7-76所示。从上面的标号过程可知,当一结点 v 被标号时,说明从 z 到 v 点的流可以增加 δ_v,若 $\bar{z}$ 被标号表明从发点 z 到 $\bar{z}$ 存在一条可增广道路,这条道路上的流的增量由 $\delta_{\bar{z}}$ 确定。

当边的容量都是正整数时,每一次增广过程,至少使网络流流量增加一个单位。由于极大流也是正整数,故可在有限步内使网络流达到极大。类似地,当各边流量为有理数时,可在有限步内使网络流达到极大。

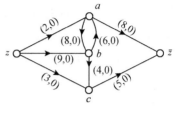

图 7-75

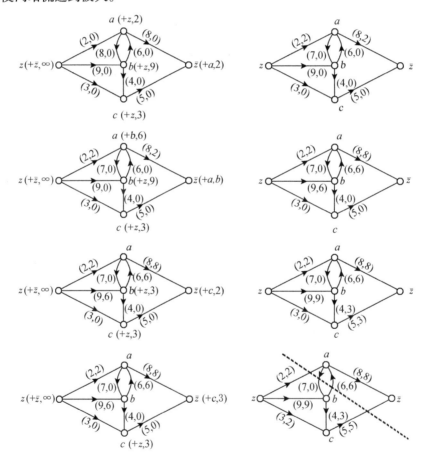

图 7-76 标号法的过程

上面的讨论可推广为:

(1)多产地多销地问题。如果有若干个发点 $z_1, z_2, \cdots, z_l$,若干个收点 $\bar{z}_1, \bar{z}_2, \cdots, \bar{z}_m$,如图7-77所示,取 z 点到点 $z_1, z_2, \cdots, z_l$,分别引一条边,另取一点 $\bar{z}$,分别从 $\bar{z}_1, \bar{z}_2, \cdots, \bar{z}_m$ 到 $\bar{z}$ 点引一条边,这样,问题便归结为一个发点 z 和一个收点 $\bar{z}$ 的问题。

图 7-77 多产地多销地问题

（2）最大匹配问题。前面介绍了最大匹配问题，实际上，这个问题也可以化为最大流问题来解决。这类似于多产地多销地问题，不过各边的容量为 1 罢了。如图 7-78 所示。

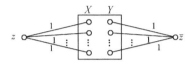

图 7-78 最大匹配问题

7.8.4 开关网络

开关网络是计算机设计中的重要课题，在其他通信系统方面也有应用。可以把开关网络看作是一个无向连通图。图的每一条边都对应某一布尔变量 x_i 作为该边的权。而 x_i 可以看作是该边上的接触开关，当开关接通时，x_i 取值 1，否则，x_i 取值 0。这样的一个开关网络用 G_N 表示。

定义 7.8.3 设 a,b 是开关网络 G_N 上两个结点，而 $P_{ab}^{(k)}$ 是 a,b 两点间的道路，其中 $k=1$，$2,\cdots,n$，若 $P_{ab}^{(k)}$ 道路上各边的权的连乘积为 $\prod_{ab}^{(k)}$，并令

$$f_{ab} = \sum_{k=1}^{l} \prod_{ab}^{(k)}$$

则称 f_{ab} 为开关网络 G_N 关于结点 a,b 的**开关函数**。

例 7.8.2 在图 7-79 中 a,b 间的道路有：

$$x_1x_3x_7, x_2x_4x_8, x_1x_5x_8, x_2x_6x_7, x_1x_3x_6x_4x_8, x_2x_4x_5x_3x_7, x_2x_6x_3x_5x_8, x_1x_5x_4x_6x_7$$

故有

$$f_{ab} = x_1x_3x_7 + x_2x_4x_8 + x_1x_5x_8 + x_2x_6x_7$$
$$+ x_1x_3x_6x_4x_8 + x_2x_4x_5x_3x_7 + x_2x_6x_3x_5x_8$$
$$+ x_1x_5x_4x_6x_7$$

上式中的乘积为逻辑乘，和为逻辑和，故服从逻辑运算规则：

$$1 + x = 1, x + \bar{x} = 1, x\bar{x} = 0$$

$$x + x = xx = x + xy = x$$

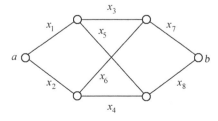

图 7-79

其中布尔变量 $x_1, x_2, \cdots, x_8$ 可以是独立的变量,也可以是相同的。比如,若

$$x_1 = x, x_2 = \bar{x}, x_3 = z, x_4 = z$$
$$x_5 = y, x_6 = y, x_7 = \bar{r}, x_8 = r$$

则

$$f_{ab} = x\bar{z}\,\bar{r} + \bar{x}zr + xyr + \bar{x}y\bar{r} + x\bar{z}y\bar{z}r + \bar{x}\bar{z}yz\,\bar{r} + xy\bar{z}y\bar{r} + \bar{x}yzyr$$

由布尔量的运算法则,上述开关函数可以简化为

$$f_{ab} = x\bar{z}\bar{r} + \bar{x}zr + xyr + \bar{x}y\bar{r}$$

如果开关网络 G_N 的所有边的权都不相同,则称为简单接触网络,故简单接触开关网络中的开关都是独立的,即可以独立地接通或断开。

例如,图 7-80a 是简单接触网络,而图 7-80b 则不是。

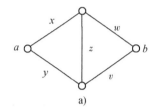 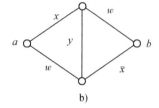

$$图 \quad 7\text{-}80$$

a 的开关函数 f_{ab} 为

$$f_{ab} = xw + yv + xzv + yzw$$

而 b 的开关函数 f_{ab} 为

$$f_{ab} = xw + \bar{x}w + xy\bar{x} + wyw$$
$$= w(x + \bar{x}) + yw$$
$$= w + yw$$
$$= w$$

下面介绍传输矩阵与连接矩阵。

定义 7.8.4 对于开关网络 $G_N = \langle V, E \rangle$,有矩阵

$$\boldsymbol{F} = (f_{ij})_{n \times n}$$

其中

$$f_{ij} = \begin{cases} 1, & i = j \\ 结点\ i, j\ 间的开关函数, & i \neq j \end{cases}$$
$$i, j = 1, 2, \cdots, n, n = |V|$$

则称矩阵 $\boldsymbol{F}$ 为开关网络的**传输矩阵**。

而对矩阵 $\boldsymbol{A} = (a_{ij})_{n \times n}$,其中

$$a_{ij} = \begin{cases} 1, & 若\ i = j \\ 0, & 若结点\ i, j\ 间不相连 \\ 结点\ i, j\ 间边的权和, & 其他情况 \end{cases}$$

则称矩阵 $\boldsymbol{A}$ 为开关网络 G_N 的**连接矩阵**。

如果说连接矩阵 $\boldsymbol{A}$ 类似于邻接矩阵,而传输矩阵颇与路径矩阵相当,则不难得到如下关系式

$$\boldsymbol{F} = \boldsymbol{A}^{(n-1)}$$

这里 $A^{(n-1)}$ 是矩阵 A 的 $n-1$ 次幂,不过乘是逻辑乘,和是逻辑和,并服从逻辑运算法则。

例7.8.3 简单接触网络如图 7-81 所示。

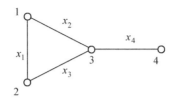

图 7-81

$$A = \begin{array}{c} 1 \\ 2 \\ 3 \\ 4 \end{array} \begin{pmatrix} 1 & x_1 & x_2 & 0 \\ x_1 & 1 & x_3 & 0 \\ x_2 & x_3 & 1 & x_4 \\ 0 & 0 & x_4 & 1 \end{pmatrix}$$
$$\begin{array}{cccc} 1 & 2 & 3 & 4 \end{array}$$

$$A^{(2)} = A \cdot A = \begin{pmatrix} 1 & x_1 & x_2 & 0 \\ x_1 & 1 & x_3 & 0 \\ x_2 & x_3 & 1 & x_4 \\ 0 & 0 & x_4 & 1 \end{pmatrix} \cdot \begin{pmatrix} 1 & x_1 & x_2 & 0 \\ x_1 & 1 & x_3 & 0 \\ x_2 & x_3 & 1 & x_4 \\ 0 & 0 & x_4 & 1 \end{pmatrix}$$

$$= \begin{pmatrix} 1 + x_1 x_1 + x_2 x_2 & x_1 + x_1 + x_2 x_3 & x_2 + x_1 x_3 + x_2 & x_2 x_4 \\ x_1 + x_1 + x_2 x_3 & x_1 x_1 + 1 + x_3 x_4 & x_1 x_2 + x_3 + x_3 & x_3 x_4 \\ x_2 + x_1 x_3 + x_2 & x_1 x_2 + x_3 + x_3 & x_2 x_2 + x_3 x_3 + 1 + x_4 x_4 & x_4 + x_4 \\ x_2 x_4 & x_3 x_4 & x_4 + x_4 & 1 + x_4 x_4 \end{pmatrix}$$

$$= \begin{pmatrix} 1 & x_1 + x_2 x_3 & x_2 + x_1 x_3 & x_2 x_4 \\ x_1 + x_2 x_3 & 1 & x_3 + x_1 x_2 & x_3 x_3 \\ x_2 + x_1 x_3 & x_1 x_2 + x_3 & 1 & x_4 \\ x_2 x_4 & x_3 x_4 & x_4 & 1 \end{pmatrix}$$

这里 $a_{ij}^{(2)}$ 就是结点 i,j 间"不超过两步"走到的道路的开关函数。

$$A^{(3)} = A^{(2)} \cdot A = \begin{pmatrix} 1 & x_1 + x_2 x_3 & x_2 + x_1 x_3 & x_2 x_4 \\ x_1 + x_2 x_3 & 1 & x_3 + x_1 x_2 & x_3 x_4 \\ x_2 + x_1 x_3 & x_3 + x_1 x_2 & 1 & x_4 \\ x_2 x_4 & x_3 x_4 & x_4 & 1 \end{pmatrix} \cdot \begin{pmatrix} 1 & x_1 & x_2 & 0 \\ x_1 & 1 & x_3 & 0 \\ x_2 & x_3 & 1 & x_4 \\ 0 & 0 & x_4 & 1 \end{pmatrix}$$

$$= \begin{pmatrix} 1 & x_1 + x_2 x_3 & x_2 + x_1 x_3 & x_4(x_2 + x_1 x_3) \\ x_1 + x_2 x_3 & 1 & x_3 + x_1 x_2 & x_4(x_3 + x_1 x_2) \\ x_2 + x_1 x_3 & x_3 + x_1 x_2 & 1 & x_4 \\ x_4(x_2 + x_1 x_3) & x_4(x_3 + x_1 x_2) & x_4 & 1 \end{pmatrix}$$

下面介绍简单接触网络的实现问题和它的算法。即已知结点 a,b 间的开关函数,要求设计一个开关网络 G_N,使它满足这个开关函数所能确定的功能。结果不唯一,但要求开关网络尽可能简单,也就是要求接触开关为简单接触。

定理 7.8.3 若 a,b 是开关网络 G_N 的两个结点,$e_0 = \langle a,b \rangle$,则对于 G_N 中不含 e_0 边的回路 L,必有 a,b 间的道路 $P_{ab}^{(1)}, P_{ab}^{(2)}$,使得

$$L = P_{ab}^{(1)} \oplus P_{ab}^{(2)}$$

即回路 L 为道路 $P_{ab}^{(1)}$ 与 $P_{ab}^{(2)}$ 的对称差。

证明 下面分三种情况分别讨论:

(1)若回路 L 经过 a,b 两结点时,显然,L 由 a,b 间的两条道路 $P_{ab}^{(1)}$ 和 $P_{ab}^{(2)}$ 组成。即

$$L = P_{ab}^{(1)} \oplus P_{ab}^{(2)}$$

(2)若 e_0 边只有一端点(设为 a)在回路 L 上,如图 7-82a 所示,由 b 点出发到 a 点的道路中与回路 L 的第一个汇合点设为 k,b 点到 k 点的这一段道路设为 P_{kb},则

$$P_{ab}^{(1)} = P_{ak}^{(2)} \cup P_{kb}, P_{ab}^{(2)} = P_{ak}^{(1)} \cup P_{kb}$$
$$L = P_{ab}^{(1)} \oplus P_{ab}^{(2)}$$

(3)如果 e_0 边的两个端点 a,b 都不在回路 L 上,如图 7-82b 所示,a,b 间的一条道路与 L 的前后汇合点分别为 l 和 k。令

$$P_{ab}^{(1)} = P_{al} \cup P_{lk}^{(1)} \cup P_{kb}$$
$$P_{ab}^{(2)} = P_{al} \cup P_{lk}^{(2)} \cup P_{kb}$$
$$L = P_{ab}^{(1)} \oplus P_{ab}^{(2)}$$

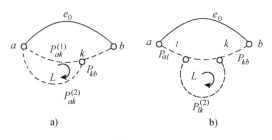

图 7-82

但是,对于简单接触网络,不同的边对应于不同的权,也就是边 e_i 和布尔变量 x_i 之间建立了一一对应的关系。所以,对于简单接触网络,给定 a,b 间的开关函数,这个网络在 mod2 意义下可以唯一地确定。

例如,对图 7-83 定义道路矩阵 $\boldsymbol{P} = (p_{ij})_{7 \times 7}$,其中

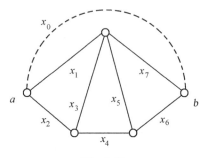

图 7-83

$$p_{ij} = \begin{cases} 1, & \text{若设道路 } P_{ab}^{(i)} \text{ 通过 } x_j \text{ 边} \\ 0, & \text{其他} \end{cases}$$

得

$$\boldsymbol{P} = \begin{array}{c} 1 \\ 2 \\ 3 \\ 4 \\ 5 \\ 6 \\ 7 \end{array} \begin{pmatrix} 1 & 0 & 0 & 0 & 0 & 0 & 1 \\ 1 & 0 & 1 & 1 & 0 & 1 & 0 \\ 1 & 0 & 0 & 0 & 1 & 1 & 0 \\ 0 & 1 & 1 & 0 & 0 & 0 & 1 \\ 0 & 1 & 1 & 0 & 1 & 1 & 0 \\ 0 & 1 & 0 & 1 & 0 & 1 & 0 \\ 0 & 1 & 0 & 1 & 1 & 0 & 1 \end{pmatrix}$$
$$\quad\ x_1 \ x_2 \ x_3 \ x_4 \ x_5 \ x_6 \ x_7$$

若在图 7-83 中过 a, b 点引一条边 x_0，可得其回路矩阵 $\boldsymbol{C} = (c_{ij})_{7 \times 8}$，其中

$$c_{ij} = \begin{cases} 1, & \text{若回路 } c_i \text{ 过 } x_j \text{ 边} \\ 0, & \text{其他} \end{cases}$$

显然，只要在矩阵 $\boldsymbol{P}$ 中增加与 x_0 对应的元素均为 1 的一列，则可得矩阵

$$\boldsymbol{C}_1 = \begin{pmatrix} 1 & 0 & 0 & 0 & 0 & 0 & 1 & 1 \\ 1 & 0 & 1 & 1 & 0 & 1 & 0 & 1 \\ 1 & 0 & 0 & 0 & 1 & 1 & 0 & 1 \\ 0 & 1 & 1 & 0 & 0 & 0 & 1 & 1 \\ 0 & 1 & 1 & 0 & 1 & 1 & 0 & 1 \\ 0 & 1 & 0 & 1 & 0 & 1 & 0 & 1 \\ 0 & 1 & 0 & 1 & 1 & 0 & 1 & 1 \end{pmatrix} \begin{array}{c} 1 \\ 2 \\ 3 \\ 4 \\ 5 \\ 6 \\ 7 \end{array}$$
$$x_1 \ x_2 \ x_3 \ x_4 \ x_5 \ x_6 \ x_7 \ x_0$$

把矩阵 $\boldsymbol{C}_1$ 的第 1 行分别与第 2、3 行相加，并进行 mod 2 运算，这相当于第 1 行所对应的回路与第 2、3 行对应的回路分别作对称差。同时，第 4 行分别与第 5、6、7 行作类似运算，得矩阵

$$\boldsymbol{C}_2 = \begin{pmatrix} 1 & 0 & 0 & 0 & 0 & 0 & 1 & 1 \\ 0 & 0 & 1 & 1 & 0 & 1 & 1 & 0 \\ 0 & 0 & 0 & 0 & 1 & 1 & 1 & 0 \\ 0 & 1 & 1 & 0 & 0 & 0 & 1 & 1 \\ 0 & 0 & 0 & 0 & 1 & 1 & 1 & 0 \\ 0 & 0 & 1 & 1 & 0 & 1 & 1 & 0 \\ 0 & 0 & 1 & 1 & 1 & 0 & 0 & 0 \end{pmatrix} \begin{array}{c} 1 \\ 2 \\ 3 \\ 4 \\ 5 \\ 6 \\ 7 \end{array}$$
$$x_1 \ x_2 \ x_3 \ x_4 \ x_5 \ x_6 \ x_7 \ x_0$$

矩阵 $\boldsymbol{C}_2$ 中的第 2 行与第 6 行相同，第 3 行则与第 5 行相同，故从中去掉第 5、6 行，得

$$\boldsymbol{C}_3 = \begin{pmatrix} 1 & 0 & 0 & 0 & 0 & 0 & 1 & 1 \\ 0 & 0 & 1 & 1 & 0 & 1 & 1 & 0 \\ 0 & 0 & 0 & 0 & 1 & 1 & 1 & 0 \\ 0 & 1 & 1 & 0 & 0 & 0 & 1 & 1 \\ 0 & 0 & 1 & 1 & 1 & 0 & 0 & 0 \end{pmatrix} \begin{array}{c} 1 \\ 2 \\ 3 \\ 4 \\ 7 \end{array}$$

$$x_1 \quad x_2 \quad x_3 \quad x_4 \quad x_5 \quad x_6 \quad x_7 \quad x_0$$

把 C_3 中的第 2 行分别加到第 4、7 行,得

$$C_4 = \begin{pmatrix} 1 & 0 & 0 & 0 & 0 & 0 & 1 & 1 \\ 0 & 0 & 1 & 1 & 0 & 1 & 1 & 0 \\ 0 & 0 & 0 & 0 & 1 & 1 & 1 & 0 \\ 0 & 1 & 0 & 1 & 0 & 1 & 0 & 1 \\ 0 & 0 & 0 & 0 & 1 & 1 & 1 & 0 \end{pmatrix} \begin{matrix} 1 \\ 2 \\ 3 \\ 4 \\ 7 \end{matrix}$$

$$x_1 \quad x_2 \quad x_3 \quad x_4 \quad x_5 \quad x_6 \quad x_7 \quad x_0$$

由于第 3 行与第 7 行相同,故去掉第 7 行,得

$$C_5 = \begin{pmatrix} 1 & 0 & 0 & 0 & 0 & 0 & 1 & 1 \\ 0 & 0 & 1 & 1 & 0 & 1 & 1 & 0 \\ 0 & 0 & 0 & 0 & 1 & 1 & 1 & 0 \\ 0 & 1 & 0 & 1 & 0 & 1 & 0 & 1 \end{pmatrix} \begin{matrix} 1 \\ 2 \\ 3 \\ 4 \end{matrix}$$

$$x_1 \quad x_2 \quad x_3 \quad x_4 \quad x_5 \quad x_6 \quad x_7 \quad x_0$$

改变列的次序可得回路矩阵

$$C_6 = \begin{pmatrix} 1 & 0 & 0 & 0 & 0 & 0 & 1 & 1 \\ 0 & 1 & 0 & 0 & 1 & 1 & 1 & 0 \\ 0 & 0 & 1 & 0 & 0 & 1 & 1 & 0 \\ 0 & 0 & 0 & 1 & 1 & 1 & 0 & 1 \end{pmatrix} \begin{matrix} 1 \\ 2 \\ 3 \\ 4 \end{matrix}$$

$$x_1 \quad x_3 \quad x_5 \quad x_2 \quad x_4 \quad x_6 \quad x_7 \quad x_0$$

如果把第 1 行加到第 2、3 行,并改变列的次序,得

$$C_f = \begin{pmatrix} 1 & 0 & 0 & 0 & 1 & 0 & 0 & 1 \\ 0 & 1 & 0 & 0 & 1 & 1 & 1 & 1 \\ 0 & 0 & 1 & 0 & 1 & 0 & 1 & 1 \\ 0 & 0 & 0 & 1 & 0 & 1 & 1 & 1 \end{pmatrix} \begin{matrix} 1 \\ 2 \\ 3 \\ 4 \end{matrix}$$

$$x_7 \quad x_3 \quad x_5 \quad x_2 \quad x_1 \quad x_4 \quad x_6 \quad x_0$$

从 C_f 矩阵得 a,b 间的下列四条道路,称为这个网络的基本道路。

$$P_1 = \{x_1, x_7\}, P_2 = \{x_1, x_3, x_4, x_6\}$$

$$P_3 = \{x_1, x_5, x_6\}, P_4 = \{x_2, x_4, x_6\}$$

又设 a,b 间的开关函数为

$$f_{ab} = x_1 x_3 + x_1 x_4 + x_2 x_3 + x_2 x_4$$

在 a,b 间加进一条边 $x_0 = \langle a,b \rangle$,可得回路矩阵

$$C = \begin{matrix} 1 \\ 2 \\ 3 \\ 4 \end{matrix} \begin{pmatrix} 1 & 0 & 1 & 0 & 1 \\ 1 & 0 & 0 & 1 & 1 \\ 0 & 1 & 1 & 0 & 1 \\ 0 & 1 & 0 & 1 & 1 \end{pmatrix}$$

$$x_1 \quad x_2 \quad x_3 \quad x_4 \quad x_0$$

把 C 的第 1 行加到第 2 行,第 3 行加到第 4 行,进行 mod 2 运算,得

$$C_1 = \begin{pmatrix} 1 & 0 & 1 & 0 & 1 \\ 0 & 0 & 1 & 1 & 0 \\ 0 & 1 & 1 & 0 & 1 \\ 0 & 1 & 0 & 1 & 0 \end{pmatrix} \begin{matrix} 1 \\ 2 \\ 3 \\ 4 \end{matrix}$$
$$\quad\; x_1 \; x_2 \; x_3 \; x_4 \; x_0$$

C_1 的第 2 行与第 4 行相同,故去掉第 4 行,得

$$C_2 = \begin{pmatrix} 1 & 0 & 0 & 1 & 1 \\ 0 & 1 & 0 & 1 & 0 \\ 0 & 0 & 1 & 1 & 1 \end{pmatrix} \begin{matrix} 1 \\ 2 \\ 3 \end{matrix}$$
$$\quad\; x_1 \; x_2 \; x_3 \; x_4 \; x_0$$

在矩阵 C_2 中与 x_0 对应的列的元素不全为 1。显然,该列中元素为 1 的行对应一条从 a 到 b 的独立道路(如图 7-84 所示),这些独立道路的对称差不一定生成所有回路。

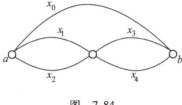

图 7-84 ■

上面的定理建立了 a,b 两结点间的开关网络 G_N 从结点 a 到结点 b 的道路与回路之间的关系,现在转入讨论给定开关函数 f_{ab} 后,如何实现这个网络。

下面举例说明算法。

例 7.8.4 设

$$f_{ab} = x_1x_2x_3x_5x_7 + x_1x_3x_4x_6 + x_1x_5x_6x_8 + x_2x_4 + x_2x_3x_5x_8 + x_3x_4x_6x_7x_8 + x_5x_6x_7$$

第一步:引进边 $\langle a,b \rangle = x_0$,并从回路矩阵出发,通过一系列初等变换,得出基本回路矩阵,步骤如下:

$$C = \begin{pmatrix} 1 & 1 & 1 & 0 & 1 & 0 & 1 & 0 & 1 \\ 1 & 0 & 1 & 1 & 0 & 1 & 0 & 0 & 1 \\ 1 & 0 & 0 & 0 & 1 & 1 & 0 & 1 & 1 \\ 0 & 1 & 0 & 1 & 0 & 0 & 0 & 0 & 1 \\ 0 & 1 & 1 & 0 & 1 & 0 & 0 & 1 & 1 \\ 0 & 0 & 1 & 1 & 0 & 1 & 1 & 1 & 1 \\ 0 & 0 & 0 & 0 & 1 & 1 & 1 & 0 & 1 \end{pmatrix} \begin{matrix} 1 \\ 2 \\ 3 \\ 4 \\ 5 \\ 6 \\ 7 \end{matrix}$$
$$\quad\; x_1 \; x_2 \; x_3 \; x_4 \; x_5 \; x_6 \; x_7 \; x_8 \; x_0$$

从基本回路矩阵可知,图 G_N 有

$$m = 9, 余树边数为 4,$$
$$树的边数为 5, n = 6。$$

第二步:从基本回路矩阵

$$C_f = (I_{(m-n+1)} \;\vdots\; \underset{n-1}{\underline{C_{12}}})$$

与基本割集矩阵 S_f 的关系

$$S_f = (C_{12}^{\mathrm{T}} \vdots I_{(n-1)})$$

可得矩阵 S_f 如下：

$$S_f = \begin{pmatrix} 1 & 1 & 1 & 0 & \vdots & 1 & 0 & 0 & 0 & 0 \\ 1 & 0 & 1 & 0 & \vdots & 0 & 1 & 0 & 0 & 0 \\ 1 & 0 & 1 & 1 & \vdots & 0 & 0 & 1 & 0 & 0 \\ 1 & 0 & 0 & 1 & \vdots & 0 & 0 & 0 & 1 & 0 \\ 1 & 1 & 1 & 1 & \vdots & 0 & 0 & 0 & 0 & 1 \end{pmatrix}$$
$$\begin{matrix} x_1 & x_4 & x_8 & x_6 & x_2 & x_3 & x_5 & x_7 & x_0 \end{matrix}$$

对矩阵 S_f 进行下面一系列初等变换，便能得到一个每列至多有两个元素 1 的矩阵。

$$\begin{pmatrix} 1 & 1 & 1 & 0 & 1 & 0 & 0 & 0 & 0 \\ 1 & 0 & 1 & 0 & 0 & 1 & 0 & 0 & 0 \\ 1 & 0 & 1 & 1 & 0 & 0 & 1 & 0 & 0 \\ 1 & 0 & 0 & 1 & 0 & 0 & 0 & 1 & 0 \\ 1 & 1 & 1 & 1 & 0 & 0 & 0 & 0 & 1 \end{pmatrix}$$ 加第 5 行于第 1 行
加第 3 行于第 5 行
加第 4 行于第 3 行

$$\Rightarrow \begin{pmatrix} 0 & 0 & 0 & 1 & 1 & 0 & 0 & 0 & 1 \\ 1 & 0 & 1 & 0 & 0 & 1 & 0 & 0 & 0 \\ 0 & 0 & 1 & 0 & 0 & 0 & 1 & 1 & 0 \\ 1 & 0 & 0 & 1 & 0 & 0 & 0 & 1 & 0 \\ 0 & 1 & 0 & 0 & 0 & 0 & 1 & 0 & 1 \end{pmatrix}$$
$$\begin{matrix} x_1 & x_4 & x_8 & x_6 & x_2 & x_3 & x_5 & x_7 & x_0 \end{matrix}$$

第三步：对上面所得矩阵增加最后一行，使得每列有两个元素 1，于是得关联矩阵

$$A = \begin{pmatrix} 0 & 0 & 0 & 1 & 1 & 0 & 0 & 0 & 1 \\ 1 & 0 & 1 & 0 & 0 & 1 & 0 & 0 & 0 \\ 0 & 0 & 1 & 0 & 0 & 0 & 1 & 1 & 0 \\ 1 & 0 & 0 & 1 & 0 & 0 & 0 & 1 & 0 \\ 0 & 1 & 0 & 0 & 0 & 0 & 1 & 0 & 1 \\ 0 & 1 & 0 & 0 & 1 & 1 & 0 & 0 & 0 \end{pmatrix} \begin{matrix} 1 \\ 2 \\ 3 \\ 4 \\ 5 \\ 6 \end{matrix}$$
$$\begin{matrix} x_1 & x_4 & x_8 & x_6 & x_2 & x_3 & x_5 & x_7 & x_0 \end{matrix}$$

根据基本道路矩阵与关联矩阵，可得开关网络图（去掉 x_0 边）如图 7-85 所示。

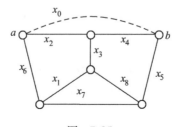

图 7-85

习题

1. 用标点法求图 7-86 所示的运输网络的最大流,其中无向的边是双向的。

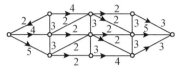

图 7-86

2. 设 x_1, x_2, x_3 是三家工厂,y_1, y_2, y_3 是三个仓库,工厂生产的产品要运往仓库,其运输网络如图 7-87 所示,设 x_1, x_2, x_3 的生产能力分别为 $40, 20, 10$ 个单位,问应如何安排生产?

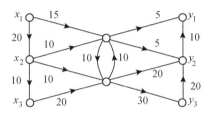

图 7-87

3. 七种设备要用五架飞机运往目的地,每种设备各有四台,这五架飞机容量分别是 $8, 8, 5, 4, 4$ 台,问能否有一种装法,使同一种类型设备不会有两台在同一架飞机上?

4. 在第 3 题中,若飞机的容量分别是 $7, 7, 6, 4, 4$ 台,求问题的解。

5. 已知开关函数 $f_{ab} = x_1 x_3 + x_1 x_2 x_5 + x_2 x_3 x_4 + x_4 x_5$,求实现这个简单接触的网络。

小结

　　本章介绍了图的基本概念、子图和图的运算、路径、回路和连通性的概念及图的矩阵表示,这些基本概念在实际应用中都是很重要的。在特殊图这一节里,介绍了欧拉图、二部图、对偶图和平面图。此外,本章用较大的篇幅介绍了树,树在计算机科学中的应用是相当活跃的一个分支。因为一个实际问题一旦用图描述出来,就可以把这个图转化成树(生成树),而任何一棵树均可以转化为二元树,对这棵二元树,读者可以在计算机中方便地存储和访问。作为加权图的应用本章介绍了网络(包括运输网络和开关网络),它们在解决交通运输通道的运输能力以及计算机设计和通信方面都很有实用价值。

第二篇　离散数学中的算法

在离散数学的教学中一般只给出算法的设计思想而不给出具体的程序实现,然而,根据这些设计思想编制出的程序,对于刚刚步入计算机科学大门的初学者来说还是有一定难度的。为此,本书加入了用C语言实现的算法,并把它们按照章节进行了归纳,使初学者可以在学习基础理论的同时联系实际编程技术。

第 8 章

■ 数理逻辑中的算法

8.1 逻辑联结词的定义方法

为了书写方便,本书使用数值变量表示命题变元。当变量的值为 1 时,表示命题变元的真值为真;当变量的值为 0 时,表示该命题变元的真值为假。其中,设 P, Q, Z 均为命题变元,其中 Z 为 P, Q 进行逻辑运算之后的结果,则逻辑联结词可分别定义如下:

1. 逻辑联结词"否定"

对命题变元 P 进行否定,其结果放在 Z 中,即 $Z \Leftrightarrow \neg P$。程序如下:

```c
#include"stdio.h"
main()
{
  intz,p;
  printf("验证逻辑联结词'否定'");
  printf("\t");
  printf("z = !p");
  printf("\n");
  while(p!=0&&p!=1)
    {
      printf("Please input p(0 or 1):p = ");
      scanf("% d",&p);
    }
  if (p==0)
    z =1;
  else
    z =0;
  printf("z = % d \n",z);
}
```

2. 逻辑联结词"合取"

将 P, Q 进行合取运算,其结果放在 Z 中,即 $Z \Leftrightarrow P \wedge Q$。程序如下:

```c
#include "stdio.h"
main()
{
  int z,p,q;
  printf("验证逻辑联结词 '合取'");
  printf("\t");
  printf("z = p∧q");
  printf("\n");
  while ((p!=0&&p!=1)||(q!=0&&q!=1))
    {
      printf("Please input p(0 or 1):p = ");
      scanf("% d",&p);
      printf("Please input q(0 or 1):q = ");
      scanf("% d",&q);
    }
```

```
  if ((p==1) && (q==1))
    z = 1;
  else
    z = 0;
  printf("z = % d \n",z);
}
```

3. 逻辑联结词"析取"

对 P, Q 进行析取运算,其结果存放在 Z 之中,即 $Z \Leftrightarrow P \lor Q$。程序如下:

```
#include "stdio.h"
main()
{
  int z,p,q;
  printf("验证逻辑联结词'析取'");
  printf("\t");
  printf("z = p∨q");
  printf("\n");
  while ((p!=0&&p!=1)||(q!=0&&q!=1))
    {
      printf("Please input p(0 or 1):p = ");
      scanf("% d",&p);
      printf("Please input q(0 or 1):q = ");
      scanf("% d",&q);
    }
  if ((p==1) || (q==1))
    z = 1;
  else
    z = 0;
  printf("z = % d \n",z);
}
```

4. 逻辑联结词"单条件"

如果 P 是逻辑条件,则 Q 的运算结果存放在 Z 中,即 $Z \Leftrightarrow P \to Q$。程序如下:

```
#include "stdio.h"
main()
{
  int z,p,q;
  printf("验证逻辑联结词'单条件'");
  printf("\t");
  printf("z = p - > q");   /* - >单条件 * /
  printf("\n");

  while ((p!=0&&p!=1)||(q!=0&&q!=1))
    {
      printf("Please input p(0 or 1):p = ");
      scanf("% d",&p);
      printf("Please input q(0 or 1):q = ");
      scanf("% d",&q);
    }
  if (p==0 ||q==1)
    z = 1;
  else
    z = 0;
  printf("z = % d \n",z);
}
```

5. 逻辑联结词"双条件"

P 是当且仅当的逻辑条件时，Q 的运算结果存放在 Z 中。程序如下：

```
#include "stdio.h"
main()
{
  int z,p,q;
  printf("验证逻辑联结词'双条件'");
  printf("\t");
  printf("z = < == >p");  /* < == >双条件*/
  printf("\n");
  while ((p!=0&&p!=1)||(q!=0&&q!=1))
    {
      printf("Please input p(0 or 1):p = ");
      scanf("% d",&p);
      printf("Please input q(0 or 1):q = ");
      scanf("% d",&q);
    }
  if (p==q)
    z =1;
  else
    z =0;
  printf("z=% d\n",z);
}
```

8.2   合式公式的表示方法

如果给出任意一个合式公式，我们应该如何用程序语句表示出来并能够计算它在各组的真值（或是逻辑运算的结果）呢？方法显然是多种多样的，本书仅介绍一种较为简便的方法。因为前面的阐述中已经给出了逻辑联结词的定义，所以根据这种定义方法，也可以把一个合式公式表示成为条件语句中的条件表达式，这样就不难得到该合式公式的逻辑运算结果了。例如，$Z = \neg P \wedge (Q \vee R)$ 的程序如下：

```
#include "stdio.h"
main()
{
  int z,p,q,r;
  printf("验证合式公式的表示方法");
  printf("\t");
  printf("z =!p∧(q∨r)");
  printf("\n");
  while ((p!=0&&p!=1))
    {
      printf("Please input p(0 or 1):p = ");
      scanf("% d",&p);
    }
  while ((q!=0&&q!=1))
    {
      printf("Please input q(0 or 1):q = ");
      scanf("% d",&q);
    }
  while ((r!=0&&r!=1))
    {
      printf("Please input r(0 or 1):r = ");
```

```
      scanf("% d",&r);
    }
  if (!(p==1)&&(q==1||r==1))
    z=1;
  else
    z=0;
  printf("z=% d\n",z);
}
```

而 $Z = P \rightarrow \neg Q \wedge P \vee R$ 的程序可表示如下：

```
#include "stdio.h"
main()
{
  int z,p,q,r;
  printf("验证合式公式的表示方法");
  printf("\t");
  printf("z=p-->q∨p∧r");
  printf("\n");
  while ((p!=0&&p!=1))
    {
      printf("Please input p(0 or 1):p= ");
      scanf("% d",&p);
    }
  while ((q!=0&&q!=1))
    {
      printf("Please input q(0 or 1):q= ");

      scanf("% d",&q);
    }
  while ((r!=0&&r!=1))
    {
      printf("Please input r(0 or 1):r= ");
      scanf("% d",&r);
    }
  if (p==0||(!(q==1)||p==1&&r==1))
    z=1;
  else
    z=0;
  printf("\t \t z=% d\n",z);
}
```

8.3 构造合式公式的真值表

1. 功能

给出任意变元的合式公式，构造该合式公式的真值表。

2. 基本思想

仍然以用数值变量表示命题变元为前提规范，合式公式的表示及求真值的方法采用 8.2 节中所采用的方法，并在程序计算前将转换后的合式公式输入到本程序首个 sign:语句后的条件位置上。另外，我们使用一维数组 $a[N]$ 来表示合式公式中所出现的 n 个命题变元。例如，合式公式 $\neg(P \vee Q) \wedge ((P \vee R) \vee S)$ 应表示成如下语句：

```
if (!(a[1]==1||a[2]==1)&&((a[1]==1||a[3]==1)||a[4]==1)) z=1; else z=0;
```

一维数组 $a[N]$ 除了表示 n 个命题变元外，它还是一个二进制加法器的模拟器，每当在这个模拟器中产生一个二进制数时,就相当于给各命题变元产生了一组真值指派。其中数值 1 表示真值为真,而 0 表示真值为假。

3. 算法逻辑

(1)将二进制加法器模拟器 $a[N]$ 赋初值,$0 \Leftrightarrow a_i (i = 1, 2, \cdots, n)$。

(2)计算模拟器中所对应的一组真值指派下合式公式的真值(条件语句)。

(3)输出真值表中对应于模拟器所给出的一组真值指派及这组真值指派所对应的一行真值。

(4)在模拟器 $a[N]$ 中,模拟产生下一个二进制数值。

(5)若 $a[N]$ 中的数值等于 2^n,则结束,否则转(2)。

4. 程序及存储说明

```c
#include "stdio.h"
#define N   4

main()
{
  int a[N];
  int i,z;
  printf("构造任意公式的真值表");
  printf("\n");
  for (i =1;i < =4;i ++)
    {
      a[i] =0;
      printf("a[% 4d] =0", i);
    }
sign:
  if (!(a[1] ==1 || a[2] ==1)&&((a[1] ==1 || a[3] ==1) || a[4] ==1))
    z =1;
  else
    z =0;
  for (i =N;i > =1;i - -)
    printf("% 4d",a[i]);
  printf("    |% 4d\n",z);
  i =1;
sing:
  a[i] =a[i] +1;
  if (a[i] <2)
    goto sign;
  else
    a[i] =0;
  i ++;
  if (i < =4)
    goto sing;
}
```

程序解释说明:

N——合式公式中所有不同的命题变元的个数。

$a[N]$——一维数组,用于模拟二进制加法器。每个下标变量存放一位二进制数,共可存放 n 位二进制数。另外,每个下标变量表示一个命题变元。

z——存放所给出的合式公式对应于各组真值指派的真值。

i——工作变量。

第 9 章

■ 集合论中的算法

为了强调集合论中各运算的基本概念及各运算的基本算法,在本章中,假设各集合的元素都是数字组成的。在后面各章中也均作这种假设并且不再重述。

9.1 求并集

1. 功能

给定集合 A 和 B,求出 A 和 B 的并集 $C(C = A \cup B)$。

2. 基本思想

由于并集的组成为 $C = \{x \mid x \in A \vee x \in B\}$,所以,只要将集合 A 与集合 B 合在一起,就可得到并集 C。但是,在一个集合中,同样的元素没必要出现两次或两次以上,所以在将集合 A 送入并集 C 后,应将集合 B 中与集合 A 中相同的元素删除,再将集合 B 送入并集 C 中。

3. 算法

(1)集合 B 的元素个数送 M,集合 A 的元素个数送 N。

(2)$A \Rightarrow C$。

(3)$l \Rightarrow i$。

(4)若 $i > M$,则结束。

(5)否则,对于 $j = 1, 2, \cdots, n$,进行判别:$b_i = a_j$,若相等,则转(7)。

(6)否则,$b_i \Rightarrow C$。

(7)$i + 1 \Rightarrow i$,转(4)。

4. 程序及存储说明

```
#include "stdio.h"
main()
{
int i,j,k,M,N;
    printf("验证并集");
    printf("C=A∪B\n");
    printf("请输入 A 中集合的个数:");
scanf("% d",&N);
    printf("请输入 B 中集合的个数:");
scanf("% d",&M);
int A[N],B[M],C[M+N];
    printf("请输入集合 A:");
for (i=0;i<N;i++)
scanf("% d",&A[i]);
    printf("请输入集合 B:");
for (i=0;i<M;i++)
scanf("% d",&B[i]);
printf("A[N]={");
for (i=0;i<N;i++)
```

```
printf("% 4d",A[i]);
printf("}\n");
printf("B[M] = {");
for (i = 0;i < M;i ++)
printf("% 4d",B[i]);
printf("}\n");
for (i = 0;i < N;i ++)
        C[i] = A[i];
    k = N;
for (j = 0;j < M;j ++)
    {
    for (i = 0;i < N;i ++)
        {
    if (B[j] == A[i])
break;
        }
    if (i == N)
        {
    C[k] = B[j];
    k ++;
    }
    }
printf("C = {");
for (i = 0;i < k;i ++)
printf("% 4d",C[i]);
printf("}\n");
    }
```

程序解释说明：

N——集合 A 中元素的个数,当程序运行时由键盘输入。

M——集合 B 中元素的个数,程序运行时由键盘输入。

A[N]——一维数组,存放集合 A 的每一个元素,每个元素占一个下标变量。

B[M]——一维数组,存放集合 B 的每一个元素,每个元素占一个下标变量。

C[M + N]——一维数组,存放集合 A 与集合 B 的并集,其中 $M + N$ 为并集可能出现的最多元素个数。

9.2 求交集

1. 功能
已知所给集合 A 和 B,求 A 与 B 的交集 $C(C = A \cap B)$。

2. 基本思想
根据交集的定义 $C = \{x \mid x \in A \wedge x \in B\}$,将集合 A 的各个元素与集合 B 的元素进行比较,若在集合 B 中存在某个元素并和集合 A 中某一元素相等,则将该元素送入交集 C 中。

3. 算法
(1)将集合 A 中的元素送入 N。

(2)$1 \Rightarrow i$。

(3)若 $i > N$,则结束。

(4)否则,将 a_i 与集合 B 中的每个元素进行比较,若 a_i 与集合 B 中所有元素均不相同,则转(6)。

(5)否则,将 $a_i \Rightarrow C$。

(6)$i+1 \Rightarrow i$,转(3)。

4. 程序及存储说明

```
#include "stdio.h"

main()
{
int i,j,k,M,N;
    printf("验证交集:C = A ∩B\n");
    printf("请输入 A 中集合的个数:");
scanf("% d",&N);
    printf("请输入 B 中集合的个数:");
scanf("% d",&M);
int A[N],B[M],C[M +N];
    printf("请输入集合 A:");
for (i =0;i <N;i ++)
scanf("% d",&A[i]);
    printf("请输入集合 B:");
for (i =0;i <M;i ++)
scanf("% d",&B[i]);
printf("A[N] = {");
for (i =0;i <N;i ++)
printf("% 4d",A[i]);
printf("}\n");
printf("B[M] = {");
for (i =0;i <M;i ++)
printf("% 4d",B[i]);
printf("}\n");
    k =0;
for (j =0;j <M;j ++)
    {
for (i =0;i <N;i ++)
        {
if (B[j] ==A[i])
            {
                C[k] =B[j];
k ++;
break;
            }
        }
    }
printf("C = {");
for (i =0;i <k;i ++)
printf("% 4d",C[i]);
printf("}\n");
}
```

9.3 求差集

1. 功能

已知所给集合 A 和 B,求集合 A 和 B 的差集 $C(C = A - B)$。

2. 基本思想

差集 C 的定义 $C = \{x \mid x \in A \wedge x \in B\}$ 清楚地告诉我们,对于集合 A 中的元素 a_i,若不存在 $b_y \in B(j = 1, 2, \cdots, m)$,使得 $a_i = b_y$,则 $a_i \in$ 差集 C。

3. 算法

(1)将集合 A 的元素个数送入 N。

(2)$1 \Rightarrow i$。

(3)$i > N$,则结束。

(4)否则,将 a_i 与集合 B 中的每个元素相比较,若 a_i 与集合 B 中的某个元素相同,则转(6)。

(5)否则,$a_i \Rightarrow C$。

(6)$i + 1 \Rightarrow i$,转(3)。

4. 程序及存储说明

```c
#include "stdio.h"
main()
{
int i,j,k,M,N;
    printf("验证差集:C = A - B \n");
    printf("请输入 A 中集合的个数:");
scanf("% d",&N);
    printf("请输入 B 中集合的个数:");
scanf("% d",&M);
int A[N],B[M],C[M+N];
    printf("请输入集合A:");
for (i =0;i <N;i ++)
scanf("% d",&A[i]);
    printf("请输入集合B:");
for (i =0;i <M;i ++)
scanf("% d",&B[i]);
printf("A[N] ={");
for (i =0;i <N;i ++)
printf("% 4d",A[i]);
printf("}\n");
printf("B[M] ={");
for (i =0;i <M;i ++)
printf("% 4d",B[i]);
printf("}\n");
    k =0;
for (i =0;i <N;i ++)
    {
for (j =0;j <M;j ++)
        {
if (A[i] ==B[j])
break;
        }
if (j ==M)
        {
            C[k] =A[i];
k ++;
        }
    }
```

```
printf("C = {");
for (i = 0;i < k;i ++)
printf("% 4d",C[i]);
printf("}\n");

}
```

9.4 求笛卡儿乘积

1. 功能
已知集合 A 和 B，求 A 和 B 的笛卡儿乘积 $C(C = A \times B)$。

2. 基本思想
笛卡儿乘积是以有序偶为元素组成的集合，它的定义为 $C = \{ <x,y> | x \in A \wedge y \in B \}$。所以欲求笛卡儿乘积，只需取尽集合 A 及集合 B 的元素，并构成序偶 $<a_i,b_j>$ 送入 C 中即可。

3. 算法
（1）将集合 A 的元素个数送入 N。

（2）将集合 B 的元素个数送入 M。

（3）$1 \Rightarrow i$。

（4）若 $i > N$，则结束。

（5）$1 \Rightarrow j$。

（6）若 $j > M$，则转（9）。

（7）$<a_i,b_j> \Rightarrow C$。

（8）$j + 1 \Rightarrow j$，转（6）。

（9）$i + 1 \Rightarrow i$，转（4）。

4. 程序及存储说明

```
#include "stdio.h"

main()
{
int i,j,l,M,N;
    printf("验证笛卡儿乘积:C = A × B \n");
    printf("请输入 A 中集合的个数:");
scanf("% d",&N);
    printf("请输入 B 中集合的个数:");
scanf("% d",&M);
int A[N],B[M];
    printf("请输入集合 A:");
for (i = 0;i < N;i ++)
scanf("% d",&A[i]);
    printf("请输入集合 B:");
for (i = 0;i < M;i ++)
scanf("% d",&B[i]);
printf("A[N] = {");
for (i = 0;i < N;i ++)
printf("% 4d",A[i]);
printf("}\n");
printf("B[M] = {");
```

```
for (i =0;i <M;i ++)
printf("% 4d",B[i]);
printf("}\n");
printf("C = {");
for (i =0;i <N;i ++)
      {for (j =0;j <M;j ++)
printf("(% d,% d)",A[i],B[j]);

      }
printf("}\n");
}
```

第 10 章

■ 关系中的算法

在第一篇中已经介绍过,关系是笛卡儿乘积的子集,因此,我们可以采用集合论中表示集合的方法来表示关系。然而,关系也可以由关系矩阵给出,并且用关系矩阵来表示关系比用数组表示有序偶更为方便。所以,在本书后面的各算法中,关系将由关系矩阵给出,并设 $R \in X \times X$,其中 $X = \{1, 2, \cdots, n\}$。

10.1 判断关系 R 是否为自反关系及对称关系

1. 功能
已知关系 R 由关系矩阵 M 给出,判断由 M 表示的这个关系是否为自反关系和对称关系。

2. 基本思想
从给定的关系矩阵判断关系 R 是否为自反关系和对称关系是很容易的。若 M(R 的关系矩阵)的主对角线元素均为 1,则 R 是自反关系;若 M 为对称矩阵,则 R 是对称关系。因为 R 为自反的和对称的是等价关系的必要条件,所以,本算法可以作为判定等价关系算法的子程序。因此,我们在程序中设置标志变量 F,若 R 是自反的、对称的关系,则 $F = 1$,否则 $F = 0$。

3. 算法
(1)送入关系矩阵 M(M 为 n 阶方阵)。

(2)判断自反性,对于 $i = 1, 2, \cdots, n$,若存在 $m_{ii} = 0$,则 R 不是自反的,转(5)。

(3)判断对称性,对于 $i = 2, 3, \cdots, n, j = 1, 2, \cdots, i - 1$,若存在 $m_{ij} \neq m_{ji}$,则 R 不是对称的,转(5)。

(4)R 是自反的、对称的,则 $F = 1$。

(5)结束。

4. 程序及存储说明

```c
#include "stdio.h"
main()
{
int i,j,N;
int f =1,e =1;
    printf("判断 R 是否为自反关系及对称关系 \n ");
    printf("输入定义 R 的集合中元素个数:\n ");
scanf("% d",&N);
int M[N][N];
    printf("输入 R 的关系矩阵,按行输入:\n ");
for (i =0;i <N;i ++)
for (j =0;j <N;j ++)
scanf("% d",&M[i][j]);
for (i =0;i <N;i ++)
    {
```

```
for (j =0;j <N;j ++)
printf("% 4d",M[i][j]);
printf("\n");
        }
for (i =0;i <N;i ++)
    {
if (M[i][i]!=1)
        {
            e =0;
break;
        }
    }

for (i =0;i <N;i ++)
    {
for (j =0;j <N;j ++)
if (M[i][j]!=M[j][i])
        {
            f =0;
break;
        }
break;
    }

if (f ==1&&e ==1)
        printf("关系 R 是自反的,对称的 \n");
else if (f ==1&&e ==0)
        printf("关系 R 不是自反的,是对称的 \n");
else if (f ==0&&e ==1)
        printf("关系 R 是自反的,不是对称的 \n");
else
        printf("关系 R 不是自反的,也不是对称的 \n");
}
```

程序解释说明：

N——关系矩阵 M 的阶。

f——标志变量,其值为 1 时标志关系 R 是自反的、对称的;其值为 0 时标志关系 R 不是自反的或者不是对称的。

e——标志变量,其值为 1 时标志关系 R 是对称的。

M[N][N]——R 的关系矩阵。

10.2　判断关系 R 是否为可传递关系

1. 功能

给出关系 R 的关系矩阵 M,判断关系 R 是否为可传递的。

2. 基本思想

根据一个关系 R 的可传递性定义知,若关系 R 是可传递的,则必有 $m_{ik}=1 \wedge m_{kj}=1 \Rightarrow m_{ij}=1$。这个式子也可以改写成 $m_{ij}=0 \Rightarrow m_{ik}=0 \vee m_{kj}=0$。我们就是根据后一个公式来完成判断可传递性这一功能的。同 10.1 节的算法一样,可传递性也是等价关系的必要条件。因此,在这里也设置标志变量 F,$F=1$ 标志关系 R 是可传递的,$F=0$ 标志关系 R 是不可传递的。

3. 算法

(1)给出关系矩阵 M(M 为 n 阶方阵)。

(2)$1 \Rightarrow i$。

(3)若 $i > n$,则转(13)。

(4)$1 \Rightarrow j$。

(5)若 $j > n$,则转(12)。

(6)若 $m_{ij} = 1$,则转(11)。

(7)$1 \Rightarrow j$。

(8)若 $k > n$,则转(11)。

(9)若 $m_{ik} * m_{ki} = 1$,则 R 不是可传递的,转(14)。

(10)$k + 1 \Rightarrow k$,转(8)。

(11)$j + 1 \Rightarrow j$,转(5)。

(12)$i + 1 \Rightarrow i$,转(3)。

(13)关系 R 是可传递的,$F = 1$。

(14)结束。

4. 程序及存储说明

```
#include "stdio.h"
main()
{
int i,j,k,N;
int f;
    printf("判断 R 是否为可传递关系 \n");
    printf("输入定义 R 的集合中元素个数:\n ");
scanf("% d",&N);
int M[N][N];
    printf("输入 R 的关系矩阵,按行输入:\n ");
for (i = 0;i < N;i ++)
for (j = 0;j < N;j ++)
scanf("% d",&M[i][j]);
for (i = 0;i < N;i ++)
    {
for (j = 0;j < N;j ++)
printf("% 4d",M[i][j]);
printf("\n");
    }
    f = 0;
for (i = 0;i < N;i ++)
for (j = 0;j < N;j ++)
if (M[i][j] == 0)
continue;
else
for (k = 0;k < N;k ++)
if (M[j][k] == 1 && M[i][k] == 0)
                    {
                        printf("关系 R 不是可传递的 \n");
goto end;
                    }
```

```
        printf("关系 R 是可传递的 \n");
end:
return 0;
}
```

程序解释说明:

　　N——关系矩阵 M 的阶。

　　M[N][N]——R 的关系矩阵。

10.3　判断关系 R 是否为等价关系

1. 功能

给定 R 的关系矩阵,据此判断所给关系 R 是否是等价关系。

2. 基本思想

判断一个关系 R 是不是等价的,就是判断 R 是不是自反的、对称的及可传递的。因为本书前面已经给出判断 R 是否为自反、对称及可传递的两个判断程序,故只需把它们作为子程序调用,再组织一段主程序即可。

3. 算法

(1)给出 R 的关系矩阵 M(M 为 n 阶方阵)。

(2)调用判断自反和对称子程序。

(3)若 $F=0$,则 R 不是等价关系,转(7)。

(4)否则,调用判断可传递子程序。

(5)若 $F=0$,则 R 不是等价关系,转(7)。

(6)R 是等价关系。

(7)结束。

关于判断是否是等价关系的程序本书作为练习留给读者。

10.4　求等价类

1. 功能

给定一个集合 $\{1,2,\cdots,n\}$ 及其上的一个等价关系 R,求由 R 所造成的等价类。

2. 基本思想

给定任意关系,欲判断 R 是否为等价关系,可用 10.3 节的算法所给出的程序。等价关系中,等价类内的各元素之间均有 R 关系,所以在构造等价类时,只要依据所给关系矩阵,把所有相互有 R 关系的各元素归为一类就可以了。在输出时,把每一类打印在同一行上。

3. 程序及存储说明

```c
#include "stdio.h"
#include "string.h"
main()
{
int i,j,k,N;
    printf("求等价关系 R 的等价类 \n");
    printf("输入定义 R 的集合中元素个数:\n ");
scanf("% d",&N);
int M[N][N];
```

```
            printf("输入等价关系 R 的关系矩阵,按行输入:\n ");
for (i = 0;i < N;i ++)
    {
for (j = 0;j < N;j ++)
        {
scanf("% d",&M[i][j]);
        }
printf("\n");
    }
        printf("所给等价关系的等价类为 \n");
for (i = 0;i < N;i ++)
    {
int temp = 0;
for (j = 0;j < i;j ++)
if(M[i][j] > 0)
            {
temp = 1;
continue;
            }
if(temp ==1) continue;
else{
for (j = i;j < N;j ++)
if(M[i][j] > 0)
printf("% d ",j +1);
printf("\n");
        }

    }
```

10.5　求极大相容类

1. 功能
给定一个集合 $\{1,2,\cdots,n\}$ 及其上的一个相容关系 R,求由 R 所造成的极大相容类。

2. 基本思想
若关系 R 是自反和对称的,则称 R 是相容关系。一个关系 R 是否为相容关系,可用本章 10.1 节的算法来判别。若 R 是相容关系,那么,我们就可以利用简化的关系矩阵(不含主对角线的下三角关系阵)表示这个关系 R,并且可以利用该简化的关系矩阵求出 R 的极大相容类。

3. 算法
(1)输入关系矩阵的下三角阵(不含主对角线)到一维数组 $M(N*(N-1)/2)$。

(2) R 的第 n 级相容类为 $\{1\},\{2\},\cdots,\{n\}$。

(3)若 $n = 1$,则结束。

(4)否则 $n-1\Rightarrow i$。

(5) $\{j|m_{ji} = 1$ 且 $i < j \leqslant n\}\Rightarrow A$。

(6)对每个 $i+1$ 级相容类 S,若 $S\cap A\neq\varnothing$,则添加一个新的相容类 $\{i\}\cup(S\cap A)$。

(7)对已得到的任意两个相容类 S 和 S',若 $S'\subseteq S$,则删除 S';并称这样合并后的相容类为第 i 级相容类。

(8)若 $i > 1$,则 $i-1\Rightarrow i$,转(5)。

(9)否则($i=1$),结束。

最后所得到的相容类,即为所给关系 R 的所有极大相容类。本书关于求极大相容类的程序作为练习留给读者。

10.6   关系的合成运算

1. 功能

设关系 A 是从集合 $X = \{1,2,\cdots,n\}$ 到集合 $Y = \{1,2,\cdots,m\}$ 的二元关系,而关系 B 是从集合 Y 到集合 $Z = \{1,2,\cdots,p\}$ 的二元关系,求 A 与 B 的合成关系 C。

2. 基本思想

由关系合成的定义可知,$A \circ B = \{\langle x,z \rangle \mid$ 有 $y \in Y$,使得 $\langle x,y \rangle \in A$ 且 $\langle y,z \rangle \in B\}$。若用关系矩阵表示关系,则关系的合成运算类似于数值矩阵的乘法。不同的是用"$\wedge$"代替乘号,用"$\vee$"代替加法。其中 $0 \vee 0 = 0, 0 \wedge 0 = 0, 0 \vee 1 = 1, 0 \wedge 1 = 0, 1 \vee 0 = 1, 1 \wedge 0 = 0, 1 \vee 1 = 1, 1 \wedge 1 = 1$。

3. 算法

(1)输入关系矩阵 A 和 B。

(2)$1 \Rightarrow i$。

(3)若 $i > n$,则结束。

(4)$1 \Rightarrow j$。

(5)若 $j > p$,则转(8)。

(6)$\bigvee\limits_{k=1}^{m} (a_{ik} \wedge b_{kj}) \Rightarrow c_{ij}$。

(7)$j+1 \Rightarrow j$,转(5)。

(8)$i+1 \Rightarrow i$,转(3)。

4. 程序及存储说明

```
#include "stdio.h"
#include "string.h"
#define M 3
#define N 3
#define P 3

main()
{
    int i,j,k,x;
    char p;
    int a[N][M],b[M][P],c[N][P];

    printf("关系的合成 \n");
    printf("A:\n");
    for (i =1;i < =N;i ++ )
    {
        for (j =1;j < =M;j ++ )
        {
            scanf("% 4d",&a[i][j]);
        }
        printf(" \n");
    }
```

```
        printf("B:\n");
        for (i =1;i < = M;i ++ )
        {
            for (j =1;j < = P;j ++ )
            {
                scanf("% d",&b[i][j]);
            }
            printf("\n");
        }
        printf("合成 C 的关系是 \n");
        for (i =1;i < = N;i ++ )
        {
            for (j =1;j < = P;j ++ )
            {
                x =0 ;
                for (k =1;k < = M;k ++ )
                    x = x + a[i][k] * b[k][j];
                if (x >0 ) c[i][j] =1 ;
                else      c[i][j] =0 ;
                printf("% 4d",c[i][j]);
            }
            printf("\n");
        }
    }
```

程序解释说明：

N——集合 *X* 中元素的个数。

M——集合 *Y* 中元素的个数。

P——集合 *Z* 中元素的个数。

a[N][M]——存放关系 *A* 的关系矩阵。

b[M][P]——存放关系 *B* 的关系矩阵。

c[N][P]——存放合成关系 *C* 的关系矩阵。

x——工作变量。

关系 *A* 和 *B* 的关系矩阵顺序为:a[N,M],b[M,P]。

测试数据举例:1,0,0,1,1,1,0,0,0,1,0,0,1,0,1,0,1,0,0,0,1,1,1,0,1,1,1,0,1,1,1,1,1,0

10.7 关系的闭包运算(1)

1. 功能

给定关系 *R*,求 *R* 的自反闭包及 *R* 的对称闭包。

2. 基本思想

若关系 *R* 的关系矩阵为 M,而自反闭包为 A(即 r(R) = A),对称闭包为 B(即 s(R) = B),则有:

$$A = M \vee I$$

$$B = M \vee M^{T}$$

其中 I 为恒等矩阵,M^{T} 为 M 的转置矩阵。

3. 算法

(1)输入 R 的关系矩阵 $\boldsymbol{M}$。

(2)$\boldsymbol{M}\Rightarrow A$。

(3)对于 $i=1,2,\cdots,n,a_{ii}=1$。

(4)$\boldsymbol{M}\Rightarrow B$。

(5)$2\Rightarrow i$。

(6)若 $i>n$,则结束。

(7)$1\Rightarrow j$。

(8)若 $j>i-1$,则转(11)。

(9)若 $a_{ij}+a_{ji}=1$,则 $1\Rightarrow a_{ij}$且 $1\Rightarrow a_{ji}$。

(10)$j+1\Rightarrow j$,转(8)。

(11)$i+1\Rightarrow i$,转(6)。

最后存放在 A 和 B 中的内容,分别是 R 的自反闭包与对称闭包的关系矩阵。

4. 程序及存储说明

```
#include "stdio.h"
main()
{
int i,j,N;
    printf("关系的闭包运算(1)\n");
    printf("输入定义 R 的集合中元素个数:\n ");
scanf("% d",&N);
int M[N][N];
int a[N][N];
int b[N][N];
    printf("输入 R 的关系矩阵,按行输入:\n ");
for (i = 0;i < N;i ++)
    {
for (j = 0;j < N;j ++)
        {
scanf("% d",&M[i][j]);
            a[i][j] = M[i][j];
            b[i][j] = M[i][j];
        }
printf("\n");
    }
    for (i = 0;i < N;i ++)
    {
        a[i][i] = 1;
    }
    for(i = 0;i < N;i ++)
    {
    for(j = 0;j < i;j ++)
        {
    if(b[i][j]==1 ||b[j][i]==1)
            {
    b[i][j] =1;
    b[j][i] =1;
            }
```

```
               }
           }
       printf("M的自反闭包为:\n");
for (i = 0;i < N;i ++)
       {
for (j = 0;j < N;j ++)
           {
printf("% d\t",a[i][j]);
           }
printf("\n");
       }
       printf("M的对称闭包为:\n");
for (i = 0;i < N;i ++)
       {
for (j = 0;j < N;j ++)
           {
printf("% d\t",b[i][j]);
           }
printf("\n");
       }
}
```

程序解释说明:

　　N——关系矩阵 *M* 的阶。

　　M[N][N]——开始存放 R 的关系矩阵。

　　测试数据举例:1,0,0,1,1,1,1,0,0,0,1,0,1,0,1,1,1,1,0,0,0,1,1,1,1,0,0,1,1,1,1,1,1,0,0,1,1,0,0,1,1,0,1,0,1,0,1,0,0,0,1,1,1,0,0,1,1,0,0,1,1,1,1,0,0,1

10.8　关系的闭包运算(2)

1. 功能

给定关系 R,求 R 的可传递闭包。

2. 算法

这里给出求传递闭包的 Warshall 算法:

(1)给出关系矩阵 *M*。

(2)$1 \Rightarrow i$。

(3)对所有的 j,若 $m_{ji} = 1$,则对 $k = 1,2,\cdots,n$,作 $m_{jk} = m_{jk} \vee m_{jk}$。

(4)$i + 1 \Rightarrow i$。

(5)若 $i \leqslant n$,则转(3),否则结束。

3. 程序及存储说明

```
#include "stdio.h"
#include "string.h"
main()
{
int i,j,k,N;
       printf("关系的闭包运算(2)\n");
       printf("输入定义 R 的集合中元素个数:\n ");
scanf("% d",&N);
int M[N][N];
```

```
        printf("输入 R 的关系矩阵,按行输入:\n ");
for (i =0;i <N;i ++)
    {
for (j =0;j <N;j ++)
        {
scanf("% d",&M[i][j]);
        }
printf("\n");
    }


for(i =0;i <N;i ++){
for (j =0;j <N;j ++){
if(M[j][i] ==1)
            {
for(k =0;k <N;k ++)
                    M[j][k] =M[i][k] |M[j][k];
            }
        }
    }


    printf("所给关系的可传递闭包为 \n");
for (i =0;i <N;i ++)
    {
for (j =0;j <N;j ++)
printf("% d ",M[i][j]);
printf("\n");
    }
}
```

程序解释说明:

N——关系矩阵 **M** 的阶。

M[N][N]——开始存放 R 的关系矩阵,最后存放 R 的可传递闭包。

测试数据举例:1,0,0,0,1,1,0,1,0,1,1,0,1,0,1,1

10.9 *m* 个字符串按字典顺序分类算法

1. 功能

给定一个含有 m 个字符串的向量 $N \$ (M)$,把这些字符串按字母顺序进行分类。

2. 基本思想

这个算法的目的是把 $N \$ (M)$ 中的 m 个字符串按升序分类,即对于 $j =1,2,\cdots,m -1$,$N \$ (j)$ 按字母顺序一定不能比 $N \$ (j +1)$ 大。当 $i =1$ 时,比较所有相邻的元素并交换不符合次序的那些元素。当这种比较对 j 和 $j +1$ 所对应的元素(j 遍历 1 到 $m -i$)都完成时,则在这种特殊的情况下,我们能保证第 m 个位置上将包含按字母顺序是最大的一个串。当 $i =2$ 时,将完成把第二个最大串置入 $N \$ (m)$ 的第 $m -1$ 个位置中。这样,最多要执行 $m -1$ 次,且在第 i 次时,必须做 $m -1$ 对元素的比较。当然,如果在某次完成时,没有做任何交换,则所有的元素已经按规定的次序排好了,并由标志 F 指明这个算法完成。

3. 算法

(1)对于 $i =1,2,\cdots,m -1$,进行(2) ~ (5),然后结束。

$(2)1 \Rightarrow F$。

(3)对$j = 1,2,\cdots,m - i$,转(4)。

(4)若$N \ \$(j) > N \ \$(j+1)$,则$N \ \$(j)$与$N \ \$(j+1)$中的元素互换且$0 \Rightarrow F$。

(5)若$F = 1$,则结束。

4. 程序及存储说明

```c
#include "stdio.h"
#include "string.h"
#define MAX    5
#define MAX2   50

main()
{
    int i,j,f,num;
    char * bottom;
    char string[MAX][MAX2],temp[MAX2];
    num = 1;
    printf("m 个字符串按字典顺序分类的算法 \n");
    for (i = 0;i < MAX;i ++)
    {
        printf("Input the string % d : ", num);
        num ++ ;
        gets(string[i]);
    }
    printf("\n");
    for (i = 0;i < MAX;i ++)
    {
        bottom = string[MAX - 1 - i];
        for (j = 0;j < MAX - i;j ++)
        {
            if (strcmp(string[j], bottom) > 0)
            {
                strcpy(temp, string[j]);
                strcpy(string[j], bottom);
                strcpy(bottom, temp);
            }
        }
    }
    printf("The result is: \n");
    for (i = 0;i < MAX;i ++)
    {
        printf("\t \t");
        puts(string[i]);
    }
}
```

程序解释说明：

M——共有 M 个字符参加分类。

N \$ [M]——存放字符串,每个单元存放一个字符串。

测试数据举例:"I am" ,"You are" ,"hello" ,"good" ,"bye"

第 11 章

■ 函数中的算法

求满射函数

1. 功能

设 A、B 为有限集合,且 $|A| = m$,$|B| = n$,求出共有多少从 A 到 B 上的满射函数。

2. 基本思想

根据函数的定义可知,从 A 到 B 映上的函数即为从 A 到 B 的满射函数。既然是函数,必有 $m \geqslant n$,否则就不是函数。对于所给出的问题,可以使用公式

$$F = C_n^n \cdot n^m - C_n^{n-1} \cdot (n-1)^m + C_n^{n-2} \cdot (n-2)^m - \cdots + (-1)^{n-1} C_n^1 \cdot 1^m$$

求得其解。但是在这里,我们使用计算机中常用的一种方法——枚举法来求解。

枚举法就是一个个地列出所有满足条件的函数,并将其记录下来,当枚举结束时就可求得欲求函数的数目。对于上面提出的问题,相当于把 n 个不同的数字放到 m 个位置上去的所有不同的放法。其中数字是可重复出现的,但是每个数字必须都出现过至少一次才是满射函数。

3. 算法

(1)函数总数置零,$0 \Rightarrow F$。

(2)$0 \Rightarrow A(M)$。

(3)检查 $A(M)$ 中的数是否是从 $0 \cdot n-1$ 这 n 个数字在 m 个位置上至少出现一次。若是,则 $F+1 \Rightarrow F$。

(4)用模拟的方法,将 $A(M)$ 中的 n 进制数加 1。

(5)若 $A(0) = 0$,则转 (3)。

(6)否则结束。

4. 程序及存储说明

```c
#include <stdio.h>
int main()
{
    int m = 3;
    int n = 2;
    int surjectionCount = 0;
    int workArray[] = {-1, -1, -1};
    int fullMappedArray[] = {0,0};
    for(int i = 0; i < n; i++)
    {

        workArray[0] = i;
        for(int j = 0; j < n; j++)
        {
            workArray[1] = j;
            for(int k = 0; k < n; k++)
```

```
        {
            workArray[2] = k;
            bool isFunction = true;
            for(int clearIter = 0;clearIter < n;clearIter ++)
            {
                fullMappedArray[clearIter] = 0;
            }
            for(int checkIter = 0;checkIter < m;checkIter ++)
            {
                fullMappedArray[workArray[checkIter]] = 1;
            }
            for(int iter = 0;iter < n;iter ++)
            {
                if(fullMappedArray[iter]!=1)
                {
                    isFunction = false;
                }
            }
            if(isFunction){
                surjectionCount ++;
                for(int iter2 = 0;iter2 < m;iter2 ++)
                {
                    printf("% d",workArray[iter2]);
                }
                printf("\n");
            }
        }
    }
}
    printf("% d \n",surjectionCount);
}
```

程序解释说明：

　　workArray[N]——工作数组。

　　surjectionCount——记录满射函数个数。

　　单射与双射函数的算法与满射函数极为类似,读者可以根据满射函数的程序来参考练习。

第 12 章

■ 代数系统中的算法

12.1 判断是否为代数系统的算法

1. 功能

给定一个数字集合 $X = \{0, 1, \cdots, n\}$，并给出一个运算 $*$（$*$ 运算由运算表给出），要求能够判断出：

(1)$\langle X, * \rangle$ 是否为代数系统。

(2)$*$ 运算是否是可交换的。

(3)$*$ 运算是否是可结合的。

2. 算法

(1)对于 $i = 0, 1, \cdots, n$，转(2)。

(2)对于 $j = 0, 1, \cdots, n$，转(3)。

(3)判断 $0 \leqslant a_{ij} \leqslant n$，若不是，则 $\langle X, * \rangle$ 不是代数系统，转(11)。

(4)判 $*$ 运算的运算表矩阵是否为对称阵，若是，则 $*$ 运算为可交换的；否则，不是可交换的。

(5)对于 $i = 0, 1, \cdots, n$，转(6)。

(6)对于 $j = 0, 1, \cdots, n$，转(7)。

(7)对于 $k = 0, 1, \cdots, n$，转(8) ~ (9)。

(8)$x = a_{ij}; y = a_{jk}$。

(9)若 $a_{xk} \neq a_{iy}$，则 $*$ 运算不是可结合的，转(11)。

(10)$*$ 运算是可结合的。

(11)结束。

3. 程序及存储说明

```
#include "stdio.h"
main()
{
int i,j,X,Y,K,N;
    printf("判断是否为代数系统的运算 \n ");
    printf("输入代数系统的阶 \n");
scanf("% d",&N);
int A[N][N];
    printf("输入代数系统的运算表,按行输入,假定代数系统中的元素为 1 到 N\n ");
for (i =0;i <N;i ++)
for (j =0;j <N;j ++)
scanf("% d",&A[i][j]);
for (i =0;i <N;i ++)
    {
for (j =0;j <N;j ++)
printf("% 4d",A[i][j]);
```

```
printf("\n");
      }
for (i =0;i <N;i ++)
for (j =0;j <N;j ++)
if (A[i][j] <0 ||A[i][j] >N)
                {
                         printf(这不是代数系统 \n");
goto end;
                }
      printf("这是代数系统 \n");

for (i =1;i <N;i ++)
for (j =0;j <i −1;j ++)
if (A[i][j] !=A[j][i])
                {
                         printf("运算不是可交换的 \n");
goto sign;
                }
      printf("运算是可交换的 \n");
sign:
for (i =0;i <N;i ++)
for (j =0;j <N;j ++)
        {
                X =A[i][j];
for (K =0;K <N;K ++)
                {
                         Y =A[j][K];
if (A[X][K] !=A[i][Y])
                {
                         printf("运算不是可结合的 \n");
goto end;
                }
                }
        }
      printf("运算是可结合的 \n");
end:
return 0;
}
```

程序解释说明：

A[N][N]——存放 * 运算的运算表。

N—— 存放数组集合的上限。

i,j,K,X,Y——工作变量。

运算表是按行的顺序输入。

12.2　判断是否为同余关系的算法

1. 功能

给定〈G，*〉为代数系统，R 为 G 上的等价关系，可判断 R 是否为同余关系。其中 * 运算为二元运算，由运算表给出，等价关系由关系矩阵给出。$G = \{1,2,\cdots,n\}$。

2. 基本思想

所谓同余关系，即满足代换性质的等价关系。因为 R 为给定的等价关系，于是只需判断

关系 R 是否关于 $*$ 运算满足代换性质即可。

3. 算法

(1)给出关系矩阵 $M[N][N]$。

(2)给出 $*$ 运算的运算表 $A[N][N]$。

(3)对于 $i = 1, 2, \cdots, n$,转(4)。

(4)对于 $j = 1, 2, \cdots, n$,转(5)。

(5)若 $m_{ij} = 1$,则转(6)。

(6)对于 $k = 1, 2, \cdots, n$,转(7)。

(7)对于 $l = 1, 2, \cdots, n$,转(8)。

(8)若 $m_{kl} = 1$,则 $x = a_{ik}, y = a_{jl}$,并判断 $m_{xy} = 1$,若不成立,则 R 不是同余关系,转(9)。

(9)结束。

4. 程序及存储说明

```c
#include "stdio.h"
main()
{
int i,j,x,y,k,l,N;
    printf("判断是否同余条件 \n");
    printf("输入代数系统的阶 \n");
scanf("% d",&N);
int A[N][N],M[N][N];
    printf("输入关系矩阵 R,按行输入 \n");
for (i =0;i <N;i ++)
for (j =0;j <N;j ++)
scanf("% d",&M[i][j]);
    printf("关系 R 为 \n");
for (i =0;i <N;i ++)
    {
for (j =0;j <N;j ++)
printf("% 4d",M[i][j]);
printf("\n");
    }
    printf("输入运算矩阵,按行输入 \n");
for (i =0;i <N;i ++)
for (j =0;j <N;j ++)
scanf("% d",&A[i][j]);
    printf("运算结果为 \n");
for (i =0;i <N;i ++)
    {
for (j =0;j <N;j ++)
printf("% 4d",A[i][j]);
printf("\n");
    }
for (i =0;i <N;i ++)
for (j =0;j <N;j ++)
    {
if (M[i][j]==0)
continue;
for (k =0;k <N;k ++)
for (l =0;l <N;l ++)
```

```
                                {
if (M[k][l]==0)
continue;
                                x = A[l][k];
                                y = A[j][l];
if (M[x][y]!=1)
                                {
                                        printf("R 不是同余关系 \n");
goto end;
                                }
                        }
                }
        printf("R 是同余关系 \n");
end:
return 0;
}
```

程序解释说明：

　　N——存放 $1 \sim n$ 这 n 个数字集合的上限。

　　A[N][N]——存放 $*$ 运算的运算表。

　　M[N][N]——存放关系 R 的关系矩阵。

12.3　判断是否为群的算法

1. 功能

给出一个代数系统 $\langle G, * \rangle$，其中 $G = \{1,2,\cdots,n\}$，$*$ 运算由运算表矩阵给出，要判断

（1）$\langle G, * \rangle$ 是半群吗？

（2）$\langle G, * \rangle$ 是含幺半群吗？

（3）$\langle G, * \rangle$ 是群吗？

2. 基本思想

对于代数系统 $\langle G, * \rangle$，若 $*$ 运算是可结合的，则 $\langle G, * \rangle$ 是半群。显然，这一点与12.1节判断 $*$ 运算的可结合性的算法是完全一致的，因此，有关的算法及程序就不再介绍。

若 $\langle G, * \rangle$ 是半群且 $*$ 运算有幺元，则 $\langle G, * \rangle$ 是含幺半群。若 $\langle G, * \rangle$ 是含幺半群，且每个元素关于 $*$ 运算都是可逆的，则 $\langle G, * \rangle$ 是群。

下面设 $\langle G, * \rangle$ 是半群，来完成判断（2）和（3）功能的算法及程序。

3. 算法

（1）输入 $*$ 运算的运算表。

（2）利用 12.1 节中的程序判断封闭性以及结合律。

（3）（判断幺元）对于 $i = 1,2,\cdots,n$，转（3）。

（4）对于所有的 $j(j=1,2,\cdots,n)$，若 $A(i,j) = j$ 且 $A(j,i) = j$，则 i 为幺元，$i \Rightarrow y$，转（5）。

（5）$\langle G, * \rangle$ 无幺元，转（8）。

（6）（判断群）对每一个 $i(i=1,2,\cdots,n)$，转（6）。

（7）若存在 $j(j=1,2,\cdots,n)$，使得 $A(i,j) = y$ 且 $A(j,i) = y$，则 i 有逆元，继续检查下一个 i，否则 i 无逆元，$\langle G, * \rangle$ 不是群，转（8）。

（8）$\langle G, * \rangle$ 是群。

(9)结束。

4. 程序及存储说明

```c
#include "stdio.h"
int main()
{
int i,j,y,k,N;
    printf("判是否为群的算法 \n");
    printf("输入代数系统的阶 \n");
scanf("% d",&N);
int A[N][N];
    printf("输入关系矩阵 R,按行输入 \n");
for (i =0;i <N;i ++)
for (j =0;j <N;j ++)
scanf("% d",&A[i][j]);
    printf("代数系统 <G,* >的运算表为 \n");
for (i =0;i <N;i ++)
    {
for (j =0;j <N;j ++)
printf("% 4d",A[i][j]);
printf("\n");
    }
for (i =0;i <N;i ++)
    {
for (j =0;j <N;j ++)
        {
int temp =A[i][j];
if (temp > =N){
                printf("代数系统 <G,* >运算不封闭 \n");
return 0;
            }
for (k =0;k <N;k ++)
            {
int temp2 =A[j][k];
if(A[temp][k]!=A[i][temp2])
                {
                    printf("代数系统 <G,* >不满足结合率 \n");
return 0;
                }
            }
        }
    }
    printf("代数系统 <G,* >满足结合率 \n");
for (i =0;i <N;i ++)
    {
for (j =0;j <N;j ++)
        {
if (!(A[i][j] ==j&&A[j][i] ==j))
goto end1;
continue;
        }
    printf("<G,* >为含幺半群,幺元为:% d \n",i);
    y =1;
goto sign;
```

```
end1:
            ;
        }
        printf("半群 <G, * >无幺元 \n");
return 0;
sign:
for (i =0;i <N;i ++)
        {
for (j =0;j <N;j ++)
if (A[i][j] ==y&&A[j][i] ==y)
goto end2;
            printf("<G, * >不是每个元素都有逆元,不是群");
return 0;
end2:
            ;
        }
        printf("<G, * >每个元素都有逆元,是群");

}
```

第 13 章

■ 图论中的算法

13.1 道路矩阵的 Warshall 算法

1. 功能

给定 n 个结点的图 G 的邻接矩阵 A，求 G 的道路矩阵 P。

2. 算法

(1)将图 G 的邻接矩阵送入 $P(n,n)$ 中。

(2)$1 \Rightarrow i$。

(3)$1 \Rightarrow j$。

(4)对于 $k = 1,2,\cdots,n$，作 $p_{jk} \vee (p_{ji} \wedge p_{ik}) \Rightarrow p_{jk}$。

(5)$j + 1 \Rightarrow j$，若 $j \leqslant n$，则转(4)。

(6)$i + 1 \Rightarrow i$，若 $i \leqslant n$，则转(3)，否则结束。

3. 程序及存储说明

```c
#include "stdio.h"
#define N 4
main()
{
    int i,j,k;
    int p[N][N];
    printf("道路矩阵的 Warshall 算法:\n");
    for (i = 0;i < N;i ++)
    {
        for (j = 0;j < N;j ++)
        {
            printf("p[% d][% d] = ",i,j);
            scanf("% 4d",&p[i][j]);
        }
        printf("\n");
    }
    printf("您的输入矩阵为:\n");
    for (i = 0;i < N;i ++)
    {
        for (j = 0;j < N;j ++)
            printf("% 4d",p[i][j]);
        printf("\n");
    }
    for (i = 0;i < N;i ++)
        for (j = 0;j < N;j ++)
            for (k = 0;k < N;k ++)
                if (p[j][i] * p[i][k] ==1) p[j][k] =1;
    printf("道路矩阵为:\n");
    for (i = 0;i < N;i ++)
```

```
{
    for (j = 0;j < N;j ++)
        printf("% 4d",p[i][j]);
    printf("\n");
}
}
```

程序解释说明:

N——存放图 G 中共有结点的个数。

p[N][N]——二维数组,开始存放图 G 的邻接矩阵,最后存放图 G 的道路矩阵。图 G 邻接矩阵的数值按行逐个输入。

13.2 二叉树的遍历

1. 功能

给定一棵二叉树 B,结点的值为字符串,要求按前序周游、中序周游及后序周游将二叉树 B 的各结点的打印出来。

2. 基本思想

在讨论二叉树的遍历之前,首先讨论树的存储方法。对于一棵给定的树,通常有两种方法存储。其一,因为树也是一个图,所以完全可以用邻接矩阵来表示。但邻接矩阵不能表示每个结点的结点信息,并且也不能清楚地描述树的层次及结点之间的关系。所以,我们常常使用另一种存储方法——链表指针法。

所谓链表指针法,就是对树的每个结点除了设置结点信息之外,还要设置链表指针的位置。如果所给树为 m 元树,那么每个结点就应该设置 m 个单元来存储它们对应子树的根结点的地址。这样,我们就可以用链表法把任意一棵树表示出来。如果所给树为二叉树,则每个结点可具有如下形式:

结点信息	左子树指针	右子树指针

当该结点的子树存在时,指针单元存放子树根结点的地址。当该结点的左子树(或者右子树)不存在时,指针单元存放一负数,该负数的绝对值等于该结点所对应的左根(或者右根)的地址。当该结点的左子树(或者右子树)及左根(或者右根)均不存在时,该指针单元存放数字零。

例如,图 13-1 给出的二叉树所对应的结点地址,结点信息及指针情况如表 13-1 所示。

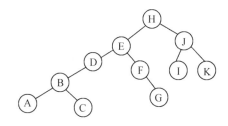

图 13-1 二叉树

基于上面所述的存储方法的程序可以遍历给定的二叉树。这里是打印结点信息,但是也可以根据实际情况做查找、插入和删除等操作。下面给出二叉树遍历的递归定义(即算法)。

(1)前序周游:处理根结点,按前序周游遍历左子树,按前序周游遍历右子树。

（2）中序周游:按中序周游遍历左子树,处理根结点,按中序周游遍历右子树。

（3）后序周游:按后序周游遍历左子树,按后序周游遍历右子树,处理根结点。

表 13-1

结点地址	结点信息	左指针	右指针
1	H	4	2
2	J	3	7
3	I	-1	-2
4	E	8	5
5	F	-4	6
6	G	-5	-1
7	K	-2	0
8	D	9	-4
9	B	10	11
10	A	0	-9
11	C	-9	-8

3. 程序及存储说明

以下是遍历二叉树的递归源程序。

```
#include < stdio.h >
#include < stdlib.h >
typedef struct BiTNode{
char data;
struct BiTNode * lchild, * rchild;
}BiTNode, * BiTree;
int CreateBiTree(BiTree * T)
{   char ch;
scanf("\n% c",&ch);
if(ch == ' $ ')* T = NULL;
else{
if(!(* T = (BiTree)malloc(sizeof(BiTNode)))) return 0;
            (* T) - >data = ch;
CreateBiTree(&((* T) - >lchild));
CreateBiTree(&((* T) - >rchild));
            }
return 1;
}
int inOrder1(BiTree T)/* 先序遍历* /
{
if(T){
printf("% c ",T - >data);
inOrder1(T - >lchild);
inOrder1(T - >rchild);
      }
return 1;
}

int inOrder2(BiTree T)/* 中序遍历的递归算法* /
{
if(T){
inOrder2(T - >lchild);
printf("% c ",T - >data);
```

```
        inOrder2(T - >rchild);
            }
    return 1;
    }

    int inOrder3(BiTree T)/* 后序遍历* /
    {
    if(T){
    inOrder3(T - >lchild);
    inOrder3(T - >rchild);
    printf("% c ",T - >data);
            }
    return 1;
    }

    main()
    {    BiTree T;
    int option;
        printf("请输入:0 - 退出;1 - 先序遍历;2 - 中序遍历;3 - 后续遍历 \n");
    scanf("% d",&option);
    if(option ==0)
    return 0;
    else
        {
                printf("请读入字符 \n");
    CreateBiTree(&T);
    if(option ==1)
            {
                    printf("先序遍历序列为:\n");
    inOrder1(T);
            }
    else if(option ==2)
            {
                    printf("中序遍历序列为:\n");
    inOrder2(T);
            }
    else{
                    printf("后序遍历序列为:\n");
    inOrder3(T);
            }

        }
    printf("\n");
    printf("\n");
    getchar();
    }
```

程序解释说明：

　　T——根结点地址。

　　N——决定周游的方法。N =0,则结束;N =1,则前序周游;N =2,则中序周游;N =3,则后序周游。

　　测试数据举例:ABC$$DE$G$$F$$$

13.3   构造最优二叉树算法

1. 功能

作为输入,给定的是一个正整数序列 $f_1, f_2, \cdots, f_n$,它们是 n 个结点的使用频率。要求构造出一棵以 $k_1, k_2, \cdots, k_n$ 为叶子的最优叶子查找树。

2. 基本思想

一棵具有 n 片叶子结点的完全二叉树,必有 $n-1$ 个内结点(即叉结点),所以它一定是一棵具有 $2n-1$ 个结点的完全二叉树。

首先将 n 片叶子的使用频率 $f_1, f_2, \cdots, f_n$ 按从小到大的顺序进行排序,然后把最小的两个数加起来,形成这两个结点的根的使用频率。我们把新形成的这个结点同剩下的 $n-2$ 个结点(共 $n-1$ 个结点)再重新从小到大排序,并重复前面的过程,直至剩下一个结点时,一棵最优二叉查找树就形成了。

3. 流程图

流程图如图 13-2 所示。

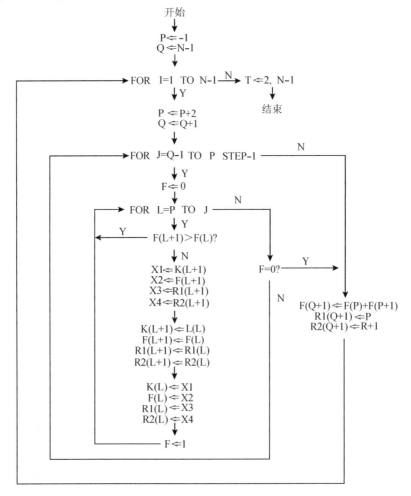

图 13-2   最优二叉树流程图

4. 程序及存储说明

```
#include "stdio.h"
#define N 7
main()
{
    int i,j,l;
    int p,q,g,t;
    int x1,x2,x3,x4;
    int f[2*N-1];
    int r1[2*N-1],r2[2*N-1],k[2*N-1];
    printf("构造最优二叉树的算法:\n");
    printf("N 为叶子结点的个数 \n");
    for (i=0;i<N;i++)
    {
        printf("f[% d]=",i);
        scanf("% d",&f[i]);
        printf("k[% d]=",i);
        scanf("% d",&k[i]);
    }
    p=-1;
    q=N-1;
    for (i=0;i<N-1;i++)
    {
        p=p+2;
        q=q+1;
        for (j=q-1;j<=p;j--)
        {
            g=0;
            for (l=p;l<=j;l++)
            {
                if (f[l+1]>=f[l])  continue;
                x1=k[l+1];
                x2=f[l+1];
                x3=r1[l+1];
                x4=r2[l+1];
                k[l+1]=k[l];
                f[l+1]=f[l];
                r1[l+1]=r1[l];
                r2[l+1]=r2[l];
                k[l]=x1;
                f[l]=x2;
                r1[l]=x3;
                r2[l]=x4;
                g=1;
            }
                if (g==0) break;
        }
        f[q+1]=f[p]+f[p+1];
        r1[q+1]=p;
        r2[q+1]=p+1;
    }
    t=2*N-1;
    printf("构造最优二叉树为:\n");
```

```
printf("使用频率,结点信息,左指针,右指针:\n");
for (i = 0;i < 2 * N - 1;i ++)
{
    printf("% 10d",f[i]);
    printf("% 10d",k[i]);
    printf("% 10d",r1[i]);
    printf("% 10d\n",r2[i]);
}

}
```

程序解释说明:

f[2 * N - 1]——用来存放各个结点的使用频率。

k[2 * N - 1]——用来存放各个结点的值。

r1[2 * N - 1]——存放结点的左指针。

r2[2 * N - 1]——存放结点的右指针。

t——指向树根的指针。

N——序列中结点数(叶子个数)。

g——排序标志。g = 0,标志各结点未交换过位置;g = 1,标志各结点排序时,至少有一对结点交换过位置。

叶子的结点频率与叶子结点信息均由键盘输入语句提供,其顺序如下:f1,k1,f2,k2,…,fn,kn。

测试数据举例:1,2,3,2,2,3,4,2,5,6,7,1,8,1

13.4 最小生成树的 Kruskal 算法

1. 功能

给定无向连通加权图,能构造出一棵最小生成树。

2. 基本思想

假设所给定无向连通加权图具有 n 个结点,m 条边。首先,将各条边的权按从小到大的顺序排序,然后依次将这些边按所给图的结构放到生成树中。如果在放置某一条边时,生成树形成回路,则删除这条边。如此执行下去,直至生成树具有 $n - 1$ 条边时,所得到的就是一棵最小生成树。

3. 算法

(1)根据边的权重按从小到大顺序排序得 $l_1,l_2,\cdots,l_m$。

(2)置初值:$\varnothing \Rightarrow S,0 \Rightarrow i,1 \Rightarrow j$。

(3)若 $i = n - 1$,则转(6)。

(4)若生成树边集 S 并入一条新的边 l_j 之后产生回路,则 $j + 1 \Rightarrow j$,并转(4)。

(5)否则,$i + 1 \Rightarrow i$;$l_j \Rightarrow S(j)$;$j + 1 \Rightarrow j$,转(3)。

(6)输出最小生成树 S。

(7)结束。

4. 程序及存储说明

```
/* Kruskal.cpp：定义控制台应用程序的入口点 */
#include "stdafx.h"
#include < stdio.h >
#include < stdlib.h >
#include < string.h >
```

```
#define MAX_NAME 5
#define MAX_VERTEX_NUM 20
typedef char Vertex[MAX_NAME];/*顶点名字符串*/
typedef int AdjMatrix[MAX_VERTEX_NUM][MAX_VERTEX_NUM];/*邻接矩阵*/
struct MGraph/*定义图*/
{
    Vertex vexs[MAX_VERTEX_NUM];
    AdjMatrix arcs;
    int vexnum,arcnum;
};

typedef struct
{
    Vertex adjvex; /*当前顶点*/
    int lowcost;    /*代价*/
}minside[MAX_VERTEX_NUM];

int LocateVex(MGraph G,Vertex u)//定位
{
    int i;
    for (i=0;i<G.vexnum;++i)if (strcmp(u,G.vexs[i])==0)return i;
    return -1;
}

void CreateGraph(MGraph &G)
{
    int i,j,k,w;
    Vertex va,vb;
    printf("请输入无向网 G 顶点和边数(以空格为分隔)\n");
    scanf("%d%d",&G.vexnum,&G.arcnum);
    printf("请输入%d个顶点的值(<%d个字符):\n",G.vexnum,MAX_NAME);
    for (i=0;i<G.vexnum;++i) /*构造顶点集*/
        scanf("%s",G.vexs[i]);
    for (i=0;i<G.vexnum;++i) /*初始化邻接矩阵*/
        for (j=0;j<G.vexnum;++j)
            G.arcs[i][j]=0x7fffffff;
    printf("请输入%d条边的顶点1  顶点2  权值(以空格为分隔):\n",G.arcnum);
    for (k=0;k<G.arcnum;++k)
    {
        scanf("%s%s%d*c",va,vb,&w);
        i=LocateVex(G,va);
        j=LocateVex(G,vb);
        G.arcs[i][j]=G.arcs[j][i]=w; /*对称*/
    }
}
void kruskal(MGraph G)
{
    int set[MAX_VERTEX_NUM],i,j;
    int k=0,a=0,b=0,min=G.arcs[a][b];
    for (i=0;i<G.vexnum;i++)
        set[i]=i;
    printf("最小代价生成树各条边为:\n");
    while (k<G.vexnum-1)
    {
        for (i=0;i<G.vexnum;++i)
            for (j=i+1;j<G.vexnum;++j)
```

```
                if (G.arcs[i][j]<min)
                {
                    min=G.arcs[i][j];
                    a=i;
                    b=j;
                }
        min=G.arcs[a][b]=0x7fffffff;
        if (set[a]!=set[b])
        {
            printf("%s-%s\n",G.vexs[a],G.vexs[b]);
            k++;
            for (i=0;i<G.vexnum;i++)
                if (set[i]==set[b])
                    set[i]=set[a];
        }
    }
}

int main
{
    MGraph g;
    CreateGraph(g);
    kruskal(g);
    system("PAUSE");
    return 0;
}
```

程序解释说明：

请输入无向网 G 顶点和边数（以空格为分隔）

6 9

请输入 6 个顶点的值（<5 个字符）：

0 1 2 3 4 5

请输入 9 条边的顶点 1　顶点 2　权值（以空格为分隔）：

0 1 1 1 2 2 2 0 3 1 3 4 3 4 5 4 1 6 2 4 7 4 5 8 5 2 9

最小代价生成树各条边为：

0 - 1

1 - 2

1 - 3

3 - 4

4 - 5

Press any key to continue . . .

13.5　求最短距离的 Dijkstra 算法

1. 功能

给出加权有向图（用加权矩阵表示），可求出从任意指定结点到其他所有结点的最短距离。

2. 基本思想

首先以下面的例子来说明该算法的基本思想，设加权有向图如图 13-3 所示。

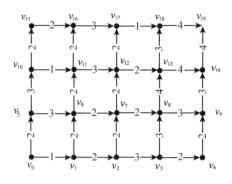

图 13-3   加权有向图

Dijkstra 算法的基本思想是：若 $v_1 v_2 \cdots v_n$ 是从 v_1 到 v_n 的最短路径，则 $v_1 v_2 \cdots v_{n-1}$ 也必然是从 v_1 到 v_{n-1} 的最短路径。根据这个原理，图 13-4 所示的加权有向图从 v_0 到其他各点的最短距离可如下求解。

（1）与 v_0 相邻的顶点有 v_1 和 v_5 两个点，v_1 最接近于 v_0 点，故连接 $v_0 v_1$，并令 $l_1 = 1$。

（2）与 $S = \{v_0, v_1\}$ 两个相邻接的点有 v_2、v_6 和 v_5，而且

$$l_2 = l_1 + d_{1,2} = 1 + 2 = 3$$

$$l_5 = d_{0,5} = 2$$

$$l_6 = l_1 + d_{1,6} = 1 + 2 = 3$$

$$\min\{l_2, l_5, l_6\} = l_5 = 2$$

故连接 $v_0 v_5$。

（3）与 $S = \{v_0, v_1, v_5\}$ 相邻接的点有 v_2、v_6 和 v_{10}，且有

$$l_2 = 3$$

$$l_6 = \min\{l_1 + d_{1,6}, l_5 + d_{5,6}\} = l_1 + d_{1,6} = 3$$

$$l_{10} = l_5 + d_{5,10} = 5$$

$$\min\{l_2, l_6, l_{10}\} = l_2 = l_6 = 3$$

故连接 $v_1 v_2$ 和 $v_1 v_6$。

（4）与 $S = \{v_0, v_1, v_2, v_5, v_6\}$ 相邻接的点有 v_3、v_7、v_{10} 和 v_{11}，且有

$$l_3 = l_2 + d_{2,3} = 6$$

$$l_7 = \min\{l_6 + d_{6,7}, l_2 + d_{2,7}\} = \min\{5, 5\} = 5$$

$$l_{10} = l_5 + d_{5,10} = 5$$

$$l_{11} = l_6 + d_{6,11} = 5$$

$$\min\{l_3, l_7, l_{10}, l_{11}\} = l_7 = l_{10} = l_{11} = 5$$

故连接 $v_2 v_3$、$v_6 v_7$ 和 $v_6 v_{11}$。

如此依次反复进行，直到所有的顶点都连接起来为止。这个过程如图 13-4 所示。上面这个算法也可以用下面的框图来描述。

3. 程序框图

程序框图如图 13-5 所示。

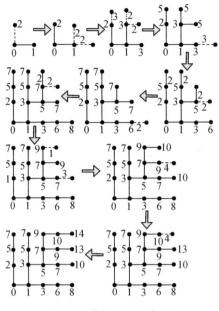

图 13-4   求解最短距离过程

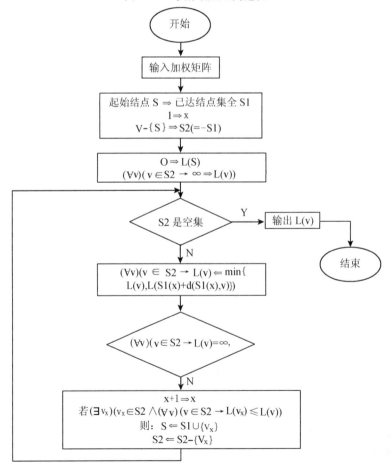

图 13-5   Dijkstra 算法的框图

4．程序及存储说明

```cpp
#include <iostream>
#include <stdlib.h>
#include <fstream>
#include <string>
int Dijkstra(int iVerticeNum, int ** graph,int StartPoint);
int main(int argc, const char * argv[])
{
    //insert code here...
std::ifstream fin;
fin.open(argv[1]);

std::string line;
getline(fin, line);
int pos      = line.find(",");

int iVerticeNum    = atoi(line.substr(0, pos).c_str());
int StartPoint     = atoi(line.substr(pos + 1).c_str());

int ** graph = new int * [iVerticeNum];
for (int i = 0; i < iVerticeNum; ++i)
    {
graph[i]     = new int[iVerticeNum];
    }

for (int i = 0; i < iVerticeNum; ++i)
    {
for (int j = 0; j < iVerticeNum; ++j)
        {
if (i == j)
            {
graph[i][j] = 0;
            }
else
            {
graph[i][j] = -1;
            }
        }
    }

while (getline(fin, line))
    {
int pos      = line.find(",");
int rpos     = line.rfind(",");
int src      = atoi(line.substr(0, pos).c_str());
int dst      = atoi(line.substr(pos + 1, rpos - pos - 1).c_str());
int value    = atoi(line.substr(rpos + 1).c_str());

if (src >= 0 && dst >= 0 && value >= 0 && (src <= (iVerticeNum - 1)) && (dst <=
iVerticeNum - 1))
        {
graph[src][dst] = value;
        }
```

```
        }

Dijkstra(iVerticeNum, graph,StartPoint);
fin.close();
return 0;
}

int Dijkstra(int iVerticeNum, int ** graph, int StartPoint)
{
int * distance    = new int[iVerticeNum];
int * path        = new int[iVerticeNum];
int * flag        = new int[iVerticeNum];
for (int i = 0; i < iVerticeNum; ++i)
    {

distance[i] = graph[0][i];
path[i]       = 0;
flag[i]       = 0;
    }
flag[StartPoint] = 1;

for (int i = 0; i < iVerticeNum - 1; ++i)
    {
int min = -1;
int u    = -1;
for (int j = 0; j < iVerticeNum; ++j)
        {
if (flag[j] == 0 && distance[j] != -1)
            {
if (min == -1 || distance[j] < min)
                {
min = distance[j];
                u    = j;
                }
            }
        }

flag[u] = 1;

for (int k = 0; k < iVerticeNum; ++k)
        {
if (flag[k] == 0 && graph[u][k] != -1)
            {
if ((distance[k] == -1) || (distance[k] > (distance[u] + graph[u][k])))
                {
distance[k] = distance[u] + graph[u][k];
path[k]       = u;
                }
            }
        }
    }
        std::cout << "初始结点:"  << StartPoint << std::endl;
        std::cout << "结点" << "\t" << "距离" << "\t" << "最短距离经过结点" << std::endl;
for (int i = 0; i < iVerticeNum; ++i)
```

```
        {
            std::cout << i << "\t" << distance[i] << "\t" << path[i] << std::endl;
        }

    delete [] distance;
    delete [] path;
    delete [] flag;
    return 0;
    }
```

程序解释说明：

加权矩阵中的数据，以文件的形式输入。文件格式为：第一行表明一共有多少个结点以及初始结点；余下每一行表示一条边，用边的起点、终点、边的权重三项表示。

测试输入文件举例：

3,0

0,1,3

1,2,5

1,0,10

该图由三个结点和三条边构成，初始结点为 0。第一条边从结点 0 到结点 1，权重为 3；第二条边从结点 1 到结点 2，权重为 5；第三条边从结点 1 到结点 0，权重为 10。

13.6　判别连通性的算法

1. 功能

给定 n 个结点的有向图的邻接矩阵，可判断该图是否为强连通的、单向连通的或弱连通的。

2. 基本思想

对于给定的邻接矩阵 A，我们容易用本章 13.1 节的算法给出的道路矩阵的 Warshall 算法求出 A 所表示的图的道路矩阵 P（或者可达矩阵）。对于道路矩阵 P，如果 P 的所有元素（除主对角线的元素外）均为 1，则所给有向图是强连通的；对于 P 的所有元素（除对角线的元素外）P_{ij}，均有 $P_{ij} + P_{ji} > 0$，则所给有向图是单连通的。

当所给有向图既不是强连通的，也不是单连通的时候，改造邻接矩阵为：对于矩阵 A 中所有的元素（除主对角线的元素外）a_{ij}，若 $a_{ij} = 1$ 或 $a_{ji} = 1$，则 $1 \Rightarrow a_{ij}$ 且 $1 \Rightarrow a_{ji}$。对于这样改造之后所得到的新的矩阵 A'（A' 相当于原有向图忽略方向之后所得到的无向图的邻接矩阵），再用前面所述的方法进行判断，当 P' 的所有元素（除主对角线的元素之外）均为 1 时，原有向图是弱连通图；否则，原有向图是不连通的。

3. 算法

（1）输入邻接矩阵 $A[N][N]$。

（2）$A[N][N] \Rightarrow P[N][N]$。

（3）调用求道路矩阵子程序求出道路矩阵 P。

（4）调用强连通或单连通子程序。

（5）若为强连通或单连通的，则输出其标志，转结束；否则转（6）。

（6）改造 A 矩阵为 A'，且 $A' \Rightarrow P[N][N]$。

（7）调用求道路矩阵子程序。

（8）调用判断连通或单连通子程序。

（9）若为强连通的,则输出原有向图是弱连通的;否则,输出原有向图是非连通的。

（10）结束。

4. 程序及存储说明

```c
/* 总结点的个数为 N */
#include "stdio.h"
#define N 4

    int P[N][N];
    int a[N][N];
    int f;

void f500()
{
    int i,j,k;

    for (i = 0;i < N;i ++)
    {
        for (j = 0;j < N;j ++)
        {
            for (k = 0;k < N;k ++)
            {
                if (P[j][i] * P[i][k] == 1)
                {
                    P[j][k] = 1;
                }
            }
        }
    }

}


void f700()
{
    int i,j;
    f = 1;
    for (i = 1;i < N;i ++)
    {
        for (j = 0;j < i - 1;j ++)
        {
            if ((P[i][j] != 0) || (P[j][i] != 0))
            {
                if (P[i][j] * P[j][i] != 1)
                {
                    f = 2;
                }
            }
            else
            {
                f = 0;
```

```
            }
        }
    }
}

main()
{
    int i,j;

    printf("判别连通性的算法 \n");

    for (i = 0;i < N;i ++)
    {
        for (j = 0;j < N;j ++)
        {
            scanf("% d",&P[i][j]);
            a[i][j] = P[i][j];
        }
        printf(" \n");
    }

    f500();
    f700();

    if(f == 1)
    {
        printf("给定有向图为强连通图 \n");
        return 0;
    }

    if(f != 0)
    {
        printf("给定有向图为单连通图 \n");
        return 0;
    }

    for (i = 0;i < N;i ++)
    {
        for (j = 0;j < N;j ++)
        {
            if (!(a[i][j] == 1 || a[j][i] == 1))
            {
                P[i][j] = 1;
                P[j][i] = 1;
            }
            else
            {
                P[i][j] = 1;
                P[j][i] = 1;
            }
        }
    }

    f500();
```

```
    f700();

    if(f != 1)
    {
        printf("给定有向图是非连通图 \n");
        return 0;
    }

    if(f != 0)
    {
        printf("给定有向图是弱连通图 \n");
        return 0;
    }

    return 1;
}
```

程序解释说明：

N—— 存放有向图的结点个数。

a[N][N]——存放所给有向图的邻接矩阵。

P[N][N]——存放所给有向图的道路矩阵。

f——标志位，若 f=1 标志 P 矩阵除主对角线之外的所有元素均为 1；若 f=2，标志 P 矩阵中存在这样的 i,j，使得或者 $p_{ij}=1'$ 且 $p_{ji}=0$，或者 $p_{ji}=0$ 且 $p_{ij}=1$；若 f=0，标志 P 矩阵中存在着这样的 i,j，使得 $p_{ij}=0$ 且 $p_{ji}=0(i<>j)$。

i,j,k——工作变量。

邻接矩阵中的数据，以按行输入的顺序排列。

测试数据举例：1,0,1,0,0,1,1,0,1,0,1,0,0,1,1,0,0,1,1,1,0,0,1,1,1,0,0,0,1,1,0,0,0,0

5. 其他

本程序是对有向图而言的，但对无向图也是完全适用的。只要按照无向图改有向图的方法，将每条无向边改成两条方向相反的有向边，就可使用本程序。但必须注意：对于无向图使用本程序时，若输出结果为强连通图，则原无向图为连通图；若输出结果为单连通或者弱连通的，则程序应该在无向图转换为有向图时有错或者是邻接矩阵有错。

附录 A

■ 考研例题解析

由于离散数学的内容既广泛又抽象,掌握起来难度比较大,这给考研的同学带来很大压力,作者在每年给考研同学进行辅导时发现学生对知识的掌握存在很多共性的问题,结合近年来的考研试题进行解析,并希望从中找出一些规律性的解题经验。

A.1 数理逻辑部分(包括命题逻辑和谓词逻辑)

命题逻辑和谓词逻辑统称为数理逻辑,实际上,命题逻辑是谓词逻辑的特例,即零元谓词的情况。所以一般出题都出在谓词逻辑部分。而数理逻辑的核心任务是判定和推理,因此,题目一般都是围绕核心任务来出题的。

例 A.1.1 符号化下面的命题并用推理的方法推证其结论是否正确。

没有不守信用的人是可信赖的;有些可以信赖的人是受过教育的。因此,有些受过教育的人是守信用的。

分析 求解这一类的问题的关键在于如何将问题正确符号化。符号化时应注意根据实际问题正确定义一组谓词。原则是能用一元谓词解决的就不用二元谓词。然后将实际问题表述成定理证明的形式。注意量词和逻辑联结词的使用。如果自然语言陈述中出现短语:所有的……,任何一个……,每一个……等,则使用全称量词"∀"来量化;如果出现短语:某一个……,有一些……,存在一个……等,则使用存在量词"∃"来量化。当使用全称量词时,要使用逻辑联结词单条件"→",当使用存在量词时要使用逻辑联结词合取"∧"。

解法1 首先定义如下谓词:

$SX(x)$: x 是守信用的人。

$XL(x)$: x 是可信赖的人。

$JY(x)$: x 是受教育的人。

于是问题可用符号表述为:

$\neg(\exists x)(\neg SX(x) \wedge XL(x))$, $(\exists x)(XL(x) \wedge JY(x)) \Rightarrow (\exists x)(JY(x) \wedge SX(x))$

下面使用数理逻辑中介绍的 8 条推理规则进行推理:

$(1)(\exists x)(XL(x) \wedge JY(x))$	P 规则
$(2)XL(a) \wedge JY(a)$	ES 规则和(1)
$(3)XL(a)$	T 规则和(2)
$(4)JY(a)$	T 规则和(2)
$(5)\neg(\exists x)(\neg SX(x) \wedge XL(x))$	P 规则
$(6)(\forall x)(SX(x) \vee \neg XL(x))$	T 规则和(5)
$(7)SX(a) \vee \neg XL(a)$	US 规则和(6)
$(8)SX(a)$	T 规则(3)和(7)

(9)$JY(a) \wedge SX(a)$　　　　　　　T 规则(4)和(8)

(10)$(\exists x)(JY(x) \wedge SX(x))$　　　EG 规则和(9)

问题得证。

解法 2　分析上面的问题和陈述:"没有不守信用的人是可信赖的"的意思即是"凡是不守信用的人都是不可信赖的",于是我们也可以对这种转译进行符号化,求解过程如下。

首先定义如下谓词:

$SX(x)$: x 是守信用的人。

$XL(x)$: x 是可信赖的人。

$JY(x)$: x 是受教育的人。

于是问题可用符号表述为:

$$(\forall x)(\neg SX(x) \to \neg XL(x)), (\exists x)(XL(x) \wedge JY(x)) \Rightarrow (\exists x)(JY(x) \wedge SX(x))。$$

下面使用数理逻辑中介绍的 8 条推理规则进行推理:

(1)$(\exists x)(XL(x) \wedge JY(x))$　　　P 规则

(2)$XL(a) \wedge JY(a)$　　　　　　　ES 规则和(1)

(3)$XL(a)$　　　　　　　　　　　　T 规则和(2)

(4)$JY(a)$　　　　　　　　　　　　T 规则和(2)

(5)$(\forall x)(\neg SX(x) \to \neg XL(x))$　　P 规则

(6)$\neg SX(a) \to \neg XL(a)$　　　　　US 规则和(5)

(7)$SX(a)$　　　　　　　　　　　　T 规则(3)和(6)

(8)$JY(a) \wedge SX(a)$　　　　　　　T 规则(4)和(7)

(9)$(\exists x)(JY(x) \wedge SX(x))$　　　EG 规则和(8)

例 A.1.2　符号化下面的命题并用推理的方法推证其结论是否正确。

每个旅客或者坐头等舱或者坐二等舱,每个旅客当且仅当他富裕时坐头等舱,有些旅客富裕但并非所有的旅客都富裕,因此,有些旅客坐二等舱。

解　首先定义如下谓词:

$LK(x)$: x 是旅客。

$TD(x)$: x 是坐头等舱的。

$ED(x)$: x 是坐二等舱的。

$FY(x)$: x 是富裕的。

于是问题可用符号表述为:

$$(\forall x)(LK(x) \to (TD(x) \vee ED(x))), (\forall x)((LK(x) \wedge FY(x)) \leftrightarrow TD(x)),$$

$$\neg(\forall x)(LK(x) \to FY(x)), (\exists x)(LK(x) \wedge FY(x)) \Rightarrow (\exists x)(LK(x) \wedge ED(x))。$$

推理过程如下:

(1)$\neg(\forall x)(LK(x) \to FY(x))$　　　P 规则

(2)$(\exists x)(LK(x) \wedge \neg FY(x))$　　　T 规则和(1)

(3)$LK(a) \wedge \neg FY(a)$　　　　　　ES 规则和(2)

(4)$LK(a)$　　　　　　　　　　　　T 规则和(3)

(5)$\neg FY(a)$　　　　　　　　　　　T 规则和(3)

(6)$(\forall x)((LK(x) \wedge FY(x)) \leftrightarrow TD(x))$　　P 规则

(7) $(LK(a) \land FY(a)) \leftrightarrow TD(a)$ 　　　　　　US 规则和(6)

(8) $\neg TD(a)$ 　　　　　　　　　　　　　　T 规则,(5)和(7)

(9) $(\forall x)(LK(x) \rightarrow (TD(x) \lor ED(x)))$ 　　P 规则

(10) $LK(a) \rightarrow (TD(a) \lor ED(a))$ 　　　　US 规则和(9)

(11) $TD(a) \lor ED(a)$ 　　　　　　　　　　T 规则,(3)和(10)

(12) $ED(a)$ 　　　　　　　　　　　　　　T 规则,(8)和(11)

(13) $LK(a) \land ED(a)$ 　　　　　　　　　T 规则,(4)和(12)

(14) $(\exists x)(LK(x) \land ED(x))$ 　　　　　EG 规则和(13)

问题得证。

注意　前提 $(\exists x)(LK(x) \land FY(x))$ 没有使用,这是允许的,即这个条件对推理没有实质性用处。每个旅客或者坐头等舱或者坐二等舱,这里自然语言使用的"或者"要用逻辑联结词异或"$\lor$"表示,而不能使用逻辑联结词析取"$\lor$"表示。

例 A.1.3　符号化下面的命题并用推理的方法推证其结论是否正确。

每位资深名士或是政协委员或是国务院参事,有的中科院院士是资深名士,张大为不是政协委员,但他是中科院院士。因此,有的中科院院士是国务院参事。

解　首先定义如下谓词:

$ZS(x)$: x 是资深名士。

$ZX(x)$: x 是政协委员。

$GC(x)$: x 是国务院参事。

$YS(x)$: x 是中科院院士 。

于是问题可用符号表述为:

　　$(\forall x)(ZS(x) \rightarrow (ZX(x) \lor GC(x)))$, $(\exists x)(YS(x) \land ZS(x))$, $\neg ZX(张大为)$,

　　$YS(张大为) \Rightarrow (\exists x)(YS(x) \land GC(x))$。

推理过程如下:

(1) $(\exists x)(YS(x) \land ZS(x))$ 　　　　　　　P 规则

(2) $YS(张大为) \land ZS(张大为)$ 　　　　　ES 规则和(1)

(3) $YS(张大为)$ 　　　　　　　　　　　　T 规则和(2)

(4) $ZS(张大为)$ 　　　　　　　　　　　　T 规则和(2)

(5) $(\forall x)(ZS(x) \rightarrow (ZX(x) \lor GC(x)))$ 　P 规则

(6) $ZS(张大为) \rightarrow (ZX(张大为) \lor GC(张大为))$ 　US 规则和(5)

(7) $ZX(张大为) \lor GC(张大为)$ 　　　　　T 规则,(4)和(6)

(8) $\neg ZX(张大为)$ 　　　　　　　　　　P 规则

(9) $GC(张大为)$ 　　　　　　　　　　　　T 规则,(7)和(8)

(10) $YS(张大为) \land GC(张大为)$ 　　　　T 规则,(3)和(9)

(11) $(\exists x)(YS(x) \land GC(x))$ 　　　　　EG 规则和(10)

问题得证。

例 A.1.4　符号化下列命题,并用逻辑推理确定谁是作案者。

(1)营业员 A 或 B 盗窃了金项链。

(2)若 A 作案,则作案时间不在营业时间。

(3)若 B 提供的证据正确,则货柜未上锁。

(4)若 B 提供的证据不正确,则作案时间发生在营业时间。

(5)货柜上了锁。

解 这个问题可以使用命题逻辑来解决,为此,定义如下命题:

P:A 作案盗窃金项链。

Q:B 作案盗窃金项链。

R:作案发生在营业时间。

S:B 提供证据正确。

T:货柜上锁。

于是问题可符号化为:

$P \vee Q, P \rightarrow \neg R, S \rightarrow \neg T, \neg S \rightarrow R, T \Rightarrow Q$ （假设 B 作案盗窃金项链）

推理证明过程如下:

(1) T	P 规则
(2) $S \rightarrow \neg T$	P 规则
(3) $\neg S$	T 规则,(1)和(2)
(4) $\neg S \rightarrow R$	P 规则
(5) R	T 规则,(3)和(4)
(6) $P \rightarrow \neg R$	P 规则
(7) $\neg P$	T 规则,(5)和(6)
(8) $P \vee Q$	P 规则
(9) Q	T 规则,(7)和(8)

假设成立,即 B 作案盗窃了金项链。

例 A.1.5 符号化下面的命题并用推理的方法推证其结论是否正确。

每一个自然数不是奇数就是偶数,自然数是偶数当且仅当它能被 2 整除,并不是所有的自然数都能被 2 整除。因此,有的自然数是奇数。

解法 1 首先定义如下谓词:

$ZRS(x)$:x 是自然数。

$JS(x)$:x 是奇数。

$OS(x)$:x 是偶数。

$ZC(x)$:x 能被 2 整除。

于是问题可用符号表述为:

$(\forall x)(ZRS(x) \rightarrow (JS(x) \vee OS(x)))$, $(\forall x)((ZRS(x) \wedge OS(x)) \leftrightarrow ZC(x))$,
$\neg(\forall x)(ZRS(x) \rightarrow ZC(x)) \Rightarrow (\exists x)(ZRS(x) \wedge JS(x))$

推理证明过程如下:

(1) $\neg(\forall x)(ZRS(x) \rightarrow ZC(x))$	P 规则
(2) $(\exists x)\neg(ZRS(x) \rightarrow ZC(x))$	T 规则和(1)
(3) $(\exists x)(ZRS(x) \wedge \neg ZC(x))$	T 规则和(2)
(4) $ZRS(a)$	ES 规则和(3)
(5) $\neg ZC(a)$	ES 规则和(3)

$(6)(\forall x)((ZRS(x) \land OS(x)) \leftrightarrow ZC(x))$	P 规则
$(7)(ZRS(a) \land OS(a)) \leftrightarrow ZC(a)$	US 规则和(6)
$(8)\neg(ZRS(a) \land OS(a))$	T 规则和(7)
$(9)\neg(CZRS(a) \lor \neg OS(a))$	T 规则和(8)
$(10)\neg OS(a)$	T 规则(4)和(9)
$(11)(\forall x)(ZRS(x) \rightarrow (JS(x) \triangledown OS(x)))$	P 规则
$(12)ZRS(a) \rightarrow (JS(a) \triangledown OS(a))$	US 规则和(11)
$(13)JS(a) \triangledown OS(a)$	T 规则,(4)和(12)
$(14)JS(a)$	T 规则,(10)和(13)
$(15)ZRS(a) \land JS(a)$	T 规则,(4)和(14)
$(16)(\exists x)(ZRS(x) \land JS(x))$	UG 规则和(15)

问题得证。

解法 2 采用反证法。证明过程如下:

$(1)\neg(\exists x)(ZRS(x) \land JS(x))$	P 规则(假设前提)
$(2)(\forall x)(\neg ZRS(x) \lor \neg JS(x))$	T 规则和(1)
$(3)\neg(\forall x)(ZRS(x) \rightarrow ZC(x))$	P 规则
$(4)(\exists x)\neg(ZRS(x) \rightarrow ZC(x))$	T 规则和(3)
$(5)(\exists x)(ZRS(x) \land \neg ZC(x))$	T 规则和(4)
$(6)ZRS(a) \land \neg ZC(a)$	ES 规则和(5)
$(7)ZRS(a)$	T 规则和(6)
$(8)\neg ZC(a)$	T 规则和(6)
$(9)\neg ZRS(a) \lor \neg JS(a)$	US 规则和(2)
$(10)\neg JS(a)$	T 规则,(7)和(9)
$(11)(\forall x)(ZRS(x) \rightarrow (JS(x) \triangledown OS(x)))$	P 规则
$(12)ZRS(a) \rightarrow (JS(a) \triangledown OS(a))$	US 规则和(11)
$(13)JS(a) \triangledown OS(a)$	T 规则,(7)和(12)
$(14)OS(a)$	T 规则,(10)和(13)
$(15)(\forall x)((ZRS(x) \land OS(x)) \leftrightarrow ZC(x))$	P 规则
$(16)(ZRS(a) \land OS(a)) \leftrightarrow ZC(a)$	US 规则和(15)
$(17)ZRS(a) \land OS(a)$	T 规则,(7)和(14)
$(18)ZC(a)$	T 规则,(16)和(17)
$(19)ZC(a) \land \neg ZC(a)$	T 规则,(8)和(18)
$(20)(\exists x)(ZRS(x) \land JS(x))$	F 规则,(1)和(19)

总结 通过上述问题的求解过程,我们可以发现在推理的过程中必须保证 ES 规则的优先使用,否则,不能保证 ES 规则使用的约束条件,如果不能保证 ES 规则的优先使用,即使保证了 ES 规则使用的约束条件,也不能保证 ES 规则的逻辑结果能被其他规则所引用,这样由 ES 规则得出的结论对推理过程就没有意义。这一点在求解过程中应该重视。例 A.1.5 给出的解法 2 是说明 F 规则使用的特点,必须在第一步引入结论的否定并在第 $N-1$ 步推出一个 P $\land \neg$P 形式的矛盾式,这样在第 N 步即可引入结论。

A.2 集合论部分(包括集合、关系和函数)

使用数理逻辑的符号化形式体系可以方便地描述集合、关系、函数及运算等概念。例如:

空集可表示为 $\varnothing = \{x! \ P(x) \wedge \neg P(x)\}$;其中 $P(x)$ 为任意谓词变元。

全集可表示为 $E = \{x! \ P(x) \vee \neg P(x)\}$;

集合 A 的补集表示为 $\sim A = \{x! \ x \in E \wedge x \notin A\}$;

集合 A 和 B 的交集表示为 $A \cap B = \{x! \ x \in A \wedge x \in B\}$;

集合 A 和 B 的并集表示为 $A \cup B = \{x! \ x \in A \vee x \in B\}$;

集合 A 和 B 的差集表示为 $A - B = \{x! \ x \in A \wedge x \notin B\}$;

集合 A 和 B 的对称差集表示为 $A \oplus B = \{x! \ x \in A - B \vee x \in B - A\}$;

集合 A 和 B 的笛卡儿集表示为 $A \times B = \{<x,y>! \ x \in A \wedge y \in B\}$;

集合 A 的幂集表示为 $\rho(A) = \{X! \ X \subseteq A\}$;其中 X 是 A 的子集。

而关系是笛卡儿集的子集,函数是关系的子集,运算是函数的子集。在解题的过程中必须搞清楚这些概念和关系。

关系的性质也可以用符号化的形式描述。设 R 是集合 X 上的二元关系,于是有

(1)R 是自反的:$(\forall x)(x \in X \rightarrow <x,x> \in R)$;

(2)R 是反自反的:$(\forall x)(x \in X \rightarrow <x,x> \notin R)$;

(3)R 是对称的:$(\forall x)(\forall y)(x,y \in X \wedge <x,y> \in R \rightarrow <y,x> \in R)$;

(4)R 是反对称的:$(\forall x)(\forall y)(x,y \in X \wedge <x,y> \in R \rightarrow <y,x> \notin R)$;

(5)R 是可传递的:$(\forall x)(\forall y)(\forall z)(x,y,z \in X \wedge <x,y> \in R \wedge <y,z> \in R \rightarrow <x,z> \in R)$;

(6)R 是不可传递的:$(\exists x)(\exists y)(\exists z)(x,y,z \in X \wedge <x,y> \in R \wedge <y,z> \in R \wedge <x,z> \notin R)$。

满足某些性质的关系称为特殊关系,如 R 若满足自反的、对称的和可传递的(即上面性质的1、3 和 5),则 R 是等价关系,而等价关系和集合的划分是相对应的。

若 R 满足自反的和对称的(即上面性质的 1 和 3),则 R 是相容关系。

若 R 满足自反的、反对称的和可传递的(即上面性质的1、4 和 5),则 R 是偏序关系。

历年出题多半集中在等价关系、相容关系和偏序关系等相关内容上。

例 A.2.1 设 R 是 A 上的自反关系,且当 $<a,b> \in R \wedge <a,c> \in R$ 时,必有 $<b,c> \in R$,证明 R 是等价关系。

分析 根据定义,要证 R 是等价关系只要证 R 是对称的和可传递的即可。

(1)先证 R 是对称的。

对任意 $a,b \in A$,假设 $<a,b> \in R \wedge <a,a> \in R$,则必有 $<b,a> \in R$,即 R 是对称的;

(2)再证 R 是可传递的。即证 $<a,b> \in R \wedge <b,c> \in R$ 时,一定有 $<a,c> \in R$。

因为 $<b,a> \in R \wedge <b,c> \in R$ 时,必有 $<a,c> \in R$。而 $<b,a> \in R$ 时必有 $<a,b> \in R$,于是有 $<a,b> \in R \wedge <b,c> \in R$ 时,一定有 $<a,c> \in R$。

综上,R 是等价关系。

例 A.2.2 设 Q 是正整数集合,$Q \times Q$ 上的二元关系 R 定义为 $<u,v> R <x,y>$,当且仅当 $u \cdot y = x \cdot v$。证明:R 是 $Q \times Q$ 上的等价关系。

分析 根据定义,只要证明 R 满足自反、对称和可传递即可。

(1)先证 R 是自反的。

对任意的 $x,y \in Q$,显然有 $x \cdot y = x \cdot y$,即 $<x,y>R<x,y>$。自反性得证。

(2)证 R 是对称的。

对任意的 $x,y,u,v \in Q$ 和 $<x,y>R<u,v>$,证 $<u,v>R<x,y>$。

因为 $<x,y>R<u,v>$,即 $x \cdot v = y \cdot u \Leftrightarrow y \cdot u = x \cdot v \Leftrightarrow u \cdot y = v \cdot x$ 即 $<u,v>R<x,y>$。对称性得证。

(3)再证 R 是可传递的。

对任意的 $x1,x2,x3,x4,x5,x6 \in Q$ 和 $<x1,x2>R<x3,x4>$ 与 $<x3,x4>R<x5,x6>$,证明 $<x1,x2>R<x5,x6>$。即由 $x1 \cdot x4 = x2 \cdot x3$ 与 $x3 \cdot x6 = x4 \cdot x5$ 来证明 $x1 \cdot x6 = x2 \cdot x5$ 成立。

由 $x1 \cdot x4 = x2 \cdot x3$ 得 $x2 = x1 \cdot x4/x3$,由 $x3 \cdot x6 = x4 \cdot x5$ 得 $x6 = x4 \cdot x5/x3$,代入 $x1 \cdot x6$ 和 $x2 \cdot x5$ 中得,$x1 \cdot x6 = x1 \cdot x4 \cdot x5/x3$,$x2 \cdot x5 = x1 \cdot x4 \cdot x5/x3$,即 $x1 \cdot x6 = x2 \cdot x5$ 成立。

于是 R 是可传递的。

综上,R 是等价关系,充分性得证。必要性是明显的,这里不再给出证明。问题得证。

例 A.2.3 设 $R1$ 和 $R2$ 是 X 中的等价关系,$C1$ 与 $C2$ 是 $R1$ 和 $R2$ 的商集。试证明:当且仅当对 $C1$ 中的任一个等价类都能找到 $C2$ 中的一个包含它的等价类时,才有 $R1 \subseteq R2$。

分析 等价关系和划分是对应的,商集即是以等价类为元素的集合,换句话说,商集和划分是等价的。

证明 先证充分性。设 $C1$ 是由 $R1$ 所造成的商集,$C2$ 是由 $R2$ 所造成的商集。设

$$C1 = \{C1_1, C1_2, \cdots, C1_n\}$$
$$C2 = \{C2_1, C2_2, \cdots, C2_m\}$$

我们来证明对任意的 $C1_i \in C1(1 \le i \le n)$,在 $C2$ 中存在 $C2_j(1 \le j \le m)$ 并且 $C1_i \subseteq C2_j$ 时一定有 $R1 \subseteq R2$。

因为 $C1_i \subseteq C2_j$,所以对任何 $x,y \in C1_i$,一定 $x,y \in C2_j$,从而有 $<x,y> \in R1$ 一定有 $<x,y> \in R2$,即 $R1 \subseteq R2$,充分性得证。

再证必要性。即证 $R1 \subseteq R2$ 时,对任何 $C1_i \in C1$,在 $C2$ 中一定存在 $C2_j$,使得 $C1_i \subseteq C2_j$。

因为 $R1 \subseteq R2$,所以对任意的 $<x,y> \in R1$ 一定有 $<x,y> \in R2$,而 $<x,y> \in R1$,x,y 必然属于 $R1$ 所造成的商集 $C1$ 的某一个类,不妨设为 $C1_i(1 \le i \le n)$,一定有 x,y 属于 $R2$ 所造成的划分 $C2$ 的某一个类,不妨设为 $C2_j(1 \le j \le m)$,即 $C1_i \subseteq C2_j(1 \le i \le n, 1 \le j \le m)$ 必要性得证。

例 A.2.4 f 和 g 是函数,证明:若 $g \circ f$ 是满射的,则 f 是满射的。

证明 设函数 $f: X \to Y$,函数 $g: Y \to Z$。用反证法,设存在 $y \in Y$,对任何 $x \in X$,$f(x) \ne y$,而 $g \circ f$ 是满射的,即对任何 $z \in Z$,都有 $(g \circ f)(x) = z$,即 $g(f(x)) = g(y) = z$,g 是函数,应满足任意性,即对任何,$y \in Y$,有 $f(x) = y$,与假设矛盾,所以 f 是满射的。

例 A.2.5 给定 $P = \{1,2,3,4,5\}$,P 上的偏序关系 R 的哈斯(Hasse)图如图 A-1 所示,试确定子集 $Q = \{3,4,5\}$ 的最大元、最小元、极大元、极小元、上界、下界、上确界和下确界(如果存在的话)。

　　分析　这道题主要是考察学习者对集合的子集的最大元、最小元、极大元、极小元、上界、下界、上确界和下确界概念的掌握。注意,最大元、最小元、极大元和极小元只存在于子集 Q 上,而上界、下界、上确界和下确界则存在于 P 上;哈斯图中处于下方的元素和上方的元素有偏序关系。

　　解　根据上面的分析,子集 $Q = \{3,4,5\}$ 存在最大元 3,也是极大元,没有最小元,有极小元分别是 4 和 5,存在上界分别是 1 和 3,有上确界是 3,不存在下界和下确界。

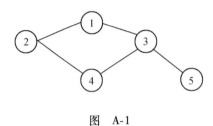

图　A-1

　　例 A.2.6　证明:若从 A 到 B 存在一个满射 f,则 $|B| \leqslant |A|$。其中 $|A|$ 和 $|B|$ 分别表示集合 A 和 B 的基数。

　　证明　使用反证法,不妨设 $|A| < |B|$,即存在 $y \in B$,对所有的 $x \in A$,都不存在 $f(x) = y$,这与已知条件 f 是满射的矛盾。故假设不成立,只能是 $|B| \leqslant |A|$。

A.3　代数系统部分(包括一般概念、半群与群、环和域以及格与布尔代数等)

　　这部分主要涉及代数系统的同态、同构、子代数、半群与群、环和域以及格与布尔代数等概念,一般概念搞清楚了,问题的求解路径就很清楚了。

　　例 A.3.1　设 $< H, * >$ 是阿贝尔群 $< G, * >$ 的子群,试证明: $< G/H, \otimes >$ 也是阿贝尔群。其中 $G/H = \{aH | a \in G\}$, $aH \otimes bH = (a * b) H$。

　　分析　阿贝尔群即可交换群,G/H 是一个商集,商集中的每一个元素都是以子群 H 为右陪集的。要证明 $< G/H, \otimes >$ 也是阿贝尔群,只要证明对任意的 $aH, bH \in G/H$ 和 $a, b \in G$,有 $aH \otimes bH = bH \otimes aH$ 即可。为此,给出如下的证明。

　　证明　因为对任意的 $a, b \in G$, $aH, bH \in G/H$, $aH \otimes bH = (a * b) H = (b * a) H = bH \otimes aH$(由 $< G, * >$ 是阿贝尔群得)。问题得证。

　　例 A.3.2　设 $< G, * >$ 是群,$S \subseteq G$ 且 $S \neq \varnothing$。若对任意元素 $a, b \in S$,有 $a * b - 1 \in S$,则 $< S, * >$ 是 $< G, * >$ 的子群,试给出证明。

　　分析　因为 S 是 G 的子集是已知的,所以只要证明 $< S, * >$ 是群即可。

　　证明　因为 S 是 G 的子集,所以 $< S, * >$ 继承了 $*$ 的可结合性,对任意元素 $a, b \in S$,因为 $a * b - 1 \in S$,保证了 $*$ 运算在 S 上的封闭性,于是 $< S, * >$ 是半群。设 e 是 $< G, * >$ 的幺元,由于 S 是非空的,应有元素 a,于是有 $a * a^{-1} \in S$,即 $e \in S$。于是 $< S, * >$ 是含幺半群。对 S 中任意元素 a, b,有 $a^{-1} = e * a^{-1} \in S$,即每个元素都含有逆元。根据定义可得,$< S, * >$ 是 $< G, * >$ 的子群。

　　例 A.3.3　环 $< R, +, \cdot >$ 的中心 Center R 定义为:

$$\text{Center } R = \{c! \ c \in R \wedge (\forall x)(x \in R \to c \cdot x = x \cdot c\}$$

试证明：< Center R, $+$, $\cdot$ >是环 <R, $+$, $\cdot$ >的子环。

分析　回顾子环的定义，设 <R, $+$, $\cdot$ >是环，S 是 R 的子集，若对 S 中任意元素 a 和 b，有

（1）$a + b \in S$

（2）$-a \in S$

（3）$0 \in S$

（4）$ab \in S$

则称 <S, $+$, $\cdot$ >是环 <R, $+$, $\cdot$ >的子环。

现在 Center R 是 R 的子集是明显的，我们来证其他的几个条件。

证明　（1）对任何 $a, b \in$ Center R 和任何 $x \in R$，应该有

$$a \cdot x = x \cdot a \text{ 和 } b \cdot x = x \cdot b$$

于是有

$$(a \cdot x) + (b \cdot x) = (x \cdot a) + (x \cdot b)$$

即

$$(a + b) \cdot x = x \cdot (a + b)$$

根据 Center R 的定义，$a + b \in$ Center R。

（2）设 $a \in$ Center R，于是对任何 $x \in R$，有 $(a \cdot x) = (x \cdot a)$，两边同时取负，得

$$-(a \cdot x) = -(x \cdot a)$$

即

$$(-a) \cdot x = x \cdot (-a)$$

于是根据定义，$-a \in$ Center R。

对任何 $x \in R$，有 $(0 \cdot x) = (x \cdot 0)$，于是根据定义，$0 \in$ Center R。

设 $a, b \in$ Center R，于是对任何 $x \in R$，有

$$a \cdot x = x \cdot a \text{ 和 } b \cdot x = x \cdot b$$

假设 $a \cdot b \notin$ Center R，即 $(a \cdot b) \cdot x \neq x \cdot (a \cdot b)$，从而 $a \cdot (b \cdot x) \neq (x \cdot a) \cdot b$，于是有 $a \cdot (x \cdot b) \neq (a \cdot x) \cdot b$，即 $a \cdot x \cdot b \neq a \cdot x \cdot b$，矛盾，故假设不成立，即 $ab \in$ Center R。

综上，问题得证。

A.4　图论部分（包括图的基本概念、特殊图和树等）

图是在计算机科学中应用最活跃的一个分支，也是历年考研试题中不可缺少的部分。但图论的内容比较丰富，各种教材使用的符号和定义有一定的差别，所以在考研时一定要注意采用的是哪本教材。

例 A.4.1　证明：任何二叉树有奇数个结点。

分析　我们这里定义的二叉树，是完全二元树的概念，是每个结点的出度为 2 或 0。

证明　设出度为 2 的结点有 n_2 个，于是边有 $m = 2n_2$ 条，设结点数为 n，在树中结点和边有关系式：$m = n - 1$，即 $2n_2 = n - 1$，于是 $n = 2n_2 + 1$，显然 n 是奇数。

例 A.4.2　若有 n 个人，每个人恰好有 3 个朋友，则 n 必为偶数。

分析　这个问题实际上可以用一个 3 度正则图来求解，结点代表人，与其相关联的结点为它的朋友。

证明　设有 n 个结点,于是该图共有 $3n$ 度,设该图有 m 条边,一条边给该图带来 2 度,所以,该图共有 $2m$ 度,于是有 $3n = 2m$,n 当然是偶数,因为 $2m$ 是偶数,与 n 是奇数矛盾。

例 A.4.3　某工厂生产由 6 种不同颜色的纱织成的双色布。已知在品种中,每种颜色至少分别和其他颜色中的 3 种颜色搭配,证明:可以挑选出 3 种双色布,它们恰有 6 种不同的颜色。

证明　设 6 种不同颜色的纱分别用 1,2,3,4,5,6 个结点来表示,每种颜色的纱相互搭配,则有一条边相关联,于是可得到图 A-2,因此,问题转换成在图中从任一结点出发,寻找一条哈密尔顿路径的问题。

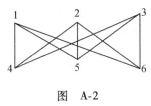

图　A-2

哈密尔顿路径为:
$$P1 = 153624; P2 = 243615; P3 = 362415$$
由这三条路径表示的双色布均有 6 种颜色。

例 A.4.4　设有 a,b,c,d,e,f 和 g 共 7 人,其中 a 会讲英语,b 会讲华语和英语,c 会讲英语、意大利语和俄语,d 会讲华语和日语,e 会讲德语和意大利语,f 会讲法语、日语和俄语,g 会讲法语和德语。试问:必要时借助于其他人转译,这 7 个人中,是否任意两个人都能交谈?

证明　两人能交谈则用一条边连接,于是得到下面的图,因此,问题转换成在图中寻找一条哈密尔顿回路的问题。

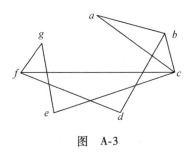

图　A-3

存在哈密尔顿回路:$acegfdba$,即可以使得 7 个人任意两人都相互交谈。

附录 B

■ 离散数学名词中英文对照表

B 对 A 的补集（complement of B with respect to A）

K-着色（K-chromatic）

m 元树（m-ary tree）

半群（semigroup）

包含排斥原理（principle of inclusion-exclusion）

表（table）

并集（union）

补元（complement）

不可比较的（incomparable）

布尔代数（Boolean algebra）

布尔环（Boolean ring）

差集（difference）

出度（out-degree）

传递闭包（transitive closure）

传递的（transitive）

存在量词（existential quantifier）

代数系统（algebraic system）

单射（injection）

单向分支（unidirection-connected component）

等价（equivalence）

等价关系（equivalence relation）

等价类（equivalence class）

等幂律（idempotent law）

等幂律（idempotent law）

笛卡儿积（Cartesian product）

顶点（vertex）

定义域（domain）

独异点（monoid）

度（degree）

端点（endpoint）

对称差集（symmetric difference）

对称的（symmetric）

对称群（symmetric group）

对偶（dual）

对偶图（dual graph）

多项式环（polynomial ring）

二分图（bipartite graph）

二元关系（binary relation）

反对称的（antisymmetric）

反函数（inverse function）

反自反的（irreflexive）

非平面图（nonplannar graph）

分配格（distributive lattice）

分配律（distributive law）

分配律（distributive law）

封闭（closed）

否定（negation）

复合命题（compound proposition）

赋权图（weighted graph）

格（lattice）

个体域（domain of individual）

公式（formula）

孤立点（isolated vertex）

关联矩阵（incidence matrix）

关系（relation）

关系矩阵（relation matrix）

关系图（relation graph）

哈密尔顿路径（Hamilton path）

哈密尔顿图（Hamilton graph）

哈斯图（Hasse diagram）

含幺环（ring with unity）

函数（function）

合成函数（composition of function）

合取（conjunction）

合取范式（conjunction normal form）

划分（partition）

环（ring）

回路（circuit）

积代数(product algebra)

基本路径(basic path)

基数(cardinality)

极大平面图(maximal planar graph)

极大元(maximal element)

极小元(minimal element)

简单路径(simple path)

交换半群(commutative semigroup)

交换环(commutative ring)

交换律(commutation law)

交换律(commutative law)

交换群(Abel group)

交集(intersection)

阶(order)

结合律(associative law)

结合律(associative law)

结论(conclusion)

可比较的(comparable)

可达的(reachable)

可达矩阵(reachability matrix)

可满足的(satisfiable)

克鲁斯卡尔算法(Kruskal's algorithm)

空集(empty set)

理想(ideal)

连通(connected)

连通分支(connected component)

联结词(connective)

良序集(well-ordered set)

邻接边(adjacent edge)

邻接顶点(adjacent vertex)

邻接矩阵(adjacency matrix)

零律(domination law)

零图(discrete graph)

零因子(zero divisor)

零元(zero element)

路径(path)

满射(surjection)

矛盾式(contradiction)

幂集(power set)

面(region)

命题(proposition)

命题变元(proposition variable)

命题函数(proposition function)

模格(modular lattice)

内部面(inner region)

逆关系(inverse relation)

逆元(inverse element)

欧拉路径(Euler path)

欧拉图(Euler graph)

匹配(matching)

偏序关系(partial ordering relation)

平凡布尔代数(trivial Boolean algebra)

平凡子群(trivial subgroup)

平面图(planar graph)

起点(start point)

前束范式(prefix normal form)

前提(premise)

前缀编码(prefix code)

强分支(strong component)

强连通(strongly connected)

全称量词(universal quantifier)

全功能联结词集合(complete group of connective)

全集(universal set)

全序关系(total ordering relation)

群(group)

入度(in-degree)

弱分支(weak component)

弱连通(weakly connected)

商代数(quotient algebra)

商环(quotient ring)

商集(quotient set)

商群(quotient group)

上界(upper bound)

生成树(spanning tree)

生成元(generator)

生成子图(spanning subgraph)

双射(one-to-one correspondence , bijection)

双条件(bicondition)

双重否定律(double negation law)

斯柯林范式(Skolem normal form)

同构(isomorphism)

同胚(homeomorphism)

同态(homomorphism)

同态象(image under homomorphism)

同型(hometype)

同一律(identity law)

同余关系(congruence relation)

图的同构(isomorphic of graph)

图论(graph theory)

外部面(outer region)

完美匹配(perfect matching)

完全 m 元树(complete m-ary tree)

完全二分图(complete bipartite graph)

完全格(complete lattice)

完全图(complete graph)

位置 m 元树(positional m-ary tree)

谓词(predicate)

谓词公式(predicate formula)

文氏图(Venn diagram)

无限(infinite)

无限面(infinite region)

无限群(infinite group)

无向边(undirected edge)

无向林(undirected forest)

无向树(undirected tree or tree)

无向图(undirected graph)

无序对(unordered pair)

吸收律(absorption law)

析取(disjunction)

析取范式(disjunction normal form)

辖域(domain of variable)

下界(lower bound)

线性序(linear order)

象(image)

消去律(cancellation law)

循环半群(cyclic semigroup)

循环群(cyclic group)

幺元(identity element)

一对一(one-to-one)

异或(exclusive or)

因子代数(factor algebra)

映射(mapping)

有补格(complemented lattice)

有根树(rooted tree)

有界格(bounded lattice)

有限面(finite region)

有限群(finite group)

有向边(directed edge)

有向树(directed tree)

有向图(directed graph)

有序 n 元组(ordered n-tuple)

有序对、序偶(ordered pair)

有序树(ordered-tree)

右理想子环(right ideal subring)

右陪集(right coset)

右幺元(right identity element)

域(field)

原象(pre-image)

原子(atom)

约束变元(bound variable)

运算(operation)

蕴涵(implication)

真值(truth value)

真值表(truth table)

真子集(proper set)

着色数(chromatic number)

整环(integral ring)

正规子群(normal subgroup)

正则图(regular graph)

置换群(permutation group)

终点(end point)

重边(multiple edge)

重言式(tautology)

主合取范式(major conjunction normal form)

主析取范式(major disjunction normal form)

子半群(subsemigroup)

子布尔代数(subBoolean algebra)

子代数系统(subalgebra system)

子格(sublattice)

子含幺半群(submonoid)

子环(subring)

子集(subset)

子群(subgroup)

子树(subtree)

子图(subgraph)

子域(subfield)

自反的(reflexive)

自环(loop)

自然同态(natural homomorphism)

自由变元(free variable)

最大下界(greatest lower bound)

最大元(greatest element)

最小上界(least upper bound)

最小生成树(minimal spanning tree)

最小元(least element)

左理想子环(left ideal subring)

左陪集(left coset)

左幺元(left identity element)

参 考 文 献

［1］ 屈婉玲,耿素云,张立昂.离散数学[M].北京:高等教育出版社,2008.

［2］ Kenneth H Rosen.离散数学及其应用[M].影印版,7 版.北京:机械工业出版社,2012.

［3］ Bernard Kolman,Robert C Busby,Sharon Cutler Ross.离散数学结构[M].影印版,6 版.北京:高等教育出版社,2010.

［4］ 陈莉,刘晓霞.离散数学[M].北京:高等教育出版社,2002.

［5］ 孙吉贵,杨凤杰,欧阳丹彤,李占山.离散数学[M].北京:高等教育出版社,2002.

［6］ 李盘林,李丽双,等.离散数学[M].2 版.北京:高等教育出版社,2005.

［7］ 左孝凌,李为鉴,刘永才.离散数学[M].上海:上海科学技术出版社,1999.

［8］ 王湘浩,管纪文.离散数学[M].北京:高等教育出版社,1983.

［9］ 卢开澄.图论及其应用[M].北京:清华大学出版社,1981.

［10］ 王遇科.离散数学基础[M].北京:国防工业出版社,1979.

［11］ 许华康,杨留记.离散数学[M].西安:西北大学出版社,1994.

推荐阅读

软件工程：实践者的研究方法（原书第8版）

作者：Roger S. Pressman 等
ISBN：978-7-111-54897-3 定价：99.00元

软件工程：架构驱动的软件开发

作者：Richard F. Schmidt
ISBN：978-7-111-53314-6 定价：69.00元

人件（原书第3版）

作者：Tom DeMarco 等
ISBN：978-7-111-47436-4 定价：69.00元

设计原本——计算机科学巨匠Frederick P. Brooks的反思（经典珍藏）

作者：Frederick P. Brooks
ISBN：978-7-111-41626-5 定价：79.00元